黑龙江省精品图书出版工程
“十四五”时期国家重点出版物出版专项规划项目
现代土木工程精品系列图书

地下装配式工程结构与预制管廊箱涵关键技术

吴香国　王　瑞　李　丹　张成武　著

哈爾濱工業大學出版社

内容简介

全书分为3部分,第1部分重点介绍了地下装配式干式拼接结构与管廊箱涵结构设计方法,对提高计算精度的地下闭合框架结构修正算法、螺栓干式连接受弯构件性能及其受弯计算模型进行了系统阐述,在此基础上介绍了地下装配式预制干式连接件设计方法。第2部分介绍了地下装配式工程结构防水性能关键技术,系统阐述了地下结构用密封胶条压缩性能及其界面防水性能,在此基础上介绍了双舱箱涵分析结果,并介绍了双舱箱涵拼接缝水密性足尺验证试验。第3部分介绍了地下管廊箱涵结构在断层位移作用下的结构响应理论与分析,以及在土体沉陷作用下的管廊箱涵结构响应分析及其机理模型,最后介绍了不均匀沉降下管廊拼接缝防水性能评价分析方法。

本书可为地下装配式干式拼接结构的受力性能、防水性能评价,新型地下装配式工程结构研发提供科学参考,也可供相关科研人员参考。

图书在版编目(CIP)数据

地下装配式工程结构与预制管廊箱涵关键技术/吴香国等著. —哈尔滨:哈尔滨工业大学出版社,2023.8
(现代土木工程精品系列图书)
ISBN 978-7-5603-9998-0

Ⅰ.①地… Ⅱ.①吴… Ⅲ.①地下工程-装配式构件-工程结构-研究 Ⅳ.①TU93

中国版本图书馆CIP数据核字(2022)第068986号

策划编辑 王桂芝 马静怡
责任编辑 苗金英 李长波
出版发行 哈尔滨工业大学出版社
社　　址 哈尔滨市南岗区复华四道街10号 邮编150006
传　　真 0451-86414749
网　　址 http://hitpress.hit.edu.cn
印　　刷 哈尔滨市颉升高印刷有限公司
开　　本 787 mm×1 092 mm 1/16 印张16.25 字数385千字
版　　次 2023年8月第1版 2023年8月第1次印刷
书　　号 ISBN 978-7-5603-9998-0
定　　价 98.00元

前　言

随着人居环境的改善和城市基础设施的发展，城市地下空间的开发越来越受到关注。大力开发城市地下空间，已经成为解决城市停车、轨道交通、管线布局的必要举措。地下空间结构也成为土木工程结构发展的一个重要领域。同地上建筑产业化发展理念相比，地下空间结构更有大力发展装配式建造的必要性和紧迫性，尤其是城市地下基础设施类工程结构，如城市地下综合管廊工程。发展装配式结构，以保证工程质量、提高施工速度、减少对城市正常交通的影响，已经成为业内的共识。

闭合框架是一种典型的地下结构形式，结构承受周向荷载。地下闭合框架结构内力工程多采用反力法计算模型，有必要采用更接近实际情况的弹性地基梁法来计算结构内力。但由于弹性地基梁法计算求解相对繁杂，不便于工程应用，因此有必要对其进行简化。

地下综合管廊的标准段结构形式为典型的闭合框架结构。采用整体预制，节点连接性能成为结构性能控制的关键，有必要通过结构试验和分析理论，揭示连接节点的性能影响因素，构建其设计方法。与此同时，由于地下结构普遍处于地下水位以下，因此防水性能十分关键。因此，地下装配式结构的界面设计要在承载能力极限状态设计基础上，按现行国家标准《混凝土结构设计规范(2015 年版)》(GB 50010—2010)验算结构的变形和裂缝，验算时要基于防水性能指标限值要求的拼接缝防水极限工况。设计中采用的节段拼接缝密封方式采用弹性密封胶条为最重要的防水措施。但目前管廊规范中对密封胶条的要求和限制条件较少，从密封胶条厂家到行业规范，尚没有对典型胶条的受力性能与防水性能及其耦合关系进行系统深入的研究，有必要对预制管廊节段间的密封胶条类型进行防水性能研究，为钢筋混凝土预制箱涵拼接缝防水设计、防水性能评价提供科学依据。

此外，地下工程结构由于多目标极限状态设计需要，对突发性地质灾害响应更为敏感。地震作用下工程结构发生破坏，引起土体的大位移作用，如断层错动对结构的破坏。根据目前的研究成果可知，对于盾构隧道等类似长线型的地下结构而言，断裂错动对其影响最大，然后是土体液化。当预制装配式管廊建设区域存在既有断层或在服役过程中发生地震产生地表相对错动时，由于土体的相对位移较为明显，土体与管廊结构间的相互作用会使埋置于土中的管廊同样产生变形。土体断层位移的影响范围虽然较小，但却可以在一个相对较小的范围内造成较大的错动位移，这将会使管廊在这一区域内产生较为严重的破坏。预制装配式管廊节段之间常采用柔性接头，且大多利用弹性密封胶条解决拼接缝防水问题。管廊接头在断层位移作用下产生较大变形，拼接缝张开量增大，造成密封胶条与管廊混凝土界面接触压力减小，从而降低了拼接缝的防水能力，是预制装配式综合管廊结构防水的薄弱位置。因此,在地震断层、土体沉陷等突变型位移载荷引起的不均匀沉降作用下,对预制装配式综合管廊结构整体变形及拼接缝变形特性进行研究十分必要。

全书包括3部分,即地下装配式干式拼接结构与管廊箱涵结构设计方法、地下装配式工程结构防水性能关键技术、地下管廊箱涵结构在断层位移作用下的结构响应理论与分析。通过对地下闭合框架计算方法的研究,构建了弹性地基梁法结果为基础的修正的反力法计算模型。通过预制干式连接件的受弯性能试验,介绍了新型干式装配式节点的受力性能,以干式连接件的布置形式为变量,对比了在单侧与双侧布置连接盒试件的受力性能。研究构建了包含拼接面的抗弯刚度计算模型和抗弯承载力计算模型在内的预制干式连接件拼接面计算模型,提出了防水极限状态的设计方法。

从地下拼装结构常用的防水密封材料入手,采用不同材质、截面形式密封胶条压缩试验,阐述其压缩性能与变形。建立密封胶条压缩力-压缩量的模型,在此基础上进行4种不同材质密封胶条的防水性能试验,确立各种密封胶条的压缩力-极限耐水压力、压缩量-极限耐水压力的对应关系。根据已完成的防水试验结果,进行足尺箱涵的拼接缝防水性能试验,并且应用有限元软件ABAQUS,对多节大尺寸箱涵张拉时拼接缝截面处混凝土界面应力分布进行模拟,根据模拟结果与试验结果提出地下结构拼接缝界面防水设计方法。

利用ABAQUS计算软件,对断层位移作用和土体整体下沉作用突变型位移荷载下的预制装配式管廊的响应进行数值模拟分析,总结相关影响因素的影响规律,并给出适用于局部管土分离状态的管廊纵向变形的解析公式,最终对管廊纵向拼接缝进行防水性能方面的评价分析。

本书依托国家自然科学基金面上项目“地下装配式管廊结构复合界面性能及其设计方法”(51878222)和“闽江学者”奖励计划等资助,是课题组有关地下装配式工程结构及其地下管廊关键基础研究工作成果。本书由吴香国统稿。多年来,作者研究助手王瑞、李丹、张成武、周瑞华等为本课题研究与成果应用发展做了大量具体工作,研究生夏鑫磊开展了有关装配式结构试验与分析工作,研究生陈孝凯开展了有关箱涵水密性能试验与分析工作,研究生聂晨航开展了有关管廊结构响应理论分析工作,其相关工作为本书的出版奠定了基础并做出了贡献。此外,相关建设单位、设计单位、建筑安装单位为我们提供了宝贵的试验机会。国内外同仁的技术文献为本书的研究工作开阔了视野,提供了参考,在此一并致谢。

由于作者水平有限,书中难免有疏漏及不足之处,恳请读者批评指正。

作 者

2023年4月

目　　录

第1章　绪　论

1.1　背景和意义

1.1.1　地下装配式工程结构研究背景与意义

随着人居和城市基础设施的发展,城市地下空间的开发越来越受到关注。大力开发城市地下空间,已经成为解决城市停车、轨道交通、管线布局的必要举措。地下空间结构也成为土木工程结构发展的一个重要领域。与此同时,装配式钢筋混凝土结构是建筑产业化的一个主要结构形式,正在逐步成为以低碳、绿色、环保、节能为基本特征的新型结构体系。同地上建筑产业化发展理念一样,地下空间结构更有大力发展装配式建造的必要性和紧迫性,尤其是城市地下基础设施类工程结构,如城市地下综合管廊工程。发展装配式结构,对于保证工程质量、提高施工速度、减少对城市正常交通的影响,已经成为业内的共识。

闭合框架是一种典型的地下结构形式,其结构承受周向荷载。地下闭合框架结构内力工程多采用反力法计算模型,该模型没有考虑地基变形的影响。采用装配式闭合框架,有必要提高拼接节点内力计算精度,提高节点设计可靠性,有必要采用更接近实际情况的弹性地基梁法来计算结构内力。但由于弹性地基梁计算求解相对繁杂,不便于工程应用,因此有必要对其进行简化。

地下综合管廊的标准段结构形式为典型的闭合框架结构。由于其功能的特殊性,管廊可分为标准段与功能舱,所说的功能舱是指有功能性作用的节点,如投料口、通风口等。标准段是沿长度方向断面相对统一的闭合框架结构,其结构实现方式多种多样,包括现浇结构、叠合式结构、全预制节段拼装式结构等,其中叠合式和全预制节段拼装式都属于装配式的范畴。节段预制时,尺寸和质量是控制节段长度的主要因素,为此也有上下拼接的小尺寸构件节段等。功能舱结构形式相对复杂,目前以现浇结构为主,如果采用整体预制的方案,需要解决节点连接问题,其中上下墙的水平拼接缝的连接节点是关键区域。

与此同时,由于地下结构普遍处于地下水位以下,因此防水性能十分关键。结构极限状态设计方法中,有必要增加防水性能指标的正常使用极限工况。因此,地下装配式结构的界面设计要在承载能力极限状态设计基础上,按现行国家标准《混凝土结构设计规范(2015 年版)》(GB 50010—2010)验算结构的变形和裂缝,同时要基于防水性能指标限值要求的拼接缝防水极限工况验算。装配式结构节点需要有专门的防水构造来保证密封防水性能。现有的地下结构在施工缝、伸缩缝等位置多采用弹性的防水胶条来止水,其效果显著。拼装结构胶的界面胶结力学性能好且理论上具有一定的密封防水作用,但是由于现场结构胶涂抹质量难以保证界面防水性能,因此,有必要开展密封胶条的防水设计方法,对预制装配界面的性能设计方法进行创新,提高界面防水可靠性。

本书针对典型的地下闭合框架结构,采用反力法简化算法计算结构内力,以弹性地基梁法计算结果为基础进行参数修正。针对地下装配式结构特点以及相应的防水性能要求,提出了适用于装配式地下结构的上下墙体连接的预制构件干式连接方法。针对干式连接方法的适用性以及基于结构性能和防水性能的双参数设计方法,为装配式地下结构上下墙体的连接节点设计提供了科学参考。

1.1.2 地下工程结构防水技术研究背景和意义

我国经过较长一段时期的城镇化建设发展,城市地下基础设施建设较为滞后。推进城市地下综合管廊建设,统一筹划各类市政管线布置、建设,可以解决城市路面被各市政部门反复开挖、市区内空中电网线分布密集、地下埋设管线事故频发等问题,可以提升城市服务便利程度、完善城市功能、提升城市形象。城市综合管廊是指在城市地下集中铺设管线的公共隧道,也称为共同沟,将给排水、电力、通信、燃气等多种市政配套管线集中敷设在该共同沟内部,实施统一规划、设计、建造和维护。将原来分开铺设的燃气管、雨水管、污水管等,在共同沟的理念下集中铺设,并纳入综合管廊工程。综合管廊解决了城市发展过程中各类管线的反复维修、改造扩容造成的“拉链路”和空中“蜘蛛网”的问题,对提升城市总体形象、提升城市配套功能起到了积极推动作用。综合管廊已成为21世纪城市现代化建设的热点和衡量城市建设现代化水平的重要标志之一。

城市地下交通建筑和管网建筑作为城市地下设施动脉工程,对于城市建设具有长远的重要意义。建设和使用过程中,地下结构的漏水、渗水等质量问题经常发生,结构的水密性问题是一项关键设计要点。地下综合管廊防水有几大难点,首先是修复困难的问题,由于综合管廊服役阶段长期埋于地下,一旦出现渗漏很难对防水层进行修复;其次是使用年限较长,综合管廊工程项目的结构使用年限为100年,所以对防水的质量和建筑材料使用年限均要求较高,要求所使用的防水密封材料要具有很好的耐久性;再者,结构易变形,管廊一般位于城市行车道的下部,长期动荷载作用及受周围建筑物影响,结构容易发生变形,要求防水材料能很好地适应结构的变形;还有就是由于管廊是一种地下细长结构,施工缝、预留接口等节点部位较多,加大了防水的难度。设计中采用的节段拼接缝密封方式采用弹性密封胶条为最重要的防水措施。但目前管廊规范中对密封胶条的要求和限制条件较少,从密封胶条厂家到行业规范,还没有对典型胶条受力性能与防水性能及其耦合关系进行系统深入的研究,有必要对预制管廊节段间的密封胶条类型进行防水性能研究,为钢筋混凝土预制箱涵拼接缝防水设计、拼接缝防水性能评价提供科学依据。

因此,在这一背景下有必要对预制管廊节段间的防水性能进行研究,研究节段间的橡胶密封材料的压缩量与压缩应力的关系、拼接缝处防水性能十分必要,为预制装配式综合管廊防水设计和使用提供新的思路和依据。

1.1.3 地下装配式结构预制拼接面变形机理研究背景与意义

近年来,随着我国城市化比例的不断提高,城市人口比例不断上升,日常供电、供气等的工作量日益激增,需要大量建设市政管线以满足居民需求。目前市政管线建设大多直接铺设于地下或在市区空中架设,这样会导致城市路面被反复开挖、市区内电线在空中分布杂乱不安全、地下埋设管线耐久性降低及维护管理困难等问题。推动地下管廊的建造可以较好地解决上述存在的问题。综合管廊是指建于城市地下用于容纳两类及以上城市工程管线的构筑物及附属设施。地下管廊的建造不仅实现了市政管线集约化建设与管理,还体现了基础设施现代化建设的趋势,更能提高城市居民生活质量、保障城市功能正常运行。

在众多的突发性地质灾害中,地震毫无疑问是对建筑物及人们生命财产安全威胁最大的一种。地震作用下建筑结构发生破坏的原因一般有两种:一是由于地震释放的巨大地震波能量对结构的破坏;二是由于地震引起的土体大位移作用,如断层错动对结构的破坏。根据目前的研究成果可知,对于盾构隧道等类似长线型的地下结构而言,断层错动对其影响最大,然后是土体液化,相比较而言,地震波对地下结构的影响往往是最小的。当预制装配式管廊建设区域存在既有断层或在服役过程中发生地震产生地表相对错动时,由于土体的相对位移较为明显,因此土体与管廊结构间相互作用会使埋置于土中的管廊同样产生变形。土体断层位移的影响范围虽然较小,但它却可以在一个相对较小的范围内造成较大的错动位移,这将使管廊在这一区域内产生较为严重的破坏。预制装配式管廊节段之间常采用柔性接头,且大多利用弹性密封胶条解决拼接缝防水问题。管廊接头在断层位移作用下产生较大变形,拼接缝张开量增大,造成密封胶条与管廊混凝土界面接触压力减小,从而降低了拼接缝的防水能力,是预制装配式综合管廊结构防水的薄弱位置。除断层外,其他一些如采空塌陷、黄土湿陷等地质灾害引发的位移形式,与垂直正断层导致的土壤位移形式在空间上存在一定的相似性,均属于突变型位移荷载作用。因此,在地震断层、土体沉陷等突变型位移荷载引起的不均匀沉降作用下,对预制装配式综合管廊结构整体变形及拼接缝变形特性进行研究十分有必要。

本书将断层位移作用和黄土湿陷等引起的土体整体下沉作用下的预制装配式管廊作为研究对象,主要分析综合管廊在相应位移荷载下的结构整体变形和拼接缝变形情况,并结合已有试验数据对管廊纵向拼接缝的防水性能退化情况进行评价分析,为地下装配式综合管廊穿跨越地质灾害多发区的设计和建设提供技术参考。

1.2　国内外研究现状

1.2.1　地下闭合框架结构计算方法研究现状

国内外针对地下闭合框架结构做了较多研究。在影响因素方面,Kyungsik Kim 等对深埋闭合框架受力特点进行了研究,结果表明合适的设计结构尺寸和适当的开挖回填方式,可以显著降低土体 - 结构相互作用因子,利用控制后的结构反拱效应可抵抗高达 85% 的承载力。杜琼利用 ANSYS 有限元数值模拟技术,通过与刚性涵洞对比分析,详细研究涵洞变形对土压力的影响。Samuel 等采用两个具有相似几何形状的现浇钢筋混凝土箱涵(Longs Creek 和 McBean Brooks 涵洞)监测土压,结果表明在 McBean Brooks 涵洞底部的测量压力存在箱式涵洞侧壁上产生的阻力。

Katona 等基于框架线弹性的分析,对地下结构用的闭合框架箱体尺寸及最大的覆土厚度提出了指导建议。结果表明,在进行闭合框架裂缝计算和极限承载力计算时,钢筋混凝土闭合框架结构设计是偏于保守但不是均匀保守的,这意味着计算内力与实际工况有较大的差别,且土体刚度对计算结果有显著影响。

安秋香研究指出,在采用建筑平面杆系结构的计算软件计算闭合框架结构时,会出现内力图失真的情况,并提出了采用等效结构进行内力分析,能有效解决内力图失真的问题,其等效结构可用于涵洞、沟槽等地下结构的计算。

王国兴等针对钢筋混凝土闭合框架结构提出优化设计的方法,通过粗调和微调两段式调整来设计闭合框架的截面参数,并进行基于 MIDAS CIVIL 有限元软件建模计算,定量分析了安全冗余度和成本控制之间的关系,达到优化截面的目的。

在现有地下综合管廊典型结构设计中,计算模型一般将边界条件简化处理为在底板竖墙位置增设铰支座,并将地基反力均匀施加在底板上,忽略地基变形的影响。对于现浇整体式闭合框架,结构整体性好,地基不均匀变形影响相对较小,采用反力法简化算法的结果对结构质量影响较小;而对于装配式闭合框架结构,在地基刚度有变化的地方,由于地基的沉降不同,可能会使拼接缝处产生错动导致防水失效,影响拼接缝质量和水密性能设计目标。

1.2.2 装配式结构连接设计研究与应用现状

连接设计是装配式结构设计的关键技术,随着装配式工程结构的应用发展,国内外针对装配式结构的连接设计做了大量研究。目前,主要分为钢筋连接体系和结构连接体系两大类。

在钢筋连接体系中,套筒浆锚连接因其传力明确,施工相对简便,早期得到了很多推广应用,比如20世纪80年代,在日本和新西兰等国家就有很多工程应用实践。NMB套筒是较早出现的连接套筒之一,该套筒有“U”型和“Y”型两类,相对而言,“U”型套筒极限强度较高,但“Y”型套筒屈服强度更高。在装配式框架结构体系和大板结构体系中都有广泛应用。

在此基础之上,发展了“RSU”连接形式,在装配式结构水平拼接缝的部分竖向钢筋同混凝土隔离措施,比如在施工时将没有预埋套筒的一侧墙体插筋包裹到一定长度,包裹长度一般为600 mm,并进行塑料保护,在浇筑完成后便形成了一段非连接隔离区域。采用这种连接方式,试验证明结构滞回曲线包裹的面积较小,耗能少,并且水平拼接缝发生了较为严重的破坏。

焊接连接作为钢筋连接的一种方式,试验研究表明,同套筒浆锚连接方式的耗能结果相似。但采用焊接连接时,试件屈服位移是套筒浆锚连接试件屈服位移的1.2倍,焊接连接结构拥有更强的变形能力,但是试件另一侧拼接缝破坏严重。

螺栓连接也属于钢筋连接形式,但将螺栓预埋于预制混凝土中的连接便属于结构连接体系中的干式连接。常见的螺栓连接通过在上部结构的下端设置预留插孔的钢板,下部结构的上端对应位置布置带有螺纹的钢筋,对齐使钢筋插入钢板后,用螺母连接固定并进行相应的灌浆密封处理,待硬化以后形成整体。芬兰佩克公司在螺栓连接的基础上提出了用于墙体连接的墙体连接件 WALL - SHOES,并通过试验验证了其拥有较好的耗能能力。

此外,后张预应力筋无黏结预应力连接方式属于结构连接体系的一种,通过在预制部件中预留预应力钢筋孔,在构件吊装到位以后,通过施加预应力筋使得两片墙体连接成为整体。采用这种方式连接结构初始刚度、极限强度与整体结构一致,且即使发生较大的非线性位移,预制结构的损伤程度较低,还有很好的自恢复功能。无拼接缝胶处理预制结构拼接缝挠度变形主要为转动,陈智强等人提出了适用于该类连接方式的计算方法。不过该类结构的耗能能力较弱,可通过增加液态黏滞阻尼器能量耗散系统,以及在水平拼接缝增加延性抗剪键等技术,来提高结构的耗能水平。Hassanli R 等进行了后张预应力混凝土墙的强度、力位移行为和地震反应的试验。此外,Hassanli R 等还使用30个墙壁的数据库,研究了在国际规范中提供的现有方程在预测无黏结 PT - CW 的平面内弯曲强度的准确性,考虑了两种用于沿壁长度不同的键分布的未黏合壁构件模型,采用基于摇摆力学和几何相容性条件的分析程序来表征无黏结 PT - CW 横向力行为。此外,周期荷载作用下摩擦所产生的热能对连接节点的抗震性能是有利的。

国内近年来也开展了相关的研究,尤其在钢筋套筒浆锚连接性能、预留孔洞搭接浆锚连接等方面开展了相关的研究工作。

钱稼茹等研究表明,在合理施工下的套筒浆锚连接可以有效传递应力,结构破坏形态和整浇结构基本相同。朱张峰等研究表明,预留孔洞搭接浆锚连接的结构刚度和耗能能力与整浇结构基本接近,但在承载力及位移延性方面有所提高。徐有邻等研究表明,钢筋与混凝土的黏结滑移组成部分主要有胶结力、摩阻力和机械咬合力三部分,且在不同阶段,其发挥作用的机理是不一样的。孙金墀认为,预留孔洞浆锚连接的握裹力主要同钢筋与砂浆的摩擦力、钢筋与砂浆的胶结力、变形钢筋凸棱的机械咬合力、砂浆与混凝土内壁的摩阻力有关。姜洪斌等在钢筋搭接范围内设置约束螺旋箍筋,结果表明螺旋箍筋受力相对较小。

在其他新型的连接技术方面,刘家彬等研究了水平拼接缝"U"型闭合筋方式和水平拼接缝的钢板网成孔的新型连接方式,这种方式能降低钢筋的搭接长度,减少灌浆所需要的混凝土用量。结果表明,此种连接方式与现浇试件的滞回曲线相近,而且耗能能力略高于现浇试件,但由于有水平拼接缝的存在,承载力极限值略低于现浇的试件。

从目前的研究工作看,装配式连接技术的研究工作主要集中在地上装配式建筑结构,相关工作为地下装配式结构的连接设计研究奠定了基础。

1.2.3 地下装配式结构防水设计研究现状

在地下装配式结构中,防水设计多从构造要求出发,比如采用钢板止水带等构造措施防止施工缝漏水,防水设计理论相对并不完善。日本发展地下管廊较早,对于防水胶条的应用也较早,早川橡胶有限公司针对地下结构施工缝、温度缝、抗震缝等提供了相对全面的产品。

近年来,随着我国地下综合管廊建设的推进,在胶条基本性能基础上,国内对防水橡胶也开展了相应结构试验研究,胡翔和薛伟辰等人对预制管廊接头处防水性能进行了研究,提出了遇水膨胀胶条压力计算方法,进行了足尺的防水性能试验,验证了多种张拉控制应力作用在接头胶条上的防水性能。孔祥臣开展了隧道结构接头防水性能的缩尺模型试验与理论研究,为预制拼装综合管廊接头防水性能研究与设计提供了依据。此外,李辉结合管廊现场施工工艺提出了不同的防水技术,为管廊标准段防水施工提供技术依据。

关于防水密封垫工作原理,研究表明,密封垫工作状态下类似于高黏体系,具有把压力传递到其接触面的特性。装在密封槽中的橡胶密封垫受到一定的压力时, 便对初始接触面产生压力p_0,当遇水膨胀橡胶吸水膨胀及受到液体压力作用时,将产生附加接触面应力p_1, 总接触面防水应力限值为p。当$p > \alpha(p_0 + p_1)$时将渗漏,系数与密封材料的材质、耦合面表面状况、材料硬度、断面形式相关。王民在对多孔橡胶密封垫的结构设计、产品的压缩负荷、变形特性、产品的耐水压性能和材料的使用寿命等有关问题进行讨论和分析。

地下预制拼装结构的拼接缝是建筑结构中较易出现渗漏水问题的薄弱部位。经过多年的发展,弹性橡胶高分子密封材料的应用逐渐增多,主要用在地下预制拼装结构的拼接缝处作为最主要的防水措施。目前国内外针对地下预制拼装结构物的界面防水,主要还是采用预制成型的弹性橡胶制品来实现密封,这主要是因为橡胶密封胶条便于施工、造价较低且防水能力较突出,同时一些橡胶密封制品的耐久性也得到了认可。随着橡胶密封材料自身材质性能不断提升,以及大量地下结构拼装工程实践经验的积累,现在建设的地下预制拼装结构中防水能力得到了较大提升。

1.2.4 弹性橡胶密封材料的应用与研究

弹性橡胶密封材料在地下结构防水中应用最先是在地下盾构隧道中。由于地下盾构隧道的自身特点,它采用预制混凝土制品管片作为隧道外部结构,而混凝土管片之间的拼接缝材料,也是变换过多种防水密封材料,经历了很长的发展历史。从最初的沥青材料、未硫化橡胶、硫化橡胶、弹性发泡材料及双组分聚硫、双组分聚氨酯等多种密封材料,到现在的以弹性橡胶制品密封为主。用于地下结构拼接缝防水用密封胶条按照不同的截面形式、橡胶材质、结构形式和尺寸等有不同的分类。

一般防水用密封胶条分为遇水膨胀型和非遇水膨胀型,非遇水膨胀型橡胶在防水应用中主要依靠自身的压缩回弹,产生与界面间的挤压应力来实现密封防水。在地下隧道的早期建设中,主要应用这种非遇水膨胀型橡胶进行防水,较常用的为三元乙丙橡胶和氯丁橡胶。在国外建成使用的隧道中,汉堡易北河隧道拼接缝防水中采用两道三元乙丙弹性橡胶密封垫作为其防水主要措施;丹麦斯多贝尔特海峡隧道,拼接缝防水中采用一道氯丁橡胶条。遇水膨胀型密封胶条最早是由日本开发并生产的,这种材料在受到挤压力时依靠自身弹性恢复力和遇水浸泡后的体积膨胀,在一定受压侧向约束情况下,由于体积增大而产生的膨胀压力提高了与界面间的挤压应力,从而进一步提高了防水能力。遇水膨胀型橡胶的发展比较迅速,设计生产中不同种类遇水膨胀型橡胶有不同的膨胀倍率。在日本已建设的多数盾构隧道中拼接缝防水措施为遇水膨胀型橡胶密封垫,东京湾盾构隧道就是其中之一,它的所有管片拼接缝防水中均采用遇水膨胀型橡胶密封垫。而在我国的早期盾构隧道建设中，采用的多数为非膨胀型防水密封垫。国内也有较多的橡胶厂家可以生产遇水膨胀型橡胶密封材料，但是这种材料的不足之处为，在长期地下水浸泡后，会有物质析出，从而防水能力大打折扣。同时橡胶密封垫在截面形式和材质组成上也有多种分类，已经研发生产成制品的有单一材质组成的橡胶密封材料，如三元乙丙橡胶密封材料、遇水膨胀橡胶密封材料等；同时也有复合密封橡胶材料，由两种密封橡胶材质复合而成，如三元乙丙橡胶与遇水膨胀橡胶复合而成的密封胶条、腻子与三元乙丙发泡橡胶复合制品等。

在地下预制结构拼接缝防水中，根据不同的结构功能用途、防水压力设计要求以及拼接缝断面形式等，橡胶密封垫、密封条应采用不同的截面形式、尺寸，这对密封材料与拼接结构的防水能力有较大影响。如在盾构隧道中，最早采用的断面形式为方形，在橡胶材料的逐渐发展过程中出现了多种截面形式的盾构隧道密封制品，比较典型的断面形式为“慕尼黑”型（梳形）、“安特卫普”型、“谢斯菲尔德”型（中孔形）。目前地下盾构隧道中常使用的截面形式有三种，梯形、中孔形和梳形。在地下预制综合管廊中，最常用的截面形式为中间开孔、中间开孔下部开槽、实心截面等形式。

就橡胶密封材料在地下防水工程中的应用研究，相关研究者已经开展了较多工作并取得了一些成果。橡胶密封材料最早应用在机械工业上，而作为地下结构拼接缝处防水密封材料，最先在地下隧道中使用。关于橡胶密封材料耐久性问题研究，在自然老化试验方法方面，Oldfield D 等将 10 种不同类型的硅橡胶试件置于气候为高温干燥、潮湿、温和条件下，分别进行长期自然老化，以及将试样埋于高温干燥、潮湿的土壤和浸泡海水中分别 2 年，并对老化之后试件的拉伸强度、扯断强度做了测量，较为真实地反映了橡胶材料在各种环境下的性能变化。

Gillen K T 等采用等温测试手段以及压缩应力松弛仪研究了丁基橡胶 O 形环的老化规律，其研究结果表明，由该方法所得到的试验数据用来进行外推更符合密封胶条老化的真实情况，并建立了更加精确的橡胶材料老化寿命预测模型。Cheung Y K、Zinkiewicz O C 研究的文献中说明，密封垫工作状态下的材料性能与高黏体系相似，可将压力传递到其接触界面上。橡胶材料的弹性恢复率也是影响密封防水效果的主要因素。一些学者专家也从应变能的角度，分析弹性橡胶的应用性能。

目前为止，地下结构施工缝、变形缝等接头部位的防水密封性能仍然是一个难题。随着许多地下结构如城市地下综合管廊、盾构隧道等的设计使用年限的要求提高，对地下结构防水密封材料的耐久性研究越来越广泛。李咏今等较早开始了对各类橡胶材料的使用性能进行研究，开展了较多的试验研究工作，通过橡胶材料在多种条件下的老化试验，提出多种类型密封橡胶的老化变化规律及橡胶材料的寿命预测模型等。张法源等通过对硫化橡胶室内自然老化的压缩永久变形的试验数据分析，预测其长期性能结果，并与实测结果进行对比分析，杨林德等针对国内外对地下结构耐久性研究的现状和存在的问题进行了分析，并且提出硫化橡胶的耐久性寿命预测方法，以及耐久性试验方案。杨军和王进等对氯丁橡胶进行了老化试验，并进行了寿命预测。伍振志和杨林德等分析了越江盾构隧道拼接缝防水密封材料的防水机理与耐久性失效原因，研究了其橡胶材料的应力松弛行为，预测了其使用寿命。朱祖熹等对遇水膨胀类止水材料的性能指标进行了探究，对各类橡胶条密封材料的应用技术进行了分类分析。同时,目前地下结构拼接缝防水性能的研究仍主要处在材料的研究生产方面,对于构件和结构方面的研究较少;结合一些地下结构施工缝接头构造,材料寿命、防水措施、结构受力状态等方面综合研究的较少。如现在工程中常用的遇水膨胀橡胶,其工程使用历史较短,关于它耐久性能等的研究还不够完善全面。

樊庆功、方卫民和苏许斌等根据密封垫静态密封原理,并采用交联橡胶的统计理论,研究分析了遇水膨胀橡胶密封垫的防水机理,针对盾构隧道遇水膨胀橡胶密封垫的膨胀性能以及多种工况下的耐水压性能进行了水压试验,评价了遇水膨胀型橡胶密封垫在隧道中的防水能力。胡翔和薛伟辰等以上海世博会园区的预制综合管廊为研究对象,对预制管廊接头处防水性能进行了一定的研究,在试验研究的基础上,提出了遇水膨胀胶条的压力计算公式, $N=\frac{\sum N_{pe}}{l}$, $\sum N_{pe}$ 为纵向有效预应力之和, l 为接头处膨胀橡胶条总长度。并且针对上海世博会的预制管廊的尺寸及其防水形式,进行了同等尺寸的水密性能试验,针对这种防水形式进行了试验,验证分析多种张拉控制应力作用在接头胶条上的防水性能。孔祥臣对隧道预制结构拼接头处防水性能的试验与理论进行了较为系统的研究,并开展了预制管廊拼接缝处水密性能的缩尺模型试验,为预制拼装综合管廊水密性能的研究与设计提供了依据。李辉结合管廊的明挖法、暗挖法施工工艺,对不同的施工工艺提出了不同的防水施工技术,对于施工原材料的基本质量和施工细节可靠性及防水性能等都提出了较高的要求。对地下综合管廊的设计结构和原材料基本质量与防水性能,以及防水措施等进行介绍,并为管廊防水工程施工提供实施经验。况彬彬和陈斌针对六盘水市地下综合管廊防水工程的地质特点及设计的防水方案进行了介绍和分析,着重阐述了各部位的防水施工工艺,并对格构柱、后浇带、变形缝、施工缝等节点部位的防水做法进行了重点介绍。

目前国内研究的方向主要是为地下盾构隧道的防水性能提供支持,基于预制装配式管廊防水性能方面的研究较少。

1.2.5 密封橡胶材料的防水理论

由于各种地下工程地质条件及结构设计要求不同,防水设计要求均不同,需要设计研究人员进行大量的模拟试验,从而得到适合的防水橡胶材料和密封材料的截面形式。一些研究提出了橡胶密封防水材料及其截面形式的设计方法,避免进行大量的模拟试验,减轻工作量,为设计提供依据。防水密封的工作涉及摩擦学、材料力学、流体力学和弹性力学等多个学科的理论知识。

橡胶密封材料在地下结构拼接缝中的防水能力实现,主要依靠密封橡胶材料的压缩回弹,其中遇水膨胀橡胶还包括遇水浸泡后的膨胀性能,从而在混凝土界面上产生压缩变形和压缩应力。通过橡胶密封材料的变形填补接触界面上的凹凸不平,以及填堵混凝土表面的渗水通道,实现防水密封。根据密封垫材料的静态密封原理,橡胶密封材料在工作状态下的某些特性与高黏性体系相似,橡胶材料具有把受到的压力传递到其接触界面的特性。布置在密封凹槽内的橡胶密封垫受到一定压力作用后,对初始接触界面产生界面应力 p_0,假设在完全刚性的约束条件下,当密封胶条受到液体的侧向压力作用时,界面的应力将重新分布,同时产生附加应力 p_1,即由于水压引起的自封作用,此时密封胶条的界面应力为 $p(p=p_0+p_1)$。试验研究结果表明,当作用水压 p_w 与密封材料的界面应力 p 满足 $p_w \leqslant \alpha p=\alpha(p_0+p_1)=\alpha(p_0+\beta p_0)$ 时,橡胶密封材料与混凝土接触界面将不发生渗漏。其中 α 与密封材料的材质和接触面状态有关;β 与密封材料的断面形式、硬度有关。

在地下拼装结构的接触缝隙中,由于密封胶条两侧存在较大的相对压力差,因此地下水在压力差的作用下发生运动,从密封胶条与混凝土界面的缝隙渗出。液体在密封胶条接触表面的缝隙中流动时,可以看成连续介质。地下水在结构拼接缝中渗透时,缝隙中的水基本上呈平行较稳定的运动,水流受到毛细力的控制。在拼接缝内的水中建立直角坐标,使 z 轴垂直于某一接触界面,x 轴与流向一致,如图1.1所示。

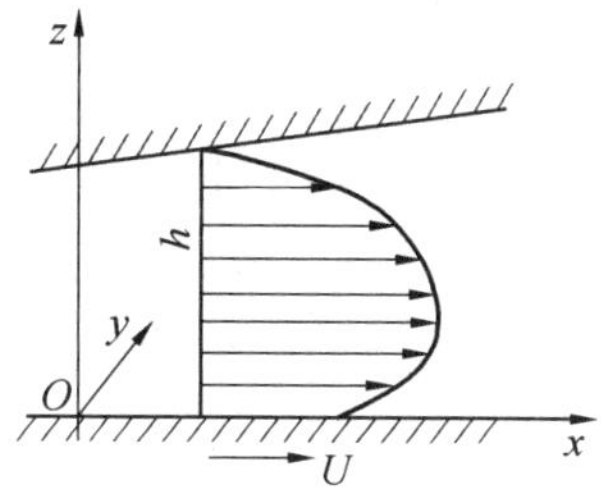

图1.1　拼接缝内水的流动

实际过程中,由于密封胶条本身材质性能不同,差异较大,每种弹性橡胶材料弹性模量不同,压力水层将随着接触面粗糙程度的不同,对密封胶条的防水能力产生不同的影响。

1.2.6　预应力技术研究现状

我国预应力技术近几年发展较快,越来越成熟,高强度低松弛钢材的年产量和使用量均为世界前列。高强度低松弛预应力筋已成为预应力筋的主导品种,预应力钢棒在国外有较多应用,在国内目前应用需求也逐渐变大。由于它具有高强度、高韧性、低松弛性、较好的可焊接性等优点,因此广泛应用于大型桥梁、公路预应力构件等,同时也应用于高强预应力构件中,如混凝土离心管桩、电杆。预应力连接技术在土建工程中是一种十分重要的工艺手段,应用范围日益扩大,由多层房屋建筑、桥梁、公路到地下建筑结构、海洋建筑结构、大跨度结构、大空间结构等。目前预应力连接技术主要分为先张法预应力技术、后张法有黏结预应力技术、后张法无黏结预应力技术、拉索及体外索技术。

断层运动是地壳中较为常见的一种构造作用。查阅相关文献可知,地震引发的地表永久大变形运动作用是造成地下长线型结构发生破坏的最主要因素,会产生难以估计的直接损失和间接损失。所以,对断层位移作用下地下结构的响应规律进行研究分析是必不可少的。以下将对现有研究断层位移影响下的地下结构响应方面的部分相关文献进行综述。

1.2.7　断层位移作用下埋地管线的研究现状

自1971年美国圣菲尔南多地震后,关于断层位移作用对埋地管线响应影响的研究得到了广泛关注。过去的40多年里,该方向得到了不断发展,主要形成了3类研究方法:解析理论推导、数值模拟方法和模型试验研究。下面分别阐述这3类研究方法的研究现状。

(1) 解析理论方面研究现状。

1975 年,Newmark 等就断层位移作用下的管道响应提出了理论解析方法。该方法假设管道只有拉伸刚度,未考虑管道的弯曲刚度和土体对管道的横向阻力。此方法由于简化条件过多,计算结果不够准确。

Chow 等对上述理论方法进行了改进,在研究当中将侧向土体对地下管道的影响考虑进去,但同样忽略了地下管道弯曲刚度的影响。此解析方法的计算结果较为合理,但不适用于管道弯曲变形较大的情况。

Wang 等对上述两种理论方法进行完善,进一步将管道弯曲刚度的影响考虑进去。研究表明,管道轴向最大应变产生于靠近断层面的某一位置,而非断层面处,且在 30° ~ 60° 的管廊穿越断层面角度范围内受力性能最好。但该方法未考虑管道轴力对管道弯曲刚度的影响。

王滨等考虑了管道周围土体的类型以及管土相互作用的非线性,基于弹性地基梁和弹性梁理论提出一种基于轴向总应变的解析方法。计算得出的结果较为保守,且极大地缩短了计算时间。

现有断层作用下管道响应的解析方法主要适用于陆上管道,应用于海底管道时误差较大。刘啸奔等针对这个问题,提出一种考虑管土非线性作用与管材非线性断层作用下海底管道应变解析分析方法,并对 3 种不同情况下的管道几何伸长量进行解析推导。

(2) 数值模拟方面研究现状。

Liang 等采用等效土弹簧的方法模拟了管道与土体间作用,将壳单元和梁单元结合起来对管道整体进行模拟。模拟结果显示,断层位移作用对管道轴向应变的影响最为显著,可适当提高管壁厚度来抵抗不利影响,并给出了适合正、逆断层作用的最佳管道穿越角。

O' Rourke 建立了断层位移作用下的埋地管道有限元数值分析模型。将模拟解与已有解析解进行对比。对比结果表明,利用有限元模拟计算分析管道受压较为妥当,而管道受拉时更倾向于理论解析方法。

Mehrdad 等通过将管道中具有旋转和轴向柔性的节段考虑进去,对埋地管道在走滑断层下的响应特点进行研究。对比分析了模拟结果和试验结果,两者吻合较好。结果表明该种节段的应用可在很大程度上降低断层位移作用对管道的不利影响。

Polynikis 等考虑陆上钢质管道弯头的影响,对弯曲角度为 30°、60° 和 90°,弯曲半径和直径比为5的3个弯头在走滑断层下的响应特点进行数值模拟分析。结果表明,管道弯头合理放置可有效降低断层位移作用对管道的不利影响。

徐龙军等将管土材料与变形几何的非线性特征进行综合考虑,利用 ABAQUS 计算软件建立海底跨断层输气管道三维实体模型。针对不同影响因素对管道在海底走滑断层下响应的影响规律进行分析。

仲永涛等利用 ABAQUS 计算软件建立逆断层位移作用下埋地管道的三维实体模型,将模拟结果与足尺埋地管线人工模拟逆断层原位试验结果进行对比,结果证明了三维有限元模型的正确性。然后就管道变形对周围土体的影响区域可能产生影响的相关因素进行参数分析。

张杰等针对埋地管道的局部压溃行为和起皱行为的相关问题，建立了跨逆断层的埋地管道三维实体模型，主要就内压、径厚比、错动位移量这3类因素对管道局部屈曲模式的影响规律进行研究。

李杨等利用ABAQUS计算软件对跨断层海底管道的响应进行模拟分析，并利用等效边界方法对模型进行修正，模拟结果中可获得管道的应变分布情况。然后对管道极限塑性应变的相关影响因素进行敏感性分析，最后利用BP神经网络对管道应变响应进行预测。

任翔等考虑管道内部液体的质量与压力，分别在地震荷载和静力荷载作用下，对3种不同断层运动形式下的管道进行有限元分析，并进行了对比分析。研究结果表明，管道内有压液体在静力荷载作用下对管道产生有利影响，而在地震荷载作用下对管道产生不利影响。

吴锴在模拟分析中对管道采用梁壳耦合模型，对土壤采用非线性弹簧单元，管土间相互作用考虑为3个方向的非线性弹簧，分析非均匀场地下，管道在正断层位移作用下的应变响应，总结出一些有益结论。

关于跨断层的管道数值模拟分析研究已经逐渐完善，可为其他地下结构的分析提供一些借鉴。因此，本书利用数值模拟分析方法，对相应位移荷载下的管廊非线性反应进行深入研究。

（3）模型试验方面研究现状。

Nyman等早期就管道与土体在水平位移下的相关响应特点进行分析，结果表明，土体中位移和压力并非呈线性关系。汤爱平等为分析逆断层作用下埋地管道的响应特点，采用离心机技术进行试验研究，并就管道穿越断层面角度和断层位移量等5个因素对管道响应的影响程度进行了探讨。黄强兵等通过足尺模型试验获得地下管道在地裂缝活动下的响应特点，结果表明，管道在骑缝式和对缝式铺设情况下的结构响应是不同的，并对跨地裂缝带的管道工程提出相应防治措施。陈艳华等利用缩尺模型试验模拟了焊接、螺纹连接、法兰连接3种接口形式对走滑断层作用下埋地充液管道力学性能的影响，结果表明走滑断层错动量较大时，焊接接口性能较好。曾希对3种断层运动类型不同影响因素下的管道响应特点进行试验研究，并对比分析了试验结果和模拟结果，证明了试验研究的正确性。

现主要采用土箱模型和离心机技术对跨断层的埋地管道进行试验研究分析。由于模型试验研究代价过高，缩尺模型很难满足边界条件的相似性，因此试验结果误差较大。所以，试验研究目前主要作为解析理论和有限元模拟的验证及对比。

1.2.8　断层位移作用下隧道的研究现状

随着国家开始重视地下结构的发展，且不同地区之间交流日益密切，隧道作为连接两个地区的重要地下结构正在大力兴建。地下盾构隧道建设过程中不可避免需要穿越高烈度区、断层区，导致隧道在服役过程中产生不同程度的破坏。于是对断层位移作用下的盾构隧道响应特点进行探讨是必不可少的。

国内外学者对跨断层的隧道响应进行研究，主要包括数值分析和模型试验等方面。

Mohammad等针对逆断层破裂路径形成过程中,隧道与土体间相互作用关系进行数值模拟分析,主要研究了隧道位置、隧道刚度和土体摩擦角等因素的影响,并将模拟结果与离心机试验结果进行对比。结果表明,隧道的存在和位置分布对剪切带发育产生一定的影响。Majid等对正断层作用下的分段隧道进行离心机试验研究,结果表明隧道衬砌类型、隧道埋深及断层倾角对衬砌破坏产生一定的影响,且隧道衬砌可抵抗一定的断层位移而不发生破坏,并从试验结果中绘制出隧道的脆性曲线。熊炜等采用有限元软件对跨正断层的隧道响应规律进行模拟分析,通过对4个不同影响因素进行综合考虑,最终得出隧道衬砌结构的破坏特点。李凯玲分别采用模型试验和理论分析的方法,研究了地裂缝环境下地铁隧道与周围围岩之间相互作用关系,得出了地裂缝错动对隧道响应的影响规律。刘学增等对几何相似比1∶50,断层倾角为45°、60°及75°的正断层作用,以及断层倾角为75°的逆断层作用下隧道进行缩尺模型试验,对隧道的应变分布规律和破坏形态进行分析。梁建文等基于Python对ABAQUS进行二次开发,对隧道用壳单元进行模拟,土体采用非线性弹簧单元进行模拟,对隧道在倾角45°的正、逆断层错动下的响应特点进行弹塑性分析,并提出相应抗震措施。刘国钊等基于Pasternak双参数弹性地基梁理论,考虑断层破碎带的影响,提出了跨断层隧道纵向响应的解析解,将计算结果与室内模型试验及有限模拟结果进行对比验证,最后进行相关影响参数的敏感性分析。

1.2.9 地下综合管廊的研究现状

从20世纪60年代中期开始,由于地震造成地铁隧道等发生严重破坏,再加上城市地下管廊开始推广,学者们才慢慢对地震影响下管廊响应的特点进行研究。

李杰等采用层状剪切砂箱进行综合管廊振动台试验,在数值模拟中采用变刚度的方法对层状剪切砂箱进行模拟,对均匀场地中一致、非一致激励地震动作用下的综合管廊响应进行研究,总结出一般规律。王莉等利用ANSYS软件对某城市综合管廊工程项目进行有限元分析,结果表明双向和单向地震波输入下管廊结构的响应有明显差异。杜盼辉采用ABAQUS软件对穿越非均匀场地的综合管廊在不同方向地震波作用下的反应规律进行研究。廖智麒利用ABAQUS计算软件对地震波作用下的现浇管廊动力响应特性进行研究,主要就管廊断面尺寸、频谱特性、地震动强度、管廊埋深等因素下的管廊响应规律进行研究分析。屈健基于一致黏弹性边界条件,利用ABAQUS计算软件对斜入射地震波作用下的现浇管廊动力响应进行研究,并就相关影响因素对管廊响应的影响规律进行分析。

武华桥利用ABAQUS有限元软件研究了逆断层和走滑断层对现浇管廊响应的影响,并就相关因素对管廊在逆断层作用下响应规律的影响进行研究。朱琳针对错动位移量、管廊埋深、管廊断面形式3类因素对地裂缝活动下的现浇管廊响应规律进行数值模拟分析,然后从管廊设计角度提出相关病害防治措施并利用有限元模拟验证防治措施的可行性。周亚雄分别对穿越地裂缝的管廊静力学行为和地震荷载下的动力响应进行有限元数值模拟,并给出相关结构处理措施建议。闫钰丰利用ABAQUS计算软件建立西安地区穿越地裂缝的现浇管廊三维数值计算模型,对不同穿越角度下的管廊变形和受力特征进行研究,并基于结构力学和弹性地基梁理论对管廊穿越地裂缝带的结构横向和纵向响应进行理论分析，最后提出相关病害防治措施。张雨童分别对现浇管廊正交与斜交穿越地裂缝下的变形和力学响应规律进行模拟分析，根据模拟结果提出适用于穿越地裂缝的管廊应力预测方法，给出安全预警控制值，构建了一整套工程预警管理体系。

地下综合管廊目前主要分为现场浇筑法和节段拼装法两种，后者通常具有管廊产品质量稳定、施工工期短、环境污染小等优点，是未来综合管廊建设采用的主要方法。目前尚未看到针对预制装配式综合管廊跨断层响应方面的研究文献。为了提高我国城市地下综合管廊的发展水平，应从现在起对综合管廊抗震方面进行深入研究，为以后管廊工程的设计建设提供技术指导。

1.2.10　地下结构纵向变形理论分析的研究现状

目前关于地下结构纵向变形的理论方面研究主要是基于等效连续化模型，将盾构隧道纵向等效为一根均质连续梁，利用弹性地基梁理论给出隧道纵向变形的解析解。

梁荣柱等将隧道简化为欧拉梁，地基土采用双参数地基模型，即考虑了土的连续性，对开挖卸荷工况下的隧道纵向变形进行理论推导，计算结果对比后证明了解析解的准确性。梁荣柱等在以前研究的基础上，进一步考虑隧道的剪切效应，对开挖卸荷工况下隧道纵向变形进行理论推导，计算结果对比后证明了解析解的准确性。康成等考虑隧道剪切效应和隧道埋深的影响，但不考虑地基土的连续性，在基床反力系数计算中将隧道埋深的影响考虑进去，对堆载工况下的隧道变形进行理论推导，计算结果对比后证明了解析解的准确性，并对相关影响因素进行参数分析。张勇等考虑了地基土的连续性和隧道的剪切效应，对堆载工况下的隧道纵向变形进行理论分析，计算结果对比后证明了解析解的正确性。徐日庆等综合考虑了隧道剪切效应、隧道埋深的影响及地基土的连续性，对开挖卸荷工况下隧道的变形进行理论推导，计算结果对比后证明了解析解的准确性，并进行相关影响因素的敏感性分析。

在上述弹性地基梁理论的基础上进入深入研究，对隧道纵向变形进行理论分析时考虑环与环之间的接头，相关研究有：王如路假设隧道纵向变形为纯刚体转动，推导了隧道环宽、直径、环间张开量与隧道纵向沉降曲线半径之间的关系式，但计算结果与实际情况有较大出入，说明单纯的刚体转动不符合隧道的变形模式。浙江大学魏纲课题组首先基于剪切错台模型，运用能量变分方法给出了地面堆载和新建隧道上穿既有隧道两种工况下引起下卧盾构隧道纵向变形的计算方法。但剪切错台模型无法解释环缝张开的情况，故在此基础上对模型进行改进，将隧道纵向变形看成在剪切错台的基础上发生刚体转动，基于能量变分方法给出了地面堆载、盾构隧道内堆载及基坑开挖三种工况下的隧道整体纵向变形量、环间变形量及内力的计算公式，将解析计算结果与实测数据进行对比，满足精度要求。

目前，关于地下结构纵向变形的理论研究主要集中于盾构隧道中，且都假设盾构隧道底部与土体紧密贴合不发生分离。而在实际工程中，地下结构底部与土体分离的现象时常发生。考虑管土分离现象，对预制装配式管廊纵向变形进行理论分析的研究几乎没有。

1.3　本书的主要内容

1. 地下装配式干式连接设计关键技术

根据相关关键技术研究现状，结合本书提出的用于地下结构的新型装配式连接节点，本书第一部分主要内容包括：

(1) 地下闭合框架计算方法研究。

为提高装配式节点内力计算精度，针对典型地下结构形式——闭合框架结构，首先考察反力法简化算法精度，对比反力法与弹性地基梁法计算结果的差异性及其影响因素，如地基梁相对刚度等。采用 ANSYS 进行参数比较分析，得到两种计算方法的内力设计值。通过比较分析，提出反力法验算适用范围，超出适用范围的可以采用基于弹性地基梁法结果修正的反力法计算。

(2) 预制干式连接件的受弯性能试验。

对研究提出的新型装配式节点，开展了预制干式连接件的受弯性能试验，考察了该节点的可行性和相应的力学性能，并以连接件的布置形式为变量，对比了在单侧与双侧布置连接件试件的受力性能。

(3) 预制干式连接件受弯计算模型与极限状态设计。

研究构建了包含拼接面的抗弯刚度计算模型和抗弯承载力计算模型在内的预制干式连接件拼接面计算模型。其中抗弯刚度计算模型中，考虑了界面平截面假定和防水胶条变形引起的界面应力变化，并且考虑到对变形控制及胶条初始压缩量的设计，考虑了可能会应用于结构中的预应力的影响，并提出了防水极限状态的设计方法。

2. 地下装配式结构预制拼接界面防水评定关键技术

本书将阐述防水胶条材料的防水设计关键技术，为理论研究和实际工程应用提供依据。同时介绍预应力在双舱管廊截面的分布规律，针对优化双舱管廊预应力布置方案进行设计等。研究内容具体包括以下几个方面：

(1) 腻子复合橡胶密封条压缩性能及其他三种密封胶条的压缩性能。通过这种防水密封胶条的压缩性能试验，考察其受力性能建立荷载与变形之间的关系。密封胶条在不同压缩量下具有不同的防水能力，根据防水要求和密封胶条的具体形式，确定其满足防水性能要求的压缩量限值。

(2) 多种密封胶条短期防水性能研究及其防水性能对比分析。通过对密封胶条防水设计理论分析，得出影响密封胶条防水性能的主要因素。通过水密性试验，对影响胶条防水性能的关键因素进行分析，完成了多种防水密封胶条的压缩量及其对短期防水性能的影响规律研究。

(3) 预应力布置对界面防水性能的影响研究。作为影响预制拼装地下结构物界面防水的重要因素，研究预应力布置的间距、大小对密封防水胶条的影响规律。在预应力施加于预制管廊拼装节段后，挤压弹性防水密封胶条实现密封防水，但是施加预应力的位置间距和大小将影响到防水密封胶条的压缩量和压应力分布。基于有限元软件 ABAQUS 模拟分析，研究提出了不同预应力布置方案对应的双舱管廊拼接缝处截面压应力沿纵向的变化规律。

（4）地基不均匀沉降对预制管廊防水性能影响分析。预制拼装管廊在地基不均匀沉降等因素作用下，沿管廊纵向发生变形，在预制管廊节段间拼接缝处会出现一定的张开量，张开量的产生导致拼接缝处密封胶条防水性能受到影响，甚至导致渗漏。根据前面得出的每种防水胶条的张开量与极限防水能力的关系，从而分析得出在一定地基沉降引起的张开量，与多种防水胶条的防水能力做对比。

（5）箱涵拼接缝防水性能足尺试验。通过制作两节双舱足尺箱涵试件，应用预应力钢棒、钢筋应变片等，对两节箱涵的预应力钢棒张拉拼装，拼装锁紧完成后进行水压试验。阐述地面摩擦力对张拉过程及防水性能的影响，验证两节箱涵的拼接缝处承受水压值。

从地下拼装结构常用的防水密封材料入手，采用不同材质、截面形式密封胶条压缩试验，阐述其压缩性能与变形。建立密封胶条压缩力 - 压缩量的模型，在此基础上进行4种不同材质密封胶条的防水性能试验，确立各种密封胶条的压缩力 - 极限耐水压力、压缩量 - 极限耐水压力的对应关系。根据已完成的防水试验结果进行足尺箱涵的拼接缝防水性能试验。并且应用有限元软件 ABAQUS 对多节大尺寸箱涵张拉时拼接缝截面处混凝土界面应力分布进行模拟，根据模拟结果与试验结果提出地下结构拼接缝界面防水设计方法。

3. 地下装配式结构预制拼接面变形机理及其分析

本书第三部分将利用 ABAQUS 计算软件对断层位移作用和土体整体下沉作用这类突变型位移荷载下的预制装配式管廊的响应进行数值模拟分析，总结相关影响因素的影响规律，并给出适用于局部管土分离状态的管廊纵向变形的解析公式，最终对管廊纵向拼接缝进行防水性能方面的评价分析。具体研究内容包括以下几个方面：

参考已有研究成果，利用 ABAQUS 计算软件建立跨断层的预制装配式管廊数值分析模型，确定计算范围、材料参数、本构模型、边界条件等内容，使其能较好地反映工程实际。

利用已建立的三维实体模型，分别对预制装配式综合管廊在逆断层和正断层作用下的响应进行研究，重点探讨断层位移量、管廊埋深、管土摩擦系数和管廊穿越角度这四类因素的影响，分析不同参数变量下装配式综合管廊的响应，总结管廊的响应规律。

针对断层面倾角为90°的正断层，将其与采空沉陷、黄土湿陷等存在一定沉陷范围的地质灾害联系起来。借鉴跨断层的预制装配式管廊有限元模型，对土体整体下沉作用下预制装配式综合管廊的结构响应进行有限元模拟分析，并对相关影响因素进行参数分析，总结管廊的响应规律。

针对土体整体下沉作用下的最不利工况，即管廊在沉陷区内完全悬空时的状态，分别基于弹性地基梁理论和能量变分方法求解预制装配式管廊的变形和内力分布情况，将两种解析方法的计算结果与有限元模拟结果进行对比，相互验证正确性，并就纵向刚度对管廊沉降的影响进行分析。

结合4种规格材质的密封胶条相关试验数据，对双舱综合管廊纵向拼接缝在不均匀沉降下的防水性能退化情况进行评价分析，最后对拼接缝张开量、胶条界面应力和极限耐水压力三者进行相关性分析。

第2章 地下闭合框架计算方法研究

2.1 引 言

闭合框架是一种常见的工程结构形式，目前其施工方式有现浇整体式和预制装配式，在进行结构内力计算时，通常将其简化为闭合框架模型。以常见的双舱室闭合框架为例，边界条件一般简化处理为在底板上有竖墙的位置增设铰支座，并将地基反力均匀地加在底板上，忽略地基变形的影响。对于现浇式的闭合框架，其结构在受力方向外连续，整体性好，地基不均匀变形的影响相对较小，采用反力法简化算法的结果对结构质量影响较小；而对于装配式闭合框架，在地基刚度有变化的地方，由于地基沉降不同，可能会使拼接缝处产生错动导致漏水，影响拼接缝质量和水密性能。在地下结构计算时，为了考虑地基变形对结构内力的影响，可以采用弹性地基梁方法。采用弹性地基梁方法，反力分布不再是均匀分布，而是考虑了底板本身的实际弹性变形与地基刚度的反力分布，更接近实际情况。由于两种计算模型在边界考虑和地基作用的考虑上存在一定的差异，所以计算得到的内力结果也有所差别，有必要量化地分析比较两者之间差异，从而在进行装配式节点的设计时，能更准确地进行节点的试验验证和理论计算。

2.2 计算方法比较

2.2.1 弹性地基梁法简化计算模型

弹性地基梁法计算模型为 Winkler 弹性地基梁，假设地基表面任意一点的沉降与该点单位面积上所受的压力成正比，即

$$y = \frac{P}{k} \tag{2.1}$$

式中 k—— 基床系数；

y—— 使地基产生单位沉降所需要的压强。

当采用 Winkler 弹性地基梁理论计算闭合框架底板时，其边界条件及荷载可简化为如图 2.1 和图 2.2 所示（假定 $b_1 \geqslant b_2$）。

底板地基梁的挠曲微分方程式为

$$EI\frac{\mathrm{d}^4 y}{\mathrm{d}x^4} + ky = 0 \tag{2.2}$$

方程的通解为

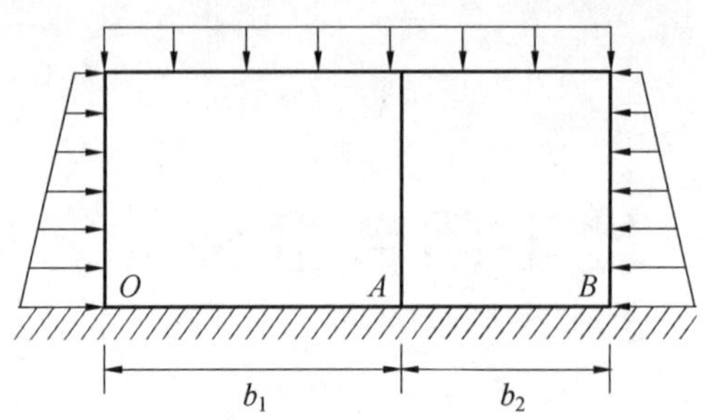

图 2.1 弹性地基梁法计算简图

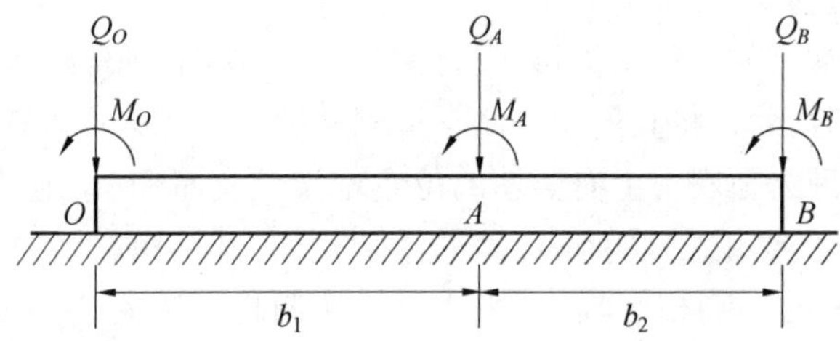

图 2.2 弹性地基梁法底板简图

$$y = e^{\alpha x}(A_1\cos\alpha x + A_2\sin\alpha x) + e^{-\alpha x}(A_3\cos\alpha x + A_4\sin\alpha x) \tag{2.3}$$

式中，弹性特征参数定义为 $\alpha = \sqrt[4]{\frac{kb}{4EI}}$。挠度与弯矩 M 的关系式为

$$M = -EI\frac{\mathrm{d}^2y}{\mathrm{d}x^2} \tag{2.4}$$

把地基梁的挠度、转角、弯矩和剪力在相应截面对应的四个参数作为初始条件，找到方程的初参数下的通解。基于初参数法的弹性地基梁弯矩可表达为

$$M_e(x) = y_0\frac{bk}{2\alpha^2}\varphi_3(x) + \theta_0\frac{bk}{4\alpha^3}\varphi_4(x) + M_0\varphi_1(x) + Q_0\frac{1}{2\alpha}\varphi_2(x) \tag{2.5}$$

式中

$$\varphi_1(x) = \mathrm{ch}\,\alpha x\cos\alpha x$$
$$\varphi_2(x) = \mathrm{ch}\,\alpha x\sin\alpha x + \mathrm{sh}\,\alpha x\cos\alpha x$$
$$\varphi_3(x) = \mathrm{sh}\,\alpha x\sin\alpha x$$
$$\varphi_4(x) = \mathrm{ch}\,\alpha x\sin\alpha x - \mathrm{sh}\,\alpha x\cos\alpha x$$

初始条件为

$$M|_{x=0} = M_O;\quad Q|_{x=0} = Q_O$$
$$M|_{x=b_1+b_2} = M_B;\quad Q|_{x=b_1+b_2} = Q_B$$
$$M|_{x=b_1} = M_A;\quad Q|_{x=b_1} = Q_A$$

代入即可得到初始参数下弹性地基梁的弯矩表达式。除此之外，还补充在梁上集中荷载和集中力偶作用下的特解。当 $x > b_1$ 时有

$$\Delta M_F = -\frac{F}{2\alpha}\varphi_2(x - b_1) \tag{2.6}$$

$$\Delta M_m = M\varphi_1(x - b_1) \tag{2.7}$$

当 $x \leqslant b_1$ 时,特解项为 0。

弹性地基梁法计算所得的底板弯矩表达式为

$$M_e = M_e(x) + \Delta M_F + \Delta M_m \tag{2.8}$$

2.2.2 反力法简化计算模型

如图 2.3 所示,当采用反力法计算闭合框架底板时,其边界条件及荷载可简化为如图 2.4 所示。

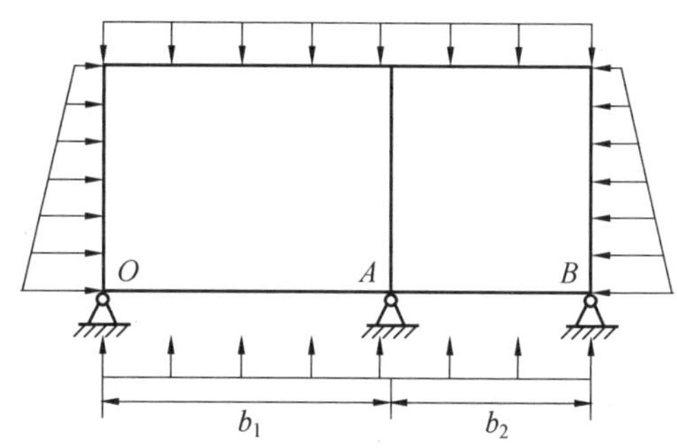

图 2.3　反力法计算简图

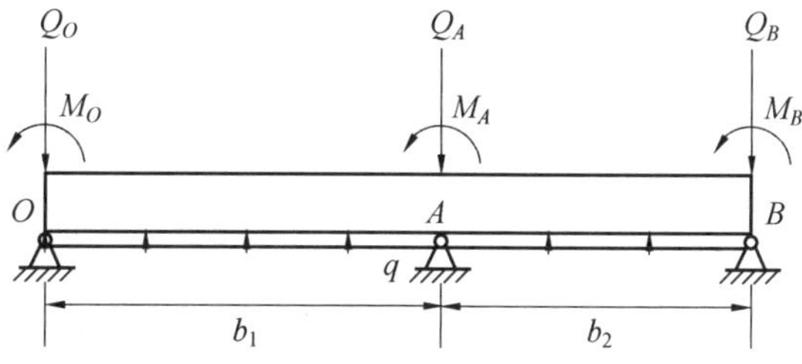

图 2.4　反力法底板简图

其中,集中荷载直接传递到下部支座,只需分别计算均布荷载和力偶作用下梁的弯矩。释放中间支座约束,支反力为

$$F_Q = \frac{3qb_2}{4}\left(2\eta^2 + 8\eta + 9 + \frac{9}{\eta} + \frac{6}{\eta^2}\right) \tag{2.9}$$

均布荷载作用下的弯矩为

$$M_q(x) = \frac{q(1+\eta)b_2}{2}x - \frac{q}{2}x^2 \tag{2.10}$$

支反力作用下的弯矩为

$$M_{F_Q} = \frac{3qb_2}{4(1+\eta)}\left(2\eta^2 + 8\eta + 9 + \frac{9}{\eta} + \frac{6}{\eta^2}\right)x \tag{2.11}$$

其中 $\eta = \dfrac{b_1}{b_2}$。取下部受拉为正,可得

$$M_1(x) = M_{F_Q} + M_q = \frac{3qb_2}{4(1+\eta)}\left(2\eta^2 + 8\eta + 9 + \frac{9}{\eta} + \frac{6}{\eta^2}\right)x + \left[\frac{q(1+\eta)b_2}{2}x - \frac{q}{2}x^2\right] \tag{2.12}$$

在集中力偶的作用下,当 $x \leqslant b_1$ 时,有 $M_2 = M_O$。所以得到反力法计算时的弯矩为

$$M_r(x) = \frac{3qb_2}{4(1+\eta)}\left(2\eta^2 + 8\eta + 9 + \frac{9}{\eta} + \frac{6}{\eta^2}\right)x + \left[\frac{q(1+\eta)b_2}{2}x - \frac{q}{2}x^2\right] + M_O \tag{2.13}$$

当 $x > b_1$ 时,有 $M_2 = M_O + M_A$,弯矩为

$$M_r(x) = \frac{3qb_2}{4(1+\eta)}\left(2\eta^2 + 8\eta + 9 + \frac{9}{\eta} + \frac{6}{\eta^2}\right)x + \left[\frac{q(1+\eta)b_2}{2}x - \frac{q}{2}x^2\right] + (M_O + M_A) \tag{2.14}$$

2.2.3 差异性分析

对比弹性地基梁法弯矩表达式(2.8)和反力法计算地基梁的弯矩表达式(2.13)、式(2.14)可以发现:

(1)在边界上,当 $x=0$ 时,$M_e(0)=M_r(0)=M_O$;当 $x=b_1+b_2$ 时,$M_e(0)=M_r(0)=M_B$,两者的结果一致,都体现了边界参数的影响。

(2)采用弹性地基梁法计算时,考虑了弹性特征参数 α,其反映了地基梁与地基的相对刚度,对地基梁的受力特性和变形有直接的影响,而采用反力法计算时,仅考虑将地基反力作为均布力 q 均匀作用底板上,即忽略了地基刚度的影响。

(3)采用反力法计算时,中间支座的反力 F_Q 引起的弯矩 M_{F_Q} 作为附加项反映在了弯矩表达式中,而在弹性地基梁法的计算中,没有支座反力这一项。且在工况一定的情况下,影响支座反力的因素主要为结构尺寸及左右舱室的比例 η。

因此,当采用弹性地基梁法的计算结果去修正反力法的计算结果时,应考虑变量为弹性特征参数和结构尺寸。尺寸因素主要影响的是中间支座反力,在弯矩表达式中体现为附加项,而弹性特征参数影响的是整体的变形趋势,所以可假设修正关系式如下:

$$M_{xr} = f(\alpha)\{M_r[1 + f(\eta, b_2)]\} \tag{2.15}$$

式中 M_{xr}—— 修正后的弯矩设计值;

M_r—— 反力法计算所得的弯矩设计值;

$f(\eta, b_2)$—— 结构尺寸影响系数;

$f(\alpha)$—— 地基梁相对刚度影响系数。

2.3 程序化的计算方法

2.3.1 基本信息

以地下双舱室闭合框架为例,结构尺寸及荷载工况分别如图 2.5 和图 2.6 所示。

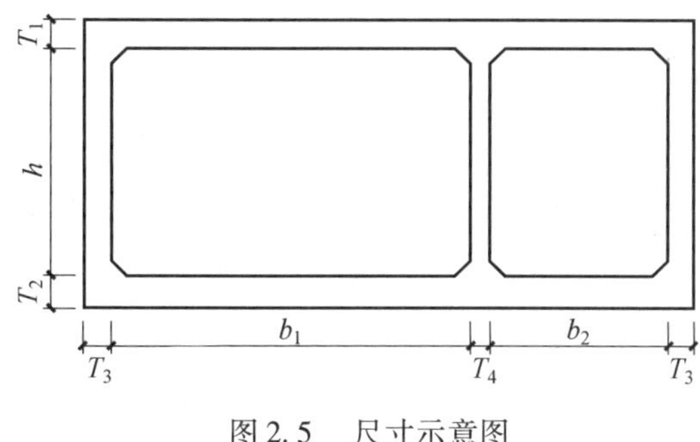

图2.5　尺寸示意图

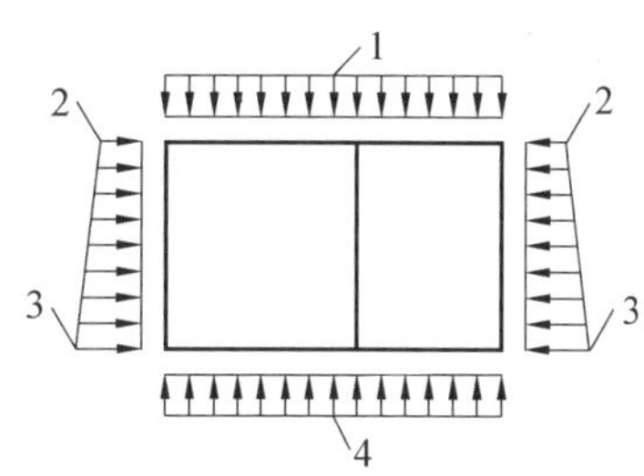

图2.6　荷载示意图
1— 顶板荷载;2— 侧壁顶压力;
3— 侧壁底压力;4— 底板反力

图2.5中,b_1、b_2 分别为底板长跨的净宽和短跨的净宽,h 为单层闭合框架的净高,T_1 ~ T_4 分别为各板厚度。图2.6中,荷载种类分别为:1为顶板荷载,包含覆土质量、地面荷载、水压力;2为侧壁顶压力;3为侧壁底压力;4为底板反力,包含水浮力、地基均匀反力(仅在采用反力法计算时考虑),取地下水位为0 m。地下结构所受荷载种类与分布形式基本一致,可变化性很小,所以荷载工况对内力设计值差异的影响可以忽略。

2.3.2　程序化算法信息

为了考察多种参数影响下的闭合框架内力情况,基于ANSYS平台编制了程序化的计算代码,便于计算大量尺寸或工况下闭合框架的内力,其中主要的问题和解决思路如下:

(1) 如何做到参数化和瞬时化,即怎么能同时计算各种尺寸各种工况下的内力。从统一输入、循环计算、统一输出的角度出发,将尺寸和工况信息输入,建立计算循环程序,并将结果文件合并输出。

(2) 选取合适的单元进行反力法简化算法和弹性地基梁法的比较。计算程序的设计主要包括以下几个方面:

① 信息的录入。将结构的尺寸信息比如跨度、板厚等,荷载工况的信息比如埋深,活荷载标准值等编辑为数组文件读入计算程序。

② 荷载计算。根据录入信息,在程序内计算出荷载效应的相关取值,并同时进行该型号的抗浮验算。

③ 单元的选取及材性定义。为了与弹性地基梁形成对比,反力法简化算法的累积计算采用了BEAM44单元,并进行了相关材料参数的定义及实常数的参数计算。

④ 模型的建立。根据录入的尺寸信息首先进行几何建模,然后将材料属性赋予几何单元,划分网格,定义约束条件,并对模型施加荷载。

⑤ 循环计算与结果输出。每一个型号进行一次计算并处理保存内力数据,循环地写入结果文件,计算完成后统一输出。

计算的流程图如图2.7所示。

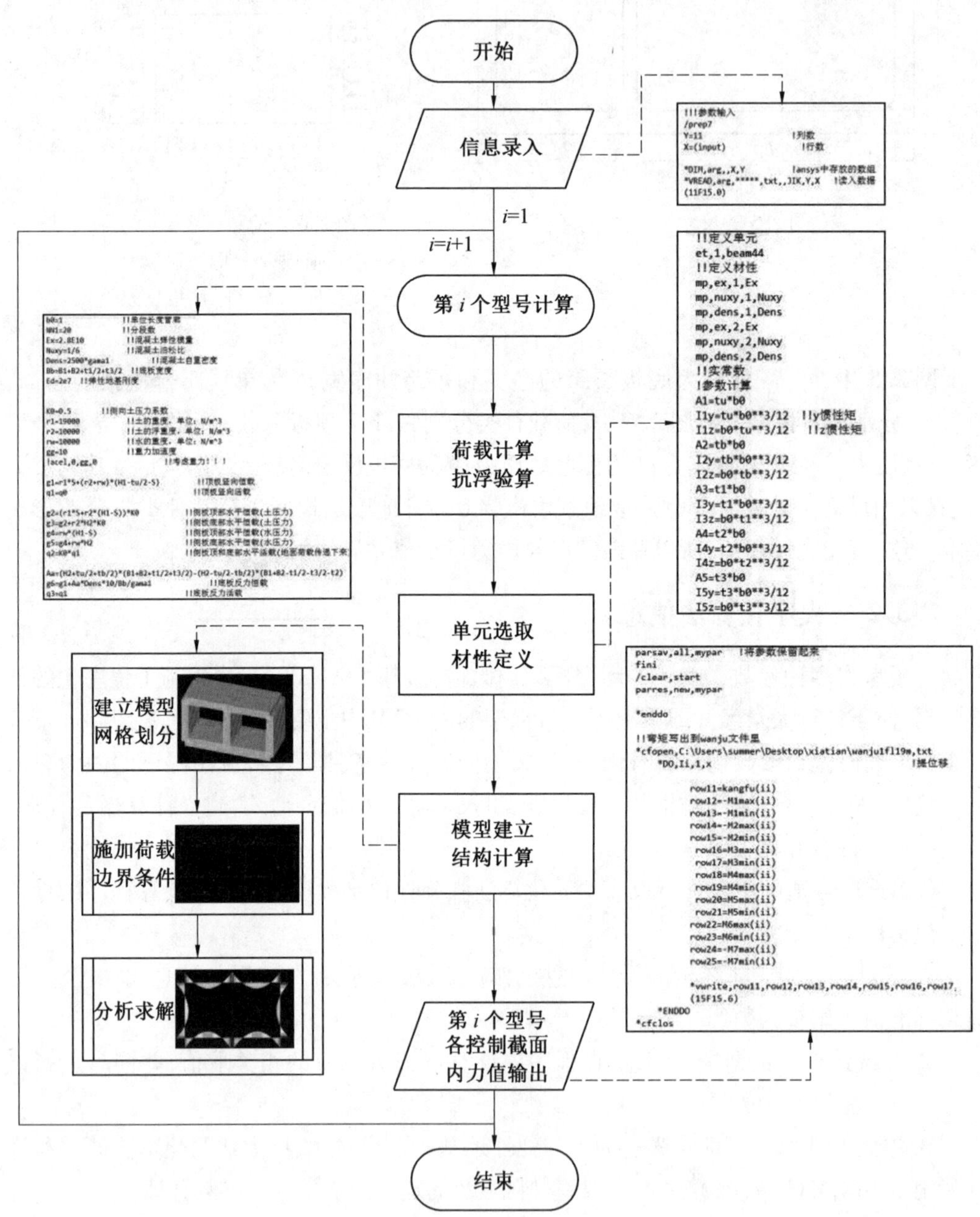

图 2.7　内力程序化算法流程图

2.4　反力法简化算法的试验验证

通过对足尺闭合框架进行受力性能试验，验证由反力法简化算法计算内力的准确性。采用二级分配梁多束预应力同步加载检测方法，完成了大尺寸双舱钢筋混凝土箱涵的足尺试验与结构性能检测。试验采用 6 台液压泵同级同步加载，等效模拟箱涵实际荷载工况。采用电阻应变片采集混凝土应变，采用光纤采集钢筋应变的组合式采集方法，验证了该型号箱涵的截面承载力，实际考察了该型号裂缝和变形。

2.4.1　试验构件的设计

(1) 荷载工况。

试验箱涵的工况如下：覆土厚度为 3 m，丰水期地下水位为 0 m，枯水期地下水位在管廊底面以下，覆土重度为 19 kN/m^3，浮重度为 9 kN/m^3，顶板活荷载标准值为 20 kN/m^3，结合管廊尺寸可以算得管廊受到的荷载情况，荷载计算如表 2.1 所示，荷载计算简图如图 2.8 所示。

表 2.1　荷载计算

构件	顶板 1	顶板 2	外侧墙(丰水期)	外侧墙(枯水期)
跨度 /mm	5 850	3 150	4 100	4 100
进深 /mm	1 500	1 500	1 500	1 500
受荷面积 /m^2	8.775	4.725	6.15	6.15
顶板覆土厚度 /m	3.0	3.0	—	—
土重度 /(kN · m^{-3})	19	19	—	—
恒荷载标准值 /(kN · m^{-2})	57	57	顶部:43.5 底部:102.95	顶部:28.5 底部:67.45
活荷载标准值 /(kN · m^{-2})	20	20	10	10
(恒载 + 活载) 标准值 /(kN · m^{-2})	77	77	顶部:53.5 底部:112.95	顶部:38.5 底部:77.45
(恒载 + 活载) 设计值 /(kN · m^{-2})	100.95	100.95	顶部:70.73 底部:150.98	顶部:50.48 底部:103.06

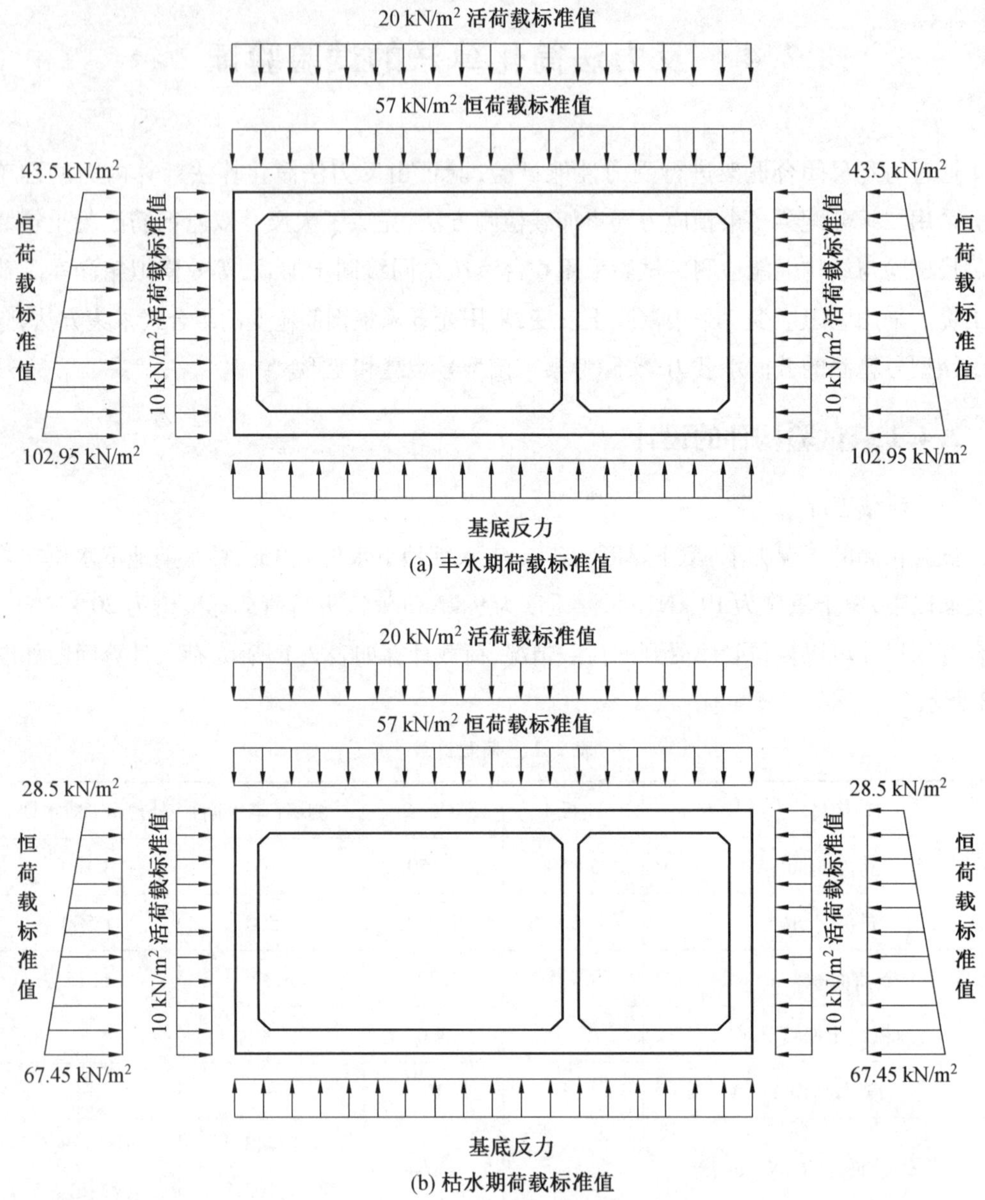

图 2.8　荷载计算简图

（2）试验构件的内力计算。

采用程序化计算方法计算所得弯矩包络图如图 2.9 所示。

（3）试验构件截面配筋计算。

由承载力极限状态下计算所得的控制截面配筋如表 2.2 所示。

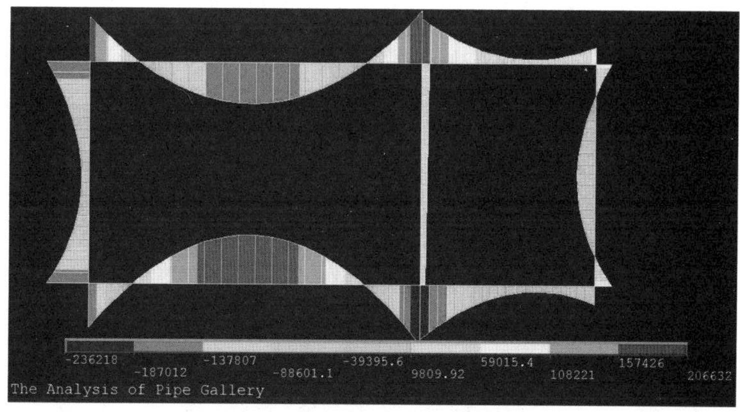

(a) 标准值下弯矩包络图

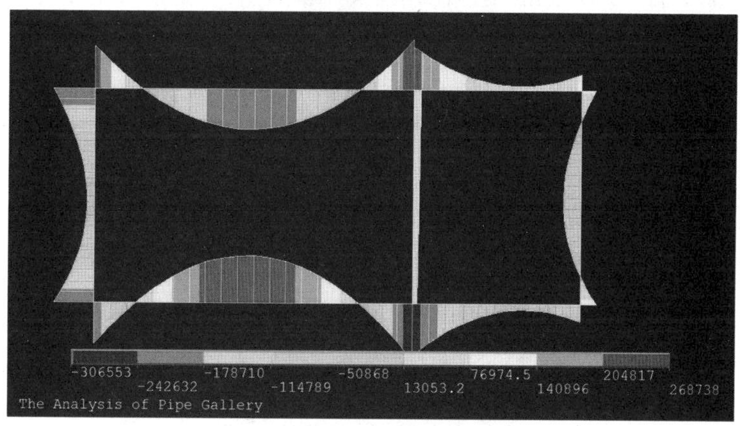

(b) 设计值下弯矩包络图

图 2.9　算例弯矩包络图

表 2.2　控制截面配筋表(承载力控制)

编号	1	2	3	4	5	6	7
种类	18@200	18@100	16@200	16@100	16@200	16@200	14@200
编号	8	9	10	11	12	13	14
种类	20@100	18@200	20@200	12@200	16@200	20@200	12@200
编号	15	16	17	18	19		
种类	12@200	12@200	16@200	8 隔一拉一			

正常使用极限状态(裂缝控制)验算的管廊配筋面积如表 2.3 所示。

相比之下可以发现,对于 9 m 管廊节段,按照裂缝宽度配筋的配筋量要比按承载力控制配筋的配筋量少一些。所以实配钢筋按照承载力极限状态控制配筋选取。

表 2.3　管廊配筋面积表(裂缝控制)

编号	1	2	3	4	5	6	7
种类	18@200	18@100	16@200	16@100	16@200	16@200	14@200
编号	8	9	10	11	12	13	14
种类	16@200	12@200	12@200	12@200	16@200	18@200	12@200
编号	15	16	17	18	19		
种类	12@200	12@200	16@200	8 隔一拉一			

2.4.2　试验构件制作

装配式预制综合管廊箱涵的构件制作主要有模具制作、钢筋笼制作、混凝土浇筑。

(1) 模具制作。

装配式预制综合管廊箱涵用的模具采用哈尔滨松江混凝土构件有限公司自主研发设计的半自动化立式模具,模具轴测图如图 2.10 所示。

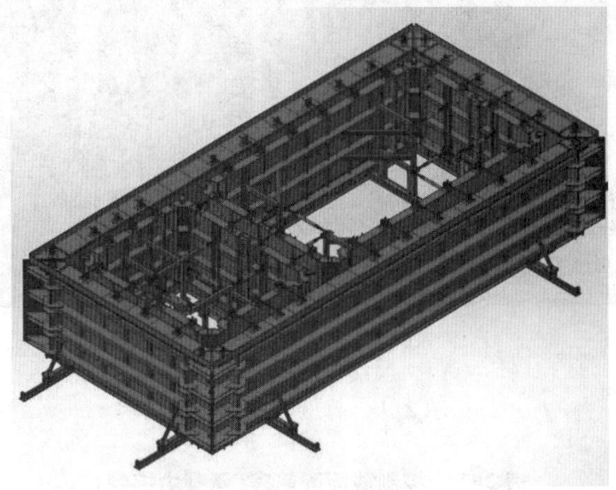

图 2.10　模具轴测图

(2) 钢筋笼制作。

钢筋笼在工厂车间内进行绑扎制作,制作完成后吊装至模具内。钢筋笼制作如图 2.11 所示。

图 2.11　钢筋笼制作

(3) 混凝土浇筑。

混凝土采用 C50 商品混凝土。混凝土浇筑如图 2.12 所示。

图 2.12　混凝土浇筑

2.4.3　试验方案

(1) 加载方案。

结合构件的尺寸以及加载设备的实际情况，试验时采用穿心千斤顶张拉钢绞线施加预应力及二级分配梁的方式进行加载，根据等效荷载的形式将管廊所受均布力等效成图 2.13 所示二级分配梁加载形式。

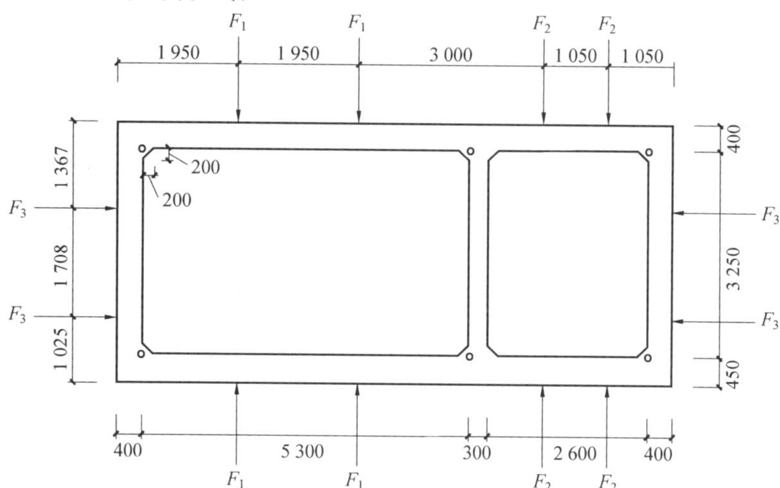

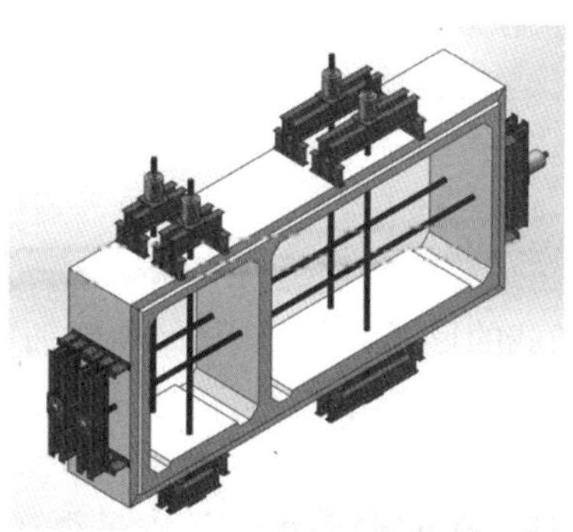

图 2.13　二级分配梁加载示意图

等效荷载的处理如下：

顶板1由两个加载点进行等效加载，达到顶板1的荷载标准值组合时，每个加载点的等效力的大小为

$$N_{1k} = 77 \times 5.85 \times 1.5/2 = 338\ (\text{kN})$$

达到顶板1的荷载设计值组合时，每个加载点的等效力的大小为

$$N_{1d} = 100.95 \times 5.85 \times 1.5/2 = 443\ (\text{kN})$$

取 $N_{1k} = 360$ kN，$N_{1d} = 450$ kN。

顶板2也由两个加载点进行等效加载，达到顶板2的荷载标准值组合时，每个加载点的等效力的大小为

$$N_{2k} = 77 \times 3.15 \times 1.5/2 = 181.2\ (\text{kN})$$

取 $N_{2k} = 192$ kN。

达到顶板2的荷载设计值组合时，每个加载点的等效力的大小为

$$N_{2d} = 100.95 \times 3.15 \times 1.5/2 = 238.5\ (\text{kN})$$

取 $N_{2d} = 240$ kN。

侧壁也由两个加载点进行等效加载：

与上板一样，侧壁也是通过两个加载点进行加载试验；侧壁在实际受力中分为丰水期和枯水期两种工况。

当荷载达到侧壁的荷载标准值时，根据丰水期工况，每个加载点的等效力的大小为

$$N'_{3k} = (53.5 + 112.95)/2 \times 4.1 \times 1.5/2 = 256\ (\text{kN})$$

根据枯水期工况，每个加载点的等效力的大小为

$$N''_{3k} = (38.5 + 77.45)/2 \times 4.1 \times 1.5/2 = 178\ (\text{kN})$$

取为 $N_{3k} = 280$ kN。

当荷载达到侧壁的荷载设计值组合时，根据丰水期工况，每个加载点的等效力的大小为

$$N'_{3d} = (70.73 + 150.98)/2 \times 4.1 \times 1.5/2 = 341\ (\text{kN})$$

根据枯水期工况，每个加载点的等效力的大小为

$$N''_{3d} = (50.48 + 103.06)/2 \times 4.1 \times 1.5/2 = 236\ (\text{kN})$$

取 $N_{3d} = 350$ kN。

等效荷载作用下的弯矩包络图如图2.14所示。

对比弯矩包络图可以看出，在等效荷载的作用下，没有改变各部件的受力方向，且各控制截面的弯矩均大于设计值弯矩包络图下相应位置的弯矩值。说明等效荷载偏于保守，试验结构也是偏于保守的。

(2) 加载程序。

根据《混凝土结构工程施工质量验收规范》(GB 50204—2015)中的有关规定，管廊闭合框架结构的加载采用分级加载的形式，用穿心千斤顶施加预应力的方式对结构施加荷载，从初始状态分4级逐渐加载到荷载标准值组合，然后继续分2级加载到设计值组合，其后继续分级加载到构件质量检验所需的荷载值。标准值和设计值组合以及相应的需要进行构件质量检测的加载级下持荷30 min，并观察管廊是否产生裂缝，其余每级荷载持续10 min。详细的加载步如表2.4所示。加载装置的现场布置如图2.15所示。

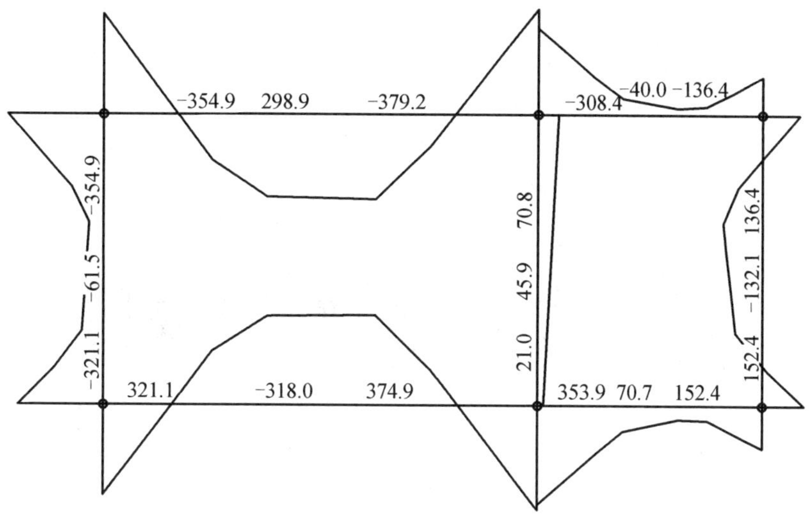

图 2.14　等效荷载作用下的弯矩包络图(单位:kN·m)

表 2.4　加载步

序号	加载状态	顶板 1		顶板 2		外侧墙		持续/min
		总压力/kN	分压力/kN	总压力/kN	分压力/kN	总压力/kN	分压力/kN	
0	初始状态	0	0	0	0	0	0	0
1		270	135	144	72	210	105	10
2		540	270	288	144	420	210	10
3		630	315	336	168	490	245	10
4	标准值	720	360	384	192	560	280	30
5		810	405	432	216	630	315	10
6	设计值	900	450	480	240	700	350	30
7		1 035	517.5	552	276	805	402.5	10
8		1 188	594	633.6	316.8	924	462	10
9		1 287	643.5	686.4	343.2	1 001	500.5	30
10		1 395	697.5	744	372	1 085	542.5	30
11		1 485	742.5	792	396	1 155	577.5	30

(3) 量测设备及量测方案。

试验主要考察装配式预制混凝土综合管廊箱涵的静力性能,需采集的数据有各板的挠度,相应荷载级下的裂缝宽度、钢筋应变及混凝土应变。

图 2.15　加载装置的现场布置图

挠度的测量选用位移计来量测各板的位移。位移计布置在与地面固定的脚手架上，并确保脚手架 - 位移计系统与管廊试验件没有任何接触。位移计的布置方案以及现场布置如图 2.16 和图 2.17 所示。

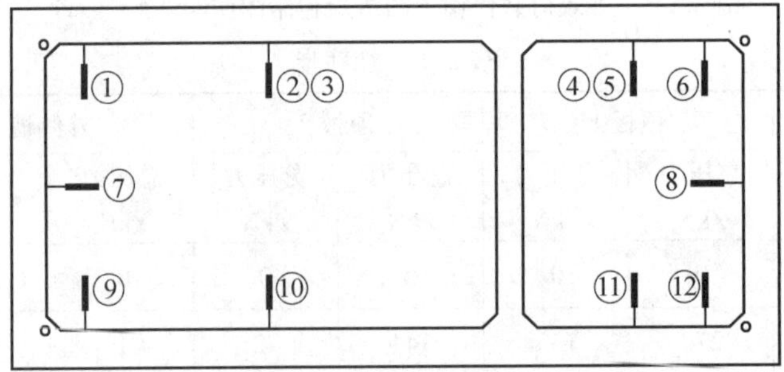

图 2.16　位移计的布置方案

图 2.17　位移计的现场布置

试验构件在钢筋笼绑扎完成以后，在受力主筋的一圈布置光纤，使用光纤来测量钢筋在加载过程中的应变。光纤的布置方案如图 2.18 所示。光纤使用不锈钢扎带与受力主筋绑扎在一起，绑扎间距为 200 mm，绑扎情况如图 2.19 所示。

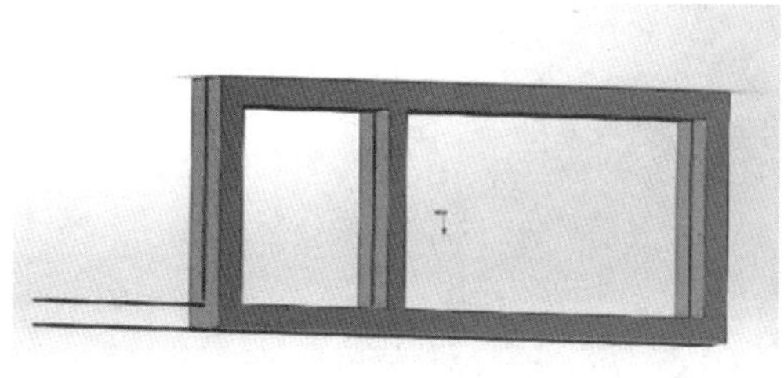

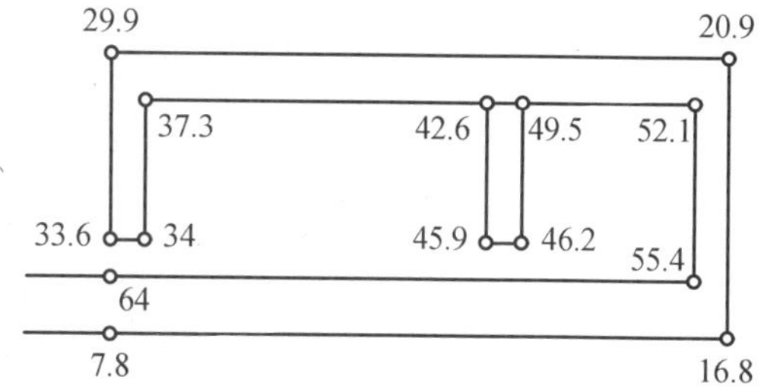

图 2.18　光纤的布置方案

图 2.19　光纤的绑扎情况

混凝土应变的测量采用混凝土应变片,将混凝土应变片粘贴在管廊的外表面,通过采集仪记录每一步加载级下的应变值。

裂缝宽度的测量采用裂缝观测仪及游标卡尺,其中裂缝观测仪精度可以达到 0.02 mm,满足测量需求。

2.4.4　试验过程

经过多次的前期讨论与方案制定,试验采用 6 台液压泵同级同步加载,成功等效模拟了箱涵实际荷载工况。试验过程的相关图片如图 2.20 ~ 2.25 所示。

图 2.20　试验人员就位

图 2.21　加载设备检查

图 2.22　加载步手势

图 2.23　油泵控制

图 2.24　裂缝观测

图 2.25　数据监控

2.4.5　试验结果分析

试验结果分析包括各墙、板的挠度分析，钢筋与混凝土的应变分析以及裂缝情况的分析。

(1) 各墙、板的挠度分析。

在每个荷载级下，用采集仪多次记录位移计采集的数据，并根据位移计标定的结果处理，得到位移值。各位移计的数据如表 2.5 所示。

表 2.5　位移计的数据

加载步	加载值与设计值比例	顶板 1 跨中 /mm	顶板 2 跨中 /mm	底板 1 跨中 /mm	底板 2 跨中 /mm	侧墙 1 跨中 /mm	侧墙 2 跨中 /mm	顶板 2L 节点 /mm	侧墙 2L 节点 /mm	顶板 1L 节点 /mm	侧墙 1L 节点 /mm
0	0	0.00	0.00	0.00	0.00	0.00	0.00	0.00	0.00	0.00	0.00
1	0.3	1.18	0.20	1.61	-0.03	-0.26	-0.17	-1.33	-1.10	0.42	-0.45
3	0.7	4.82	-0.18	0.30	-1.22	-0.87	0.02	0.13	-0.29	0.97	-0.79

续表 2.5

加载步	加载值与设计值比例	顶板 1 跨中 /mm	顶板 2 跨中 /mm	底板 1 跨中 /mm	底板 2 跨中 /mm	侧墙 1 跨中 /mm	侧墙 2 跨中 /mm	顶板 2L 节点 /mm	侧墙 2L 节点 /mm	顶板 1L 节点 /mm	侧墙 1L 节点 /mm
4	0.8	5.82	-1.15	0.73	-1.74	-1.07	-0.04	-1.56	0.46	0.91	-0.90
5	0.9	6.43	-1.33	1.02	-1.70	-1.18	-0.06	-4.85	-0.27	0.95	-1.01
6	1	7.92	-1.41	1.72	-1.70	-1.63	-0.02	-5.21	-0.34	1.12	-1.27
8	1.32	12.51	-1.14	4.61	-3.23	-3.43	0.47	-5.95	0.57	2.07	-2.40
9	1.55	14.02	-1.35	5.63	-3.41	-3.96	0.70	-6.31	0.95	2.33	-2.78
11	1.65	17.28	-1.61	7.67	-3.62	-5.10	0.74	-6.57	0.28	6.52	-3.56

各位置的荷载－位移曲线如图 2.26 所示，其中使结构外凸位移为负，内凹为正。

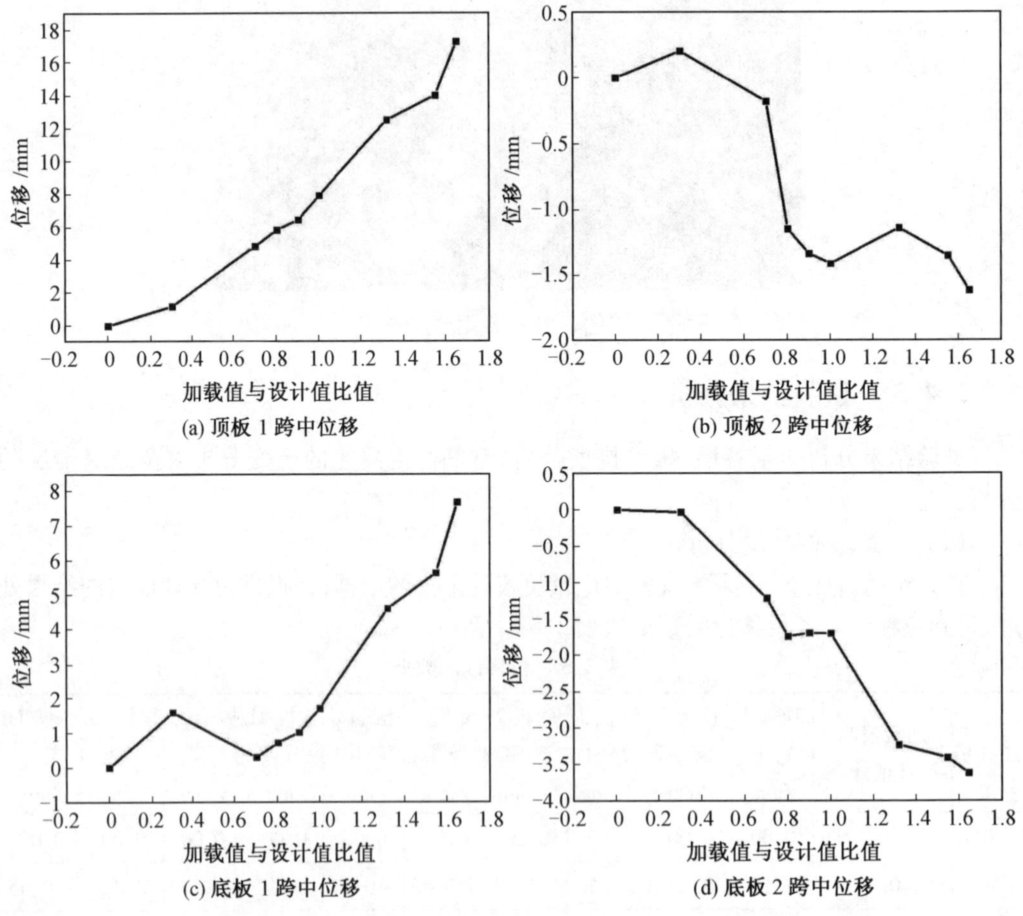

(a) 顶板 1 跨中位移

(b) 顶板 2 跨中位移

(c) 底板 1 跨中位移

(d) 底板 2 跨中位移

图 2.26　荷载－位移曲线

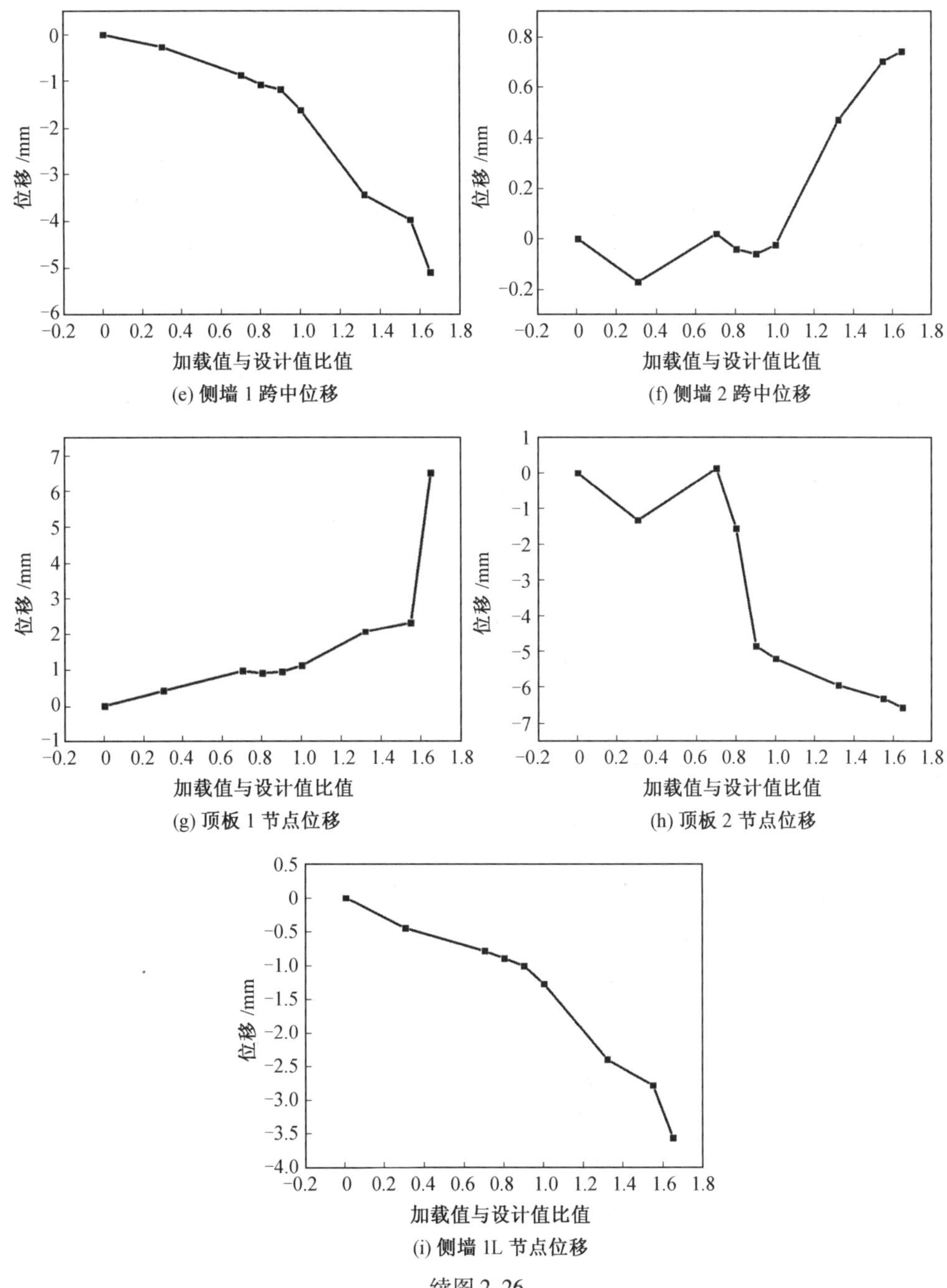

(e) 侧墙 1 跨中位移

(f) 侧墙 2 跨中位移

(g) 顶板 1 节点位移

(h) 顶板 2 节点位移

(i) 侧墙 1L 节点位移

续图 2.26

试验中没有采集中墙的位移,原因是中墙在前期分析过程中,其为小偏心受压构件,承担弯矩较小,相应的位移很小,采集结果误差影响会很大。在应变分析中对中墙的结构响应进行叙述。

通过荷载 - 位移曲线可以看出:结构的整体变形趋势与计算所得的内力包络图基本一致,挠度最大的位置位于顶板1的跨中,底板1由于自重和板厚加大,位移远小于顶板。

同时顶板2、侧墙1、底板2由于相邻墙板传递的负弯矩,发生了反拱现象,表现为位移与外部荷载方向相反。

荷载-位移曲线中,在荷载与设计值比例位于0.8~1的荷载级下,有局部突变,位移表现不连续或在0点附近上下波动,除去采集数值漂移的因素外,主要原因有两点:

①加载过程中,由6台油泵带动6台穿心千斤顶同时张拉,张拉时以每一步荷载值为控制变量,并没有对张拉速度进行控制,导致有的千斤顶张拉速度相对过快,使结构中某些部件先产生一定变形,等所有千斤顶张拉到位以后,此时该部件的位移就会偏大。

②在0.8倍设计值下,顶板1、底板1跨中,以及顶板1、2和底板1、2的负弯矩区开始出现裂缝,结构在这些位置的刚度发生变化,导致挠度突然变化,在后面的加载步中,裂缝开展基本稳定以后,位移曲线表现得相对平稳。

(2)钢筋与混凝土的应变分析。

通过光纤采集的应变为分布式应变,将每0.05 m范围内钢筋应变取平均值作为应变参考值,连续性强,且误差可控制在±20 $\mu\varepsilon$内。通过专用的光纤采集设备采集并处理后的数据如图2.27所示。其中靠近舱室内命名为内侧,反之为外侧。

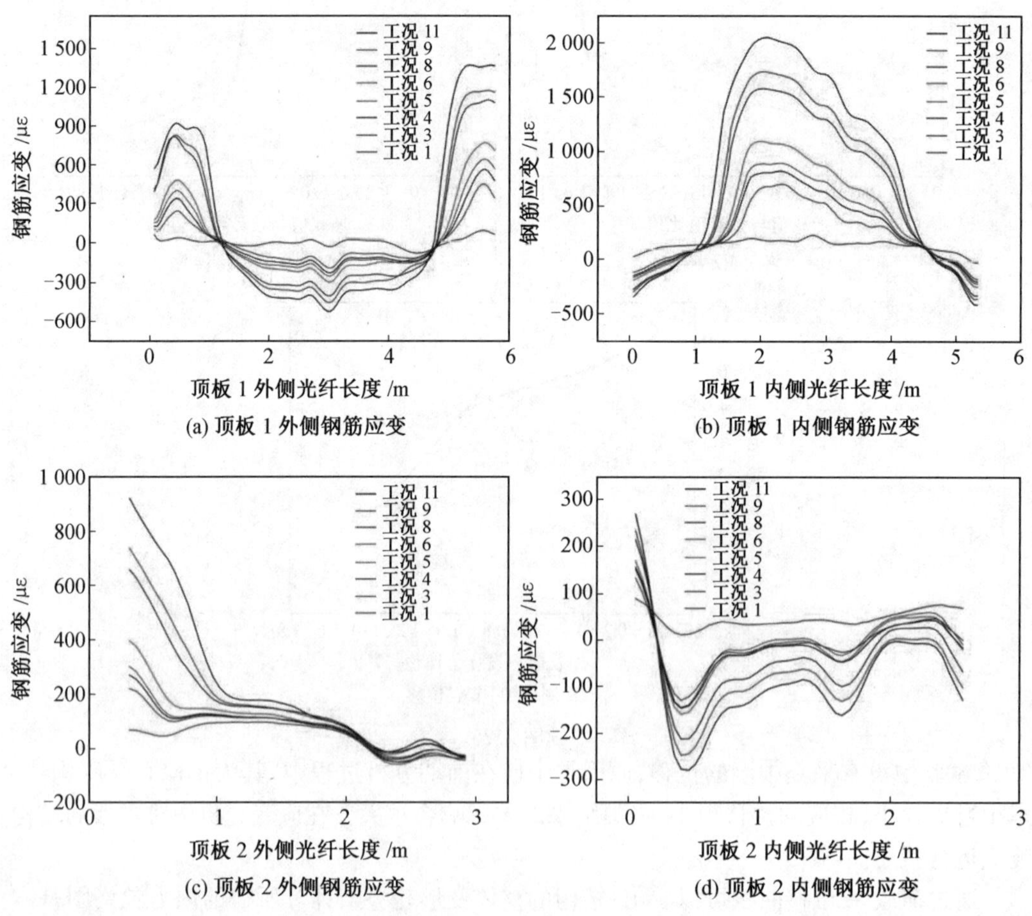

图2.27 钢筋应变曲线(彩图见附录)

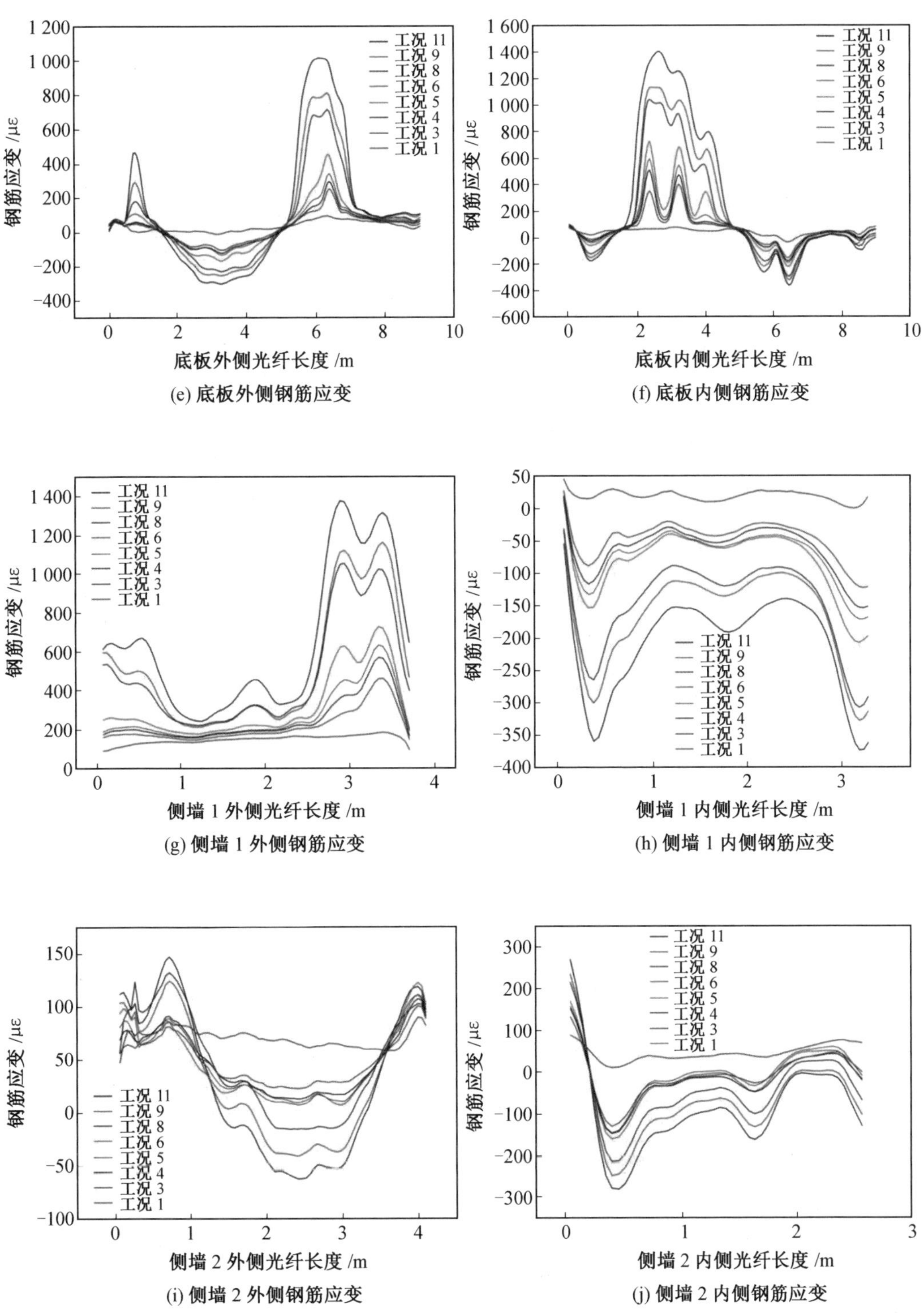

(e) 底板外侧钢筋应变　　(f) 底板内侧钢筋应变

(g) 侧墙 1 外侧钢筋应变　　(h) 侧墙 1 内侧钢筋应变

(i) 侧墙 2 外侧钢筋应变　　(j) 侧墙 2 内侧钢筋应变

续图 2.27

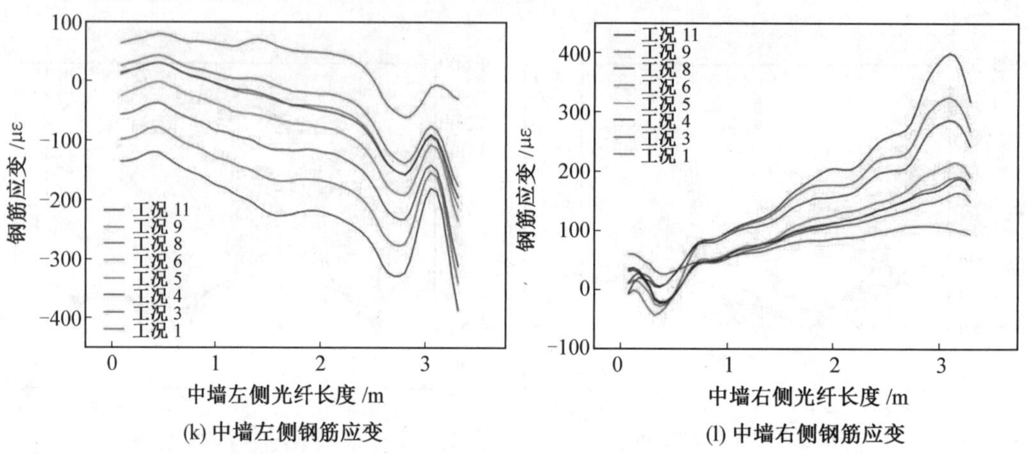

(k) 中墙左侧钢筋应变　　(l) 中墙右侧钢筋应变

续图 2.27

通过混凝土应变片采集的混凝土应变结果如图 2.28 所示。

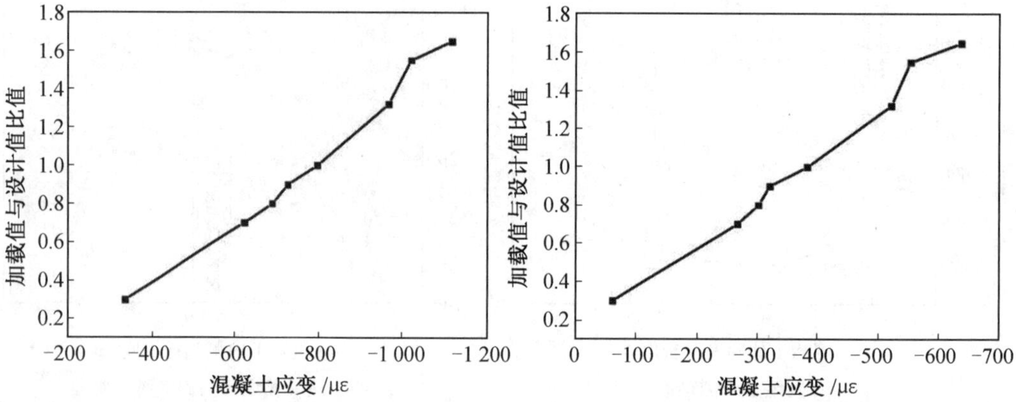

(a) 顶板 1 受压区　　(b) 底板 1 受压区

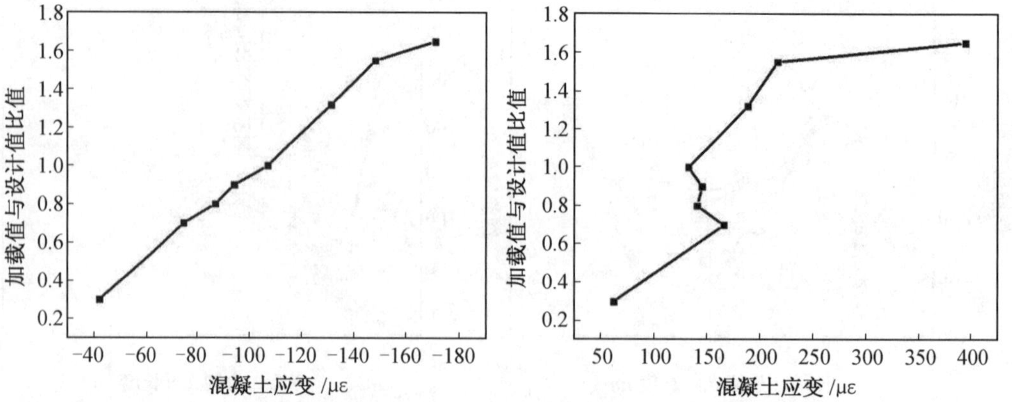

(c) 顶板 2 受压区　　(d) 顶板 2 受拉区

图 2.28　混凝土应变曲线

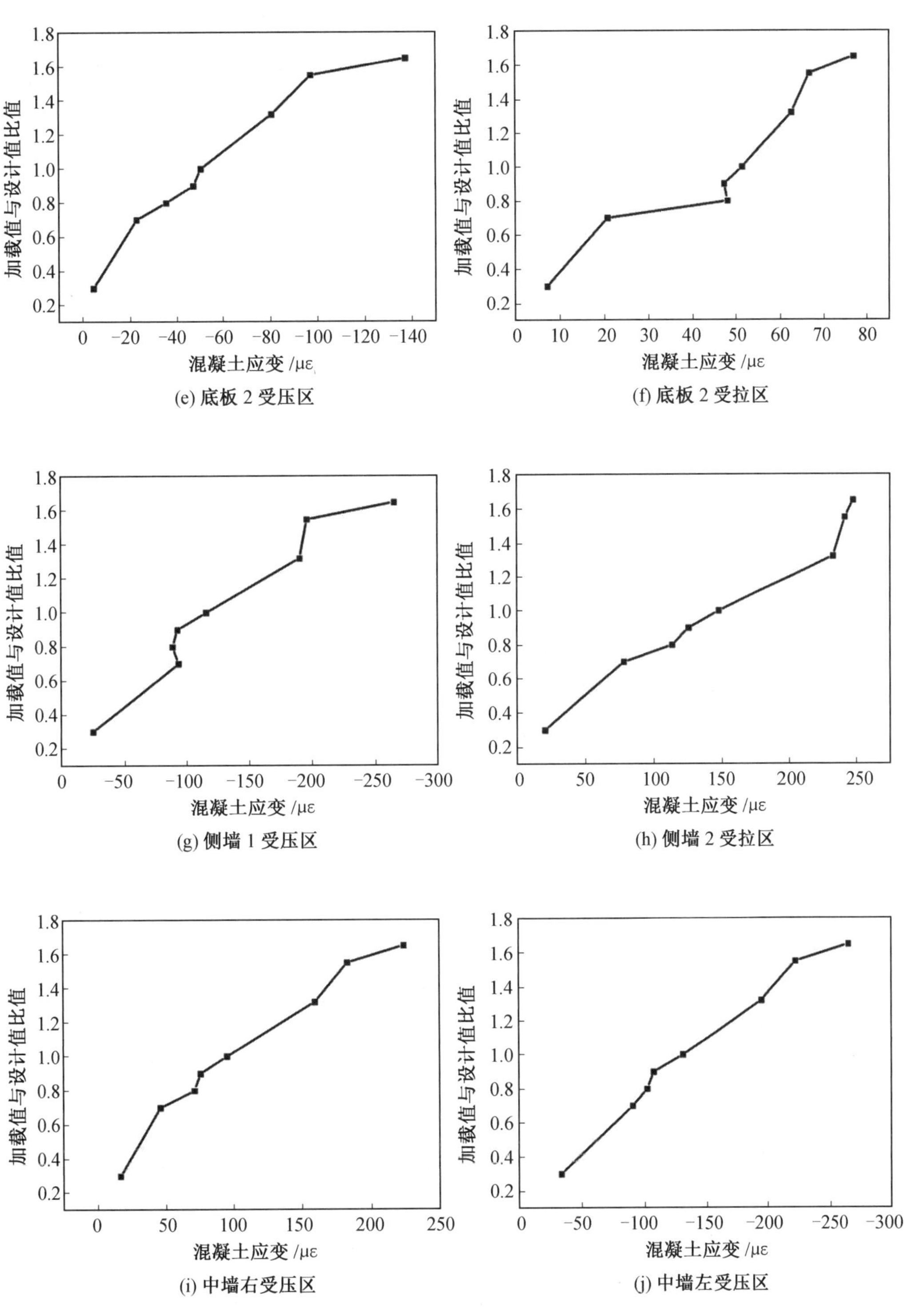
加载值与设计值比值
混凝土应变 /με
(e) 底板 2 受压区
(f) 底板 2 受拉区
(g) 侧墙 1 受压区
(h) 侧墙 2 受拉区
(i) 中墙右受压区
(j) 中墙左受压区

续图 2.28

分析应变曲线可以得出：

① 从钢筋的应变曲线中能很明显地看出闭合框架受到周向荷载的作用产生的反拱现象，与结构的弯矩图以及荷载 - 位移曲线基本相对应：顶板 2、侧墙 1 及底板 2 的钢筋均出现内侧受压、外侧受拉，其主要原因是顶板 1 和底板 1 的弯矩通过节点传递到相邻板和墙上。

② 顶板 2 和底板 2 对侧墙 2 的反拱作用抵消了一部分由外荷载产生的弯矩，但并没有改变截面的受拉和受压位置。可以看出，对于地下闭合框架结构，在荷载条件一定的情况下，合理调整各舱室跨度和结构高度，可以利用反拱作用来减小控制截面弯矩效果，这样可充分发挥混凝土受压特性，降低配筋率并减少裂缝的产生。同时，把闭合框架结构设计为圆形和椭圆形等异形截面也是很好的选择。

③ 从结构的弯矩图以及中墙的钢筋应变曲线中可以看到，虽然左右两个舱室跨度差别很大，但顶板刚度远大于中墙的刚度，从弯矩分配角度来看也是顶板分配的弯矩更多。在构件设计时建议减薄中墙厚度，因为在闭合框架设计中，本身节点就是需要进行负弯矩加强的位置，减少中墙厚度，使左右顶板弯矩基本一致，充分发挥节点加强筋作用，同时顶板受力连续性也更好，没有太大的应力突变，达到了强节点、弱构件的设计目的。

④ 从弯矩图可以看出，顶板和底板的弯矩值相差不大，但底板在设计时板厚要比顶板厚度高 50 mm，且在自重的作用下，导致实际钢筋应变要小于顶板。从而也说明当采用反力法简化算法计算地下闭合框架结构时，底板设计是偏于保守的。对于工程设计，底板在满足抗浮要求的前提下，建议与顶板取相同板厚，并且建议采用弹性地基梁的算法来计算底板弯矩，这样可以降低配筋量。

(3) 裂缝情况的分析。

根据加载步的设计，在标准值、设计值及 1.32 倍设计值下进行了长时间持荷并对裂缝进行观察和测量。

在荷载标准值作用下，构件仅出现少量裂缝，主要位于顶板 1 和底板 1 内侧，以及顶板 1、2 和底板 1、2 的负弯矩区域。此时钢筋最大拉应变为 600 με，受拉主筋处的裂缝宽度分别为：顶板 1、2 负弯矩区裂缝宽度为 0.11 mm，顶板 1 正弯矩区裂缝宽度为 0.06 mm，底板 1、2 负弯矩区最大裂缝宽度为 0.01 mm，底板 1 正弯矩区裂缝宽度为 0.06 mm。可以看出正常使用极限状态下，有开展至主筋处的裂缝存在，虽然满足《混凝土结构设计规范（2015 年版）》(GB 50010—2010) 以及《混凝土结构工程施工质量验收规范》(GB 50204—2015) 的要求，但由于存在迎水面的裂缝，为避免钢筋锈蚀，进行预制管廊的外包防水还是有必要的。在 1.32 倍设计值下，构件在受拉区的裂缝均匀分布，其中顶板 1、2 负弯矩区裂缝宽度为 0.2 mm，顶板 1 正弯矩区裂缝宽度为 0.2 mm，底板 1 负弯矩区裂缝宽度为 0.03 mm，底板 2 负弯矩区裂缝宽度为 0.04 mm，底板 1 正弯矩区裂缝宽度为 0.18 mm，其余位置均未有明显裂缝产生。此时钢筋最大拉应变为 1 600 με。

从裂缝的开展情况可以看出，进行裂缝控制配筋设计时，最为重要的部位是迎水面负弯矩区域，因为此处既有保护层厚度的要求，又是结构负弯矩较大的位置，为了达到更好的抗裂效果，在保证配筋率的前提下应尽量采用直径小、间距小的布筋形式。

2.5　结果分析与内力修正

2.5.1　算法结果对比分析

通过 ANSYS 的数值计算,发现采用两种方法计算所得的内力形式相近,但也有一定差异:闭合框架的轴力一致,差异很小,且结构的弯矩值在综合管廊的顶板,侧墙板以及中墙板很接近,在工程设计时可不予考虑;但底板上的弯矩值有很大的差别。

当仅考虑结构尺寸影响时,取地下结构工程中常见的中等密实度土壤的地基基床系数 $k=2\times10^7\ \mathrm{N/m^3}$ 作为弹性地基梁的刚度。考虑实际的工程条件,尺寸选取按以下原则:短跨净宽 b_2 为 2.5 m 和 3.5 m;长跨与短跨的净宽比值 η 为 1 ~ 2.5,高度的取值与净高的取值一致,且不大于 4 m。计算得到底板正负弯矩设计值如图 2.29 所示。单独考虑 η 的影响时,分别取短跨净宽 b_2 为 2.5 m 和 3.5 m。计算结果如图 2.30 所示。

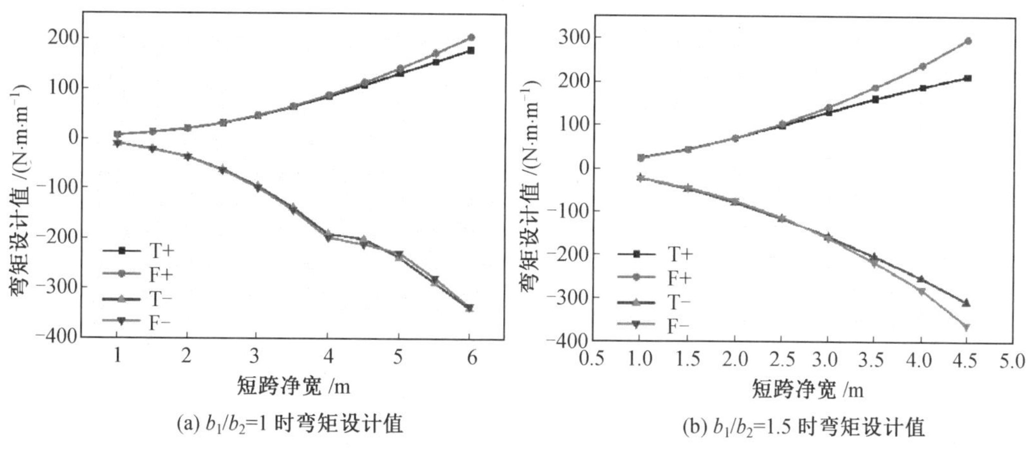

(a) $b_1/b_2=1$ 时弯矩设计值　　(b) $b_1/b_2=1.5$ 时弯矩设计值

图 2.29　不同闭合框架尺寸的弯矩设计值

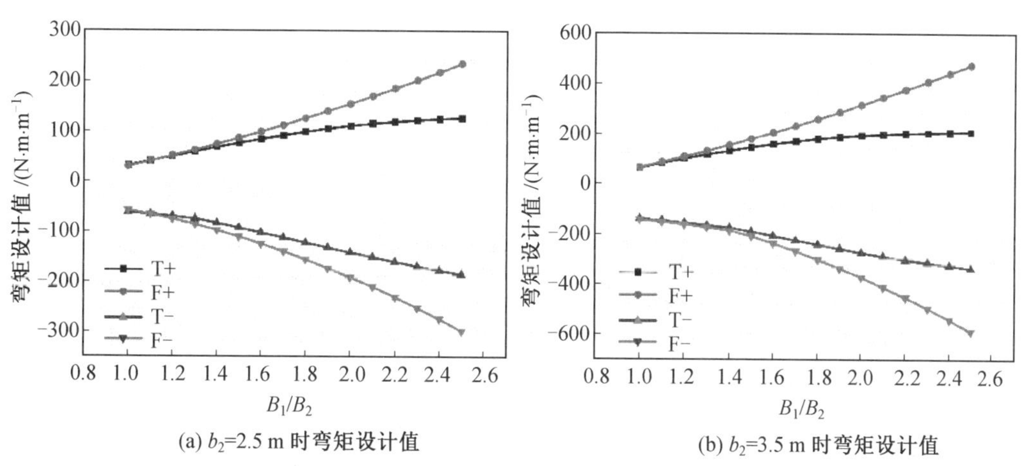

(a) $b_2=2.5$ m 时弯矩设计值　　(b) $b_2=3.5$ m 时弯矩设计值

图 2.30　不同左右舱室比例的弯矩设计值

图2.30中,T和F分别表示由弹性地基梁法和反力法计算的结果;+和-分别表示正弯矩设计值和负弯矩设计值。

结果表明:

(1)随着闭合框架底板尺寸的增大,两种计算方法计算的弯矩设计值差异越来越大,是由于底板反力的不均匀分布随着底板尺寸的增大而越明显。

(2)随着舱室比例的增加,弯矩设计值的差异也越来越大,差异最大时反力法计算的结果比弹性地基梁法大了约一倍,说明简化为铰支座的计算方法是不合理的。

当仅考虑地基刚度的影响时,短跨净宽 b_2 为2.5 m和3.5 m,$\eta=1$。基床系数 k 取值为 $1\times10^7\sim7.2\times10^7$ N/m^3。计算结果如图2.31和图2.32所示。

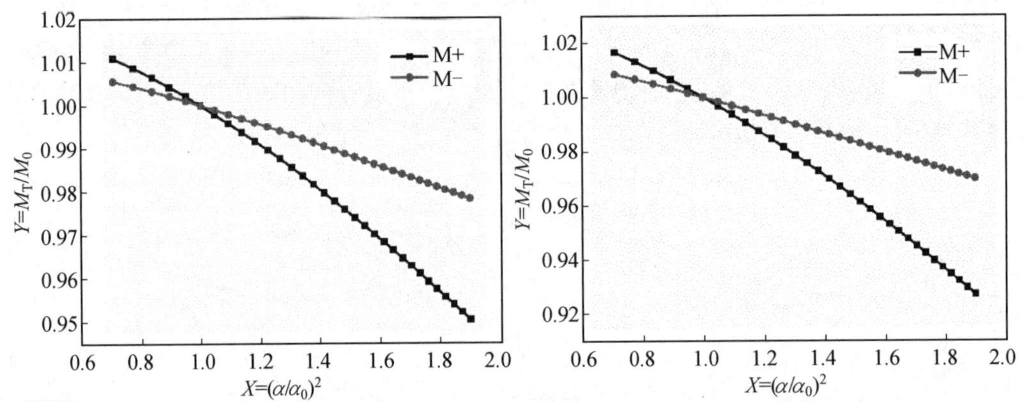

图2.31 b_2 = 2.5 m时变化规律

图2.32 b_2 = 3.5 m时变化规律

结果表明,随着地基梁相对刚度的增加,计算弯矩值逐渐减小但是减小的幅度很小(随着基床系数从 1×10^7 N/m^3 增加至 7.2×10^7 N/m^3 时,弯矩值仅减少不到10%),主要是因为闭合框架结构的整体刚度相对土体而言大很多,基于Winkler弹性地基模型计算时,地基传递给闭合框架底板的反力变化不是很大,不同的是土体自身的沉降。所以在一般设计时,不考虑沉降量的情况下,可以认为地基刚度对闭合框架的内力计算是没有影响的。然而对于有土体刚度改变的情况,则需另行计算。

2.5.2 内力修正

1.尺寸影响修正

根据弯矩的解析表达式,定义尺寸影响系数 $\eta\sqrt{b_2}$,其中短跨宽度 b_2 需做无量纲化处理,其反映了结构的尺寸及左右舱室比例对两种方法计算底板弯矩的影响。从上述分析结果可以得出,尺寸影响系数越小,差值越小,反之亦然,可以得出当 $\eta\sqrt{b_2}\leqslant2$ 时,两者的差值很小,可以忽略不计,双舱室闭合框架采用反力法计算时,也可忽略尺寸影响,当 $\eta\sqrt{b_2}>2$ 时,建议修正。

采用ORINGIN软件进行拟合,拟合曲线如图2.33和图2.34所示。拟合结果为

$$f(\eta,b)=0.5-0.12\eta e^{0.33b_2}\quad(正弯矩设计值)\tag{2.16}$$

$$f(\eta,b)=0.3-0.13\eta e^{0.21b_2}\quad(负弯矩设计值)\tag{2.17}$$

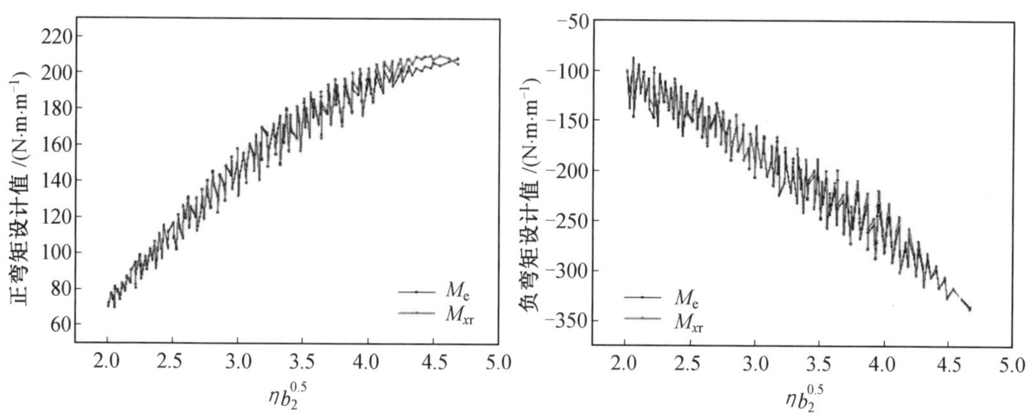

图 2. 33　正弯矩拟合曲线(彩图见附录)　　图 2. 34　负弯矩拟合曲线(彩图见附录)

2. 刚度影响修正

在考虑刚度影响时,考察 $\alpha^2 = \sqrt{\frac{kb}{4EI}}$ 和 M_e/M_0,其中 M_0 为地基梁的基床系数,为 $2 \times 10^7\ \mathrm{N/m^3}$, 是计算得到的底板弯矩值。在分析尺寸影响时,取该基床系数为基本值分析,此处取对应的弯矩基本值。

对于地基梁相对刚度修正系数 $f(\alpha)$,可近似认为取值为 1。基于数值结果,以基床系数 $k_0 = 2 \times 10^7\ \mathrm{N/m^3}$ 对应的弹性特征系数 $\alpha_0 = \sqrt[4]{\frac{k_0 b}{4EI}}$ 为参考值,有

$$f(\alpha) = \frac{M_e}{M_0} = 1.01 - 0.01\left(\frac{\alpha}{\alpha_0}\right)^2 = 1.01 - 0.01\sqrt{\frac{k}{k_0}}\text{(对应正弯矩)} \tag{2.18}$$

$$f(\alpha) = \frac{M_T}{M_0} = 1.02 - 0.02\left(\frac{\alpha}{\alpha_0}\right)^2 = 1.02 - 0.02\sqrt{\frac{k}{k_0}}\text{(对应负弯矩)} \tag{2.19}$$

3. 修正关系式

综合闭合框架的尺寸因素和地基梁相对刚度因素所对应的修正系数,可以得到当采用反力法计算闭合框架内力时,底板的弯矩设计值可以修正为

$$M_{xr} = f(\alpha)\cdot[M_r(1 + f(\eta, b_2))] =$$

$$\begin{cases} M_r\left[1.01 - 0.01\left(\dfrac{\alpha}{\alpha_0}\right)^2\right](1.5 - 0.12\eta e^{0.33b_2}) & \text{正弯矩} \\ M_r\left[1.02 - 0.02\left(\dfrac{\alpha}{\alpha_0}\right)^2\right](1.3 - 0.13\eta e^{0.21b_2}) & \text{负弯矩} \end{cases} \quad (\eta\sqrt{b_2} > 2) \tag{2.20}$$

进行不同闭合框架结构尺寸及地基刚度的算例验证,结果如表2. 6、图2. 35 和图2. 36 所示。

表 2.6　算例验证结果

编号 N	b_1 /mm	b_2 /mm	弹性特征系数	M_{e^+}/(N · m · m^{-1})	M_{e^-}/(N · m · m^{-1})	M_{r^+}/(N · m · m^{-1})	M_{r^-}/(N · m · m^{-1})	M_{xr^+}/(N · m · m^{-1})	M_{xr^-}/(N · m · m^{-1})
1	4 500	4 500	2. 12	108. 08	– 201. 8	106. 79	– 213. 59	102. 7	– 206. 2
2	3 000	2 000	2. 12	68. 73	– 79. 71	66. 45	– 90. 51	76. 1	– 90. 8
3	2 625	1 500	2. 14	56. 28	– 63. 36	53. 73	– 70. 68	61. 8	– 69. 9
4	3 750	3 000	2. 17	92. 53	– 128. 23	92. 29	– 137. 47	100. 6	– 136. 8
5	5 000	5 000	2. 24	131. 71	– 238. 28	134. 59	– 269. 17	116. 4	– 249. 9
6	2 250	1 000	2. 25	43. 67	– 49. 05	41. 23	– 53. 52	46. 1	– 50. 3
7	4 375	3 500	2. 34	116. 87	– 171. 65	121. 78	– 180. 29	123. 7	– 173. 3
8	5 500	5 500	2. 35	154. 97	– 288. 52	165. 93	– 328. 98	124. 6	– 291. 9
9	3 750	2 500	2. 37	98. 35	– 116. 45	99. 34	– 134. 39	107. 5	– 130. 4
11	6 000	6 000	2. 55	148. 54	– 339. 61	199. 53	– 392. 97	123. 0	– 330. 8
10	3 000	1 500	2. 55	70. 25	– 80. 07	68. 44	– 88. 89	75. 3	– 83. 9
12	3 500	2 000	2. 57	89. 96	– 103. 38	89. 78	– 117. 64	97. 6	– 112. 2
13	5 000	4 000	2. 5	141. 21	– 220. 89	155. 04	– 228. 21	144. 0	– 210. 8
14	4 500	3 000	2. 6	129. 74	– 157. 99	138. 6	– 186. 44	139. 6	– 174. 1
15	5 625	4 500	2. 65	168. 21	– 248. 2	196. 37	– 295. 04	162. 3	– 260. 2
16	3 375	1 500	2. 76	84. 74	– 98. 46	84. 19	– 109. 57	88. 4	– 98. 5
17	4 375	2 500	2. 77	127. 19	– 149. 5	134. 82	– 176. 15	136. 5	– 161. 2
18	6 250	5 000	2. 8	192. 7	– 302. 16	241. 24	– 367. 78	170. 3	– 307. 3
19	5 250	3 500	2. 81	160. 45	– 203. 4	184. 11	– 246. 42	169. 2	– 220. 1
20	4 000	2 000	2. 83	111. 47	– 129. 55	115. 03	– 149. 29	118. 2	– 135. 0
21	6 000	4 000	3	187. 89	– 254. 24	235. 78	– 314. 09	192. 1	– 266. 4
22	5 250	3 000	3. 03	164. 04	– 200. 04	188. 92	– 245. 98	174. 8	– 214. 7
23	5 000	2 500	3. 16	154. 59	– 184. 87	173. 43	– 224. 94	163. 6	– 193. 6
24	6 750	4 500	3. 18	212. 72	– 308. 03	294. 55	– 401. 2	203. 8	– 320. 3
25	4 500	2 000	3. 18	132. 76	– 157. 56	142. 13	– 185. 31	137. 7	– 158. 4
26	6 125	3 500	3. 27	196. 18	– 252. 95	251. 89	– 326. 91	207. 1	– 269. 9
27	7 500	5 000	3. 35	231. 7	– 362. 64	358. 72	– 496. 36	196. 3	– 368. 7
28	6 000	3 000	3. 46	193. 28	– 242. 94	243. 51	– 315. 64	205. 4	– 256. 2
29	7 000	4 000	3. 5	221. 61	– 305. 67	323. 61	– 418. 72	226. 8	– 323. 7
30	5 625	2 500	3. 56	179. 28	– 221. 15	214. 93	– 280. 55	187. 8	– 226. 0
31	7 875	4 500	3. 71	238. 43	– 361. 5	401. 64	– 530. 66	223. 9	– 379. 3
32	7 000	3 500	3. 74	223. 47	– 300. 27	325. 21	– 421. 17	236. 0	– 319. 1

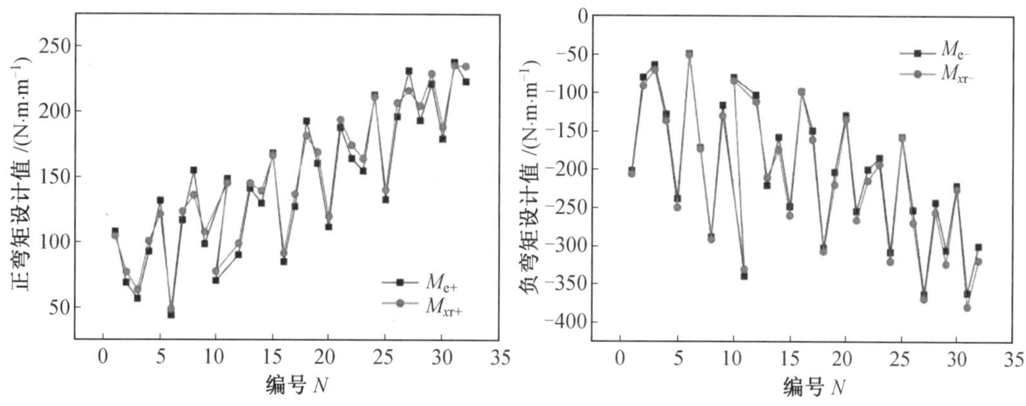

图 2.35　正弯矩拟合结果对比(彩图见附录)　　图 2.36　负弯矩拟合结果对比(彩图见附录)

结果表明,采用反力法计算结果修正后的底板弯矩设计值与采用弹性地基梁法计算结果的设计值误差在 10% 以内;对比未修正前,反力法与弹性地基梁法计算结果相差最高超过了 100%,修正后的结果更为合理。

综上所述,根据采用反力法简化算法和弹性地基梁法计算地下双舱闭合框架内力对比结果,有以下几点结论与经验可供工程设计参考:

(1) 试验结果表明,采用 ANSYS 中 BEAM44 单元来建模计算闭合框架的内力,其结构响应与内力图形一致,采用计算内力基于规范进行截面设计,满足相关检测规范的要求,可使用该计算方法计算的内力值进行结构设计。

(2) 采用反力法简化计算闭合框架结构,在顶板、侧墙板和中墙板得到的内力结果与真实情况较为符合,但是底板的弯矩值有较大的出入,最大时,底板的正负弯矩设计值大了一倍,所以在设计时应该尽量考虑地基变形的作用,建议采用设置弹性地基梁进行计算。

(3) 影响反力法计算结果与真实结果差异的原因主要是,地基提供的反力在底板上的分布是不一致的,随着底板的竖向刚度变化,而影响底板竖向刚度分布的因素主要为结构的尺寸及中墙板的位置。

(4) 对于尺寸较小及左右舱室比例不大的闭合框架,采用反力法设计时的结果不用修正,差别不大,具体可参考值为:尺寸影响系数 $\eta\sqrt{b_2} < 2$ 时不需要修正。

(5) 根据数值分析结果,研究提出了基于反力简化算法的底板弯矩修正系数。对双舱闭合框架结构的内力计算结果表明,修正就的内力结果与基于弹性地基梁法的计算结果相差不超过 10%,更接近真实值。

第3章　螺栓干式连接受弯性能试验研究

3.1　引　言

将螺栓干式连接件应用于地下装配式结构,如闭合框架拆分为上下预制拼接、综合管廊功能舱上下墙体连接等。该连接件用于装配式剪力墙的连接,其受荷形式主要为平面内剪力,布置形式如图3.1所示。根据地下装配式墙体连接特点,地下墙体由于受到侧向土压力,侧向荷载作用使其为受弯状态,因此更改连接件布置形式如图3.2所示。

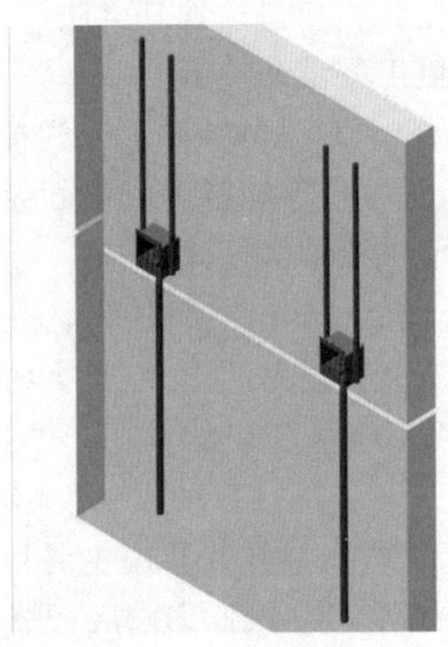

图3.1　用于剪力墙的钢筋连接件布置形式

连接件由3部分构成:钢筋连接件、与连接件焊接在一起的锚固钢筋及连接钢筋。在受力时,受拉区连接钢筋通过锚板将拉力传递给钢筋连接件底座,底座通过侧板的焊缝将拉力传递给锚固钢筋。在预制构件设计时,将钢筋连接件、连接钢筋前后及上下进行交错布置。制作时将钢筋连接件与连接钢筋在设定的位置与锚具固定,并且与其余钢筋绑扎形成钢筋笼。钢筋连接件、连接钢筋与浇筑混凝土形成单片预制部件。通过两块预制构件的对位拼接,用螺栓拧紧形成装配体。为了考察该装配式连接节点受力性能及钢筋连接件的工作性能,开展了预制干式连接件的受弯性能试验。试验考察了钢筋连接件布置及防水胶条对结构受弯性能的影响。

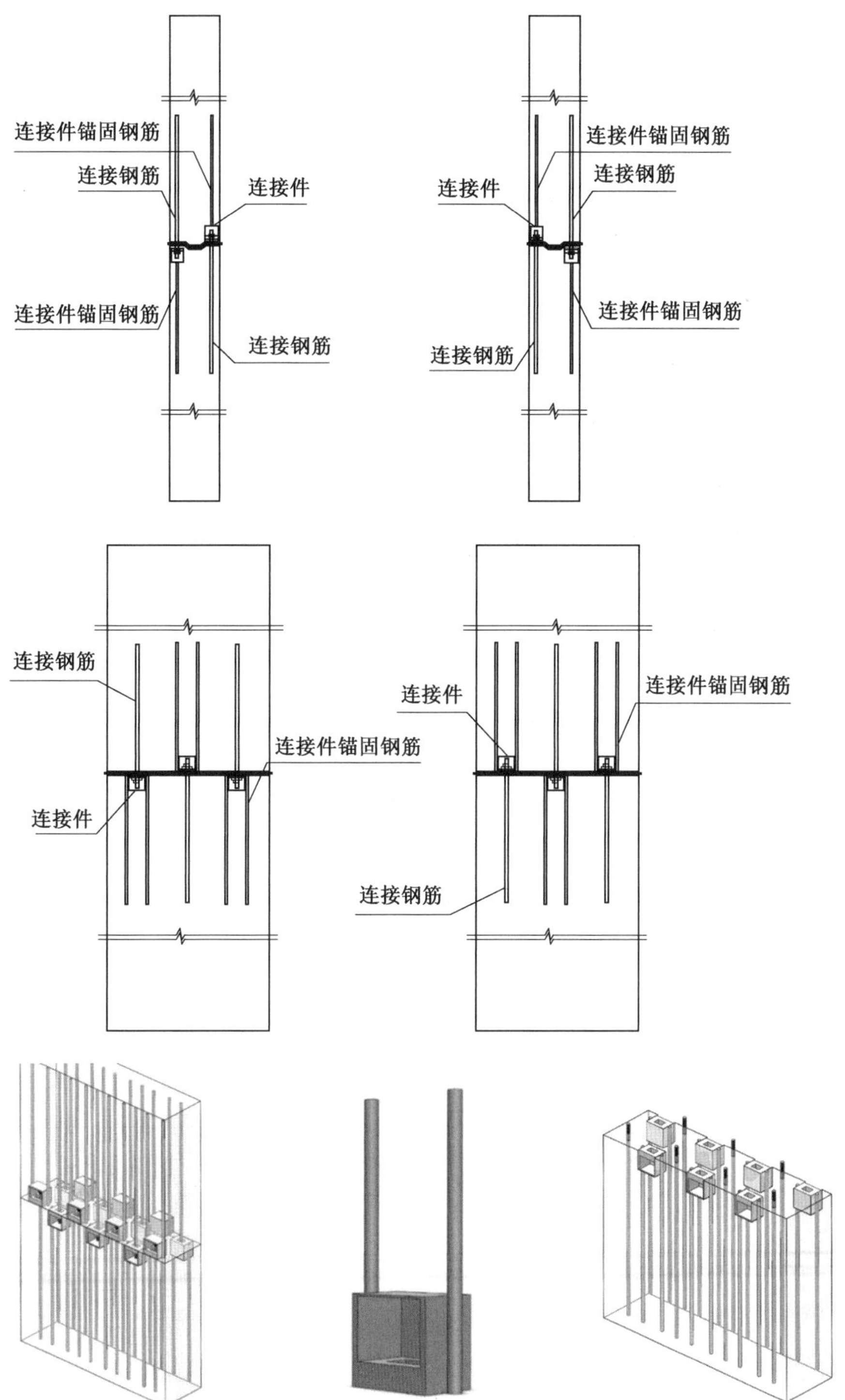

图 3.2　地下装配式墙体连接件布置形式

3.2　试验设计

3.2.1　钢筋连接件与试验构件设计

连接钢筋的直径选取为20 mm,两根连接锚固钢筋的直径为16 mm,钢筋连接件的承载力按照直径20 mm的钢筋计算。钢筋连接件其余位置的尺寸及焊缝的强度在经过验算后,尺寸取值如图3.3所示。

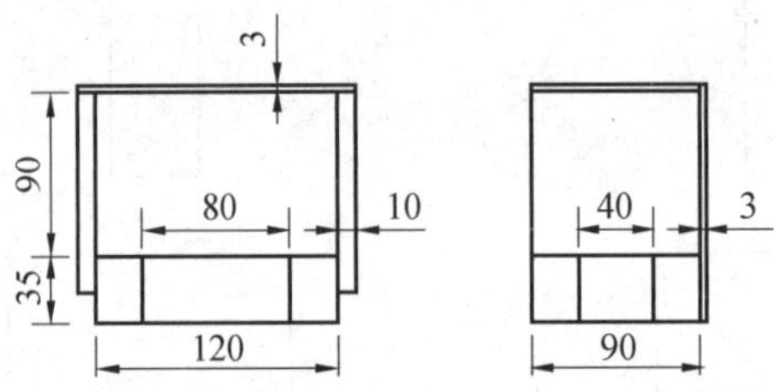

图3.3　钢筋连接件尺寸示意图

5组试验构件跨度均为2.6 m的简支梁,考察钢筋连接件在预制构件中的工作性能,钢筋连接件的布置方案对预制构件受力性能的影响,以及防水胶条对预制构件的影响。

本试验设计梁高为400 mm,截面宽度分别为300 mm、500 mm、600 mm和700 mm。构件编号中各字母含义为:L表示连接件,LJ表示含有连接件和防水胶条;D表示连接件单侧布置,S表示连接件双侧布置,后面的数字表示截面宽度。构件的尺寸如表3.1所示,所有构件钢筋连接件尺寸均相同,连接件在预制构件中布置情况以及在模板上的固定位置如图3.4所示。考虑连接件尺寸及地下结构所处的环境类别,试验构件的保护层厚度为45 mm。

表3.1　构件尺寸表

试件编号	截面尺寸/(mm × mm × mm)	胶条	结构胶	配筋(每侧)	连接件布置
L - D - 300	300 × 400 × 2 600	无	涂抹	1F20/2F16	单侧
LJ - D - 300	300 × 400 × 2 600	有	不涂抹	1F20/2F16	单侧
L - S - 500	500 × 400 × 2 600	无	涂抹	1F20 + 2F16	双侧
L - D - 600	600 × 400 × 2 600	无	涂抹	2F20/4F16	单侧
L - S - 700	700 × 400 × 2 600	无	涂抹	1F20 + 4F16/2F20 + 2F16	双侧

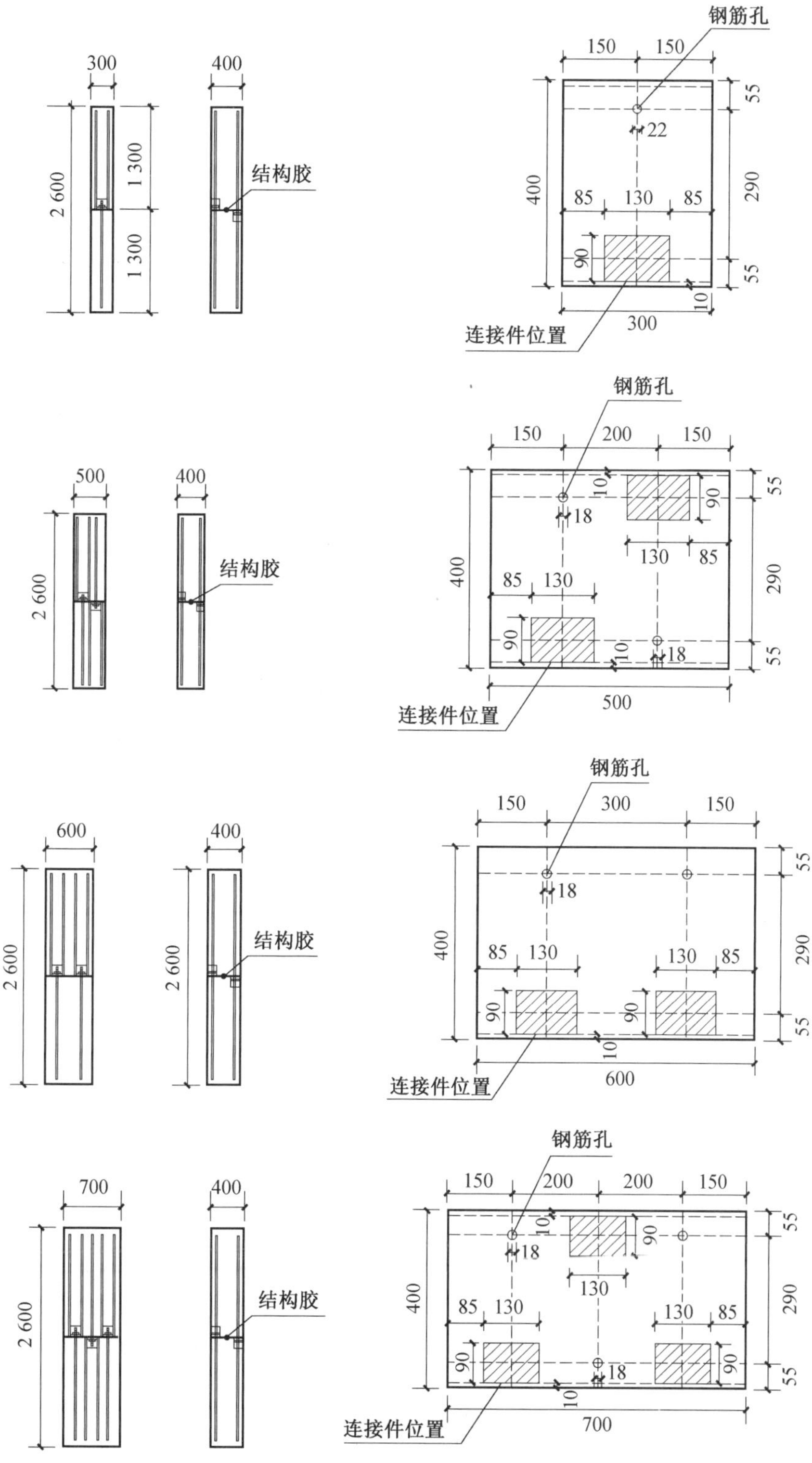

图3.4　钢筋连接件布置

L-D-300与LJ-D-300对比,考察防水胶条对预制连接件受弯性能的影响,以及防水胶条在预制构件中的变形情况。L-S-500与L-D-600对比,考察钢筋连接件在预制构件中的位置(分别在受拉区和受压区单侧布置还是双侧布置)对结构受弯性能的影响。L-S-500与L-S-700对比,考察钢筋连接件在构件中的对称布置与非对称布置对结构受弯性能的影响。

3.2.2 材料基本信息

1. 钢筋的材性

钢筋连接件组成的钢筋根据欧洲标准换算为国标,对应的钢筋强度等级为HRB500级。实测钢筋的试验值及其换算值如表3.2所示。

表3.2 钢筋的材性

编号	直径/mm	屈服荷载/kN	极限荷载/kN	屈服强度/MPa	极限强度/MPa	屈服应变/με
1	16	101	130	512	649	2 530
2	16	103	131			
3	16	104	131			
4	20	165	202	527	645	2 589
5	20	165	201			
6	20	167	202			

2. 混凝土的材性

混凝土采用C50商品混凝土,试件一共分两次浇筑完成,每次浇筑留下3组边长为100 mm的立方体试块用于检测强度。实测结果如表3.3所示。

表3.3 混凝土的材性

浇筑次数	试块抗压强度平均值/MPa	轴心抗压强度平均值/MPa
1	54.5	33.5
2	55.0	33.8

3.3 试件加工与加载

3.3.1 试件加工

预制干式连接件试件是由两个1 300 mm反对称的预制构件通过螺栓拼接而成的试件,每个预制构件浇筑的模具采用端部的钢模具与侧面、底面木模具组合。端部的钢模具在相应的位置精准开孔,使得钢筋连接件和连接钢筋通过螺栓固定在钢模具上,如图3.5所示,钢筋连接件和连接钢筋位置误差控制在1 mm以内。

钢筋应变片选用胶基的应变片。将钢筋表面轻微打磨掉2个肋痕,露出一个平台,应变片与端子都采用502粘贴,贴好之后要做防水处理。加强做法为:先涂抹一层氯丁胶,将应变片、端子和线头封堵，然后采用防水胶带缠绕一圈，在胶带上再使用氯丁胶封裹一层，然后用纸胶带缠绕一圈后再涂一层氯丁胶，接着用玻璃丝带缠绕，最后涂抹一层氯丁胶。后期数据表明采用该防水做法的应变片在混凝土蒸汽养护以后并没有发生脱离。

完成定位后，将钢筋笼制作完成并与连接用钢筋绑扎固定，侧模在相应位置摆放固定，将连接件用泡沫封堵，如图3.6所示，完成浇筑前准备工作。

图3.5　钢筋连接件与连接钢筋的固定示意图

图3.6　浇筑前准备

混凝土浇筑采用振动棒振捣密实，顶面采用人工抹面，抹面时注意漏出连接件的位置，避免封堵。抹面完成后用塑料膜盖于顶面，如图3.7所示，浇筑完成静停一段时间，然后盖上蒸汽罩进行养护。

图3.7　混凝土静停

养护完成以后，将两个预制构件进行拼接，如图3.8所示。将两个预制构件滑动对齐，连接钢筋穿过连接件，放入垫块，用螺栓拧紧，对于没有放置防水胶条的试件，用扳手将螺栓拧紧即可，不额外施加扭矩。对于放置了防水胶条的试件，根据计算的压缩量来控制，并保证拼接面平行，如图3.8所示。

图3.8　预制构件的拼接

连接完成以后，将构件放置一周，结构拼接胶强度接近 100%。

3.3.2　试验装置

预制干式连接件的受弯性能试验采用三分点静力加载试验，根据《混凝土结构试验方法标准》(GB/T 50152—2012)，加载装置与相应的仪器布置如图 3.9 所示。

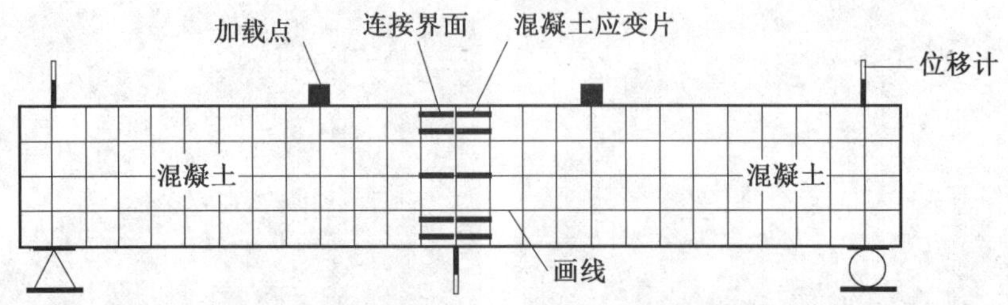

图 3.9　加载装置与相应的仪器布置

加载装置为 50 t 或 100 t 千斤顶结合反力架的方式，在加载点上沿宽度方向放上钢垫板与钢轴并将钢轴固定。如图 3.10 所示，分配梁上根据大小依次放置垫板、千斤顶或压力传感器，并调整各仪器的位置使轴线对中。

图 3.10　各部件的位置摆放示意图

3.3.3　量测内容与方法

(1) 试件挠度。在两端支座、跨中位置布置总共 4 个位移计，其中两端支座各布置一个位移计，跨中布置两个位移计，分别用于测量支座在荷载作用下的位移和构件在荷载作用下的位移。由跨中位移计的位移读数减去支座位移计的位移读数，得到构件最终跨中挠度。

(2) 混凝土应变。在跨中区域沿截面高度分别布置 5 个混凝土应变片，混凝土应变片是规格为 100 mm × 5 mm 的纸基应变片，电阻为 120 Ω。

(3) 钢筋应变。试验测量钢筋连接件中受拉连接钢筋和连接件锚固钢筋应变，钢筋应变片规格为 3 mm × 2 mm。

(4) 裂缝开展。将试件刷白以便观察裂缝,在试件两侧绘制 100 mm × 100 mm 的网格线,确定裂缝初始位置及其发展,绘制裂缝发展图谱。用裂缝观测仪和游标卡尺(精度为0.01 mm) 量测裂缝的宽度。

(5) 数据采集。将压力传感器、位移计和钢筋、混凝土应变片连接到 DH3816 采集仪上进行实时采集,采样频率为 2 ~ 3 s。在每个荷载级下,裂缝宽度通过人工读数记录。

3.3.4　加载制度

加载装置为100 t液压千斤顶。为确保试验系统和量测设备能正常工作,试件的支撑位置和加载位置接触良好,首先对试件进行预加荷载。预加荷载不宜超过试验梁承载力的 15% 。正式加载时,每级荷载为预估试验梁极限荷载的 5% 。加载到接近计算开裂荷载时,每级加载降为开裂荷载计算值的 5% ,直至开裂后恢复正常加载。加载达到承载力极限状态阶段时,每级加载值降为计算承载力的 3% ,直至破坏。每级荷载持荷 10 ~ 15 min。标记裂缝位置并记录每条裂缝对应荷载值。

3.4　试验现象与破坏形态

3.4.1　L – D – 300 试件

1. 试验现象

试件L – D – 300受力变形过程可以分为3个阶段:开裂前弹性阶段、开裂后带裂缝工作至试件屈服前阶段,以及屈服后阶段。

第一阶段:开裂前弹性阶段。从荷载 – 位移曲线中可以看出,当试件出现第一条裂缝以前(即外荷载在68 kN前),试件荷载 – 位移曲线基本为一条直线,此时试件的刚度基本保持一致,在荷载 – 位移曲线中斜率最大,混凝土的应变沿截面基本为直线分布,如图 3.11 所示。直到第一条裂缝出现,刚度开始逐渐下降。

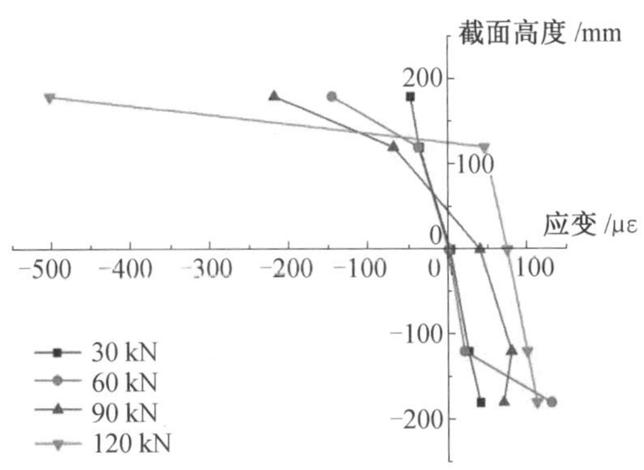

图 3.11　L – D – 300 试件混凝土应变曲线

第二阶段:开裂后带裂缝工作至试件屈服前阶段。当外荷载加载到 68 kN 时,试件出现第一道裂缝,裂缝出现的位置位于跨中的拼接面,此时界面结构胶失去抗拉强度,表现为脆性开裂(一旦开裂,裂缝迅速往上发展),且界面张开量逐渐增大,增大的趋势大于其余位置裂缝开展的情况。当加载到 85 kN 时,受弯区域其他位置开始出现裂缝,并且可以看到,随着荷载的增加,裂缝的数量较少。部分裂缝位于加载点附近,这是由于界面开裂后,连接钢筋提供了销栓作用,使构件上的裂缝在支座附近比较密集。当外荷载加至 110 kN 时, 从荷载 - 位移曲线可以看到,结构的刚度开始明显下降,第二阶段结束。

第三阶段:屈服后阶段。外荷载达到 110 kN 后试件开始屈服,此后试件的刚度增长十分缓慢,跨中位移随着外荷载的增大急剧上升。裂缝宽度也逐渐增大,但主要集中在界面拼接缝处,其余位置的裂缝宽度增长较小。此时试件变形较大,且表现为左右两部分预制构件相对转动的形式。随着荷载增大,钢筋达到屈服应变,受压区的混凝土压碎,整体表现为适筋破坏形式。试件荷载 - 位移曲线如图 3.12 所示。

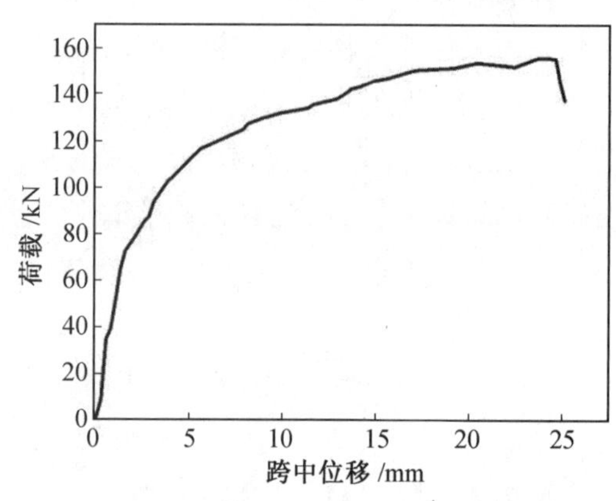

图 3.12　L - D - 300 试件荷载 - 位移曲线

2. 裂缝形态

加载至 65 kN 时界面拼接缝出现首条裂缝,对应挠度为 1.35 mm。随着荷载增加至 85 kN, 试件在受拉区出现多条裂缝,基本表现为纯弯段的竖向裂缝。当加载至 95 kN 时,试件增加一道裂缝,受拉裂缝数量基本稳定。随着外荷载增加,裂缝逐渐向上发展,受压区高度逐渐减小,界面拼接缝张开量逐渐增大。当荷载加至 100 kN 时,界面拼接缝张开量已经超过 2 mm。当荷载加至 113 kN 时,受压区开始出现裂缝,且受压裂缝与受拉裂缝交汇,此时除界面拼接缝外的位置,受拉裂缝不继续发展。当加载至 142 kN 时,受压混凝土出现多道裂缝,压碎明显,试件承载力达到极限,跨中位移达到 25 mm。由于连接钢筋的销栓作用,在加载点下方受拉区额外出现了一道贯穿裂缝,在有钢筋连接件的一端未出现裂缝。整个加载过程中,试件裂缝开展及分布情况如图 3.13 所示。

试件加载过程与裂缝形态如图 3.14 所示。

3. 钢筋应变

L - D - 300 试件荷载 - 钢筋应变实测结果如图 3.15 所示。在加载初期,钢筋应变增长缓慢,当截面拼接缝张开以后,应变增加较快,且基本表现为线性增加,说明受拉区的应力完全由钢筋承担。连接钢筋配筋面积小于连接件锚固钢筋,但两者变形基本协调,连接件两根锚固钢筋受力基本一致,说明钢筋连接件工作性能良好。拐点对应拼接面张开。

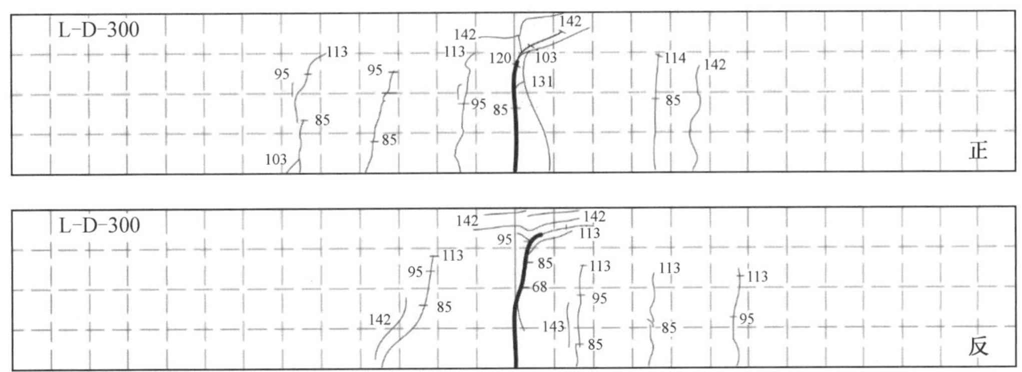

图 3.13　L－D－300 试件裂缝开展及分布情况

图 3.14　L－D－300 试件加载过程与裂缝形态

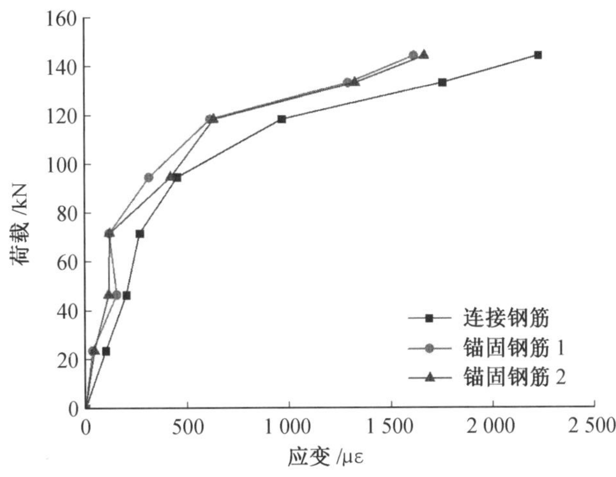

图 3.15　L－D－300 试件荷载－钢筋应变曲线

3.4.2　L－S－500 试件

1. 试验现象

L－S－500 试件受力变形过程可分为同样的 3 个阶段。

第一阶段:试件开裂前弹性阶段。加载至 105 kN 前试件未出现裂缝,试件荷载 – 位移曲线基本为线性,曲线斜率最大。试件刚度基本保持一致,荷载水平相对较低,混凝土应变沿截面高度基本为线性分布,如图 3.16 所示,直到跨中受弯区域第一条裂缝出现,构件的刚度出现下降。

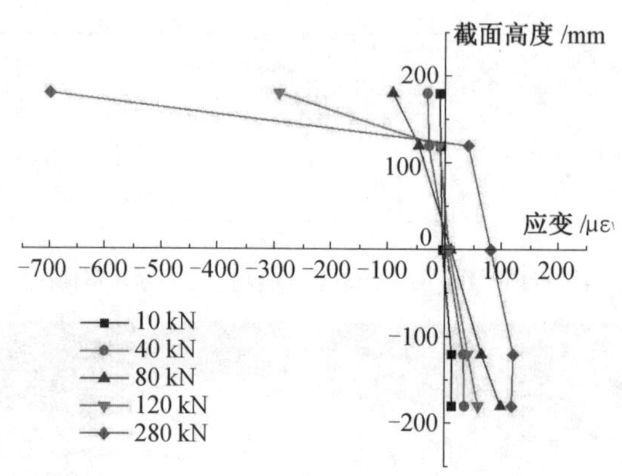

图 3.16　L – S – 500 试件混凝土应变曲线

第二阶段:试件开裂后带裂缝工作至试件屈服前阶段。加载至 107 kN 时,试件出现裂缝且裂缝位于跨中界面拼接缝处。随着荷载增加,界面拼接缝张开量逐渐增大。由于界面拼接缝张开,界面附近混凝土所受拉力有所下降,受拉区应力主要由连接钢筋承担。加载至 129 kN 时,受拉区其余位置开始出现裂缝,左右两侧预制混凝土件的裂缝分布规律和试件 L – D – 300 的分布规律基本一致:裂缝数量有限且由于连接钢筋的销栓作用,加载点正下方区域有部分裂缝出现。当加载至 250 kN 时,钢筋达到屈服,试件刚度开始急剧下降,第二阶段结束。

第三阶段:试件屈服后阶段。当加载至 250 kN 时,荷载 – 位移曲线斜率退化明显,钢筋达到屈服,受压区混凝土出现裂缝。界面拼接缝张开量迅速增大,其余位置裂缝也逐渐向上发展,加载至 279 kN 时,加载点下方出现新裂缝。加载至 313 kN 时,界面拼接缝附近出现一条新裂缝。随着荷载继续增大,跨中位移也急剧增大,结构整体变形表现为左右两个预制混凝土件相对转动,受压区混凝土裂缝逐渐增多,最后表现为压溃破坏,荷载 – 位移曲线如图 3.17 所示。

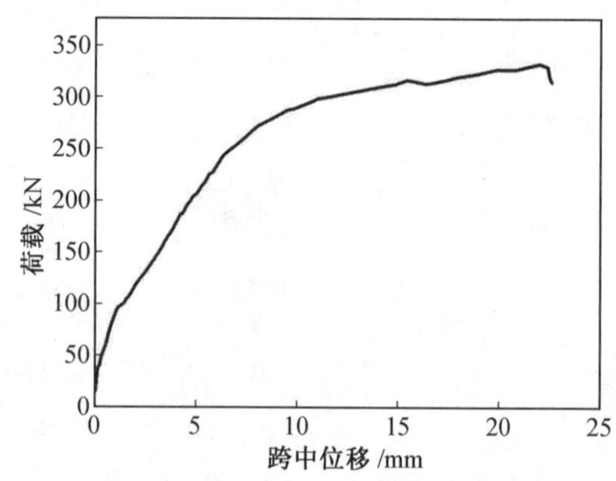

图 3.17　L – S – 500 试件荷载 – 位移曲线

2. 裂缝形态

加载至 107 kN 时,界面拼接缝处出现开裂,对应挠度为 1.61 mm。加载至 144 kN 时,试件在受拉区出现多条裂缝,基本表现为纯弯段的受拉竖直裂缝,在加载点附近由于弯剪作用耦合表现为有部分角度较小的斜裂缝。当加载至 279 kN 时，试件额外增加两道裂缝，受拉裂缝数量基本固定。随着外荷载增加，裂缝逐渐向上发展，受压区高度逐渐减小，界面拼接缝张开量逐渐增大。当加载至 180 kN 时，界面拼接缝张开量已经超过 2 mm。当加载至 221 kN 时，受压区开始出现裂缝，受压裂缝与受拉裂缝出现交汇。加载至 279 kN 时，除界面拼接缝外的裂缝不再继续发展。当加载至 313 kN 时，受压区混凝土出现多道裂缝，压碎明显，试件承载力达到极限，跨中位移达到 22.6 mm。试件裂缝开展及分布情况如图 3.18 所示。

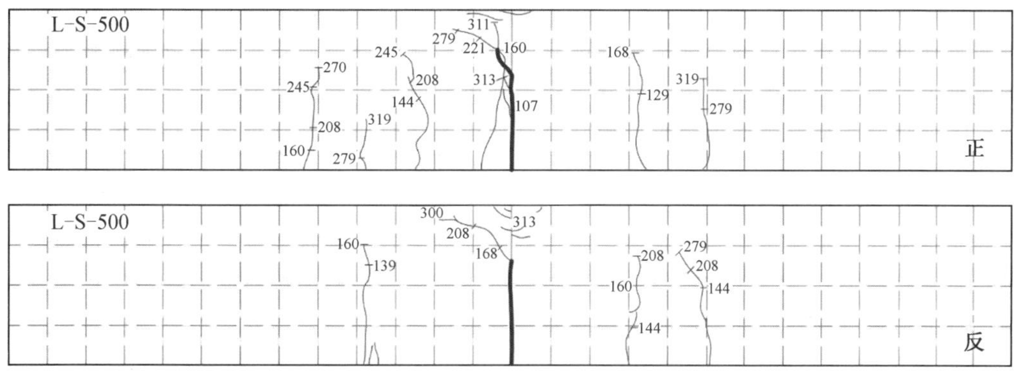

图 3.18　L－S－500 试件裂缝开展及分布情况

试件加载过程与裂缝形态如图 3.19 所示。

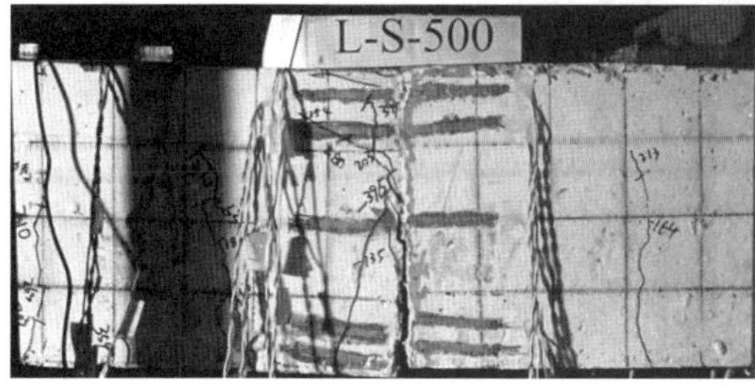

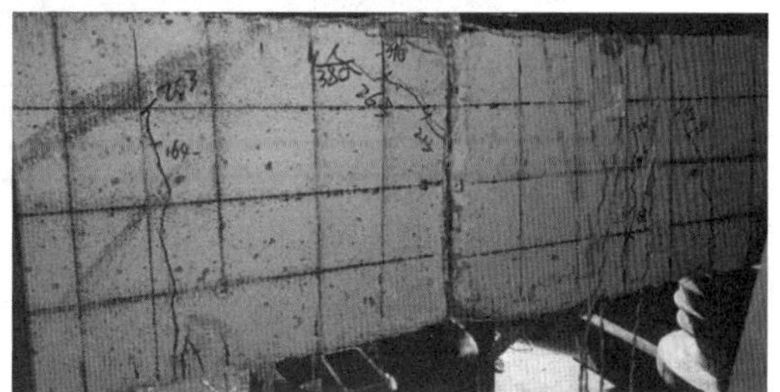

图 3.19　L－S－500 试件加载过程与裂缝形态

3. 钢筋应变

荷载 - 钢筋应变结果如图3.20所示。在加载初期，钢筋应变增长缓慢。当截面拼接缝张开以后，应变开始快速增加且呈现明显的非线性。连接钢筋较连接件锚固钢筋更早屈服。连接钢筋的配筋面积小于连接件锚固钢筋，但两者的受力变形基本协调，连接件的两根锚固钢筋受力也基本一致，钢筋连接件的工作性能良好。

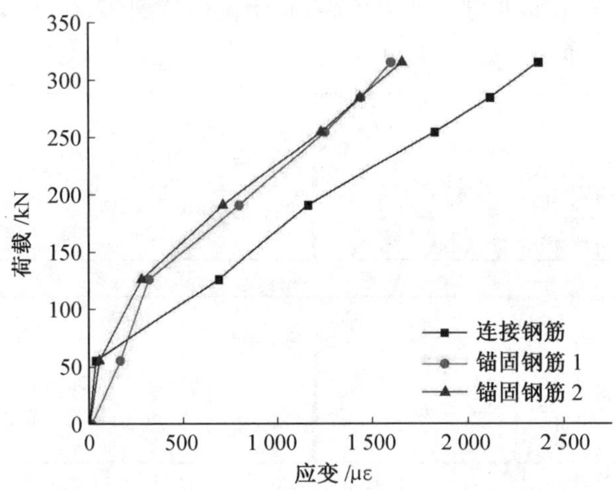

图3.20　L - S - 500试件荷载 - 钢筋应变曲线

3.4.3　L - D - 600试件

1. 试验现象

L - D - 600试件的受力变形同样可以分为3个阶段。

第一阶段：开裂前弹性阶段。当加载至122 kN前，荷载 - 位移曲线基本为线性，斜率最大，结构刚度基本保持不变，混凝土应变沿截面高度基本为线性分布，如图3.21所示，直到跨中拼接缝张开，试件刚度开始下降。

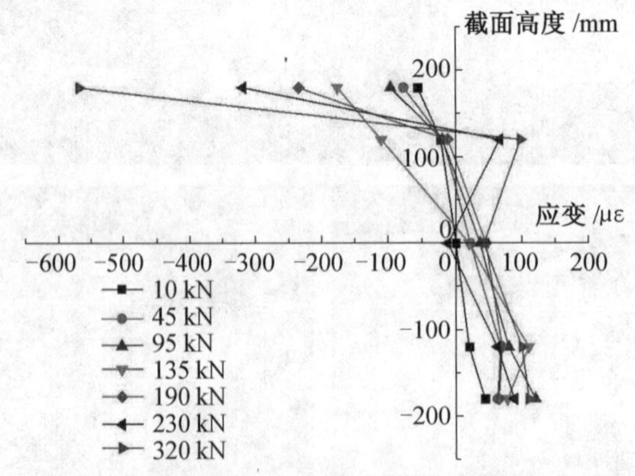

图3.21　L - D - 600试件混凝土应变曲线

第二阶段：开裂后带裂缝工作至试件屈服前阶段。当加载至122 kN时，试件出现裂缝，裂缝位于跨中界面拼接缝处。在界面开裂以后，随着荷载增加，界面拼接缝张开量逐渐增大。当加载至181 kN时,受拉区其余位置开始出现裂缝,左右两侧预制混凝土裂缝分布规律和试件L-D-300和L-S-500的分布规律基本一致:裂缝数量不多,由于连接钢筋销栓作用及左右预制混凝土件整体性相对较好,在加载点正下方区域有部分裂缝出现。当加载至270 kN时,钢筋达到屈服,试件刚度开始急剧下降,表明第二阶段结束。

第三阶段:屈服后阶段。当加载至270 kN时,荷载-位移曲线斜率下降明显,钢筋屈服,受压区混凝土开始出现裂缝。界面拼接缝张开量迅速增大,其余位置裂缝逐渐向上发展。加载至292 kN时,在加载点下方出现新裂缝。加载至324 kN时,界面拼接缝附近也出现一条新裂缝,与试件L-D-300和L-S-500不同,该裂缝在截面中部开展,并未延伸至试件表面。随着荷载继续增大,跨中位移也急剧增大,结构整体变形表现为两个预制混凝土的相对转动,受压区混凝土裂缝逐渐增多并迅速开展,最后表现为压溃,为适筋破坏形态,荷载-位移曲线如图3.22所示。

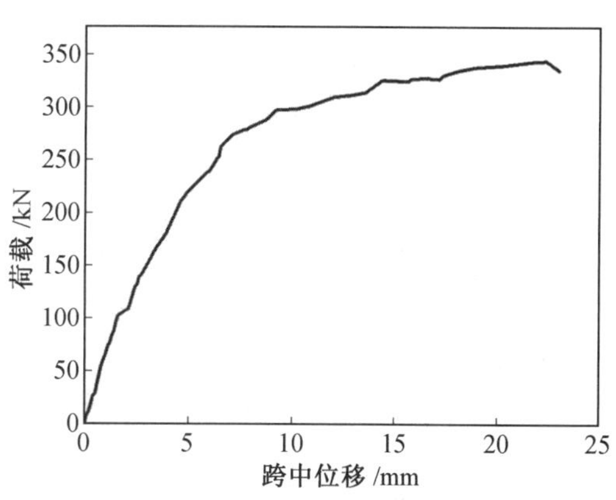

图3.22 L-D-600试件荷载-位移曲线

2. 裂缝形态

加载至122 kN时界面拼接缝开裂,对应跨中挠度为2.21 mm。加载至183 kN时,受拉区出现多条裂缝,为纯弯段受拉竖向裂缝。加载至279 kN时,增加两道裂缝,受拉裂缝数量基本固定。随着荷载增加,裂缝逐渐向上发展,受压区高度逐渐减小,界面拼接缝张开量逐渐增大。当加载至200 kN时,界面拼接缝张开量超过2 mm。当加载至300 kN时,受压区开始出现裂缝,受压裂缝与受拉裂缝出现交汇,除界面拼接缝外的受拉裂缝不再继续发展。由于连接钢筋的销栓作用,加载点下方受拉区额外出现贯穿裂缝。加载至341 kN时,受压混凝土出现多道裂缝,压碎明显,达到承载力极限,此时梁跨中位移最大达到23.01 mm。试件裂缝分布情况如图3.23所示。

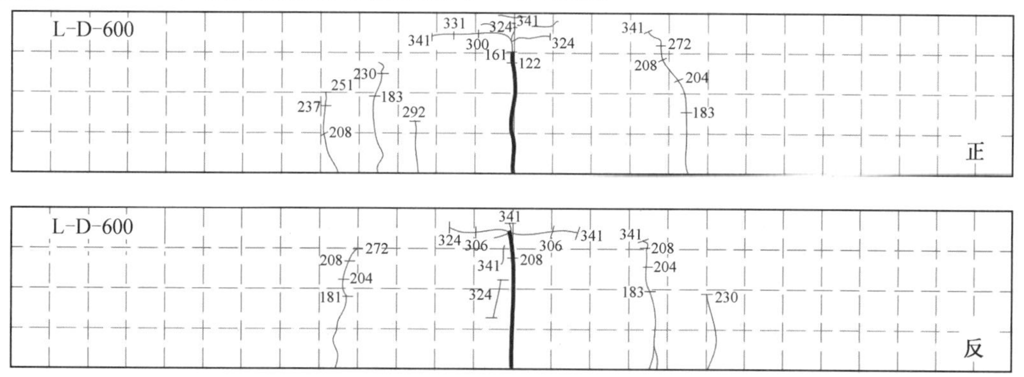

图3.23 L-D-600试件裂缝分布

试件加载过程与裂缝形态如图 3.24 所示。

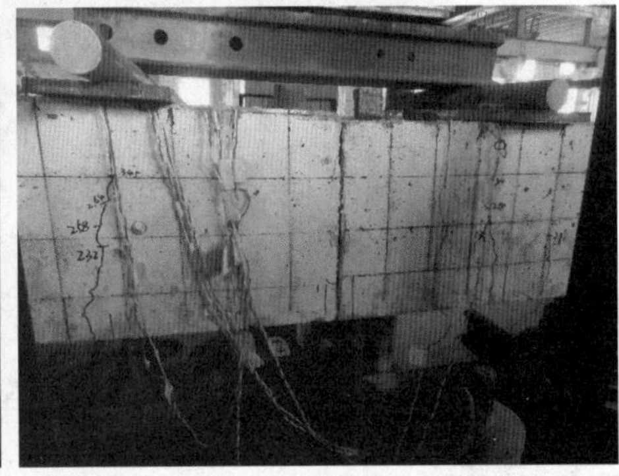

图 3.24　L－D－600 试件加载过程与裂缝形态

3. 钢筋应变

如图3.25所示，在加载初期，钢筋应变增长缓慢，加载至122 kN时，拼接缝张开，应变片开始较快增加且呈现明显的非线性。随着荷载增大，连接钢筋较连接件锚固钢筋更早屈服。连接钢筋的配筋面积小于连接件锚固钢筋，但两者的受力变形基本协调，连接件两根锚固钢筋受力也基本一致，钢筋连接件的工作性能良好。

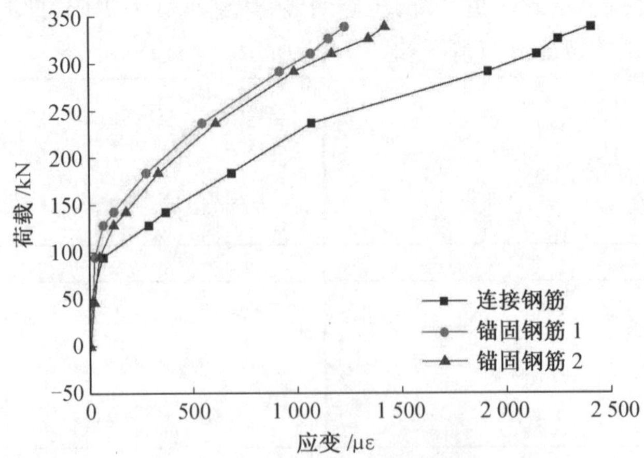

图 3.25　L－D－600 试件钢筋应变

3.4.4　L－S－700试件

1.试验现象

L－S－700试件受力变形3个阶段现象描述如下：

第一阶段：试件开裂前弹性阶段。加载至158 kN前，荷载－位移曲线基本为线性，试件刚度基本不变，荷载水平相对较低，混凝土应变沿截面高度为线性分布，如图3.26所示，直到跨中受弯区域拼接缝开裂，构件刚度出现下降。

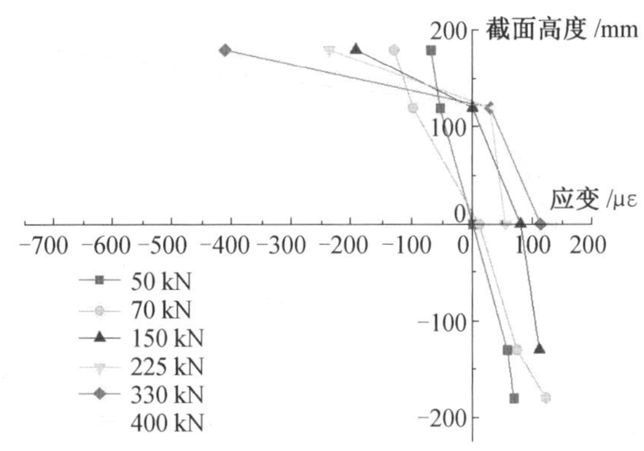

图3.26　L－S－700试件混凝土应变

第二阶段：开裂后带裂缝工作至试件屈服前阶段。当加载至158 kN时，试件出现三处裂缝，其中一道裂缝位于跨中界面拼接缝处，此时界面胶黏结界面失去抗拉强度，且表现为脆性开裂；另外裂缝分别位于左右两侧加载点下方。界面开裂后，随着荷载增加，界面拼接缝张开量逐渐增大。当加载至220 kN时，受拉区其余位置开始逐渐出现裂缝，预制混凝土件裂缝分布规律与试件L－D－300和L－S－500的分布规律基本一致，即裂缝数量不多，加载点正下方区域有部分裂缝出现。加载至350 kN时，钢筋达到屈服，试件刚度开始下降，表明第二阶段结束。

第三阶段：屈服后阶段。当加载至350 kN时，曲线斜率下降，钢筋达到屈服，受压区混凝土开始出现裂缝。界面拼接缝张开量迅速增大，其余位置裂缝逐渐向上发展。加载至398 kN时，在加载点下方出现了新裂缝。加载至454 kN时，界面拼接缝附近出现一条新裂缝，裂缝形态与L－D－600裂缝形态比较接近。随着荷载继续增大，跨中位移急剧增大，结构整体变形表现为相对转动，受压区混凝土裂缝逐渐增多并迅速开展，最后表现为压溃，为适筋破坏形态，荷载－位移曲线如图3.27所示。

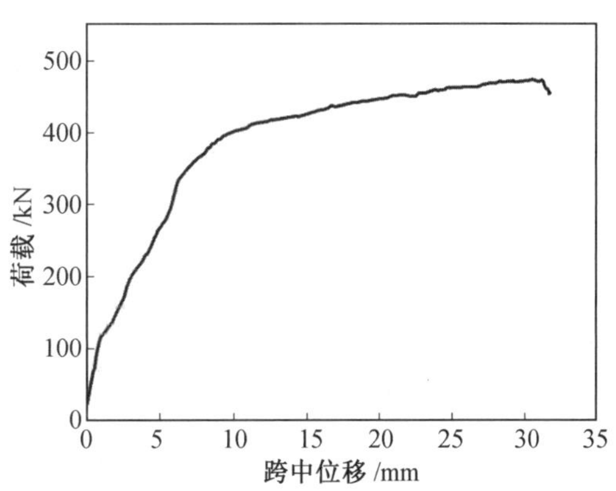

图3.27　L－S－700试件荷载－位移曲线

2. 裂缝形态

加载至 158 kN 时,界面拼接缝处出现开裂,对应挠度为 2.19 mm。加载至 262 kN 时,受拉区出现多条裂缝,为纯弯段受拉竖直裂缝。加载至 398 kN 时,试件额外增加两道裂缝,但裂缝数量基本固定。加载至 390 kN 时,界面拼接缝张开量超过 2 mm。加载至 398 kN 时,受压区开始出现裂缝,除界面拼接缝外的受拉裂缝不再继续发展。由于连接钢筋的销栓作用,在加载点下方受拉区出现一道贯穿裂缝。加载至 470 kN 时,受压混凝土出现多道裂缝,压碎明显,试件达到承载力极限,对应跨中位移达到 30.99 mm。试件裂缝分布情况如图 3.28 所示。

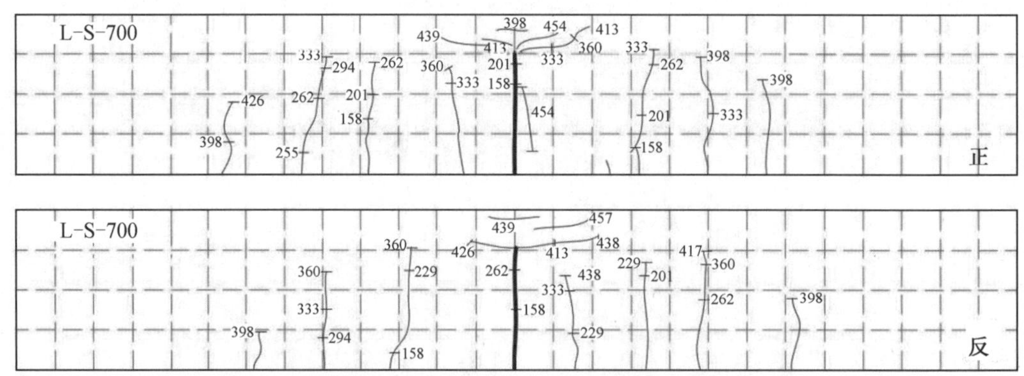

图 3.28　L－S－700 试件裂缝分布

试件加载过程与裂缝形态如图 3.29 所示。

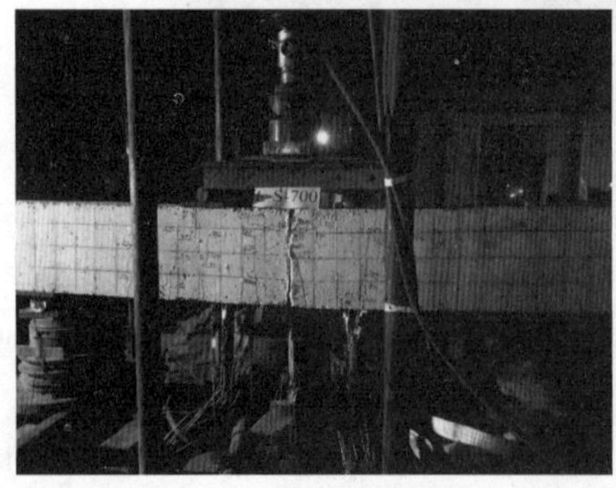

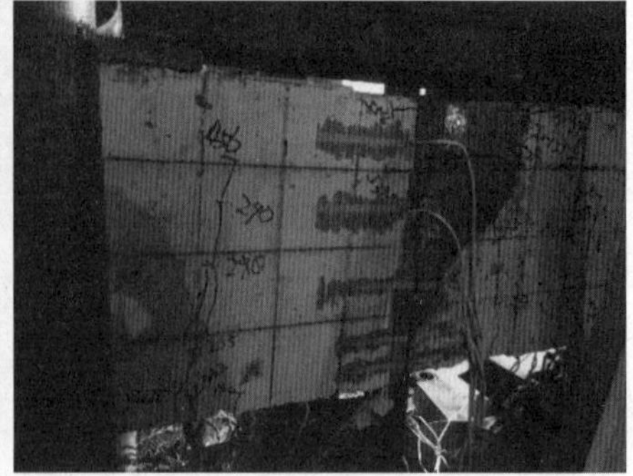

图 3.29　L－S－700 试件加载过程与裂缝形态

3. 钢筋应变

如图 3.30 所示，应力水平较低时，钢筋应变增长缓慢，当截面拼接缝张开以后，应变快速增加且呈现明显的非线性，连接钢筋较连接件锚固钢筋更早屈服。连接钢筋的配筋面积小于连接件锚固钢筋，但两者的受力变形基本协调，连接件的两根锚固钢筋受力也基本一致，钢筋连接件的工作性能良好。

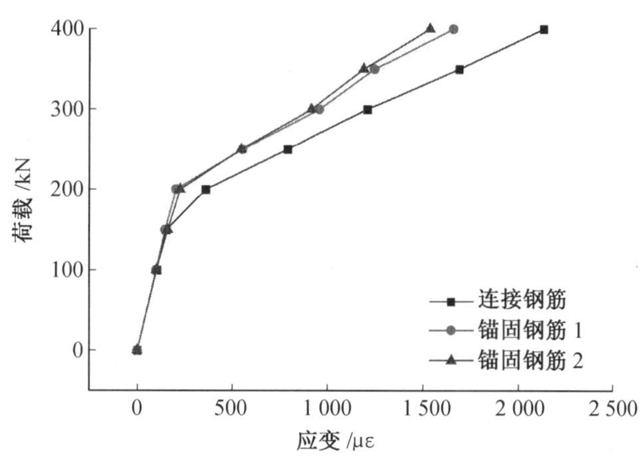

图 3.30　L－S－700 试件钢筋应变

3.4.5　LJ－D－300 试件

1. 试验现象

含有胶条的试件与其他试件不同，胶条使界面存在宽度为 3 mm 的初始间距，加载过程分为两个阶段：

第一阶段：加载至屈服阶段。由于拼接缝存在初始间隙，荷载首先使受压区混凝土相互接触，此时只需克服胶条压缩力即可，构件整体有一个初始转动和初始挠度，达到该阶段的外荷载很小，可以忽略。受压区混凝土接触以后，试件开始表现出一定的刚度，荷载上升。初期没有裂缝产生，左右试件表现出明显的转动。当加载至 92 kN 时，在加载点的下方出现界面拼接缝外第一道裂缝；当加载至 122 kN 时，试件出现多道裂缝，裂缝位置与其余 4 组试件位置接近，分别在界面附近和加载点下方。此时混凝土的受压区出现了一道裂缝，该裂缝出现的原因是转动角度相对较大，界面压力分力作为摩擦力作用在混凝土受压区表面，使混凝土被拉裂。荷载－位移曲线如图 3.31 所示，试件屈服时对应的挠度达到 13 mm。

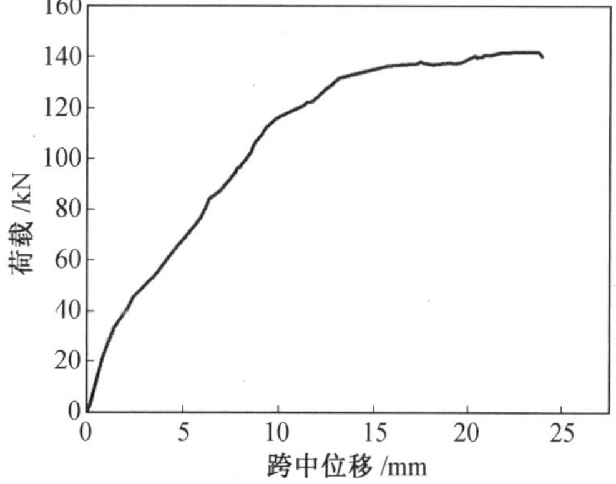

图 3.31　LJ－D－300 试件荷载－位移曲线

第二阶段：屈服后阶段。当荷载加载至 110 kN 时，试件刚度急剧下降，挠度迅速增大，试件屈服。与其余试件不同，屈服后试件的强化段不明显，试件屈服后受压区混凝土很快被压碎破坏，试件延性很小。

2. 裂缝形态

如图 3.32 所示，试件的裂缝分布与其余试件类似。不同的是，该试件裂缝出现时对应荷载相对较大，受拉区裂缝数量相对也较少，且在较小的荷载范围内全部出现，表现为刚度下降很快。受压区左右各有两道主裂缝，相对于其余试件偏下。

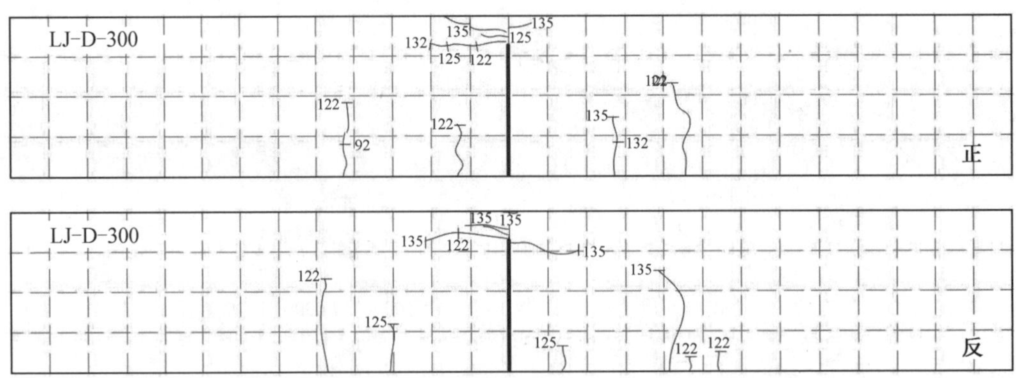

图 3.32　LJ - D - 300 试件裂缝形态

试件加载过程与裂缝形态如图 3.33 所示。

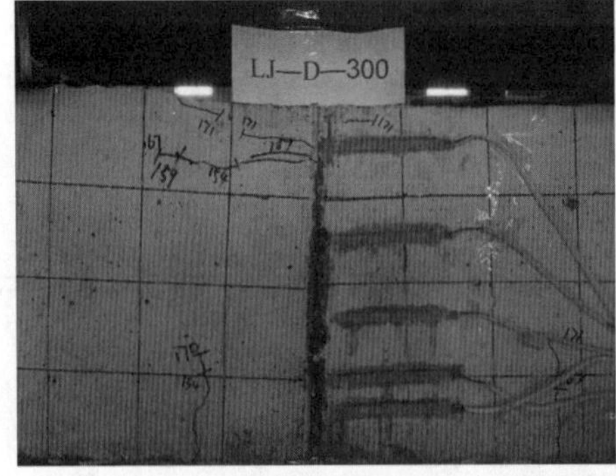

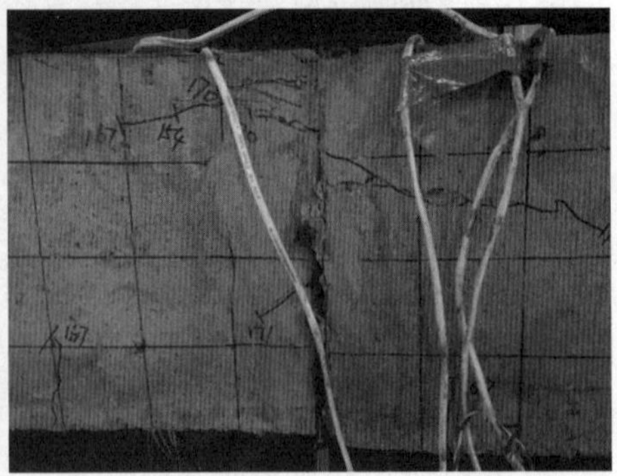

图 3.33　LJ - D - 300 试件加载过程与裂缝形态

3. 钢筋应变

如图 3.34 所示，随着荷载增加，钢筋应变较快速增加且呈现明显的非线性。连接钢筋较连接件锚固钢筋更早屈服。连接钢筋配筋面积小于连接件锚固钢筋，但两者受力变形基本协调，连接件两根锚固钢筋受力也基本一致，钢筋连接件工作性能良好。与前面四组试件的不同之处在于，钢筋应变初期增长较快。

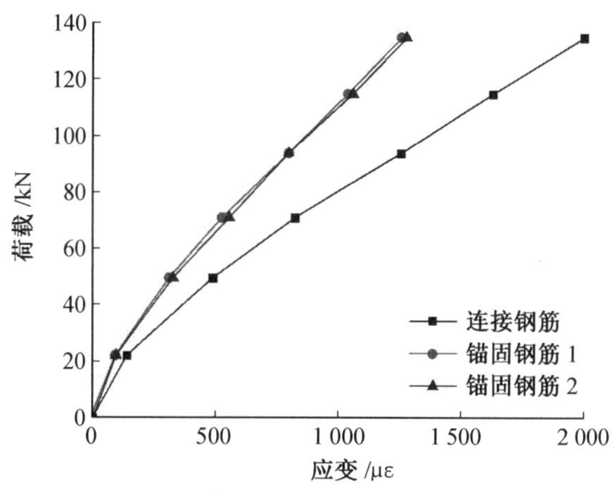

图 3.34　LJ－D－300 试件钢筋应变

3.5　结果与分析

3.5.1　裂缝形态分析

与普通的整浇混凝土受弯构件不同，裂缝位置包括连接件拼接面受拉开裂、界面附近区域混凝土受拉开裂、加载点正下方的混凝土受拉开裂及混凝土受压区压裂。裂缝分布图及划分区域如图 3.35 所示。

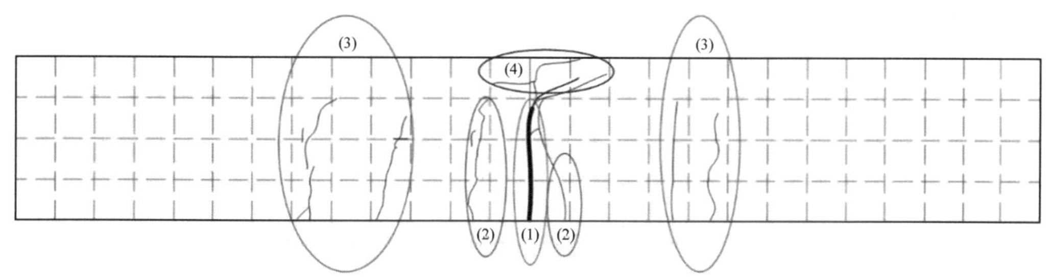

图 3.35　裂缝分区

（1）界面拼接缝开裂。由于界面结构胶黏结的抗拉强度较混凝土极限抗拉强度低，因此此处受荷最先开裂，开裂表现为脆性开裂。对于没有结构胶的干式拼接试件，界面实际存在一道初裂缝，且没有抗拉强度。

（2）界面附近的裂缝。此区域裂缝开展滞后于界面裂缝开裂，界面开裂后，连接钢筋在界面裂缝处的应变最大，随荷载产生的应力增量向内传递且呈现递减趋势，如图 3.36 所示。随着荷载增大界面附近混凝土出现裂缝。

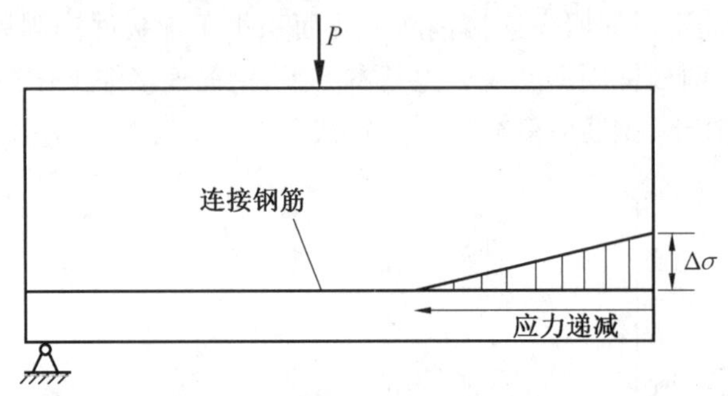

图 3.36　钢筋应力递减示意图

(3) 加载点下方混凝土裂缝。此处的裂缝产生一定是在界面拼接缝张开以后。界面张开后，左右两个预制构件发生相对转动，钢筋不止有较大的纵向伸长，还发生一定弯折变形，如图 3.37 所示。这样纵向钢筋产生一定的剪切效应，纵筋销栓作用等效于在左右两侧预制件上增加了“支座”，从而在加载点下方有弯矩极值点，导致构件在此出现裂缝。

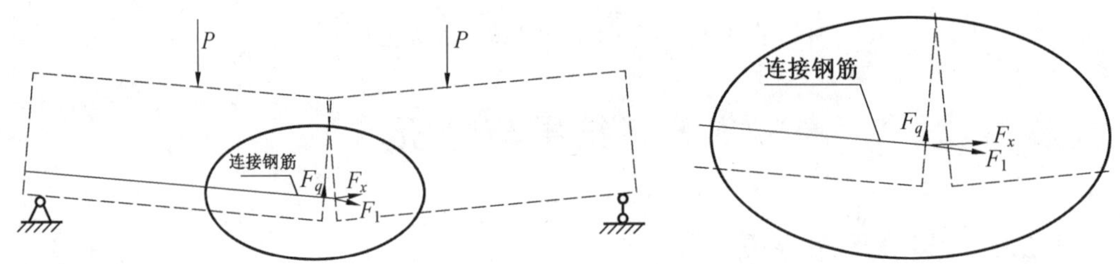

图 3.37　连接钢筋的销栓作用

3.5.2　破坏形态分析

各个试件在试验中均为受拉区钢筋屈服、受压区混凝土压碎的适筋受弯构件破坏形态。极限承载力与相同配筋率下的现浇整体混凝土试件极限承载力计算值接近。试件破坏时，两块预制混凝土件间发生了较大相对转动。虽然该转动效应没有影响结构极限承载力，但界面张开量很大，对于地下结构而言，有可能达到漏水为标志的正常使用极限状态。

3.5.3　钢筋连接件布置形式对受弯性能的影响

试件 L－S－500 与 L－D－600 分别采用了两种钢筋连接件的布置形式，分别为双侧布置和单侧布置。钢筋连接件的双侧布置可以增加每侧连接件净距，从而可在不增加钢筋直径的情况下提高配筋率。如图 3.38 所示，结果表明两个试件初始刚度、屈服荷载与极限承载力接近，L－D－600 因为宽度更大略有提高。可以看出 3 组构件在达到屈服强度时跨中挠度接近，说明屈服时三者转动角度接近。从防水极限状态出发，布置形式没有提高结构转动刚度，主要因为对于拼接面而言，其配筋率都由连接钢筋的直径与数量决定。从各构件钢筋应变也能看出，从拼接缝张开到试件屈服的第二阶段，钢筋荷载应变关系接近线性。此时混凝土受压应变也没有达到峰值应变，构件转动变形为弹性变形，拼接面配筋面积决定了弹性转动刚度。结果表明，两种布置形式的预制干式连接件都能满足结构抗弯性能需求，设计时可灵活选用。

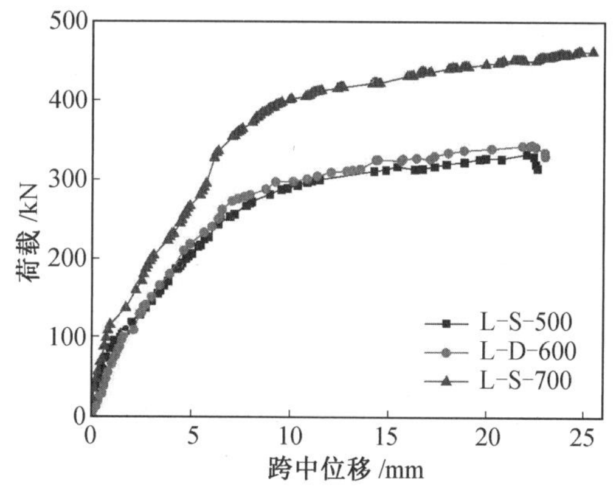

图 3.38　荷载 – 位移曲线比较

从裂缝分布来看，采用双侧布置钢筋连接件的试件 L – S – 500 和 L – S – 700，左右侧的预制部件裂缝分布更加均匀，数量基本一致，而单侧布置钢筋连接件的试件 L – D – 300 和 L – D – 600 的裂缝相对较少，且受拉区只有连接钢筋的一侧由于配筋面积较少，裂缝数量明显多于连接件的一侧。左右预制部件表现出明显的刚度差异。

对比试件 L – S – 500 和 L – S – 700 可以看出，L – S – 500 的连接件布置不对称，但不对称布置对结构整体抗弯性能没有影响，开裂后受拉区承载力由受拉区钢筋均匀承担，没有造成偏心，表明预制干式连接件设计可以采用非对称配筋。

3.5.4　胶条对受弯性能的影响

如图 3.39 所示，结果表明 L – D – 300 和 LJ – D – 300 的屈服荷载基本一致，均为 110 kN。但前者屈服时跨中挠度（5.1 mm）要远小于后者（9.2 mm），原因主要有：

（1）LJ – D – 300 试件因含有胶条，界面处有初始间隙，受荷时荷载需克服部分胶条的弹力使压区混凝土接触，因此前期是由上部胶条承受压力。

（2）初始间隙的存在，使结构具有一定初始转动角度，钢筋合力沿垂直于界面的分量相比较小，转动角度越大，合力就越小，因此结构整体刚度降低。

（3）只有接触部分的受压区混凝土能提供抗力，受压区高度在屈服前随荷载增大而增大，导致结构刚度降低。由于屈服时变形过大，影响正常使用要求，也可能造成胶条压缩量不足产生漏水，并造成结构延性下降。

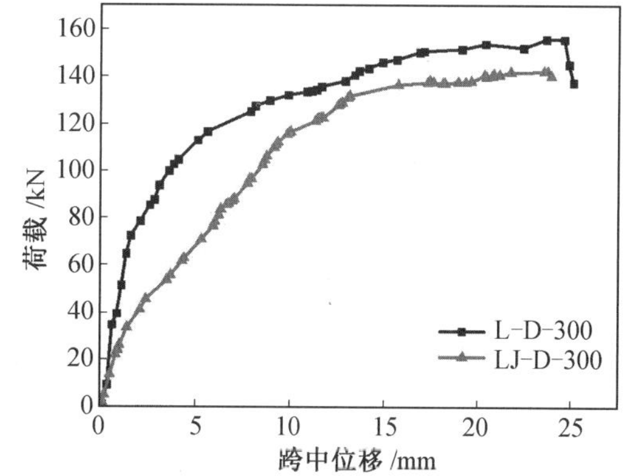

图 3.39　有无胶条荷载 – 位移曲线对比

可以看到，胶条对结构影响很小，主要由于布置胶条并初始压缩后，拼接面没有完全闭合导致结构受荷有初始变形。如果初始设计时能解决胶条压缩量和初始间隙关系，便能消除不利影响。

综上所述，根据对预制干式连接件的受弯性能试验，研究发现：

(1) 拼接缝含有环氧树脂结构胶的试件，试件受弯历经了界面开裂、试件屈服及极限破坏三个阶段，没有结构胶的试件没有第一阶段。

(2) 试件在受弯过程中发生挠曲变形和转动变形的双变形机制。试验结果能明显观察到试件转动，转动使拼接缝张开明显，拼接缝处连接钢筋的变形较大。试件破坏时，受压区混凝土压碎也集中在拼接缝附近，拼接面是预制干式连接件荷载响应最显著的控制截面。

(3) 裂缝形成具有规律性。含有结构胶试件，随着荷载增大，结构胶拼接面首先开裂，裂缝沿着界面竖直向上。由于钢筋销栓作用和钢筋应力传递，在加载点下方和界面附近也有相应裂缝出现。

(4) 试验表明，钢筋连接件在结构中的工作性能良好，连接钢筋和连接件钢筋能很好地协同工作，证明此装配式节点有可靠的传力路径，连接件钢筋由于配筋率较高且钢筋直径小，对裂缝的控制要好于连接钢筋。

(5) 连接件单、双侧布置对结构承载力大小基本没有影响。试验表明，开裂后受拉区承载力是由受拉钢筋均匀承担，没有造成偏心，工程中预制干式连接件设计可以采用非对称配筋。上下交错布置形式可以使上下预制构件刚度更一致，试验表明其裂缝分布相对更均匀对称。

(6) 胶条本身对结构基本性能影响不大。胶条的存在使得结构拼接缝初始间隙结构刚度下降了 45%，虽然不影响结构极限承载力，但结构变形过大会影响正常使用功能。因此，在预制干式连接件设计中，应设计胶条凹槽以使拼接界面的初始间隙减小。

第 4 章　预制干式连接件受弯计算模型

4.1　引　　言

预制干式连接件试验表明,结构在受力过程中发生转动,随着荷载增大,拼接面张开量逐渐增大,有必要量化荷载与结构转动之间的关系,提出计算结构转角的计算模型,为地下装配式工程结构的极限状态设计提供模型基础。针对试验模型,本章基于内力平衡的物理条件及变形协调条件,建立包含拼接面抗弯刚度计算模型和抗弯承载力计算模型在内的预制干式连接件拼接面计算模型。抗弯刚度计算模型考虑了结构刚度分别由结构挠曲刚度和转动刚度组成,从而结构挠度也由结构挠曲变形和结构转动变形组成。计算模型理论值与试验值分析验证了计算模型的适用性。

4.2　基本假定

预制干式连接件受弯性能试验表明,除了受弯挠曲以外,预制干式连接件的变形还由两块预制混凝土构件的相对转动引起,如图 4.1 所示,引起转动的原因为拼接面分离后,连接钢筋伸长,界面处受压区混凝土压缩。在外荷载作用下,拼接面钢筋应力沿钢筋方向有一个传递路径。

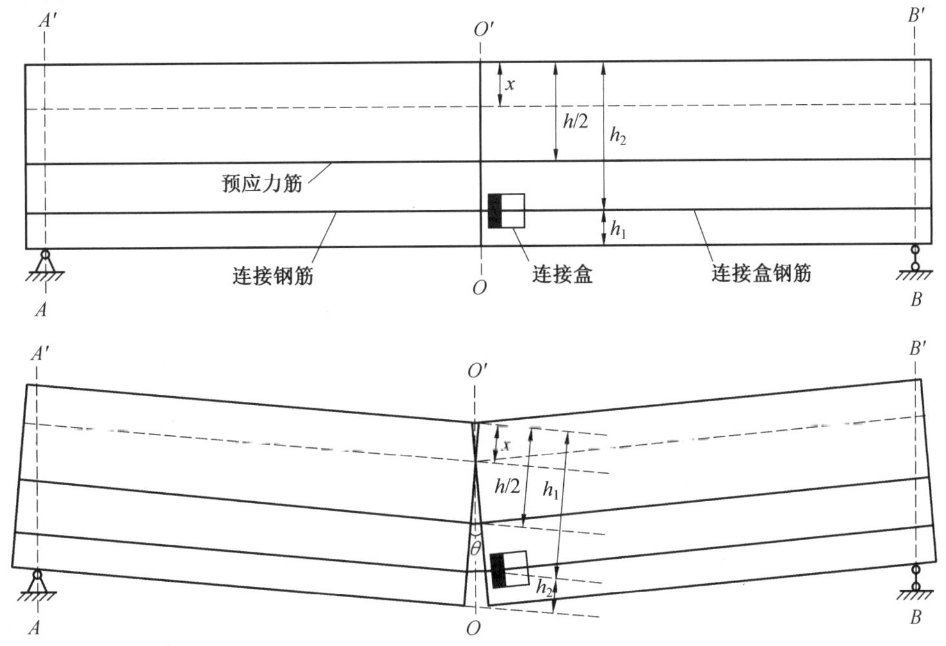

图 4.1　预制干式连接件相对转动

钢筋伸长量的计算公式参考《混凝土结构设计规范(2015 年版)》(GB 50010—2010)中关于先张预应力筋伸长量的计算模型,应力传递长度和黏结应力分布如图 4.2 所示。

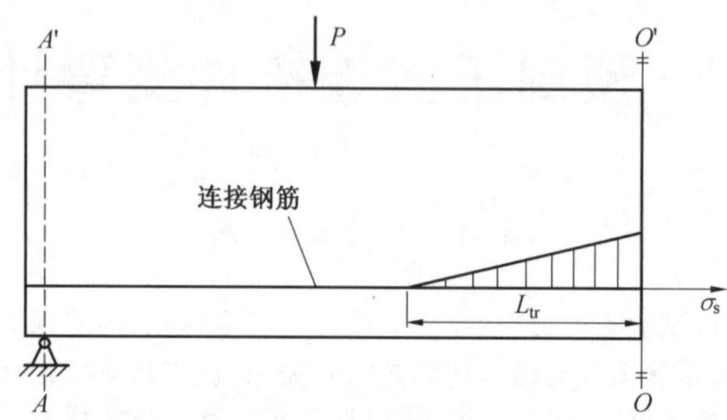

图 4.2　应力传递长度

钢筋伸长量可由下式计算:

$$\delta_{sx}=\int_0^{l_{tr}}\varepsilon_{sz}\mathrm{d}z=\frac{1}{2}\varepsilon_s l_{tr} \tag{4.1}$$

$$l_{tr}=\alpha\frac{\sigma_s}{f_{tk}}d \tag{4.2}$$

式中　δ_{sx}—— 拼接面连接钢筋在外荷载作用下垂直于界面的伸长量;

ε_{sz}—— 拼接面连接钢筋在外荷载作用下的应变;

l_{tr}—— 连接钢筋应力增量的传递长度;

α—— 钢筋外形系数;

σ_s—— 拼接面连接钢筋在外荷载作用下的应力;

f_{tk}—— 混凝土抗拉强度标准值;

d—— 钢筋直径。

拼接面张开后,预制混凝土界面满足平截面假定。

预制干式连接件中的钢筋(包括预应力筋)采用理想弹塑性本构模型,混凝土本构模型采用 Hognestand 本构模型,函数关系式如下:

$$钢筋:\begin{cases}\sigma_s=\varepsilon_s E_s\varepsilon_s\leqslant\varepsilon_{sy}\\ \sigma_s=\sigma_{sy}\varepsilon_s>\varepsilon_{sy}\end{cases} \tag{4.3}$$

$$混凝土:\sigma_c=\begin{cases}f'_c\left[\dfrac{2\varepsilon_c}{\varepsilon_0}-\left(\dfrac{\varepsilon_c}{\varepsilon_0}\right)^2\right],\varepsilon_c\leqslant\varepsilon_0\\ f'_c\left[1-0.15\left(\dfrac{\varepsilon_c-\varepsilon_0}{\varepsilon_{max}-\varepsilon_0}\right)\right],\varepsilon_c>\varepsilon_0\end{cases} \tag{4.4}$$

4.3　预制干式连接件受弯计算模型

预制干式连接件受弯变形由挠曲变形和转动变形构成。两部分关系如下:首先,假设界面不分离,为理想连接界面,则构件为连续钢筋混凝土受弯试件,受弯挠曲如图 4.3 所示。根据结构和荷载对称关系，取结构一半分析，构件应变关系如图 4.4 所示，在界面不分离的前提下，截面受弯使得混凝土压应变为 ε_{c1}，钢筋拉应变为 ε_{s1}，则有 $\frac{\varepsilon_{c1}}{x_1}=\frac{\varepsilon_{s1}}{h_2-x_1}$，结构处于平衡状态。

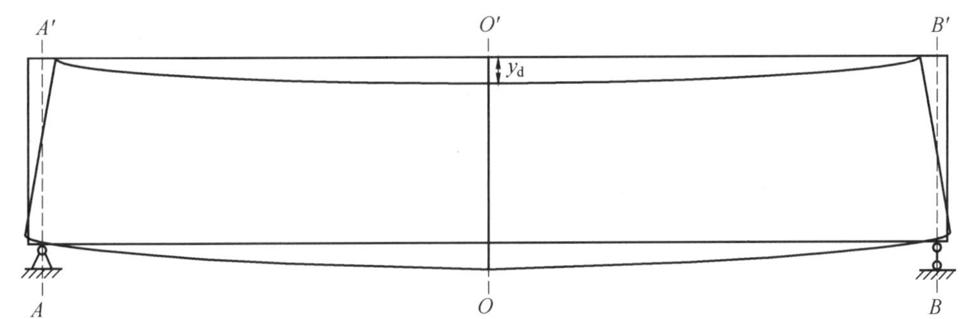

图 4.3　构件受弯挠曲

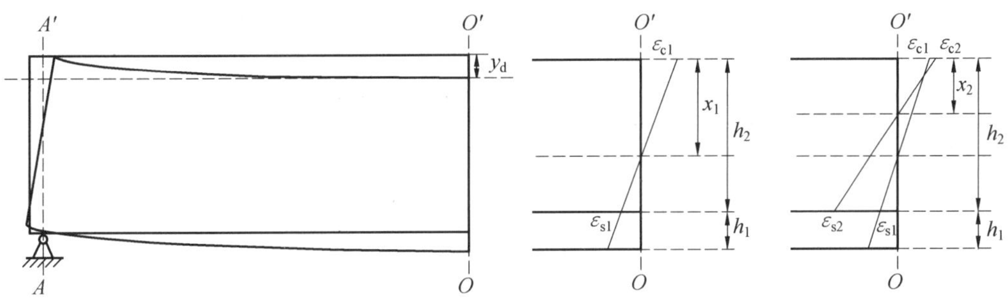

图 4.4　界面应变分布

界面发生分离，拉区应力全部由钢筋承担，中和轴上移，受压区高度减小，钢筋应变增大到 ε_{s2}，混凝土受压区应变为 ε_{c2}，有 $\frac{\varepsilon_{c2}}{x_2}=\frac{\varepsilon_{s2}}{h_2-x_2}$，合力处于平衡。但从结构整体变形来看，由于钢筋伸长量增加，混凝土压缩量增加，结构变形不处于平衡状态。如图 4.5 所示，结构需要发生转动来平衡这部分变形，当转动角度 θ 后结构达到力和变形的平衡状态。

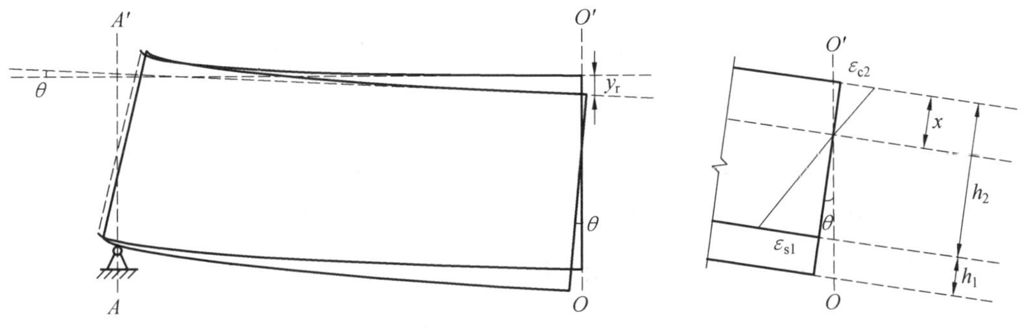

图 4.5　结构转动

由此可见，预制干式连接件的抗弯刚度可看作由两部分组成，一部分为构件挠曲刚度 B_d，一部分为构件转动刚度 B_r。计算两部分刚度时，计算方法为先计算挠曲刚度时，假定拼接面没有转动分离。再根据物理和几何条件来计算转动刚度。

4.3.1 预制干式连接件挠曲刚度计算

对于该连接节点而言，在假定拼接面没有转动分离的前提下，其结构的挠曲刚度与相同配筋率下整体浇筑的试验梁挠曲刚度相同。其推导过程如下：

如图 4.6 所示，由于结构和荷载对称性，整浇试件可以等效为跨中有限制弯矩的滑动支座。而对于没有转动分离的预制构件而言，由于受拉钢筋和压区混凝土连续，能理想传递弯矩。同样结构和荷载关于 $O—O'$ 对称，在拼接面同样可认为具有相同的滑动支座约束。

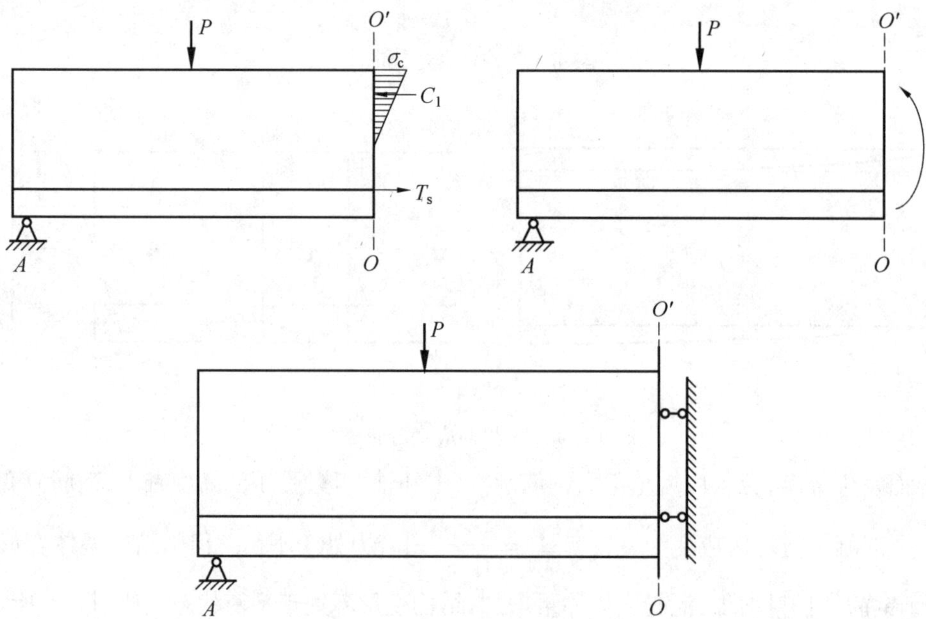

图 4.6 试件对称性等效

所以，可采用普通混凝土受弯构件计算公式计算试件挠曲刚度，即

$$B_d = \frac{E_s A_s h_0^2}{1.15\psi + 0.2 + \dfrac{6\alpha_E \rho}{1 + 3.5\gamma'_f}} \tag{4.5}$$

式中，相关参数可参考《混凝土结构设计规范(2015 年版)》(GB 50010—2010)。

4.3.2 预制干式连接件转动刚度

预制干式连接件的受弯性能试验表明，对于有界面黏结剂(环氧树脂结构胶)的构件，在界面开裂前，界面抗弯刚度可认为与普通的整体浇筑混凝土构件一致，转动刚度为无穷大。在开裂以后，由于两块预制构件相对转动变形，界面转动刚度随着外荷载的变化而变化。在整体屈服后,偏于保守计算,可认为界面切线抗弯刚度为 0。对于含有预应力的预制干式连接件,拼接面受弯分离前有一个消压阶段,在消压阶段其抗弯刚度与普通混凝土构件一致,认为界面连续。

下面重点研究拼接面在消压以后且界面开裂后至构件屈服以前的界面抗弯刚度。界面可分为接触区域和分离区域两部分,计算简图如图 4.7 所示。

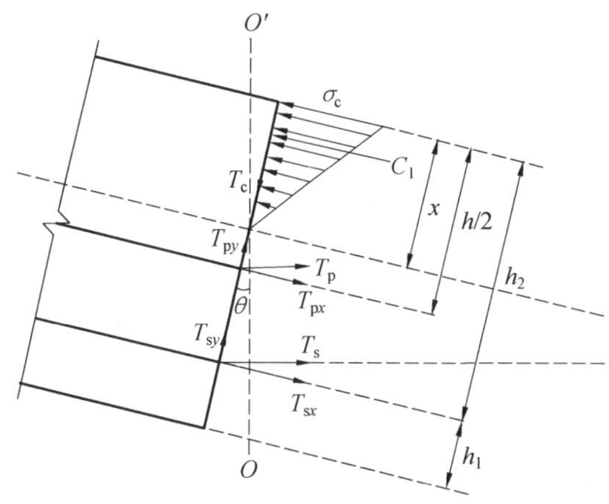

图 4.7　拼接面计算简图

由平截面假定可知

$$\frac{\varepsilon_{c}}{x}=\frac{\varepsilon_{sx}}{h_{2}-x}=\frac{\Delta\varepsilon_{px}}{\dfrac{h}{2}-x} \tag{4.6}$$

$$\theta=\frac{\delta_{sx}}{h_{2}-x}=\frac{\delta_{s}\cos\theta}{h_{2}-x} \tag{4.7}$$

式中　x—— 混凝土受压区高度;

h_1—— 钢筋合力作用点位置到受拉混凝土表面的距离;

h_2—— 钢筋中心线位置到受压区混凝土表面的距离;

ε_c—— 外荷载作用下混凝土的应变;

θ—— 外荷载下拼接面的转角;

δ_{sx}—— 钢筋变形总量 δ_s 沿垂直于平截面的变形分量,在几何条件中主要用 δ_{sx} 来计算,钢筋的屈服判断由 δ_s 确定。

将连接钢筋的本构关系代入基本假定式(4.1),可以得到

$$\delta_{sx}=\theta(h_{2}-x)=\frac{\alpha E_{s}d}{2f_{tk}}\varepsilon_{sx}^{2} \tag{4.8}$$

$$\varepsilon_{sx}=\sqrt{\frac{2\delta_{sx}f_{tk}}{\alpha E_{s}d}}=\sqrt{\frac{2\theta(h_{2}-x)f_{tk}}{\alpha E_{s}d}} \tag{4.9}$$

式中　E_s—— 连接钢筋的弹性模量;

d—— 连接钢筋直径。

将式(4.9) 代入拼接面平截面假定,得到

$$\frac{\varepsilon_c}{x}=\sqrt{\frac{2\theta(h_2-x)f_{tk}}{\alpha E_s d\,(h_2-x)^2}}=\sqrt{\frac{2\theta f_{tk}}{\alpha E_s d(h_2-x)}} \tag{4.10}$$

$$\varepsilon_c=\sqrt{\frac{2\theta f_{tk}x^2}{\alpha E_s d(h_2-x)}} \tag{4.11}$$

假定预应力钢筋的初始预拉力为 T_{p0}，再由拼接面的内力平衡条件可知

$$\sum F=0,\quad C_1=T_{sx}+T_{p0}+\Delta T_{px} \tag{4.12}$$

$$C_1=\int_0^x\sigma_c(y)b\mathrm{d}y=\frac{1}{2}\sigma_c bx \tag{4.13}$$

$$T_{sx}=\varepsilon_{sx}E_sA_s \tag{4.14}$$

$$\Delta T_{px}=\Delta\varepsilon_{px}E_pA_p \tag{4.15}$$

式中　y—— 沿受压区高度的计算长度变量；

C_1—— 受压区混凝土的合力；

T_{sx}—— 外荷载作用下连接钢筋的应力合力沿垂直于界面的分量；

ΔT_{px}—— 外荷载作用下预应力钢筋的应力合力增量沿垂直于界面的分量。

将式(4.10) 代入混凝土本构方程中，有

$$\sigma_c=\begin{cases}f'_c\left[\dfrac{2}{\varepsilon_0}\sqrt{\dfrac{2\theta f_{tk}x^2}{\alpha E_s d(h_2-x)}}-\dfrac{1}{\varepsilon_0{}^2}\dfrac{2\theta f_{tk}x^2}{\alpha E_s d(h_2-x)}\right],\varepsilon_c\leqslant\varepsilon_0\\[2ex] f'_c\left[1-0.15\dfrac{\sqrt{\dfrac{2\theta f_{tk}x^2}{\alpha E_s d(h_2-x)}}-\varepsilon_0}{\varepsilon_{max}-\varepsilon_0}\right],\varepsilon_c>\varepsilon_0\end{cases} \tag{4.16}$$

再由拼接面的弯矩平衡，对预应力钢筋合力作用点取合力矩可得

$$\sum M=0,\quad M=C_1\left(\frac{h}{2}-\frac{x}{3}\right)+T_{sx}\left(h_2-\frac{h}{2}\right) \tag{4.17}$$

这样，拼接面转角 θ 所对应的弯矩效应为

$$M=M(\theta) \tag{4.18}$$

界面开裂后至屈服前，预制干式连接件拼接面抗弯刚度 B_r 可表示为

$$B_r(\theta)=\frac{M(\theta)}{\theta} \tag{4.19}$$

式中　θ—— 拼接面的转角；

$M(\theta)$—— 与 θ 对应的弯矩值。

4.3.3　预制干式连接件受弯极限承载力

破坏形态表明，在承载力极限时，预制连接件干式拼接缝处钢筋屈服，受压区混凝土压碎，破坏形态为平衡桁架机制。由拼接缝截面内力平衡条件得到

$$f_cbx_c=f_yA_s+f_{py}A_p \tag{4.20}$$

$$M_u=f_yA_s\left(h_0-\frac{x}{2}\right)+f_{py}A_p\left(\frac{h}{2}-\frac{x}{2}\right) \tag{4.21}$$

式中　f_y—— 连接钢筋的屈服应力；

A_s—— 连接钢筋的截面面积；

f_c—— 混凝土的抗压强度；

b—— 拼接面横截面宽度；

x_c—— 拼接面混凝土受压区高度；

N_u—— 预制干式连接件受压弯破坏时的极限承载力；

M_u—— 预制干式连接件受弯破坏时的极限承载力。

4.4　计算模型试验验证

将纯弯构件拼接面受弯计算模型中的预应力项去除，如图 4.8 所示。

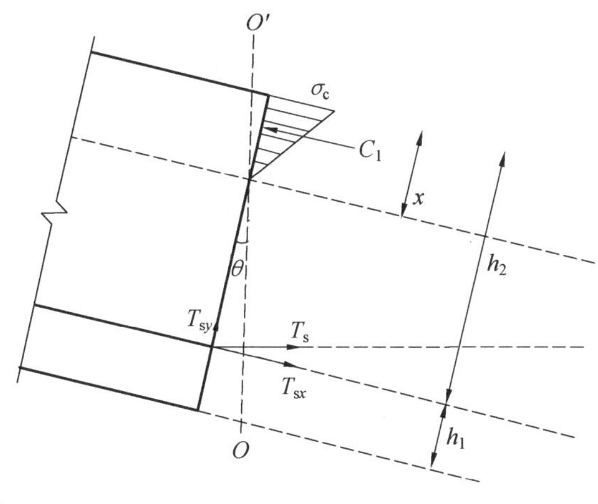

图 4.8　计算模型

4.4.1　拼接缝张开量和挠度计算

通过挠度计算和界面拼接缝张开宽度计算进行比较分析，拼接缝张开宽度 w 计算式为

$$w = 2\theta(h_2 - x) \tag{4.22}$$

如图 4.9 所示，根据预制干式连接件刚度组成分析，其跨中挠度由两部分构成，一部分为预制构件受弯挠曲，一部分为左右预制构件转动引起。

图 4.9 中，y_1 为构件受弯挠曲挠度，y_2 为转动挠度。y_1 可参照普通混凝土受弯构件的计算方法计算。转动挠度和总挠度可以写为

$$y_2 = \frac{1}{2}l_0\theta \tag{4.23}$$

$$y = y_1 + y_2 \tag{4.24}$$

式中　l_0—— 预制干式连接件计算跨度。

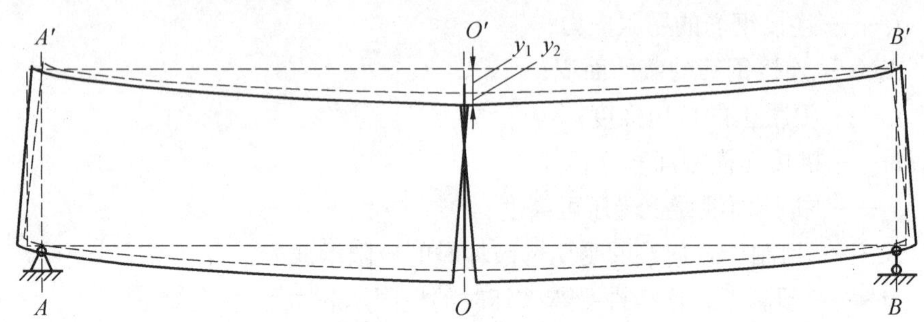

图 4.9　挠度组成

4.4.2　计算值与试验值比较

1. L－D－300 对比

试件 L－S－300 计算值与试验值对比如表 4.1 和图 4.10 所示。

表 4.1　L－D－300 计算值与试验值对比

状态	L－D－300 转角/rad	荷载值/kN	挠度/mm		拼接缝张开量/mm		挠度(计算值/试验值)	拼接缝张开量(计算值/试验值)
			试验值	计算值	试验值	计算值		
开裂	0.000 00	68	1.58	2.78	0	0.00	1.759	
开裂至屈服	0.000 75	69	1.6	2.83	0.21	0.47	1.769	2.243
	0.000 8	71	1.62	2.96	0.31	0.50	1.827	1.635
	0.000 9	76	2.01	3.20	0.51	0.57	1.591	1.119
	0.001 0	80	2.15	3.43	0.6	0.63	1.595	1.047
	0.001 2	87	2.85	3.88	0.63	0.75	1.361	1.194
	0.001 4	94	3.12	4.31	1.06	0.88	1.381	0.826
	0.001 6	100	3.84	4.73	1.12	1.00	1.232	0.893
	0.001 8	106	4.85	5.14	1.19	1.12	1.060	0.944
	0.002 0	111	5.09	5.54	1.35	1.25	1.088	0.924
	0.002 2	117	5.61	5.93	1.38	1.37	1.057	0.993
屈服后	0.002 4	133	6.58	6.73	1.73	1.81	1.023	1.046
	0.002 6	134		6.97		1.96		
	0.003	134		7.45		2.26		

可以看出，试件 L－D－300 理论计算值与试验值基本吻合。在开裂前，按普通混凝土受弯构件挠度计算公式计算结果与试验值接近。开裂后，在受弯挠度基础上增加转动挠度，可以看出荷载－位移曲线计算结果在开裂值处有突变，此后曲线斜率明显下降，计算值逐渐接近试验值。在试件屈服后，由于采用的是钢筋理想弹塑性模型，屈服后荷载－位移曲线基本为一条水平直线，使得屈服后计算挠度要大于试验挠度。同样，在裂缝张开量曲线中，开裂至屈服段，计算值与试验值吻合较好，屈服后计算值偏大。

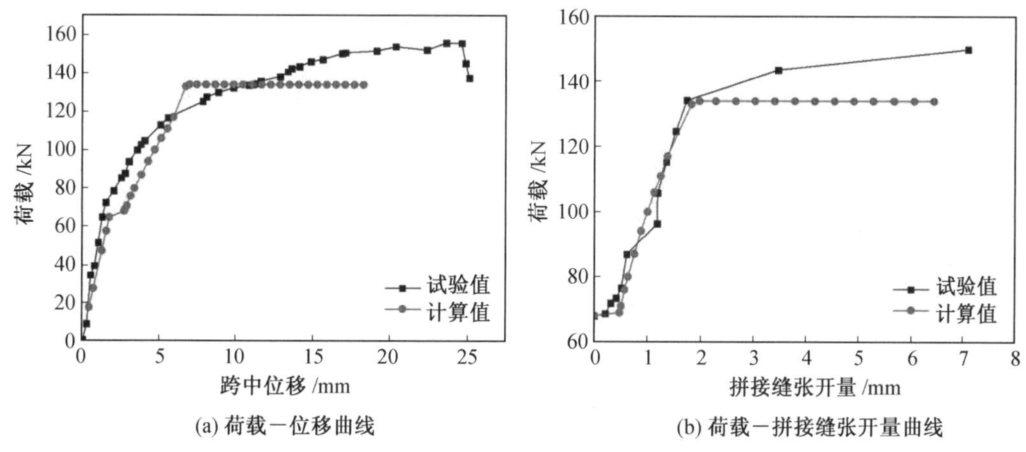

图 4.10　L－D－300 计算值与试验值对比

2. L－S－500 对比

试件 L－S－500 计算值与试验值对比如表 4.2 和图 4.11 所示。

表 4.2　L－S－500 计算值与试验值对比

状态	L－D－500 转角 /rad	荷载值 /kN	挠度 /mm		拼接缝张开量 /mm		挠度(计算值/试验值)	拼接缝张开量(计算值/试验值)
			试验值	计算值	试验值	计算值		
开裂	0.000 00	105	1.5	1.40	0	0.00	0.935	
开裂至屈服	0.000 5	111	1.82	2.19	0.1	0.31	1.203	3.080
	0.000 8	140	2.8	2.97	0.19	0.49	1.061	2.585
	0.001 0	156	3.3	3.43	0.213	0.61	1.039	2.877
	0.001 2	170	3.8	3.88	0.5	0.73	1.021	1.468
	0.001 4	184	4.2	4.32	0.573	0.86	1.028	1.492
	0.001 6	196	4.6	4.74	0.815	0.98	1.030	1.198
	0.001 8	208	5.1	5.14	1.04	1.10	1.008	1.055
	0.002 0	219	5.5	5.55	1.22	1.22	1.009	0.998
	0.002 2	229	5.9	6.06	1.3	1.34	1.026	1.029
	0.002 4	239	6.29	6.45	1.48	1.46	1.026	0.984
屈服后	0.002 6	249	6.96	7.06	1.598	1.59	1.014	0.992
	0.003 0	263		7.99		2.23		
	0.003 5	264		8.59		2.60		
	0.004 0	264		9.18		2.98		

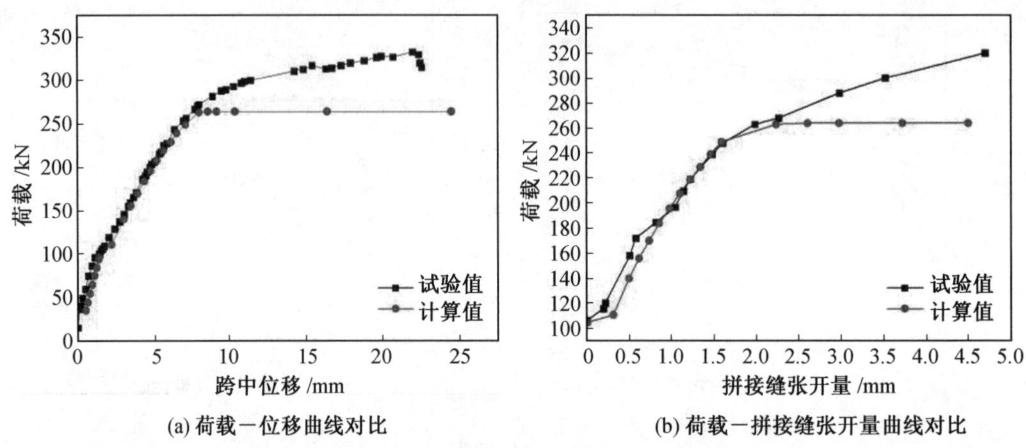

(a) 荷载—位移曲线对比　　　　(b) 荷载—拼接缝张开量曲线对比

图 4.11　L－S－500 计算值与试验值比较

与 L－D－300 类似，L－S－500 计算值与试验值吻合很好，开裂前与开裂后至屈服前的曲线趋势和试验曲线基本吻合，屈服后基本为平直线。拼接缝开裂初期，拼接缝张开量试验值有一定波动，计算值普遍大于试验值，随着荷载增大逐渐稳定，计算值与试验值吻合较好。分析原因为试件开裂时，持荷时间内结构刚度发生变化，变形不稳定，导致试验值偏小。随着荷载增大，变形趋于稳定后，二者基本一致。

3. L－D－600 对比

试件 L－D－600 计算值与试验值对比如表 4.3 和图 4.12 所示。

表 4.3　L－D－600 计算值与试验值对比

状态	L－D－600 转角 /rad	荷载值 /kN	挠度 /mm		拼接缝张开量 /mm		挠度（计算值 / 试验值）	拼接缝张开量（计算值 / 试验值）
			试验值	计算值	试验值	计算值		
开裂	0.000 00	122	2.2	1.71	0	0.00	0.777	
开裂至屈服	0.000 6	124	2.31	2.45	0.16	0.36	1.061	2.250
	0.000 8	143	2.62	2.96	0.21	0.49	1.129	2.339
	0.001 0	159	3.26	3.43	0.45	0.61	1.052	1.362
	0.001 2	174	3.73	3.88	0.54	0.73	1.040	1.360
	0.001 4	188	4.26	4.31	0.85	0.86	1.012	1.006
	0.001 6	201	4.38	4.73	0.91	0.98	1.080	1.073
	0.001 8	213	4.75	5.14	1.13	1.10	1.082	0.971
	0.002 0	224	5.31	5.54	1.21	1.22	1.043	1.006
	0.002 2	235	5.8	5.93	1.34	1.34	1.022	0.998
	0.002 4	245	6.15	6.31	1.48	1.46	1.026	0.984
屈服后	0.002 6	266	6.85	6.97	1.57	1.59	1.018	1.010
	0.003 0	266		7.45		2.26		
	0.004	266		8.65		3.02		

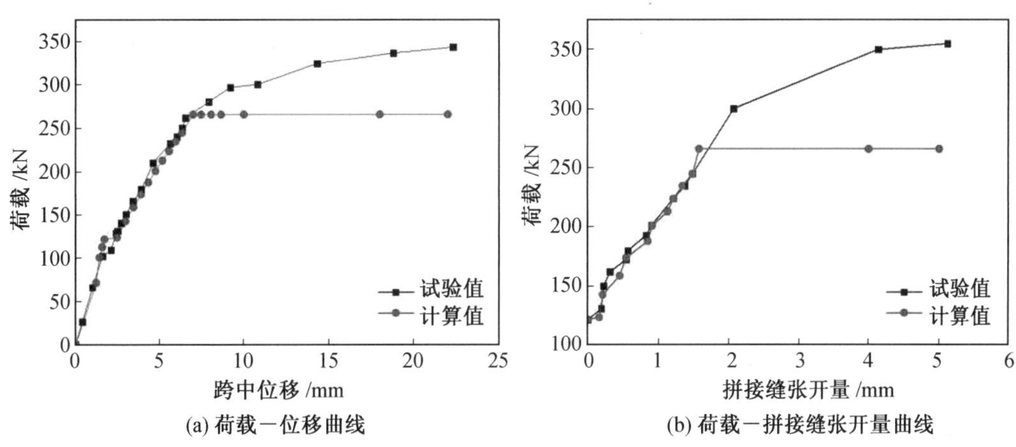

图 4.12　L－D－600 计算值与试验值对比

4. L－S－700 对比

试件 L－S－500 计算值与试验值对比如表 4.4 和图 4.13 所示。

表 4.4　L－S－700 计算值与试验值对比

状态	L－D－700 转角 /rad	荷载值 /kN	挠度 /mm		拼接缝张开量 /mm		挠度(计算值/试验值)	拼接缝张开量(计算值/试验值)
			试验值	计算值	试验值	计算值		
开裂	0.000 00	158	2.1	2.09	0	0.00	0.995	
开裂至屈服	0.000 5	164	2.3	2.19	0.11	0.30	0.951	2.772
	0.000 8	207	3.12	2.96	0.34	0.49	0.950	1.431
	0.001 0	231	4.1	3.44	0.35	0.61	0.838	1.734
	0.001 2	253	4.59	3.89	0.52	0.73	0.847	1.398
	0.001 4	273	5.1	4.32	0.6	0.85	0.847	1.412
	0.001 6	292	5.56	4.74	75	0.97	0.852	0.013
	0.001 8	309	5.68	5.17	0.81	1.09	0.911	1.340
	0.002 0	325	6.09	5.69	1.1	1.20	0.934	1.095
	0.002 2	341	6.6	6.19	1.25	1.32	0.938	1.059
	0.002 4	355	7.1	6.68	1.4	1.44	0.941	1.030
	0.002 6	369	7.59	7.16	1.55	1.56	0.944	1.006
屈服后	0.002 8	395	8.3	7.94	2	2.08	0.956	1.038
	0.003 0	395		8.18		2.23		
	0.003 5	395		8.78		2.60		
	0.004 0	395		9.38		2.97		

可以看到,与前两组试件相似,L－S－700 计算值与试验值吻合较好。开裂前后至屈服前曲线趋势和试验曲线基本吻合,屈服后基本为平直线。在拼接缝开裂初期,拼接缝张

开量试验值有一定波动，计算值普遍大于试验值。随着荷载增大逐渐稳定，计算值与试验值吻合较好。不同的是，在荷载 - 位移曲线中，计算值略小于试验值，但在结构变形稳定以后，误差都在 10% 以内。

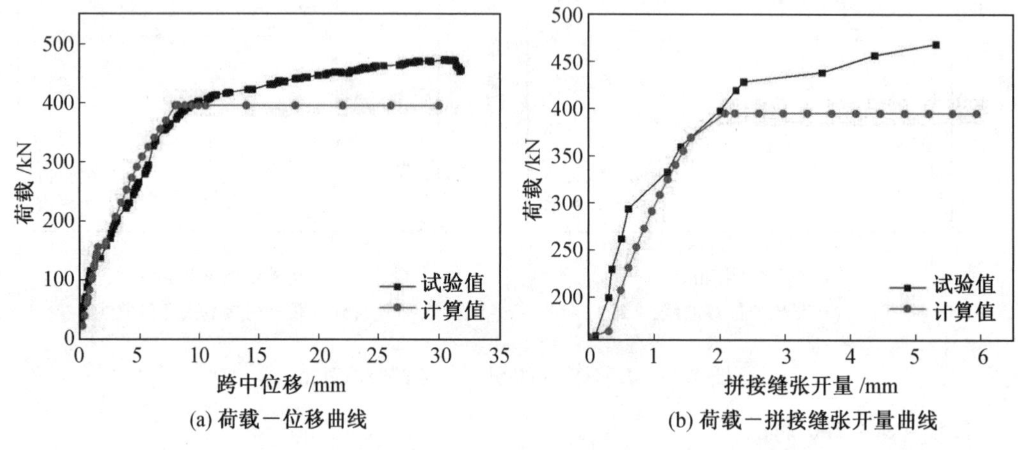

(a) 荷载一位移曲线　　(b) 荷载一拼接缝张开量曲线

图 4.13　L - S - 700 计算值与试验值对比

5. LJ - D - 300 对比

采用的腻子基复合胶条由于弹性较低，计算时不考虑其强度贡献。考虑了初始间隙的影响，试件 LJ - D - 300 计算值与试验值对比如表 4.5 和图 4.14 所示。

表 4.5　LJ - D - 300 计算值与试验值对比

状态	LJ - D - 300 转角 /rad	荷载值 /kN	挠度 /mm		拼接缝张开量 /mm		挠度(计算值 / 试验值)	拼接缝张开量(计算值 / 试验值)
			试验值	计算值	试验值	计算值		
开裂至屈服	0.000 1	25	0.99	1.66	0.02	0.06	1.677	3.161
	0.000 3	44	2.31	3.18	0.13	0.19	1.375	1.456
	0.000 5	56	3.83	4.37	0.21	0.32	1.140	1.479
	0.000 7	67	5.06	5.42	0.34	0.44	1.071	1.294
	0.000 9	76	5.9	6.40	0.48	0.57	1.084	1.178
	0.001 1	83	6.3	7.32	0.57	0.69	1.161	1.210
	0.001 3	91	7.52	8.20	0.67	0.81	1.090	1.215
	0.001 5	97	8.23	9.05	0.78	0.94	1.099	1.203
	0.001 7	103	8.55	9.88	0.88	1.06	1.155	1.207
	0.001 9	109	9.29	10.68	1.02	1.19	1.150	1.163
	0.002 1	115	9.96	11.47	1.27	1.31	1.152	1.031
	0.002 3	120	11.1	12.24	1.41	1.43	1.103	1.017
	0.002 5	125	12.3	13.00	1.55	1.56	1.057	1.004
屈服后	0.002 6	133	13.5	14.20	1.79	1.80	1.052	1.006
	0.003 0	133		14.66		2.28		

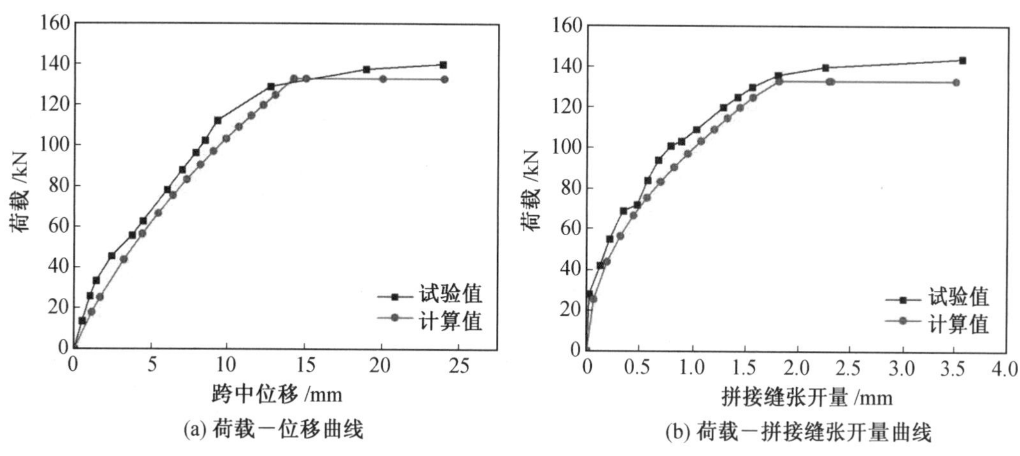

图 4.14　LJ－D－300 计算值与试验值对比

4.4.3　结果分析

通过 3 组试件试验值与计算值的比较可以看出，采用本章提出的转动模型计算预制干式连接件的抗弯刚度和整体变形与试验值基本吻合，计算模型提出的拼接面平截面假定、钢筋伸长后的应力传递及采用的本构模型能够较好地计算预制干式连接件在受弯过程中的内力和变形。

在预制干式连接件挠度的计算中，考虑了试件的受弯挠曲和转动引起的挠度，如图 4.15 所示，以试件 L－S－700 为例，可以看出试件开裂前挠度由整体受弯挠曲引起。在开裂至试件屈服阶段，挠度由两部分叠加得到。在试件屈服以后，构件变形主要由转动产生。

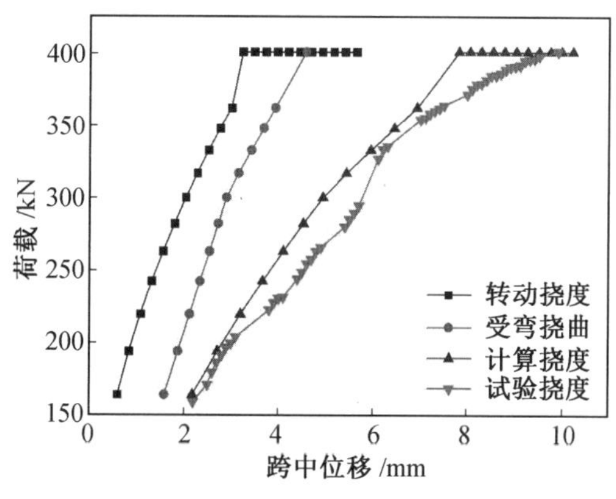

图 4.15　挠度组成

预制干式连接件界面拼接缝张开量的计算值与试验值在开裂初期误差较大，因为开裂初期界面受力不一定均匀且刚度突变反映到试件变形有一定滞后，随着荷载增大，变形稳定以后，计算值与试验值接近，反映出了该转动计算模型的准确性。在进行防水极限状态设计时，胶条变化量是准确的。

预制干式连接件的屈服强度计算值与试验值接近，极限承载力小于试验值。用于指导承载力极限状态的设计是满足要求的。

综上所述，通过分析预制干式连接件的受力过程以及构件在试验中的受力形态，构建了预制干式连接件受弯的计算模型，研究表明：

(1) 预制干式连接件挠度由受弯挠度和拼接面转动挠度两部分组成。

(2) 基于内力平衡的物理条件及变形协调的几何条件，构建了拼接面的转动刚度计算模型和抗弯承载力的计算模型。转角刚度计算模型基于转动后平截面假定和钢筋应力传递假定，提出界面转角与界面外荷载值的关系。

(3) 分析表明，计算模型与试验值在屈服前吻合较好，计算值略偏保守。屈服后，由于假定钢筋为理想弹塑性模型，屈服后承载力不变，挠度计算值大于试验实测值。

第5章　地下装配式预制干式连接设计方法

5.1　引　言

对于地下工程结构,尤其是地下闭合框架结构,墙体大多为压弯构件,因此拼接面承受的荷载主要为轴力和弯矩。本章将前述计算模型进行适用性推广,使其适用于压弯构件结构刚度和极限承载力计算,并考虑了防水胶条变形引起的界面应力变化影响。在地下装配式工程结构中,引入结构防水适用性验算条件,提出了适用于预制干式连接件的设计验算方法。基于工程常用防水胶条特性,研究提出了以胶条压缩量为控制指标的验算方法。

5.2　压弯构件计算模型

5.2.1　压弯构件刚度计算模型

如图5.1所示,压弯构件刚度计算模型与纯弯构件类似,区别在于力平衡条件中存在轴力平衡项,且转动刚度计算模型中的受压区混凝土压应力由两部分构成,即轴力引起的压应力 σ_1 和弯矩引起的压应力 σ_2。

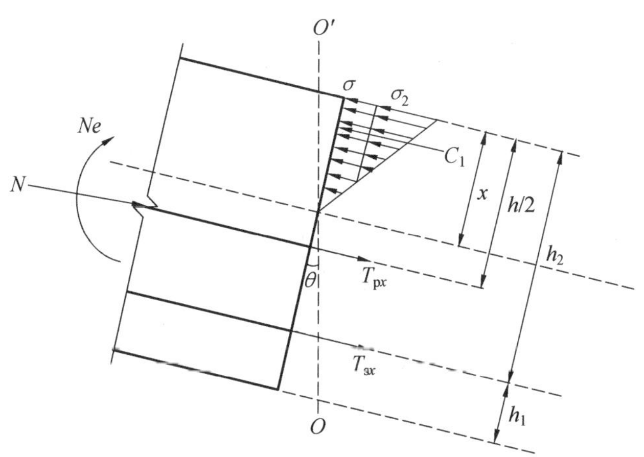

图5.1　压弯构件界面计算模型

由内力平衡条件可以得到

$$\sum F = 0, \quad N = C_1 - T_{sx} + T_{p0} + \Delta T_{px} \tag{5.1}$$

$$C_1 = \int_0^x \sigma_c(y)b\mathrm{d}y = \frac{1}{2}\sigma_c bx;\quad \sigma_c = \sigma_1 + \sigma_2 \tag{5.2}$$

$$\sum M = 0,\quad Ne = C_1\left(\frac{h}{2} - \frac{x}{3}\right) + T_{sx}\left(h_2 - \frac{h}{2}\right) \tag{5.3}$$

式中　N——轴力；

e——初始偏心距。

5.2.2　压弯构件极限承载力

研究表明，预制干式连接件受弯极限承载力与相同配筋率下的整体受弯梁承载力计算结果一致。所以对于预制干式连接压弯构件，可将拼接面分为两类：小偏心受压界面和大偏心受压界面，界限为受压区混凝土压碎时，受拉钢筋达到屈服。

(1) 小偏心受压。受压混凝土压碎时受拉钢筋未屈服($\xi > \xi_b$)，即 $\sigma_s < f_y$。

$$N = \alpha_1 f_c b x_c - \sigma_s A_s + \sigma_p A_p \tag{5.4}$$

$$Ne = \sigma_s A_s\left(h_0 - \frac{x}{2}\right) + \sigma_p A_p\left(\frac{h}{2} - \frac{x}{2}\right) \tag{5.5}$$

σ_s 近似按 $\sigma_s = f_y \dfrac{\xi - \beta_1}{\xi_b - \beta_1}$ 计算。

(2) 大偏心受压。受压混凝土压碎时受拉钢筋屈服($\xi \leqslant \xi_b$)，即 $\sigma_s = f_y$。

$$N = \alpha_1 f_c b x_c - f_y A_s + \sigma_p A_p \tag{5.6}$$

$$Ne = f_y A_s\left(h_0 - \frac{x}{2}\right) + \sigma_p A_p\left(\frac{h}{2} - \frac{x}{2}\right) \tag{5.7}$$

对于预应力项的考虑，如果在构件中心布置有预应力，当钢筋屈服时，预应力未屈服，则近似取 $\sigma_p = \sigma_{p0} + \Delta\sigma_p$，具体计算含义参考第4章。如果预应力筋屈服，取 $\sigma_p = f_{py}$。如果没有预应力项，则去除该项。

5.3　含有胶条的计算模型

假定荷载作用下的单位长度胶条压缩量和外压荷载为单调函数关系，即防水胶条荷载与压缩量一一对应。以腻子及复合胶条为例，其压缩量与外荷载的关系如图5.2所示。

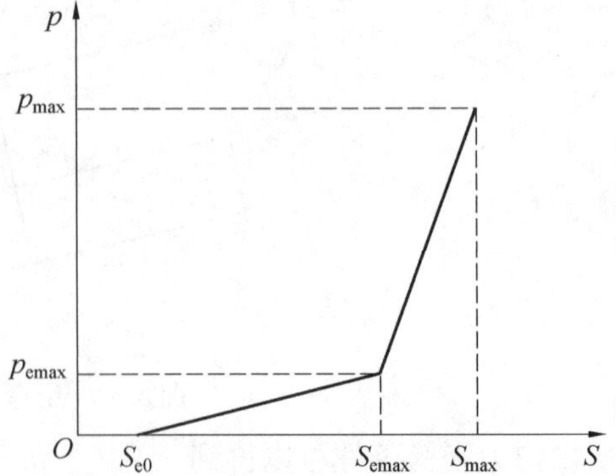

图5.2　腻子及复合胶条荷载压缩曲线

图5.2中，S_{e0} 为防水胶条初始压缩量，对应提供抗力起始点；S_{emax} 为防水胶条弹性极限压缩量，对应 p_{emax} 为防水胶条弹性极限时的正压承载力；S_{max} 为防水极限压缩量，对应 p_{max} 为防水胶条弹性极限时的正压承载力。

当防水胶条的弹性模量较大不能忽略时，根据防水胶条布置方式，计算简图如图5.3所示。假定防水胶条初始压缩量为 S_0，相应胶条压缩应力合力为 $p(S_0)$。

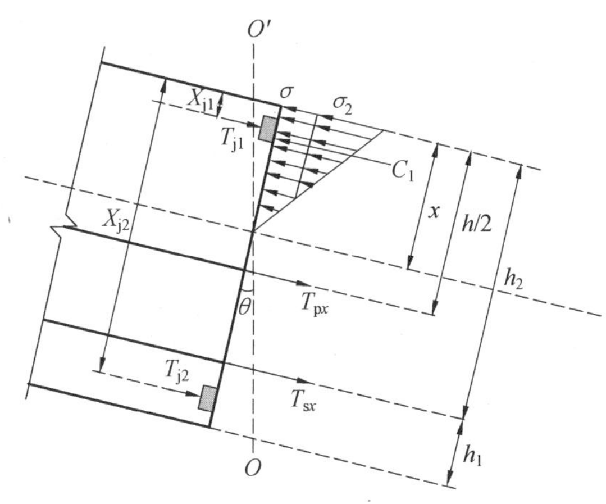

图 5.3　含有胶条的计算模型

在荷载作用下,第 i 个胶条压缩量变化为

$$\Delta S_i = \frac{|x_{ji} - x|}{h_2 - x}\delta_s = |x_{ji} - x| \cdot \theta \tag{5.8}$$

将上式代入胶条压缩量 - 荷载关系模型中,有

$$T_{ji} = p(\theta) = p(S_0) + \Delta p = p[S_0 \pm |x_{ji} - x| \cdot \theta] \tag{5.9}$$

式中　ΔS_i——第 i 个胶条压缩量变化;

x_{ji}——第 i 个胶条距离受压区混凝土边缘的距离;

Δp——外荷载作用下引起的胶条压缩应力合力变化;

T_{ji}——拼接面的第 i 个胶条的应力合力,对应胶条在受拉区($x_{ji} - x > 0$)为正,受压区($x_{ji} - x < 0$)为负。

内力平衡条件为

$$\sum F = 0,\quad C_1 = \Delta T_s + \sum C_{ti} \tag{5.10}$$

$$\sum M = 0,\quad M + M_t = C_1\left(\frac{h}{2} - \frac{x}{3}\right) + T_{sx}\left(h_2 - \frac{h}{2}\right) \tag{5.11}$$

其中,M_t 为防水胶条承担的弯矩,计算式为

$$M_t = \sum y_{gi} C_{ti} \tag{5.12}$$

$$y_{gi} = \left|\frac{h}{2} - x_{ji}\right| \tag{5.13}$$

式中　y_{gi}——第 i 个防水胶条应力合力的力臂。

5.4　预制干式连接构件极限状态设计

对于地下工程结构而言,预制干式连接受弯构件应满足承载力极限状态下的安全性要求,还应满足地下结构防水性能的适用性要求。因此,预制干式连接地下装配式工程结构的控制极限状态包括承载力极限状态和防水能力极限状态。

由于预制干式连接受弯构件极限承载力同普通整浇钢筋混凝土受弯构件基本一致，预制干式连接受弯构件承载力极限状态设计可参照等同配筋率条件下的普通整浇钢筋混凝土构件进行截面设计。

预制干式连接受弯构件防水性能极限状态验算，主要由拼接面的防水胶条防水能力来提供。对于工程结构中常用的防水胶条而言，其防水胶条压缩量和压缩力，同其防水能力有对应关系，即胶条在压缩力作用下具有压缩量特征值。该压缩量特征值对应胶条防水性能即耐水压力。因此，防水极限状态设计就是建立防水设计目标对应的压缩量特征值，且为防止胶条被压坏，不能超过胶条极限压缩量。

假设拼接面水压为λ(MPa)，需要抵御此水压的胶条压缩量特征值为S_λ，胶条的极限压缩量为S_{max}。通过界面设计确定胶条数量、每个胶条所处的界面位置x_{ji}以及初始压缩量，这样可得到

$$2\theta_{max1} = \frac{S_0 - S_\lambda}{x_{ji} - x}, \quad x_{ji} > x \tag{5.14}$$

$$2\theta_{max2} = \frac{S_{max} - S_0}{x - x_{ji}}, \quad x_{ji} < x \tag{5.15}$$

式中　θ_{max1}—— 满足胶条防水能力的最大转角；

θ_{max2}—— 满足胶条受压不破坏的最大转角。

此时有两种方法：

(1) 可得到满足防水能力极限状态设计的$\theta_{max} = \min(\theta_{max1}, \theta_{max2})$。根据前述拼接面抗弯刚度计算模型，即可计算出防水能力极限状态下的抗弯承载力：

$$M_{uw} = K(\theta)\theta_{max} \tag{5.16}$$

式中　M_{uw}—— 防水能力极限状态下的抗弯承载力。

对于压弯构件，推导类似，不再赘述。

(2) 通过计算承载力设计值下的拼接缝转角θ_u，如果$\theta_u \geqslant \theta_{max}$，因为防水极限承载力低于承载力极限状态设计值，需对结构进行调整。

5.5　闭合框架上下装配式结构设计算例

以预制闭合框架试验构件为例，管廊结构截面尺寸为 9 m × 4.15 m，节段长度为 1.5 m，质量约为 40 t，不论运输还是吊装都有一定的难度，如果在侧墙和中墙处分开，采用预制干式连接墙体的设计方法，可以减少一半的质量。侧墙的厚度为 400 mm，采用计算程序计算的控制拼接面的基本荷载信息为：轴力设计值为N_u = 142 kN/m，弯矩设计值为M_u = 112 kN · m/m。计算偏心距，即

$$e_i = e_0 + e_a = \frac{112}{142} \times 1\,000 + 20 = 809\ (\text{mm})$$

拼接面设置凹槽用于放置防水胶条，断面图如图 5.4 所示。

其中，凹槽中心距离外边缘 25 mm，图中h_1 = 50 mm，h_2 = 350 mm。

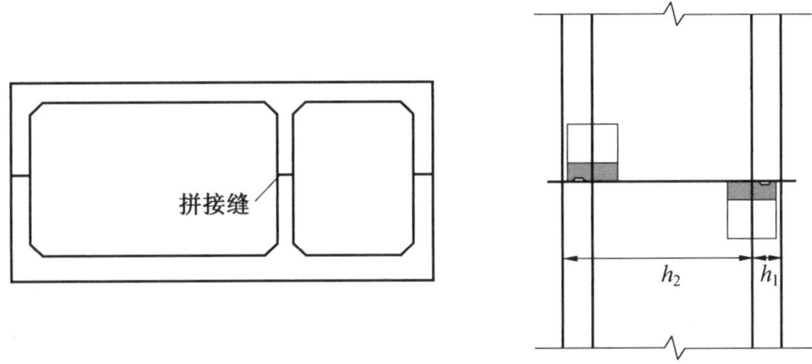

图 5.4　预制干式连接墙体断面

5.5.1　承载力极限状态设计

根据设计信息,判断该预制墙体属于大偏心受压构件,根据《混凝土结构设计规范(2015 年版)》(GB 50010—2010) 计算满足承载力极限状态时,计算结果满足构造配筋要求即可,需要的配筋面积为 A_s = 800 mm²/m,选择界面配筋为 D16@ 200,实际配筋面积为 A_s =1 005 mm²/m。

5.5.2　防水极限状态验算

该预制混凝土闭合框架的设计埋深为 3 m,拼接缝位于地面以下 5.2 m,设计防水水头为 6 m,防水水压为 0.06 MPa。

1. 采用遇水膨胀橡胶条

遇水膨胀橡胶条截面尺寸选取为 20 mm × 18 mm × 15 mm(下底 × 上底 × 高),如图图 5.5 和图 5.6 所示,根据防水胶条的试验结果,防水水压 0.06 MPa 对应的压缩量为 2.82 mm, 对应的每米压缩力为 C_j = 8 kN。

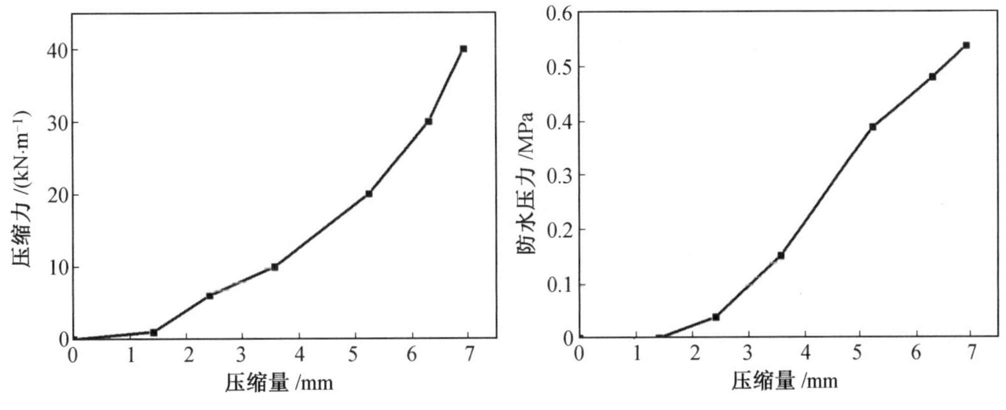

图 5.5　压缩力与压缩量曲线　　图 5.6　压缩量与防水压力曲线

拼接面设计为紧密接触,不施加额外预应力辅助界面压紧,仅靠结构自重等竖向荷载使胶条压缩。上部墙体自重为

$$2.05\ \text{m} \times 1\ \text{m} \times 2\ 400\ \text{kg/m}^2 = 11\ 808\ \text{kg} = 11.8\ \text{kN}$$

对应的初始压缩量为 $S_0 = 4$ mm，凹槽设置深度为 11 mm。同时，由于凹槽的设置，胶条不会受压破坏。设计时只需考虑受拉区胶条的防水能力。

这样，有

$$2\theta_{\max} = \frac{S_0 - S_\lambda}{x_j - x} = \frac{(4 - 2.82) \times 10^{-3}}{0.375 - x}$$

根据转动模型，有

$$N_{\max} = \frac{1}{2}\sigma_c bx - \varepsilon_{sx}E_s A_s - C_j$$

$$N_{\max}e_i = \frac{1}{2}\sigma_c bx\left(\frac{h}{2} - \frac{x}{3}\right) + \varepsilon_{sx}E_s A_s\left(h_2 - \frac{h}{2}\right) - C_j \cdot \left(x_j - \frac{h}{2}\right)$$

同时代入式(4.9)、式(4.10)及钢筋与混凝土本构，联立求解可得

$$N_{\max} = 183.9\ \text{kN/m},\quad M_{\max} = 148.9\ \text{kN} \cdot \text{m/m}$$

此时对应的转角为 $2.337\ 5 \times 10^{-3}$ rad，受压区高度为 101 mm，计算的钢筋应变为 2 340 με，混凝土外侧压应变为 674 με，选用 HRB500 级钢筋，构件处于弹性段，未屈服。同时有防水极限状态设计值大于承载力极限状态设计值，表明结构在构件达到荷载设计值时，依然能保持正常的防水能力。但是可以看出，胶条初始压缩量和允许压缩量之间差值较小，制作或者安装时如果出现误差有可能影响防水性能，所以宜采用预应力辅助压紧胶条，增大初始压缩量，提升防水能力裕度。

假设采用2根直径为8.6 mm的钢绞线，每米提供10 kN的预压力，则每米的胶条压缩力可达到 20 kN，对应的初始压缩量和防水压力达到 5.4 mm 和 0.39 MPa，凹槽深度为 9.6 mm。此时，在相同的拼接缝转角下，有

$$N_{\max} = \frac{1}{2}\sigma_c bx - \varepsilon_{sx}E_s A_s - C_j - \varepsilon_{px}E_p A_p$$

$$N_{\max}e_i = \frac{1}{2}\sigma_c bx\left(\frac{h}{2} - \frac{x}{3}\right) + \varepsilon_{sx}E_s A_s\left(h_2 - \frac{h}{2}\right) - C_j \cdot \left(x_j - \frac{h}{2}\right)$$

代入式(4.9)、式(4.10)及钢筋与混凝土本构，联立求得

$$N_{\max} = 201\ \text{kN/m},\quad M_{\max} = 162\ \text{kN} \cdot \text{m/m}$$

同样满足承载力要求，且受压区高度为 105.4 mm，预应力钢绞线的增量应变为 898 με，总应变为 898 + 861 = 1 795 (με)。这样，胶条压缩量为

$$S_\lambda = S_0 - 2\theta_{\max} \times (x_j - x) = 5.4 - 1.26 = 4.14\ (\text{mm})$$

对应的防水压力值为 0.2 MPa，同时，制作和施工允许误差可放宽要求。

2. 采用腻子基复合胶条

腻子基复合胶条压缩量与防水压力的曲线如图 5.7 和图 5.8 所示。

截面尺寸选取为 22 mm × 23 mm × 25 mm(下底 × 上底 × 高)，根据防水胶条试验结果，防水水压为 0.06 MPa 对应的压缩量为 8 mm，对应的每米压缩力为 $C_j = 2$ kN。在自重下，压缩量为 15.5 mm，对应的防水压力为 0.34 MPa。所以凹槽深度设置为 9.5 mm，根据 1 的结果可以看出，在承载力设计值下，转动引起的拼接缝张开量远不足以造成结构防水

承载力的失效。同时说明在地下装配式结构中采用腻子基复合胶条,对于初始压缩力较小的装配式节点能提供更好的防水效果。

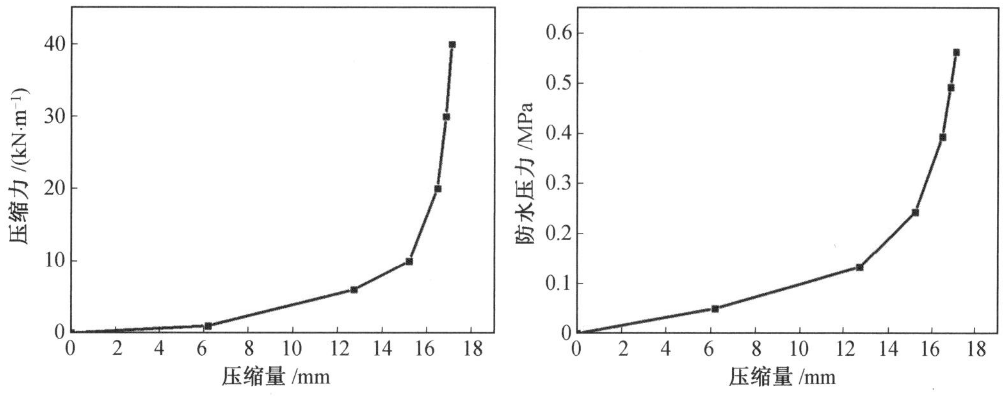

图 5.7　压缩力与压缩量曲线　　　图 5.8　压缩量与防水压力曲线

综上所述,对地下装配式墙体的实际使用中的压弯构件模型进行的计算理论的延伸推导,提出了地下结构防水状态的设计方法,研究表明:

(1) 地下装配式结构按现行规范承载能力极限状态设计和裂缝变形的适用性验算外,还应按拼接面防水能力极限状态验算,使其满足地下工程结构防水性能的适用性条件。对于预制干式连接墙体,采用胶条作为拼接缝防水材料时,可以通过压缩量来确定防水性能。

(2) 研究提出的胶条在地下装配式墙体中的设计方法,根据相应胶条的压缩量压缩力的函数关系,考虑了胶条在界面转动计算模型中的应力贡献。

(3) 算例分析表明,仅依靠结构自重等竖向荷载压紧胶条时,胶条压缩响应量有限。当采用弹性材料较好的防水胶条时,胶条要求的压缩量变化范围小,制作和施工误差要求严格,需采取施加初始预应力等措施增加胶条的适用性;如果采用腻子基类防水胶条,其初始弹性模量较低,一般情况下不需施加额外预应力,即可达到较好的防水效果。

第6章　地下结构用密封胶条压缩性能试验

6.1　引　　言

地下结构拼接缝防水用密封胶条的种类和尺寸繁多，本章首先介绍我国工程防水常用的几种密封胶条种类和截面尺寸，针对这几种密封胶条开展了凹槽压缩性能试验，针对腻子及复合橡胶密封条开展了有、无凹槽约束两种情况的压缩试验，设计两种凹槽尺寸并对比分析了胶条压缩性能试验结果。

6.2　密封胶条材料

地下预制拼装结构的拼接缝防水措施主要依靠密封胶条来实现，目前工程防水常用的胶条类型有遇水膨胀橡胶、三元乙丙弹性橡胶等，因为这几种密封胶条的发展历史较久，国外研究技术相对成熟。目前国内应用较多的防水密封材料如各种类型的密封胶条，单组分、双组分聚氨酯密封膏等，大多是引进国外相关技术。国内外展开的研究工作主要着眼于防水密封橡胶的物理力学性能，且大部分为地下隧道结构的拼接缝防水性能理论分析、防水设计建议。国内城市地下预制拼装管廊的拼接缝防水性能相关研究相对有限。

6.2.1　腻子及复合橡胶密封条

腻子及复合橡胶密封条是一种较新的防水密封胶条，由三元乙丙发泡橡胶外层复合高黏性聚合物反应性胶泥组成。这种密封胶条主要由两部分组成，外部为黏结性较好的腻子胶泥，组成成分为丁基橡胶，内部材料为 EPDM 泡沫条。这种胶条最早在日本研发和生产，日本的一些地下共同沟中就大量采用这种密封胶条。

典型的腻子及复合橡胶密封条尺寸为 23 mm × 22 mm × 25 mm，胶条截面中间有开孔构造，截面尺寸形式如图 6.1 所示。

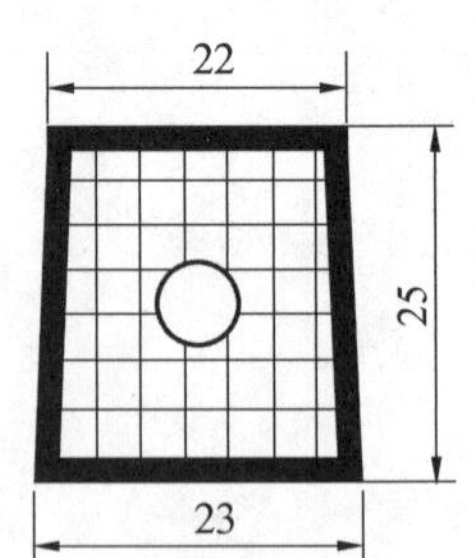

图 6.1　腻子及复合橡胶密封条截面图

6.2.2　遇水膨胀橡胶条

遇水膨胀橡胶条既具有一般弹性橡胶的性能，又具有能遇水发生体积膨胀的性能，是目前较常用的密封胶条类型。遇水膨胀橡胶条在遇水后会产生2 ~ 3倍的膨胀变形，不同种类型号的遇水膨胀橡胶的膨胀倍率不同，产生膨胀后会填满拼接缝处的所有不规则表面、孔洞及间隙，同时由于体积膨胀会在接触界面上产生比原来更大的接触压应力，因此可提高防渗漏能力。当拼接缝或施工缝等位置发生一定范围张开，引起拼接缝间隙超出密封胶条的弹性范围时，普通非膨胀型密封胶条则失去止水作用。而该材料还可以通过吸水膨胀来止水。使用遇水膨胀橡胶作为堵漏密封止水材料，不仅用量节省，而且可以消除一般弹性材料因过大压缩而引起弹性疲劳的特点，使防水效果更为可靠。目前发现的缺点是在经过长期使用，多次反复膨胀后，胶条会有物质析出。

典型的遇水膨胀密封胶条尺寸为20 mm × 18 mm × 15 mm，为实心截面形式，如图6.2所示。

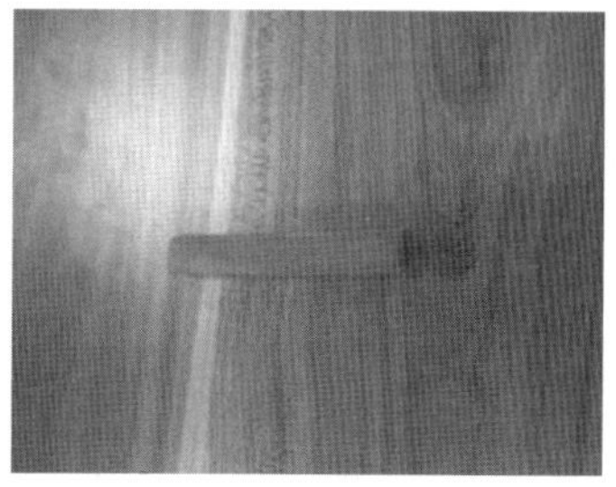

图6.2　遇水膨胀密封胶条

6.2.3　三元乙丙弹性橡胶条

三元乙丙橡胶（EPDM）是乙烯、丙烯和少量的非共轭二烯烃的共聚物，是乙丙橡胶的一种，其在拼装结构防水中应用较广泛，是我国在地下隧道中较早开始应用的弹性密封材料，其最主要的特性就是较好的耐氧化、抗臭氧和抗侵蚀的能力。三元乙丙橡胶硫化特性较好，具有低密度高填充性、耐老化性、耐腐蚀性、耐水蒸气性能等特性。但是其粘接性差，乙丙橡胶由于分子结构缺少活性基团，因此内聚能低。

典型的三元乙丙弹性橡胶条尺寸为20 mm × 16 mm × 20 mm，胶条截面采用中间开孔构造形式，如图6.3所示。

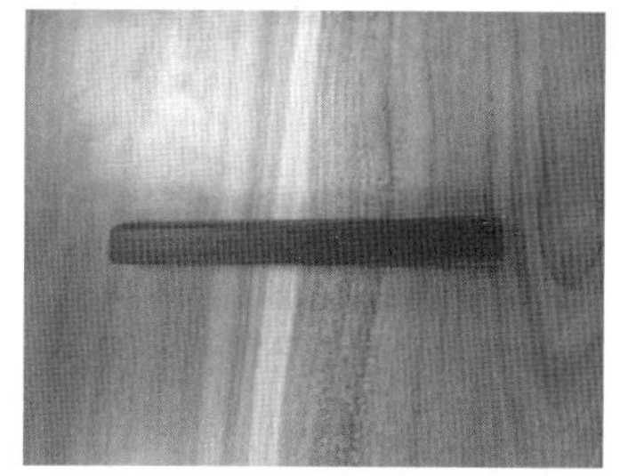

图6.3　三元乙丙弹性橡胶条

6.2.4　遇水膨胀复合橡胶条

遇水膨胀复合橡胶条如图6.4所示，这种密封胶条由遇水膨胀橡胶和三元乙丙弹性橡胶共硫化复合制成，保证两种橡胶产品不分层，密封胶条具有遇水膨胀和弹性恢复性强两种功能互为补充的特性。它具有如下特性：

（1）弹性恢复主要防水，遇水膨胀辅助防水。

（2）截面形式中间开孔，底部开槽。

（3）高回弹性、高压缩变形性。

（4）耐老化性好、强度高。

（5）耐酸、碱、霉菌等耐候性好。

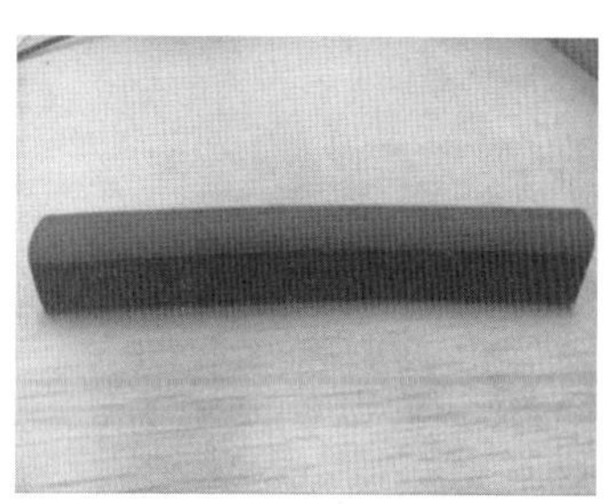

图6.4　遇水膨胀复合橡胶条

6.3 腻子及复合胶条无凹槽约束压缩试验

下面考察腻子及复合胶条在无凹槽约束条件下的压缩变形形式，以及最终压缩破坏形态，考虑到这种密封胶条的高压缩性及较高的自黏性与互黏性，开展压缩破坏试验。

试验装置为YAW－300压力机，最大试验压力为300 kN，装置如图6.5所示。将胶条压缩至5 mm停止压缩，进行卸载，胶条会产生回弹，发现内部发泡三元乙丙橡胶回弹性能很好，外部腻子材料发生压缩变形后，回弹量很小。在内部三元乙丙发泡橡胶带动下有一定回弹量。

图6.5　300 kN压缩试验机

预压缩试验胶条试件长度为200 mm，如图6.6 ～ 6.11所示。由于该胶条黏性较大，试验时上下各铺一层垫层，防止胶条与仪器黏结。

图6.6　胶条截面图

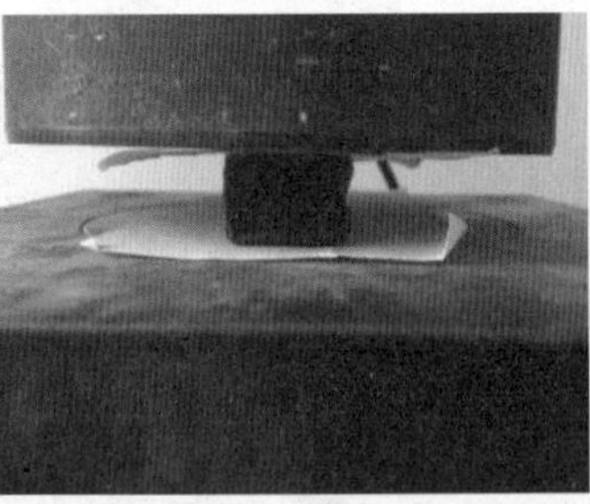

图6.7　压缩5 mm

图6.8　压缩10 mm

图6.9　压缩15 mm

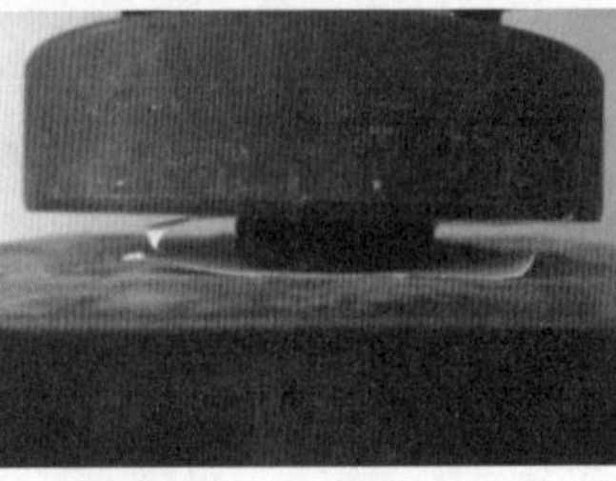

图6.10　压缩17 mm

图6.11　卸载弹性恢复

压缩预试验表明,腻子发泡新型胶条可以实现较大的压缩率变化,并且中间内部材料三元乙丙发泡橡胶可以基本实现压缩变形的完全弹性恢复。当压力机压力超过50 kN时,持荷一段时间后卸载,密封胶条出现破坏,原因是压缩量过大,且周围无限制变形的约束,胶条向周围扩展,胶条压缩后厚度不足3 mm,中间弹性材料受到较大横向拉力从而产生破坏,破坏形式如图6.12 ~ 6.14所示。

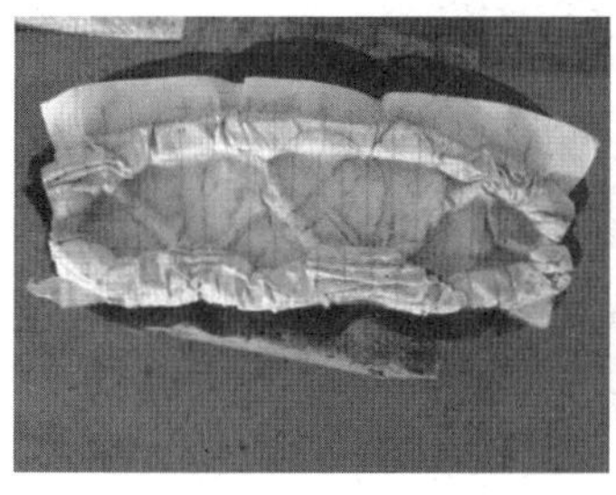

图6.12　极限受压破坏

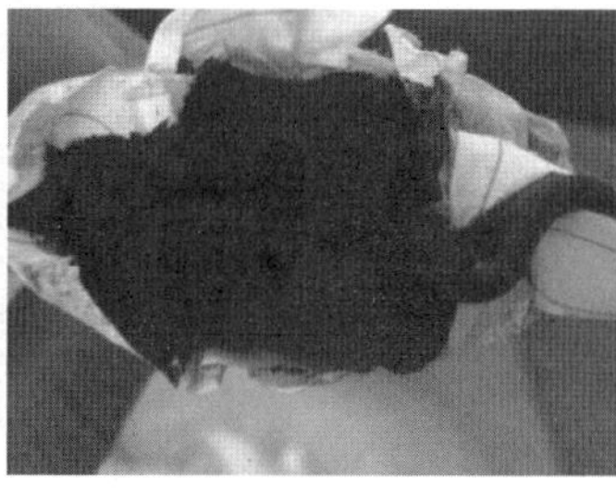

图6.13　破坏后胶条端部

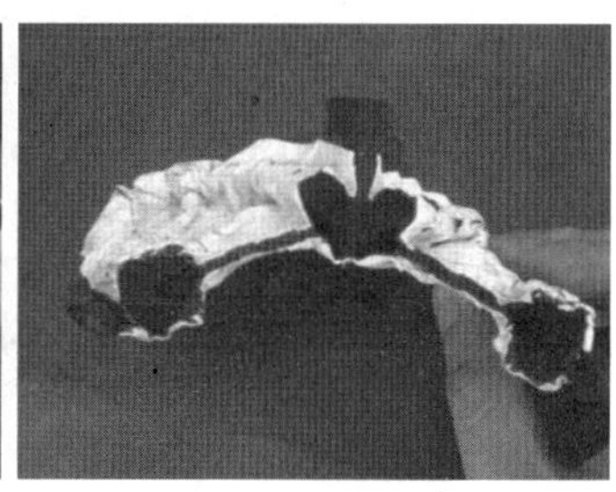

图6.14　胶条内部剖切图

压缩试验结果表明,在无凹槽约束条件下,受压密封胶条将向侧向扩展。在弹性极限范围内,可以实现内部EPDM材料的完全弹性变形恢复;当压缩力超过密封胶条弹性极限并且持荷一段时间后,从胶条中间发生受拉破坏,胶条内部三元乙丙发泡橡胶发生受拉破坏,密封胶条失去作用。

下面考察凹槽侧向约束对胶条压缩变形和受压承载力的影响。

6.4　腻子及复合胶条侧向全约束压缩试验

通过腻子及复合胶条侧向全约束压缩试验,考察在侧向约束限制条件下,胶条压缩应力与压缩量的关系。一般来说,侧向约束程度不同,对应的压缩力与压缩量关系曲线也不同。本部分讨论的是密封胶条在完全侧向约束限制条件下的压缩力与压缩量的关系,验证密封胶条在较大压应力作用下是否会产生压溃的情况,同时可以得到在胶条空隙压缩密实后的压缩量。

6.4.1　试验加载装置

加载装置如图6.15所示,压缩加载装置由上下两部分组成,利用凹凸挤压作用原理,上部为榫头,挤压胶条,下部设置环形凹槽,凹槽内放置环形胶条。装置上盖质量为10.7 kg,下部质量为19.7 kg,槽宽为25 mm,环形凹槽内径为17 cm、外径为22 cm。胶条外部腻子易变形,外形尺寸为22 mm × 23 mm × 25 mm,内芯三元乙丙弹性发泡橡胶截面宽为17.5 mm。环形沟槽放置胶条长度为640 mm。试验用胶条内芯640 mm长三元乙丙发泡橡胶的受压截面积为11 200 mm^2,包括腻子宽度的胶条受压截面面积为153 080 mm^2。

图6.15　加载装置

6.4.2 试验过程及结果分析

整个胶条横截面为受力面积,包括外部腻子和三元乙丙发泡橡胶的受力面积,据此来计算压缩力值。试验过程如图 6.16 ~ 6.18 所示。压缩量与压缩力结果如表 6.1 所示。

图 6.16 底部沟槽

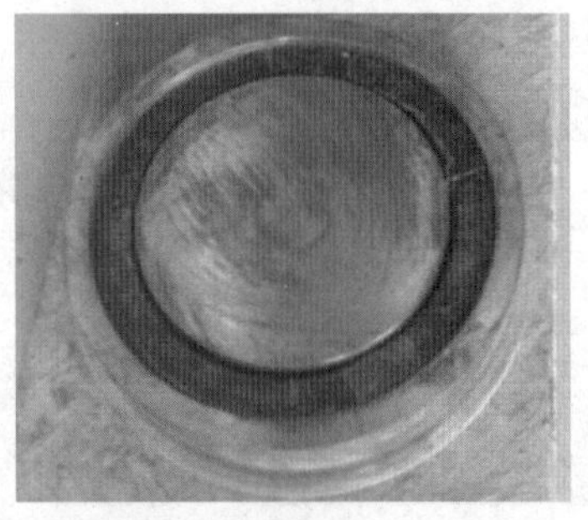

图 6.17 底部布置胶条

图 6.18 压力机加载图

表 6.1 压缩量与压缩力结果

压应力 /MPa	压力值 /kN	压缩量 /mm
0	0	0
0.47	5.21	7.35
1.15	12.86	9.15
1.83	20.52	9.6
2.52	28.17	9.65
3.20	35.82	9.8
4.57	51.23	10.1
5.93	66.44	10.1
7.30	81.75	10.15
10.03	112.36	10.15

完全侧限条件下的腻子及复合橡胶密封条的压应力与压缩量关系曲线如图 6.19 所示。最终胶条并未发生压溃的现象，内部三元乙丙发泡橡胶压缩变形基本恢复到原来形状。

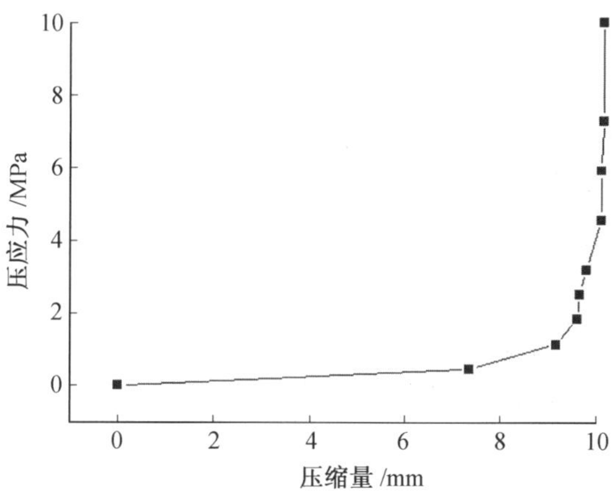

图 6.19　压应力与压缩量关系曲线

试验表明，腻子及复合胶条在完全侧限下的最大压缩量保持在 10 ~ 11 mm 之间，这部分压缩量是由于复合胶条内部的孔道和发泡三元乙丙橡胶内部空隙被挤压密实而引起的。试验前测出复合胶条侧限下压溃破坏状态所能达到的压力。但是在加载后期，随着压力逐级增加，复合胶条所受到的压应力不断增大，但是压缩量维持在 11 mm。达到这一压缩量后，尽管荷载增加但变形保持不变，加载至 112.36 kN 停止加载。

两次压缩试验完成后，由于胶条内部成分三元乙丙发泡橡胶的作用，变形基本得到恢复，瞬时恢复在 85% 以上。随着时间增加，复合胶条变形逐渐恢复到原状，胶条本身没有破坏，内部弹性材料的弹性恢复性能非常好，将外部没有恢复能力的腻子黏性材料一起带动恢复大部分的变形。复合胶条在侧限后，压应力能满足 1.5 MPa 的指标要求，且能承受的压应力远大于 1.5 MPa 的规范限值要求。

6.5　腻子及复合胶条凹槽内纵向压缩试验

地下工程结构拼接面设置凹槽主要有三点作用：

(1) 为防水密封胶条安装定位，固定密封胶条位置，防止发生偏移错位。

(2) 针对弹性较好、压缩变形较大的密封胶条，设置凹槽可产生侧限约束，提高密封胶条压应力，提高防水能力。

(3) 设置凹槽可以保证密封胶条达到防水压缩量要求时，预制拼装两节段间的拼接缝张开量较小，使得两节段间拼接缝基本闭合，使得密封胶条压力满足防水要求，同时减小地下环境对密封胶条的侵蚀作用。

6.5.1　凹槽设计

前述表明，管廊拼接面凹槽设置不仅仅是为了胶条定位，其设计尺寸对密封胶条的防水效果有较大的影响。凹槽尺寸设计得当，不仅使得密封胶条防水性能得到提高，同时也可使拼接缝在设计压缩力作用下实现基本闭合，减小密封胶条与地下水的接触面积，减轻胶条所受到地下水中各种化学物质的侵蚀作用，延长服役寿命。下面，通过试验考察腻子及复合橡胶条在不同尺寸凹槽内的压缩性能。

《城市综合管廊工程技术规范》(GB 50838—2015) 规定密封垫 A_0 及凹槽 A 的截面尺寸应符合 $A = 1.0A_0 \sim 1.5A_0$。根据前期预压缩试验后初步分析，规范中这种凹槽与密封胶条截面比例适用于硬度较大、弹性变形不是很大的遇水膨胀胶条、三元乙丙弹性橡胶条及遇水膨胀复合橡胶条，对腻子及复合橡胶条的适用性有待商榷。

假设地下装配式结构的防水压力设计值为 P_w，由静态密封原理，有

$$\sigma_r = \alpha P_w \tag{6.1}$$

式中 σ_r—— 密封胶条界面应力；

α—— 与橡胶密封材料的接触面状态、材质相关的参数。

将式(6.1) 代入密封胶条界面应力 - 压缩量关系可以得到

$$\Delta = f^{-1}(\sigma_r) \tag{6.2}$$

式中 Δ—— 密封胶条压缩量。

根据以上条件，可对拼接缝预留凹槽尺寸进行设计。

$$h_a = h_r - \Delta \tag{6.3}$$

$$B_a = \frac{\beta A_r}{h_a} \tag{6.4}$$

式中 h_a、B_g—— 设计凹槽深度、设计凹槽宽度；

h_r—— 密封胶条截面高度；

A_r—— 密封胶条横截面面积；

β—— 比例系数，目的为保证拼接缝处密封胶条完全压入预留凹槽内。

这样，可计算结构所需的有效预应力为

$$N_{pe} = \sigma_r A_{rl} + \sigma_c A_c \tag{6.5}$$

式中 A_{rl}—— 密封胶条与混凝土界面接触面积；

N_{pe}—— 有效预应力；

A_c、σ_c—— 拼接缝截面处混凝土承压面积、预应力作用下混凝土承担的压应力。

式(6.4) 中 β 对于遇水膨胀橡胶条、三元乙丙橡胶条一般取为1 ~ 1.5，这个系数取值主要与所选用的橡胶材料的材质特性有关。由于腻子复合橡胶条的弹性变形较大且硬度较小，胶条内部可压缩空隙较多，所以针对这种胶条设计的凹槽尺寸与胶条截面的比例宜小于1，故 β 宜小于1。这样可以使得当密封胶条压缩进凹槽内时，同时达到设计压缩量和防水能力，否则当凹槽尺寸设计过宽、过深，两节箱涵拼接缝已完全闭合时，密封胶条并未达到设计防水能力所要求的压缩量和压缩应力。这样，装配式结构拼接缝防水设计流程如图 6.20 所示。

但因为实际应用中密封胶条在压缩过程中截面宽度会有一定增大，对弹性较小、硬度较大的密封胶条而言，受压截面积差别较小，可近似按照不变计算。但对于弹性较大、硬度较小的密封胶条，受压后截面宽度变化较大，这样由静态密封原理计算密封胶条界面应

力时，由于受压密封胶条接触面积随着压缩力而变化，故实际界面应力也在变化，这样计算得到的 σ_r 是与实际不符的，大于实际的密封胶条界面应力。

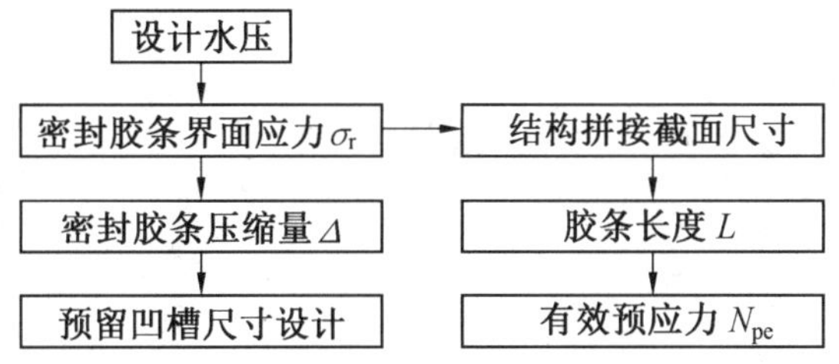

图 6.20　拼接缝防水设计流程 1

通过对压缩量与防水能力的试验研究，可得出压缩量与防水能力的关系，同时密封胶条的压缩量（mm）与压缩力（kN/m）存在映射关系，可以计算出所需压缩力，最终得出所需要的有效预应力 N_{pe}。相比前一种设计方法，避免了通过静态密封原理公式计算得出的界面应力来确定压缩量。避免计算界面应力的界面防水设计流程图如图 6.21 所示。

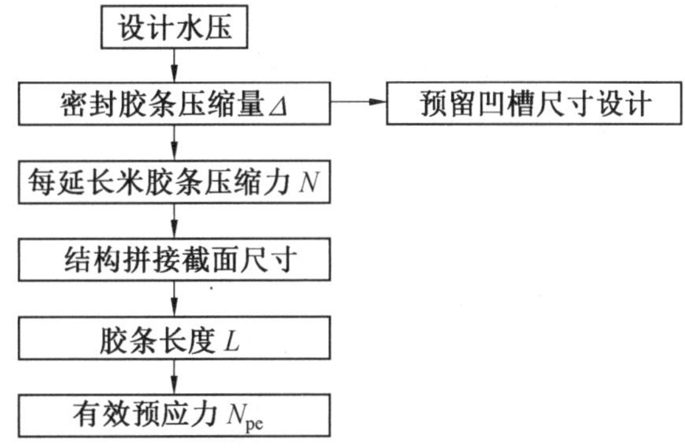

图 6.21　拼接缝防水设计流程 2

设计两种凹槽尺寸，研究密封胶条在这两种凹槽尺寸下的压缩变形性能，尺寸分别为 40 mm × 34 mm × 6 mm 和 40 mm × 34 mm × 4 mm，其中 6 mm、4 mm 为凹槽深度，两种凹槽尺寸分别占胶条尺寸的 39.47%、26.31%。

6.5.2　试验设计

两种凹槽尺寸截面形式如图 6.22 所示。

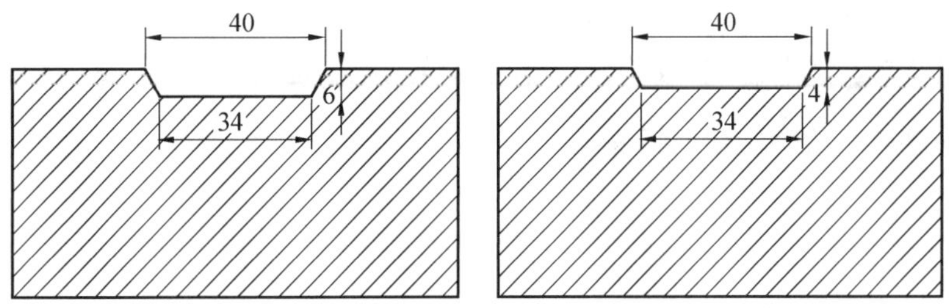

图 6.22　两种凹槽尺寸截面形式

压缩胶条采用上下混凝土棱柱体试件加载，混凝土棱柱体试件尺寸为 100 mm × 100 mm ×200 mm，表面预制有凹槽尺寸。加载装置如图 6.23 所示，布置如图 6.24 所示。

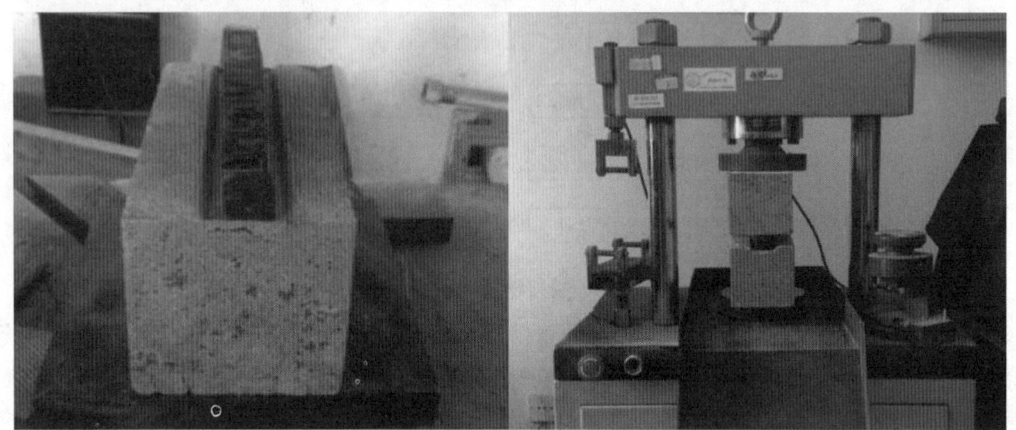

图 6.23　加载装置及其凹槽内布置胶条　　图 6.24　压缩试验布置图

针对 40 mm × 34 mm × 6 mm 和 40 mm × 34 mm × 4 mm 凹槽尺寸，各进行三组压缩试验，研究压缩力与压缩量的关系，同时考察胶条与混凝土界面黏结性能。

6.5.3　凹槽(4 mm) 压缩试验

40 mm × 34 mm × 4 mm 凹槽尺寸，胶条长度为 200 mm，凹槽内腻子及复合胶条的加载过程与 6 mm 凹槽相同，如图 6.25 所示。

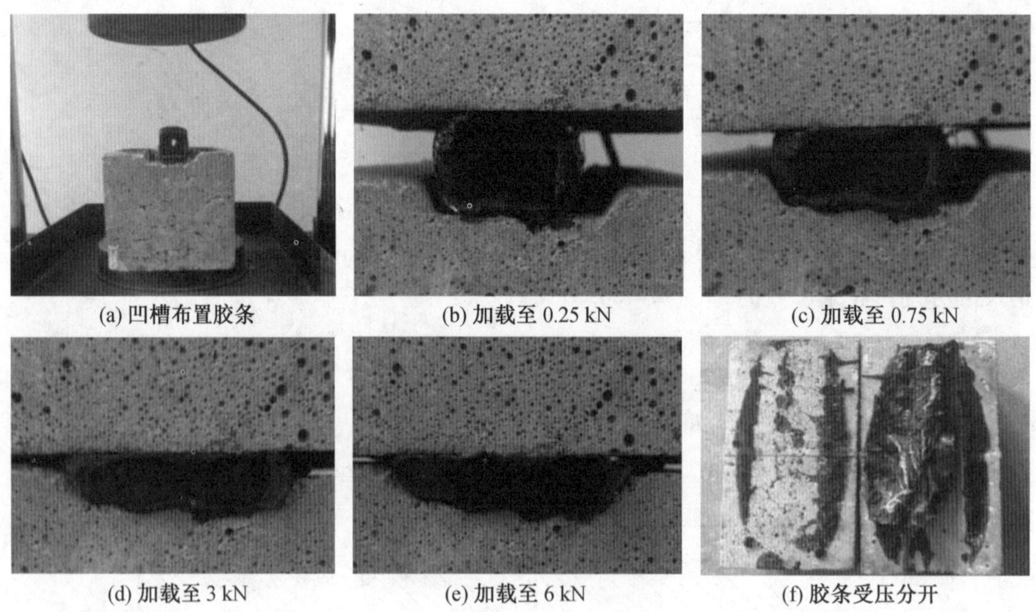

(a) 凹槽布置胶条　(b) 加载至 0.25 kN　(c) 加载至 0.75 kN

(d) 加载至 3 kN　(e) 加载至 6 kN　(f) 胶条受压分开

图 6.25　压缩试验加载过程

对 4 mm 凹槽压缩试验的数据如表 6.2 ~ 6.4 所示，数据曲线图如图 6.26 ~ 6.28 所示。

表 6.2　4 mm 凹槽第一组数据

压力 /kN	压缩量前端均值 /mm	压缩量后端均值 /mm	压缩量均值 /mm
0.25	4.13	10.32	7.225
0.5	7.78	13.39	10.585
0.75	8.93	14.57	11.75
1	9.98	15.51	12.745
1.5	12.93	17.01	14.97
2	15.13	18.27	16.7
3	16.23	18.77	17.5
4	17.34	19.38	18.36
5	18.85	19.81	19.33
6	19.29	20.19	19.74
8	19.59	20.63	20.11
10	19.97	20.69	20.33
12	20.21	20.81	20.51
14	20.79	20.84	20.815
16	20.85	20.84	20.845
18	20.85	20.84	20.845

表 6.3　4 mm 凹槽第二组数据

压力 /kN	压缩量前端均值 /mm	压缩量后端均值 /mm	压缩量均值 /mm
0.25	4.13	6.72	5.425
0.5	8.95	10.02	9.485
0.75	10.82	11.65	11.235
1	11.81	12.75	12.28
1.5	13.06	14.3	13.68
2	15.88	15.91	15.895
3	18.02	18.1	18.06
4	18.52	18.55	18.535
5	18.86	18.76	18.81
6	18.88	18.86	18.87
8	19.01	18.99	19
10	19.26	19.23	19.245
12	19.34	19.41	19.375
14	19.72	19.84	19.78
16	19.84	19.9	19.87
18	19.84	19.9	19.87

表6.4 4 mm凹槽第三组数据

压力/kN	压缩量前端均值/mm	压缩量后端均值/mm	压缩量均值/mm
0.25	5.4	6.02	5.71
0.5	10.29	10.53	10.41
0.75	11.98	12.16	12.07
1	12.91	13.5	13.205
1.5	14.6	14.47	14.535
2	16.25	17.1	16.675
3	17.11	17.36	17.235
4	17.7	17.64	17.67
5	18	18.02	18.01
6	18.5	18.12	18.31
8	18.93	18.24	18.585
10	19.14	19	19.07
12	19.38	19.02	19.2
14	19.6	19.26	19.13
16	19.8	19.7	19.75
18	19.88	19.84	19.86

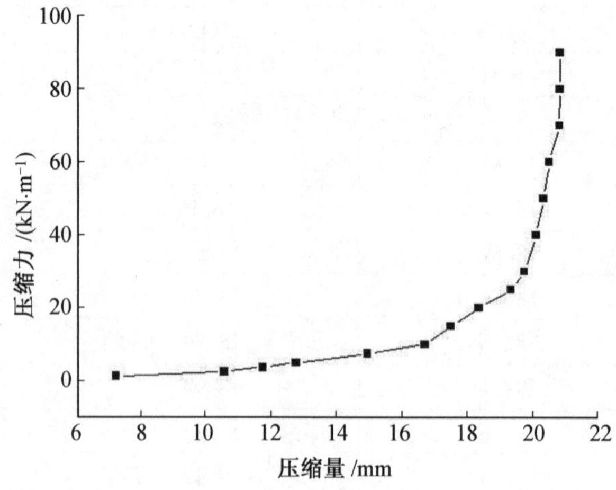

图6.26 压缩力与压缩量关系曲线(4 mm第一组)

40 mm×34 mm×4 mm胶条的3组试验压缩力与压缩量关系曲线比较图如图6.29所示,平均值压缩力与压缩量关系曲线,如图6.30所示。

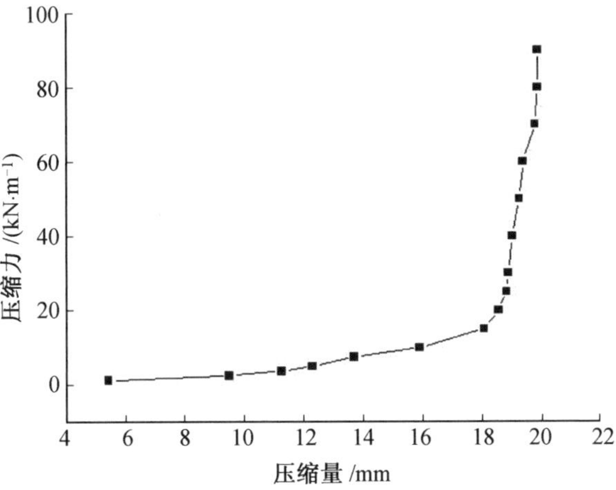

图6.27　压缩力与压缩量关系曲线(4 mm 第二组)

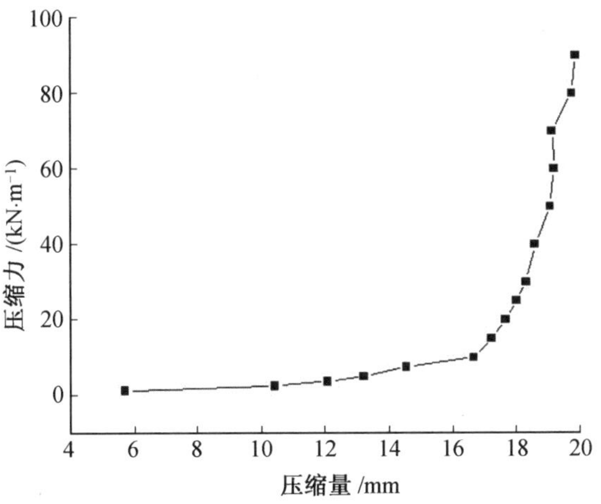

图6.28　压缩力与压缩量关系曲线(4 mm 第三组)

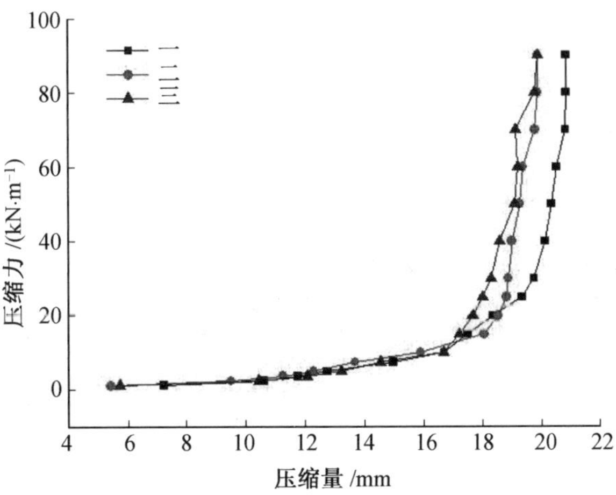

图6.29　压缩力与压缩量曲线对比(4 mm)

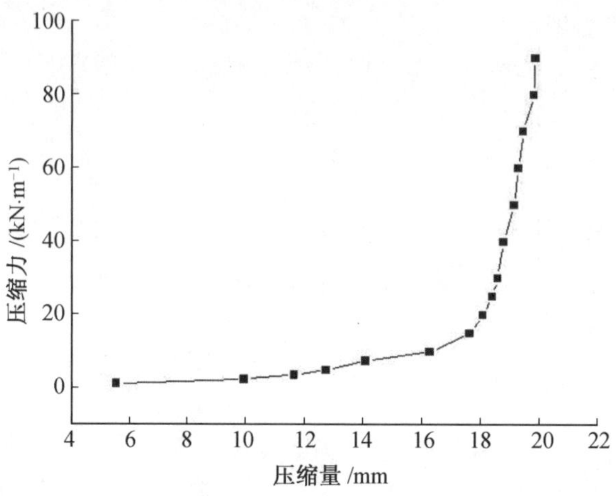

图 6.30　平均压缩力与压缩量曲线(4 mm)

6.5.4　6 mm 凹槽压缩试验

40 mm × 34 mm × 6 mm 凹槽尺寸,胶条长度为 200 mm,凹槽内腻子复合胶条的加载过程中胶条受压截面变化如图 6.31 所示。

在加载过程中发现,由于胶条端部没有变形限制,随着荷载的增大,端部胶条会有部分挤出。为了观测胶条在凹槽内的分布情况,在试验过程中不断将挤出的端部胶条去除掉,露出仍在凹槽内的胶条。当压缩到最大变形量时上下两部分混凝土试件发生接触,实现基本闭合,如图 6.31(f) 所示。

(a) 加载整体图　(b) 加载前胶条形状　(c) 加载至 0.5 kN

(d) 加载至 2 kN　(e) 加载至 6 kN　(f) 最大压缩量

图 6.31　压缩试验加载过程

对 6 mm 凹槽压缩试验的数据如表 6.5 ~ 6.7 所示,曲线如图 6.32 ~ 6.34 所示。

表 6.5　6 mm 凹槽第一组数据

压力/kN	压缩量前端均值/mm	压缩量后端均值/mm	压缩量均值/mm
0.25	4.98	5.33	5.155
0.5	8.97	9.13	9.05
0.75	10.51	10.69	10.6
1	11.69	11.85	11.77
1.5	13.21	13.25	13.23
2	15.08	15.21	15.145
3	15.65	15.86	15.755
4	15.94	15.91	15.925
5	16.17	15.93	16.05
6	16.53	16.12	16.325
8	16.81	16.37	16.59
10	17.05	16.91	16.98
12	17.27	17.23	17.25
14	17.43	17.45	17.44

表 6.6　6 mm 凹槽第二组数据

压力/kN	压缩量前端均值/mm	压缩量后端均值/mm	压缩量均值/mm
0.25	5.44	5.7	5.57
0.5	8.94	9.22	9.08
0.75	10.65	10.86	10.755
1	11.72	11.88	11.8
1.5	13.26	13.4	13.33
2	14.11	14.3	14.205
3	15.02	15.52	15.27
4	15.4	16.04	15.72
5	15.88	16.7	16.29
6	16.4	17.34	16.87
8	16.7	17.44	17.07
10	16.94	17.62	17.28
12	17.22	17.76	17.49
14	17.46	18.08	17.77

表 6.7　6 mm 凹槽第三组数据

压力 /kN	压缩量前端均值 /mm	压缩量后端均值 /mm	压缩量均值 /mm
0.25	4.64	4.47	4.555
0.5	8.19	8.07	8.13
0.75	9.89	9.67	9.78
1	11.05	10.87	10.96
1.5	12.67	12.27	12.47
2	14.11	13.91	14.01
3	14.84	14.53	14.685
4	15.33	14.93	15.13
5	15.69	15.41	15.55
6	15.86	15.77	15.815
8	16.33	16.25	16.29
10	16.59	16.51	16.55
12	16.77	16.73	16.75
14	16.95	17.07	17.01

第一组压缩力与压缩量关系曲线如图 6.32 所示。

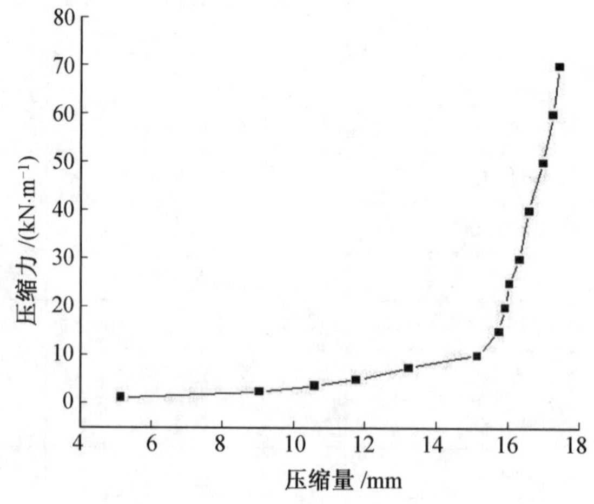

图 6.32　压缩力与压缩量关系曲线(6 mm 第一组)

40 mm × 34 mm × 6 mm 胶条的 3 组试验压缩力与压缩量关系曲线图如图 6.35 所示。由 3 组试验的数据平均值作压缩力与压缩量关系曲线,如图 6.36 所示。

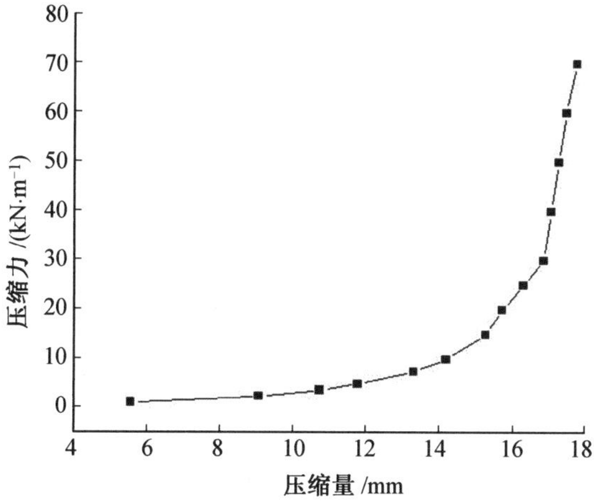

图6.33　压缩力与压缩量关系(6 mm第二组)

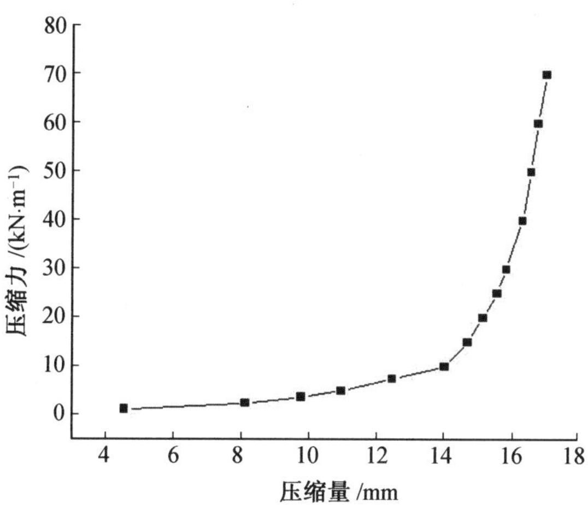

图6.34　压缩力与压缩量关系(6 mm第三组)

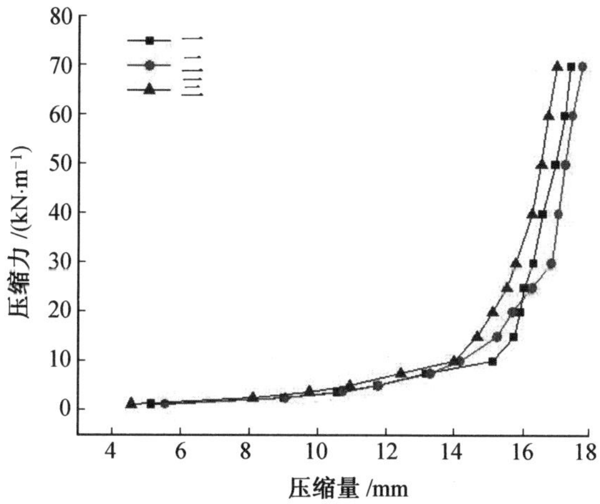

图6.35　压缩力与压缩量曲线对比(6 mm)

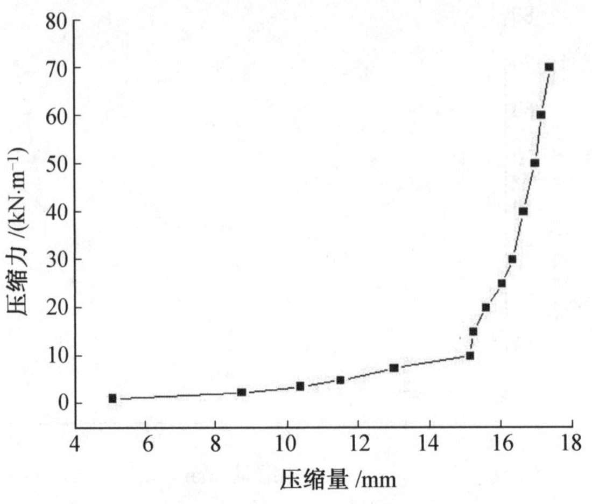

图 6.36　压缩力与压缩量平均值关系曲线(6 mm)

6.5.5　试验结果分析

不同凹槽尺寸压缩结果如图 6.37 所示,这种密封材料在两种沟槽的压缩试验中,均出现了转折点。达到转折点后,压缩力随压缩量的增加而迅速提高。从图 6.37 中可以看出,两种凹槽的压缩试验,密封胶条的转折点压力值接近,而对应的压缩量相差近 2 mm,正是两种凹槽深度的差值。说明材料弹性压缩性能能够较好地适应沟槽尺寸变化。在压缩前期,两种凹槽的压缩力与压缩量基本相近。在压缩后期,出现了相同压缩量,但 6 mm 深凹槽的压缩力大于4 mm 深凹槽的压缩力,这是因为在压缩后期,6 mm 深凹槽的上下压缩试件接近闭合,拼接缝处剩余空间较小,而 4 mm 深凹槽上下两试件间仍有较大压缩空间。

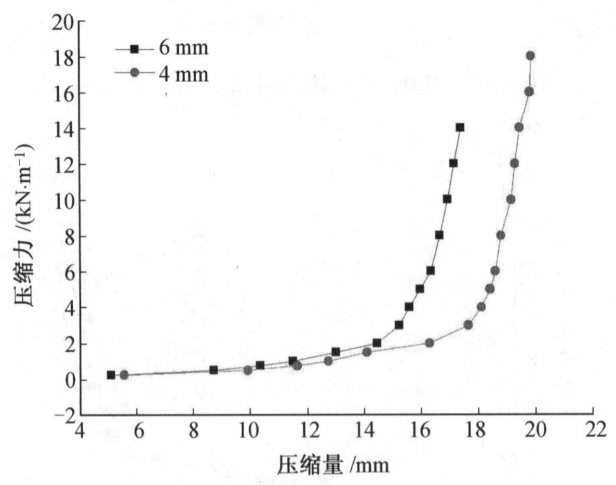

图 6.37　4 mm 与 6 mm 凹槽压缩力与压缩量关系对比图

图中转折点含义为,在拐点之前,密封胶条内部孔隙及中间圆孔未被压缩密实,压缩量随压缩力的提高而迅速增大,拐点之后密封胶条中心圆孔及发泡橡胶孔隙被压缩密实,整个密封胶条被压缩密实，故压缩力会随着压缩量的变化急剧上升。图中转折点之前，两种沟槽尺寸的压缩力与压缩量关系变化基本相同，这是由于在这之前密封胶条一直是处于内部孔隙及圆孔被压缩密实的过程，两者基本相近。

在 6 mm 沟槽压缩胶条转折点之后，出现相同压缩量，但 6 mm 沟槽压缩力大于 4 mm 沟槽的现象。经分析主要原因为，凹槽对密封胶条的约束程度不同，在压缩后期，6 mm 深上下两压缩试件接近闭合，密封胶条压缩孔隙密实，拼接缝处剩余空间较小，已基本无压缩空间，而且密封胶条有部分腻子挤出沟槽外，能够传递上下试件压力，使得压缩力迅速增大。4 mm 沟槽密封胶条上下两压缩试件间仍有较大压缩空间，胶条未压缩密实，故对应压缩力小于 6 mm 沟槽的相同压缩量对应的压缩力。这种情况只发生在 6 mm 沟槽转折点之后。故提出约束度 C 的概念，代表凹槽对密封胶条的约束程度，定义为凹槽深度 h 与密封胶条截面高度 H 的比值。本试验中凹槽对密封胶条的约束度为 0.16 和 0.24。

当沟槽尺寸过深时即约束度过高，无法使密封胶条获得足够的压应力，而当沟槽深度较小时即约束度过小，上下试件压缩拼接缝较大，使用中胶条易受到地下水侵蚀。试验发现，两种沟槽尺寸均能实现拼接缝基本闭合，只是达到基本闭合时压缩力不同，均适用于防水密封。但当这种密封材料应用于沟槽深度大于 6 mm 时，密封胶条所受到的压缩应力较小，压缩量较小，应用于地下防水较不保守，建议高弹性密封胶条沟槽深度不宜超过 6 mm。

在地下结构防水设计中，针对每种材质的密封胶条，约束度 C 都存在最大值和最小值，在此范围内均适用。同种密封胶条材料在不同凹槽的约束度下对应不同的压缩力（kN/m）与压缩量（mm）关系曲线。在设计承插口凹槽尺寸时，要考虑密封胶条截面尺寸及压缩特性，提出适合的约束度来满足防水密封要求。

通过以上多组压缩试验发现，当施加到这种密封胶条上的压缩力达到 10 kN/m 时，可以实现胶条将凹槽刚好填满。当继续增加压力时，密封胶条的内部弹性材料基本被压缩在凹槽内，外部腻子成分会有少量分布在凹槽外边缘。在试验过程中发现这种腻子发泡橡胶复合胶条与混凝土界面黏结性很好，可以实现较好的界面黏结。在 40 mm × 34 mm × 6 mm 凹槽内压缩密封胶条，而后将上下混凝土试件分离，由于密封胶条与混凝土试件表面的黏结性较大而较难将上下两块试件分离，黏结性的具体表现如图 6.38 所示。

通过多组试验发现胶条压缩性能的压缩量离散性较大，但基本都在一定范围内。通过以上压缩试验发现，腻子及复合橡胶密封条的压缩率较大，大于一般的弹性密封条，并且需要施加的力也小于其他种类的密封胶条；其次这种密封胶条由于具有良好的黏结性，胶条与混凝土界面间会形成较好黏结，对于防水是有利的；因为这种密封胶条的压缩量大，所以其弹性恢复压缩量大于一般弹性胶条，对于不均匀沉降变形引起的拼接缝张开量变大是有利的。当张开量达到一定程度时，该密封胶条仍能实现密封而保证防水性能。硬度较大且同混凝土黏结性不好的弹性胶条，当拼接缝出现一定张开量后，弹性胶条回弹余地较小。当出现 2 ~ 3 mm 弹性恢复后，且同混凝土间没有黏结性时，防水能力会降低较大。

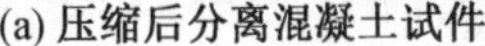
(a) 压缩后分离混凝土试件

(b) 胶条与混凝土黏结

(c) 胶条腻子压缩扩展宽度

图 6.38　密封胶条黏结性

两种凹槽压缩试验结果对比分析表明,在压缩力达到10 kN/m时,均实现胶条将凹槽挤满,4 mm深凹槽的压缩量比6 mm深凹槽压缩量平均多2 mm,同时最大压缩力要大于6 mm凹槽,内部胶条压应力大于6 mm凹槽。两种凹槽尺寸均可以实现上下两部分压缩闭合,张开量控制在1 mm以内。但是在施加相同压力下,6 mm凹槽拼接缝张开量要小于4 mm凹槽拼接缝张开量。在两种尺寸凹槽内胶条压缩变化的规律相似,施加荷载初期压缩量随压力增加变化较大,当6 mm凹槽压缩力达到15 kN/m后,压缩量随压力变化出现转折。当压缩力出现较大增长时,压缩量会有一定程度增长,但增长较为缓慢。4 mm深凹槽也呈现这种规律,压缩力达到20 kN/m后,压缩量随压力变化而出现转折,当压缩力出现较大增长时压缩量增长缓慢。

6.6　密封胶条环形压缩试验

6.6.1　遇水膨胀橡胶条压缩试验结果

遇水膨胀橡胶条(PZ)截面尺寸为20 mm × 18 mm × 15 mm。根据密封胶条组成环形闭合圈压缩试验,得到密封胶条压缩曲线,试验布置图如图6.39所示。环形凹槽内径为300 mm,圆环形凹槽截面为40 mm × 34 mm × 6 mm,密封胶条长度为1.1 m,试验结果如表6.8所示。

图 6.39　环形胶条压缩试验布置

表 6.8　遇水膨胀橡胶条试验结果

压缩力 /($kN \cdot m^{-1}$)	第一组压缩量 /mm	第二组压缩量 /mm	第三组压缩量 /mm	压缩量均值 /mm
1	1.448	1.383	1.41	1.414
6	2.528	2.276	2.435	2.413
10	3.73	3.366	3.62	3.572
20	5.385	5.09	5.243	5.239
30	6.461	6.143	6.285	6.296
40	7.091	6.760	6.925	6.925

试验压缩力与压缩量曲线如图 6.40 所示。

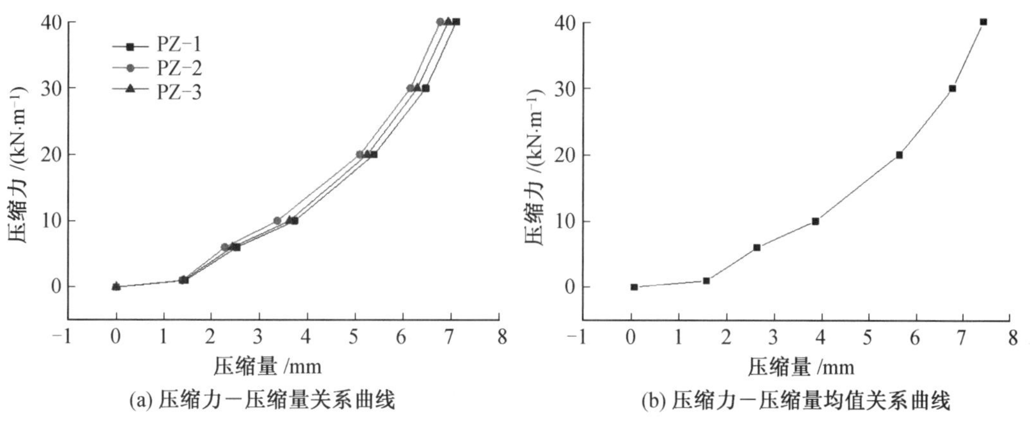

(a) 压缩力－压缩量关系曲线　(b) 压缩力－压缩量均值关系曲线

图 6.40　遇水膨胀橡胶条压缩力与压缩量关系曲线

6.6.2　三元乙丙弹性橡胶条压缩试验结果

三元乙丙弹性橡胶条(T) 截面尺寸为 20 mm × 16 mm × 20 mm。根据密封胶条组成环形闭合圈进行的压缩试验，结果如表 6.9 所示，压缩力与压缩量试验曲线如图 6.41 所示。

表 6.9　三元乙丙弹性橡胶条试验结果

压缩力 /($kN \cdot m^{-1}$)	第一组压缩量 /mm	第二组压缩量 /mm	第三组压缩量 /mm	压缩量均值 /mm
1	1.66	1.64	1.60	1.633
6	4.103	3.513	3.76	3.792
10	7.208	6.683	6.92	6.937
20	9.238	8.26	8.78	8.759
30	10.055	9.263	9.76	9.693
40	10.583	9.92	10.34	10.281

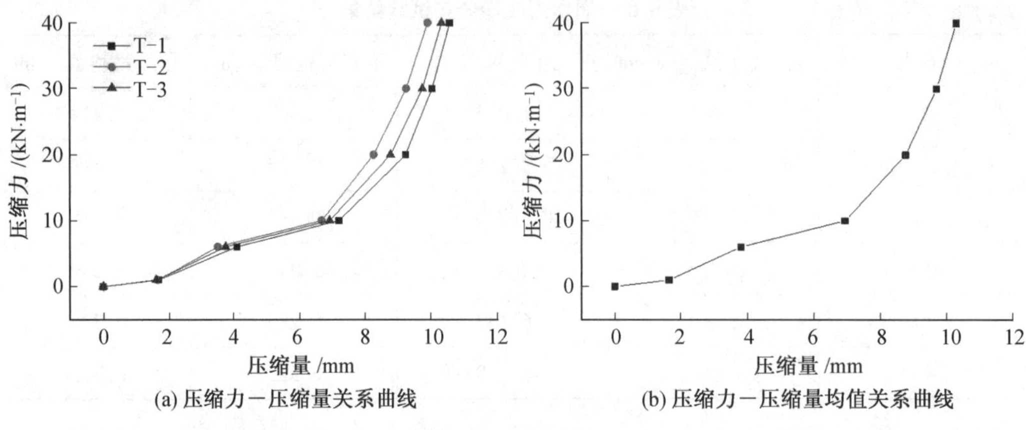

图 6.41　三元乙丙弹性橡胶条试验曲线

6.6.3　遇水膨胀复合橡胶条压缩试验结果

遇水膨胀橡胶与弹性橡胶制成的复合橡胶密封条(FH) 截面尺寸为 20 mm × 16 mm × 20 mm。 密封胶条组成环形闭合圈压缩试验结果如表 6.10 所示,曲线如图 6.42 所示。

表 6.10　遇水膨胀复合橡胶条试验结果

压缩力 /(kN · m^{-1})	第一组压缩量 /mm	第二组压缩量 /mm	第三组压缩量 /mm	压缩量均值 /mm
1	1.72	2.30	2.18	2.07
6	5.345	5.46	5.28	5.36
10	7.888	7.92	7.74	7.85
20	9.888	9.72	9.54	9.72
30	10.845	10.38	10.22	10.48
40	11.38	10.86	10.68	10.97

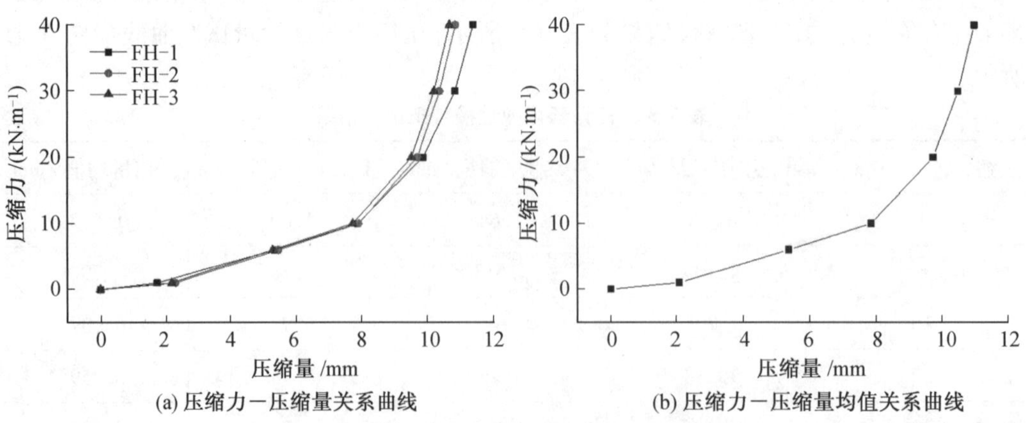

图 6.42　遇水膨胀复合橡胶条试验曲线

6.6.4　结果分析

从以上 3 种不同材质、不同截面形式的密封胶条的压缩试验结果可以看出，这 3 种材质密封胶条的弹性模量要远大于腻子复合橡胶条，不论是在前期压缩过程还是后期压缩过程中，相比较于腻子复合橡胶条，这 3 种胶条的压缩量随压缩力增长较均匀。其中遇水膨胀密封胶条的压缩力与压缩量的增长除去初始阶段外，变化基本为线性，而其他两种密封胶条则是压缩量随压缩力的增长呈明显曲线增长，这是因为三种密封胶条截面形式不同，遇水膨胀橡胶条截面形式为实心截面无开孔，而在其弹性阶段压缩量与压缩力为线性关系；而三元乙丙弹性橡胶条、遇水膨胀复合橡胶条截面为中间开孔的形式，并且遇水膨胀复合橡胶条底部还有开槽，从而使得在压缩初期，压缩量随压缩力增长较快，压缩后期增长速率减慢。在压缩初期对密封胶条的截面开孔进行压缩，压缩量增加较快，中心孔压缩完毕后，压缩量增长变得较慢。这 3 种密封胶条相比于腻子复合橡胶条，其压缩量随压缩力增长均匀，在压缩后期虽然这三种材质胶条压缩量增加有所减小，但腻子复合橡胶条在后期压缩量基本无变化，压缩变形在压缩前期已基本完成。

四种密封胶条在 40 mm × 34 mm × 6 mm 凹槽的压缩力（kN/m）与压缩量（mm）拟合曲线如图 6.43 ～ 6.46 所示。

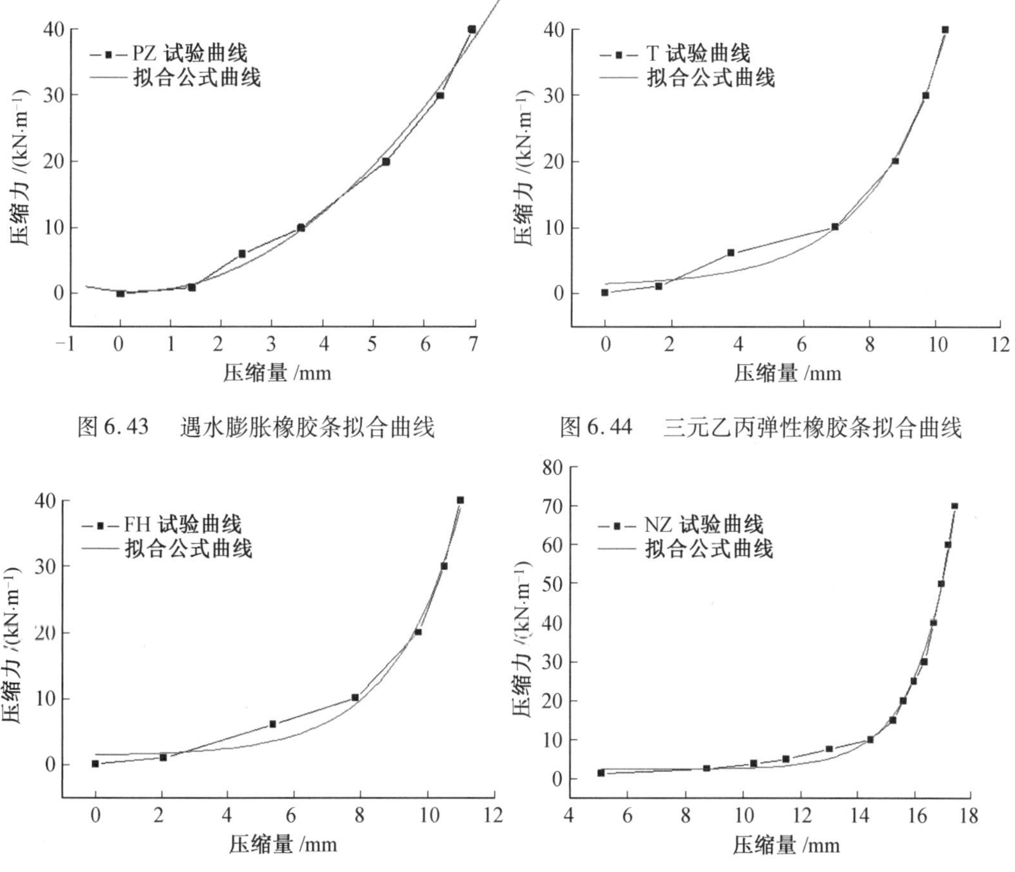

图 6.43　遇水膨胀橡胶条拟合曲线

图 6.44　三元乙丙弹性橡胶条拟合曲线

图 6.45　遇水膨胀复合橡胶条拟合曲线

图 6.46　腻子复合橡胶条拟合曲线

遇水膨胀橡胶条拟合表达式为

$$Y = 0.403\,38 - 0.453\,45X + 0.854\,59X^2 \tag{6.6}$$

式中　Y—— 压缩力，kN/m；

X—— 压缩量，mm。

三元乙丙弹性橡胶条拟合表达式为

$$Y = 0.428\,13e^{\frac{X}{2.287\,37}} + 0.982\,58 \tag{6.7}$$

式中　Y—— 压缩力，kN/m；

X—— 压缩量，mm。

遇水膨胀复合橡胶条拟合表达式为

$$Y = 0.153\,63e^{\frac{X}{1.993\,73}} + 1.285\,96 \tag{6.8}$$

式中　Y—— 压缩力，kN/m；

X—— 压缩量，mm。

腻子复合橡胶条拟合表达式为

$$Y = 0.428\,13e^{\frac{X}{2.287\,37}} + 0.982\,58 \tag{6.9}$$

式中　Y—— 压缩力，kN/m；

X—— 压缩量，mm。

综上所述，结合腻子复合橡胶密封条的无侧向约束、侧向全约束及两种凹槽尺寸的压缩性能的试验分析，研究提出的约束度概念，即凹槽尺寸对密封胶条在密封压缩过程中的约束作用，会影响到密封胶条的压缩力与压缩量对应关系。

第7章　密封胶条与混凝土界面防水性能试验

7.1　引　　言

地下预制拼装结构密封胶条在拼接缝中靠拼装力及其弹性复原力与混凝土界面达一定的接触应力，从而达到防水的目的。密封胶条在地下结构中的防水密封性能影响因素有很多，选取典型影响因素开展相应试验。其中密封胶条的压缩力、密封胶条与混凝土界面的耦合程度是影响密封胶条与混凝土构件间密封性能的关键因素，对其开展试验研究，提高密封胶条与混凝土界面的防水性能分析精度，本章针对四种密封材料与混凝土界面的防水性能进行试验研究，并以压缩力为控制指标，通过水密性试验，考察不同材质密封胶条压缩力及拼接缝张开量对密封胶条水密性能的影响。

密封胶条常采用中间开孔下部开槽截面形式，其目的是增大弹性密封胶条的变形能力，提高密封胶条的弹性恢复余地；同时防止当密封胶条受到较大压力时，在截面中部由于拉应力过大而发生撕裂。

7.2　基本信息

7.2.1　方案设计

盾构隧道用密封橡胶防水能力测试，认为混凝土结构相对于密封橡胶条是刚性的，故在水密性试验中用钢模具代替预制混凝土构件，试验结果在拼装混凝土构件的准确率还有待商榷。虽然混凝土结构相对于密封橡胶条是刚性的，但密封橡胶材料与混凝土界面间相互作用，混凝土表面的粗糙程度及混凝土表面会有一定的孔隙等因素，密封橡胶材料在压力作用下对混凝土构件表面孔隙的填充作用，阻止存在连通的孔隙变成渗漏的通道。在采用钢模具代替混凝土构件时忽略了混凝土界面的粗糙程度影响，又忽略了混凝土本身孔隙及渗透因素，得出的试验结果与实际情况有较大差异。这里，设计采用混凝土构件作为加载密封盖板，以反映密封胶条与混凝土界面的实际工况。

试验试件采用混凝土制成的上下盖板，上盖板留有预埋镀锌钢管，下部底板设置为密封橡胶条预留的环状凹槽为胶条定位。在实际工程应用中，地下预制拼装结构常采用承插口的拼接形式，一端为承口，另一端为插口，在一端设置凹槽用来为密封橡胶条定位。通过测量四种密封胶条在压缩应力作用下的极限防水能力与压缩力的变化关系，研究其能否达到地下结构的防水压力设计要求。

《城市综合管廊工程技术规范》(GB 50838—2015) 规定了预制拼装综合管廊拼接缝防水采用预制成型弹性密封垫为主要防水措施，并规定弹性密封垫的界面应力不应低于1.5 MPa。由于目前的防水材料种类繁多，下面通过试验研究四种防水橡胶制品材料界面应力限值。

7.2.2　试件基本信息

试件尺寸为480 mm × 480 mm × 100 mm，上部混凝土预埋镀锌钢管，下部混凝土预留胶条定位沟槽，四个角部设置螺栓贯通孔道，上下栓孔对接，混凝土强度等级为C50。模具由A和B两部分拼装组成，两部分通过螺栓连接，如图7.1所示。具体尺寸如图7.2、图7.3所示。

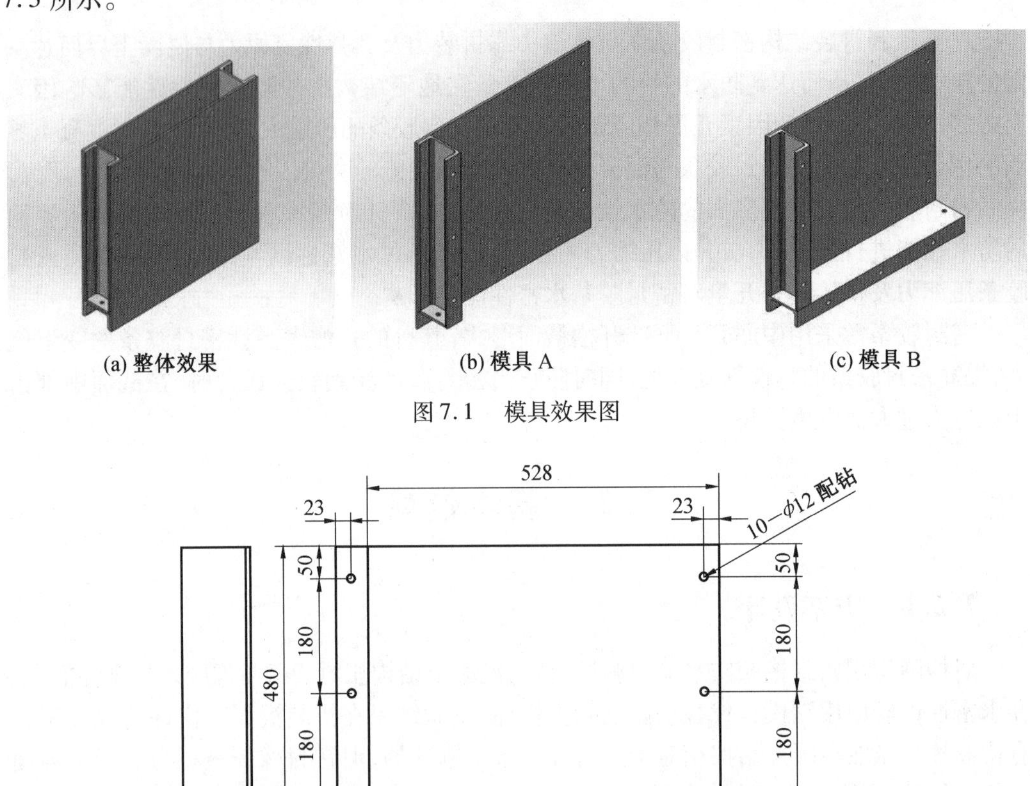

(a) 整体效果　　(b) 模具A　　(c) 模具B

图7.1　模具效果图

图7.2　模具A尺寸装配图

上部盖板中间开圆孔，预埋镀锌钢管。下部底板内部焊接内径300 mm圆环，圆环截面为40 mm × 34 mm × 6 mm，如图7.4所示。

模具拼装如图7.5(a)、(b)所示，在预留螺栓孔位置插入预埋塑料管，涂刷脱模剂，浇注C50混凝土，蒸汽养护后拆模，底板试件如图7.5(c)所示。

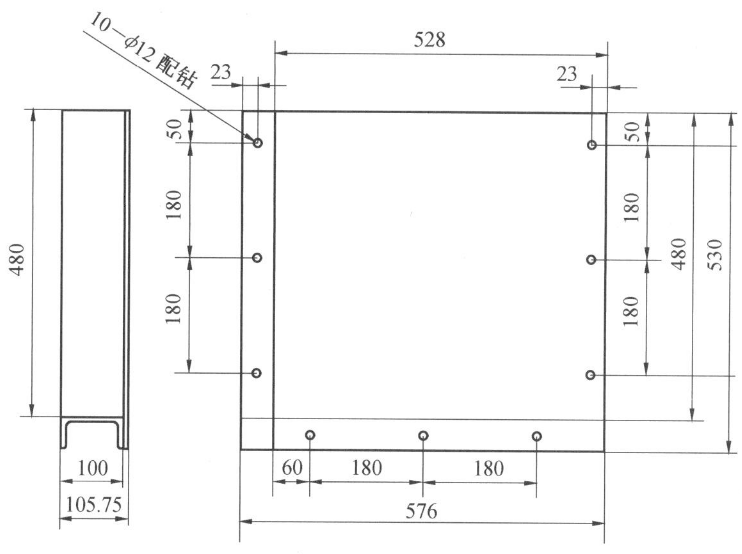

图 7.3　模具 B 尺寸装配图

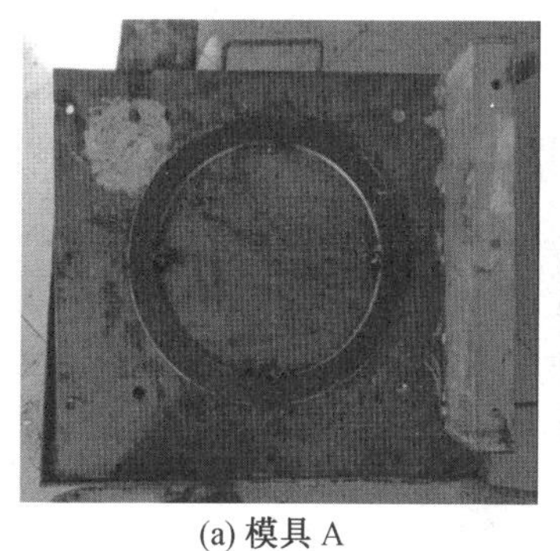
(a) 模具 A

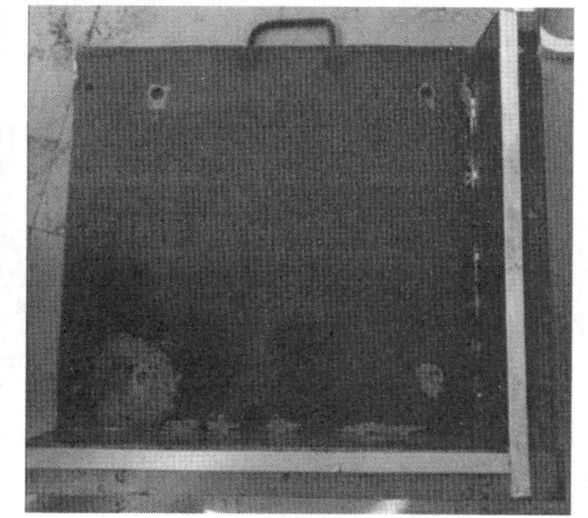
(b) 模具 B

(c) 模具 A 预埋管

图 7.4　模具实体图

(a) 上部盖板模具 1

(b) 上部盖板模具 2

(c) 下部混凝土试件

图 7.5　盖板模具及试件

7.2.3　试验装置及加载方案

装置主要由 100 t 数显式万能材料压力机 YE－1000 型，上部混凝土盖板，下部混凝土底板,4 个量程为 50 mm 的百分表(可以满足精度要求)及其固定装置(磁力表座),游标卡尺,精密水压表(直径为 150 mm、量程为 1 MPa、分度值为 0.005 MPa),三通管,手动打压泵等。压力板相对于密封胶条可视为刚性体。在下部盖板内部开出一个凹槽用来储存加压用水,考虑当止水胶条被压到厚度很小时,盖板中间存水会较少。

分别对腻子复合橡胶条、遇水膨胀复合密封橡胶条(中间开孔,下部开槽)、遇水膨胀橡胶条、三元乙丙弹性橡胶条(中间开孔)等四种密封橡胶条进行压缩试验,同时对四种密封橡胶条进行混凝土表面有防水处理和无防水处理两种情况的水压试验,研究混凝土表面有防水措施后的密封胶条极限水压变化情况,及水压随时间变化两种情况差异。具体的防水措施为,在混凝土凹槽内表面涂抹环氧树脂、无水乙二胺和邻苯二甲酸二丁酯,按照一定比例组成混合物。无水乙二胺的主要作用为加速环氧树脂凝固,在表面涂刷的防水材料凝固后会形成一层固态隔膜,将水与混凝土表面分隔开。水密性试验只进行一种凹槽尺寸的试验。试件制作完毕养护一段时间后,进行水密性试验。在 100 t 压力机上布置试验装置,先布置下部混凝土底板,对中定位。

在凹槽内布置密封橡胶条(长度为 1.1 m),提前将胶条接头连接处理好。上盖混凝土板及其他上部构件自重约为 100 kg。布置上盖混凝土板及其他试件,将上盖与水压泵连接,水压泵与精密水压表通过三通管连接,第三个接头与注水管相连接,四个角点布置百分表,整体布置图如图 7.6 所示。

图 7.6　自制试验装置整体图

按设计加载级进行预加载,再进行多次注水和排水以排除掉装置内部的空气,防止在注水加压时气体冲破密封胶条与混凝土的界面,形成漏水通道。

在正式试验前要记录初始百分表读数及测量拼接缝张开量并记录。每一级密封压缩结束后,由水压机向试件内注水,可通过水压表观察水压值变化,待拼接缝处出现漏水、加压时水压表数值不再上升时,即可记录密封胶条拼接缝对应该级耐水压力数值。每一级加载完毕向试件内注水并观察密封条接触处漏水情况。根据漏水时水压表稳定读数,确定每级张开量弹性密封垫的耐水压力值。水压表稳定读数即为加载时压力表最大读数,由于混凝土的吸水渗透作用,压力表的示数会随着时间而降低,当示数降低后需多次补压。当每次补压时,压力值都能维持在某一个压力值附近,且加压后压力表读数不会超过该压力值,同时胶条与混凝土间出现渗漏,该压力值即为该压缩量下的最大防水压力。

完成每一级加载后,进行手动打压注水,在达到最大耐水压力时关闭阀门,记录水压值及百分表读数观测记录水压变化,以及压力机示数变化。以 10 min 为观测记录时间间隔,分别记录关闭阀门后的 10 min、20 min 和 30 min 对应的精密水压表压力值。对混凝土表面有防水措施和无防水措施的试验条件均进行等长时间观察。四种密封胶条材料的每种情况均进行三组水密性试验,取平均值作为最终试验结果进行对比分析。

7.3　试验过程及结果

7.3.1　遇水膨胀复合橡胶条水密性试验结果

遇水膨胀橡胶与弹性橡胶制成的复合橡胶密封条截面尺寸为 20 mm × 16 mm × 20 mm, 密封胶条长度为 1.1 m,环形接头处用专用黏结胶连接,布置在下部混凝土试件的凹槽内,如图 7.7 所示,这种密封胶条试验代号为 FHSY。

(a) 布置胶条

(b) 布置试件

(c) 试验装置

图 7.7　遇水膨胀复合胶条试验布置

6 组试验中,3 组为混凝土表面无防水处理措施,3 组为有防水处理措施。取渗漏水压平均值作为每级荷载下的极限防水能力,将试件注水管与水压泵连接处用生料带缠绕,保证在连接部位不发生渗漏。正式注水试验整体如图 7.8 所示。

图 7.8　正式注水试验 FHSY

每级荷载间,记录百分表数值,然后继续注水提高内部水压,加载到试件出现渗漏水或水压表数值不随注水量上升为止,此时水压值为该加载级下的极限耐水压力,如

图 7.9(a) 所示。

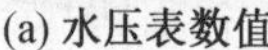
(a) 水压表数值

(b) 密封胶条试验后形态

图 7.9　水压表数值及胶条试验后状态

密封胶条试验后形态如图 7.9(b) 所示,表 7.1 给出了极限水压与压缩力试验结果。

表 7.1　遇水膨胀与弹性橡胶复合型密封胶条极限水压

压缩力 /(kN · m^{-1})	FHSY - a/MPa	FHSY - b/MPa	FHSY - c/MPa	极限水压均值 /MPa
1	0	0	0	0
6	0.06	0.055	0.055	0.057
10	0.15	0.18	0.165	0.165
20	0.36	0.375	0.36	0.365
30	0.4	0.41	0.4	0.403
40	0.58	0.57	0.57	0.573

为考察混凝土渗透性对密封胶条水密性的影响,水压加载到密封胶条某一加载级下的极限水压后,观测记录每隔 10 min 后的水压表读数,结果如表 7.2 ~ 7.4 所示,极限水压与压力随时间的变化关系如图 7.10 所示,并同与试件表面有防水措施的试验结果进行对比。

表 7.2　试件 FHSY - 6 - a

压缩力 /(kN · m^{-1})	即时水压 /MPa	10 min 水压 /MPa	20 min 水压 /MPa	30 min 水压 /MPa
1	0	0	0	0
6	0.06	0.02	0.02	0
10	0.15	0.1	0.075	0.06
20	0.36	0.265	0.225	0.21
30	0.4	0.305	0.26	0.235
40	0.58	0.45	0.39	0.35

表 7.3　试件 FHSY－6－b

压缩力/(kN·m⁻¹)	即时水压/MPa	10 min 水压/MPa	20 min 水压/MPa	30 min 水压/MPa
1	0	0	0	0
6	0.055	0.02	0.02	0
10	0.18	0.12	0.09	0.07
20	0.375	0.285	0.255	0.24
30	0.41	0.325	0.285	0.25
40	0.57	0.45	0.395	0.345

表 7.4　试件 FHSY－6－c

压缩力/(kN·m⁻¹)	即时水压/MPa	10 min 水压/MPa	20 min 水压/MPa	30 min 水压/MPa
1	0	0	0	0
6	0.055	0.02	0.02	0
10	0.165	0.115	0.10	0.07
20	0.36	0.27	0.235	0.22
30	0.4	0.31	0.27	0.24
40	0.57	0.465	0.395	0.355

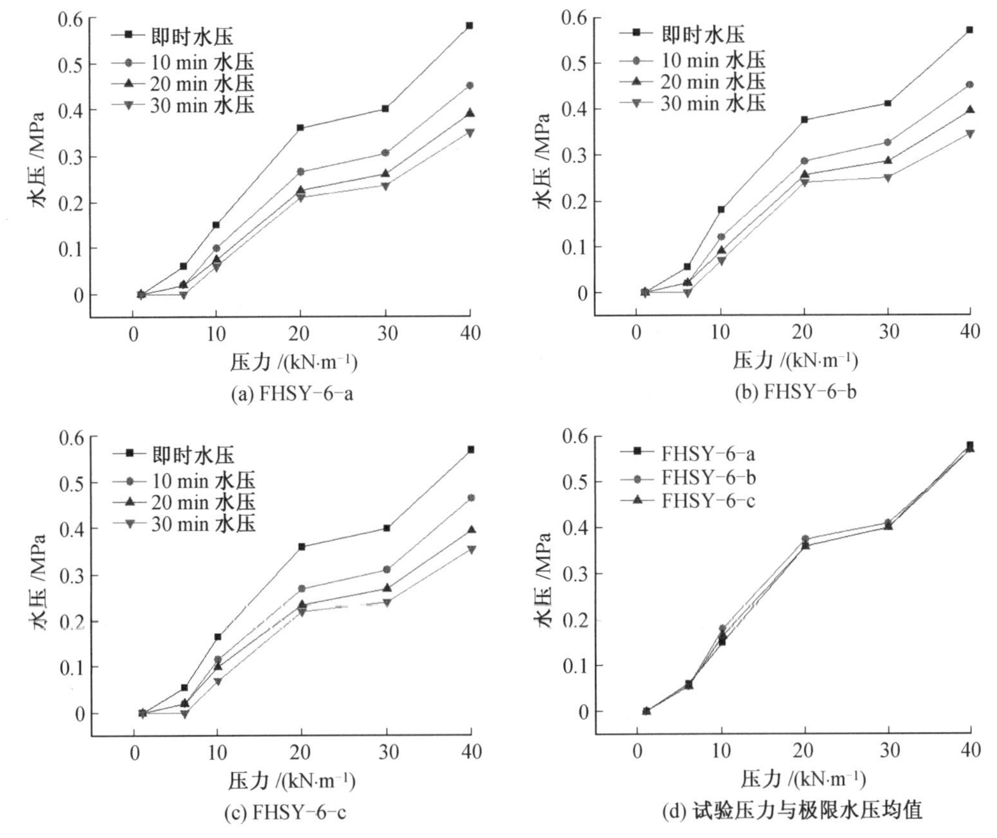

图 7.10　水压随时间变化曲线

试件有防水措施的水密试验结果如表 7.5 ~ 7.7,以及图 7.11 所示。

表 7.5　试件 FHSY - 6 - d

压缩力/($kN \cdot m^{-1}$)	即时水压/MPa	10 min 水压/MPa	20 min 水压/MPa	30 min 水压/MPa
1	0	0	0	0
6	0.065	0.04	0.035	0.03
10	0.15	0.13	0.115	0.11
20	0.365	0.325	0.295	0.27
30	0.41	0.35	0.315	0.3
40	0.59	0.505	0.455	0.395

表 7.6　试件 FHSY - 6 - e

压缩力/($kN \cdot m^{-1}$)	即时水压/MPa	10 min 水压/MPa	20 min 水压/MPa	30 min 水压/MPa
1	0	0	0	0
6	0.06	0.04	0.03	0.025
10	0.17	0.135	0.12	0.11
20	0.355	0.3	0.285	0.26
30	0.4	0.34	0.3	0.28
40	0.575	0.5	0.44	0.385

表 7.7　试件 FHSY - 6 - f

压缩力/($kN \cdot m^{-1}$)	即时水压/MPa	10 min 水压/MPa	20 min 水压/MPa	30 min 水压/MPa
1	0	0	0	0
6	0.06	0.04	0.03	0.025
10	0.155	0.13	0.11	0.10
20	0.345	0.315	0.285	0.255
30	0.39	0.335	0.305	0.29
40	0.565	0.49	0.435	0.385

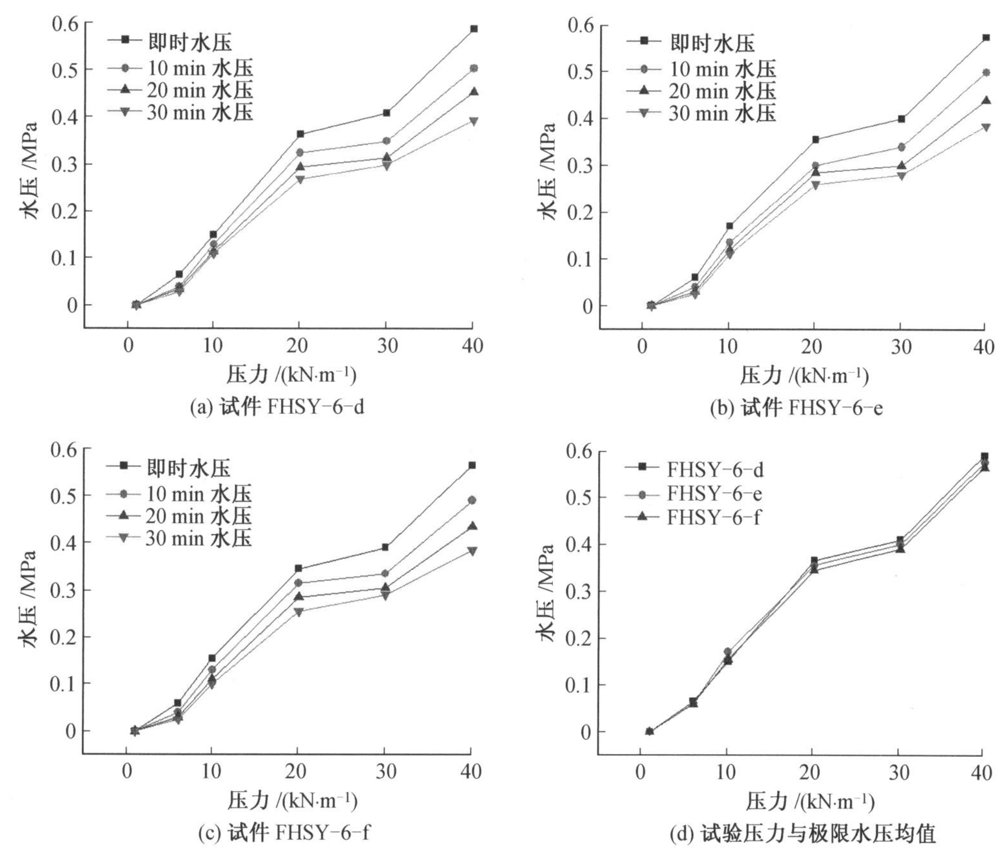

(a) 试件 FHSY-6-d　(b) 试件 FHSY-6-e

(c) 试件 FHSY-6-f　(d) 试验压力与极限水压均值

图 7.11　水压随时间变化曲线(有防水措施)

7.3.2　三元乙丙弹性橡胶条水密性试验结果

三元乙丙弹性橡胶条截面尺寸为 20 mm × 16 mm × 20 mm,密封胶条长度为 1.1 m,环形接头处采用专用黏结胶连接,布置在下部混凝土凹槽内。共进行 6 组试验,3 组为混凝土表面无防水处理,3 组为有防水处理措施。胶条试验代号为 TSY。试验装置图如图 7.12 所示。

(a) 布置胶条

(b) 注水试验

(c) 数据采集

图 7.12　三元乙丙弹性橡胶条水密试验(TSY)

试验水压表如图7.12所示，混凝土试件无防水处理的试验结果如表7.8所示，给出了每组水密性试验的极限水压与压缩力的试验结果。

表7.8 三元乙丙弹性橡胶条极限水压

压缩力/(kN·m^{-1})	TSY - a/MPa	TSY - b/MPa	TSY - c/MPa	极限水压均值/MPa
1	0.02	0.02	0.02	0.02
6	0.065	0.05	0.06	0.058
10	0.165	0.17	0.165	0.167
20	0.395	0.35	0.37	0.372
30	0.5	0.47	0.485	0.485
40	0.6	0.59	0.6	0.597

混凝土试件表面无防水措施的三元乙丙弹性橡胶条水密试验水压随时间变化的结果如表7.9～7.11所示。试验水压与压力随时间的变化关系如图7.13所示。

表7.9 试件TSY - 6 - a

压缩力/(kN·m^{-1})	即时水压/MPa	10 min水压/MPa	20 min水压/MPa	30 min水压/MPa
1	0.02	0	0	0
6	0.065	0.025	0.02	0.02
10	0.165	0.12	0.095	0.07
20	0.395	0.33	0.3	0.28
30	0.5	0.425	0.375	0.355
40	0.6	0.495	0.43	0.405

表7.10 试件TSY - 6 - b

压缩力/(kN·m^{-1})	即时水压/MPa	10 min水压/MPa	20 min水压/MPa	30 min水压/MPa
1	0.02	0	0	0
6	0.05	0.03	0.025	0.02
10	0.17	0.115	0.09	0.07
20	0.35	0.3	0.265	0.24
30	0.47	0.405	0.37	0.345
40	0.59	0.5	0.445	0.41

表 7.11　试件 TSY - 6 - c

压缩力 /(kN · m^{-1})	即时水压 /MPa	10 min 水压 /MPa	20 min 水压 /MPa	30 min 水压 /MPa
1	0.02	0	0	0
6	0.06	0.03	0.02	0.02
10	0.165	0.12	0.085	0.065
20	0.37	0.315	0.285	0.28
30	0.485	0.415	0.37	0.34
40	0.6	0.485	0.445	0.405

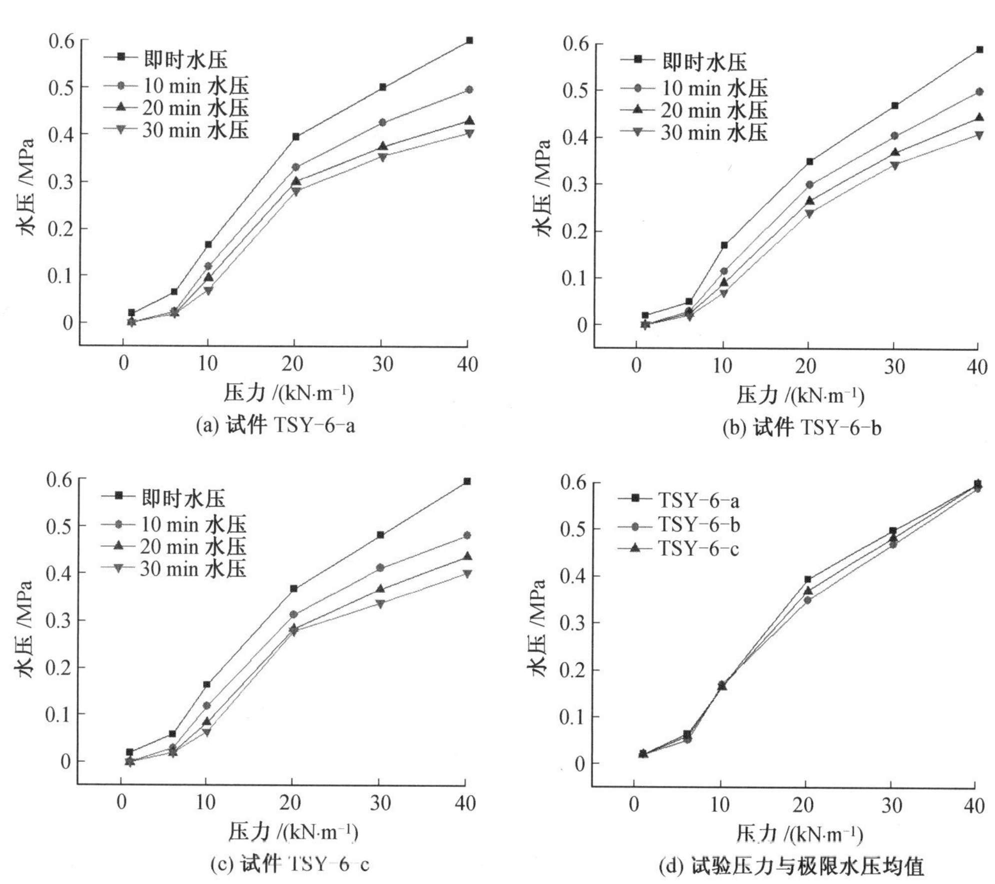

图 7.13　水压随时间变化曲线

混凝土试件表面有防水措施的三元乙丙弹性橡胶条水密试验结果如表 7.12 ~ 7.14 所示,关系曲线如图 7.14 所示。

表 7.12 试件 TSY－6－d

压缩力/(kN·m^{-1})	即时水压/MPa	10 min 水压/MPa	20 min 水压/MPa	30 min 水压/MPa
1	0.02	0	0	0
6	0.06	0.04	0.04	0.04
10	0.17	0.14	0.135	0.13
20	0.38	0.35	0.32	0.3
30	0.48	0.43	0.41	0.395
40	0.64	0.575	0.53	0.5

表 7.13 试件 TSY－6－e

压缩力/(kN·m^{-1})	即时水压/MPa	10 min 水压/MPa	20 min 水压/MPa	30 min 水压/MPa
1	0.02	0	0	0
6	0.06	0.035	0.035	0.03
10	0.16	0.13	0.125	0.12
20	0.37	0.345	0.315	0.3
30	0.485	0.44	0.42	0.39
40	0.61	0.535	0.50	0.47

表 7.14 试件 TSY－6－f

压缩力/(kN·m^{-1})	即时水压/MPa	10 min 水压/MPa	20 min 水压/MPa	30 min 水压/MPa
1	0.02	0	0	0
6	0.055	0.035	0.03	0.03
10	0.155	0.14	0.13	0.125
20	0.36	0.34	0.305	0.29
30	0.475	0.435	0.42	0.395
40	0.595	0.525	0.50	0.465

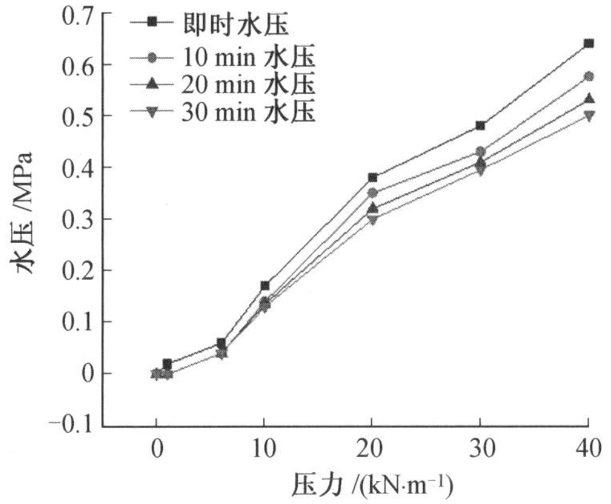

(a) 试件 TSY-6-d

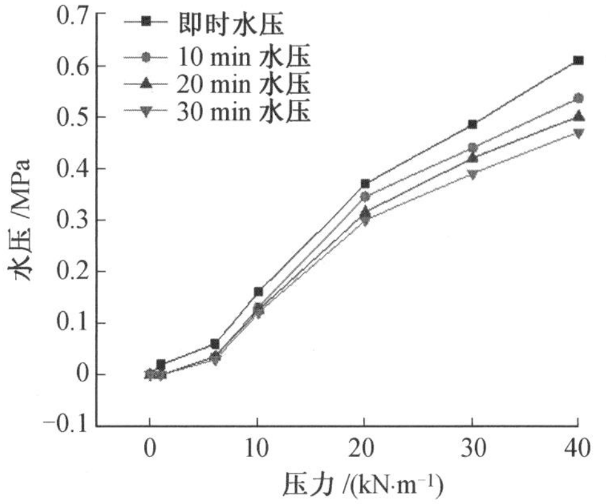

(b) 试件 TSY-6-e

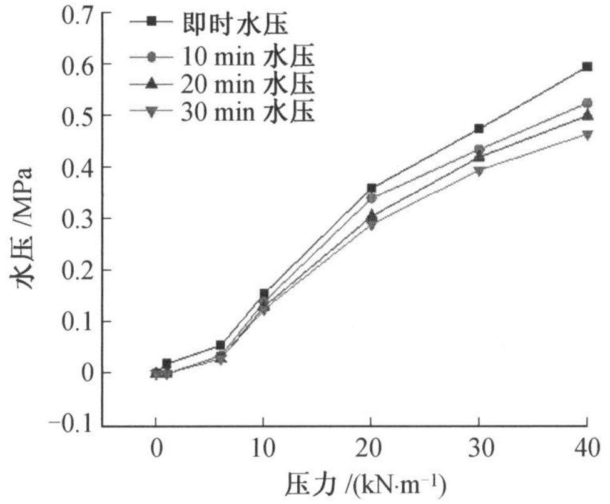

(c) 试件 TSY-6-f

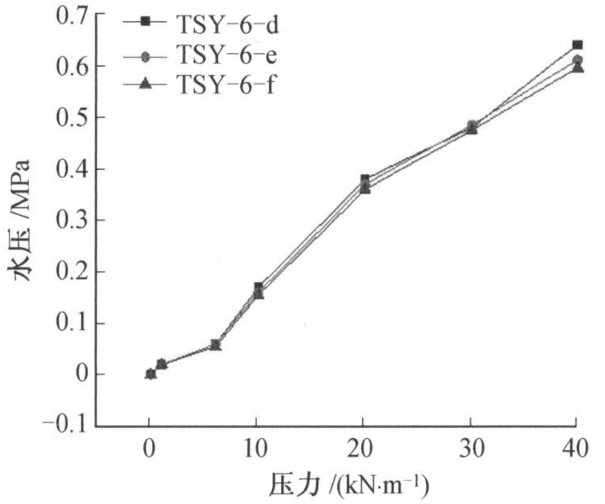

(d) 试验压力与极限水压均值

图 7.14　水压随时间变化曲线(有防水措施)

7.3.3　遇水膨胀橡胶条水密性试验结果

遇水膨胀橡胶条截面尺寸为 20 mm × 18 mm × 15 mm,为实心截面形式,密封胶条长度为 1.1 m,环形接头处采用专用黏结胶连接,布置在下部混凝土试件凹槽内。共进行 6 组试验,3 组为混凝土表面无防水处理措施,3 组为有防水处理措施。该胶条试验代号为 PZSY,如图 7.15 所示。

(a) 布置胶条

(b) 注水试验

(c) 胶条形态

图 7.15　遇水膨胀橡胶条水密试验布置(PZSY)

水密性试验结束后的胶条形态如图7.15(c)所示,无防水处理的试验结果如表7.15所示,给出了水密性试验的极限水压与压缩力试验结果。混凝土试件表面有防水措施的遇水膨胀橡胶条水密试验,水压随时间变化的试验结果如表7.16所示,试验极限水压对比曲线如图7.16所示。

表7.15　遇水膨胀橡胶条极限水压

压缩力/(kN·m⁻¹)	PZSY - a/MPa	PZSY - b/MPa	PZSY - c/MPa	极限水压均值/MPa
1	0	0	0	0
6	0.035	0.04	0.04	0.038
10	0.15	0.155	0.15	0.152
20	0.4	0.38	0.385	0.388
30	0.47	0.49	0.48	0.48
40	0.53	0.55	0.535	0.538

表7.16　试件PZSY - 6 - d(有防水措施)

压缩力/(kN·m⁻¹)	即时水压/MPa	10 min水压/MPa	20 min水压/MPa	30 min水压/MPa
1	0	0	0	0
6	0.035	0.025	0.025	0.025
10	0.15	0.14	0.135	0.13
20	0.4	0.365	0.345	0.32
30	0.47	0.4	0.365	0.34
40	0.53	0.465	0.435	0.4

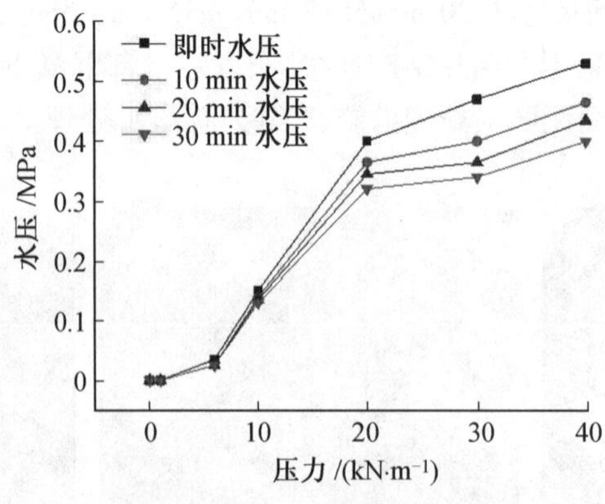

图7.16　水压随时间变化曲线(有防水措施)

7.3.4　腻子复合橡胶密封条水密性

腻子复合橡胶密封条截面尺寸为 23 mm × 22 mm × 25 mm,胶条长度为 1.1 m,环形接头处采用专用黏结胶连接,并取一部分腻子片包裹在接头处,布置在混凝土凹槽内。试验共进行6组,3组为混凝土表面无防水处理措施,3组为有防水处理措施,试验代号为SY,如图7.17所示。由于腻子复合型橡胶条黏结性能突出,水压试验后,将上下混凝土试件分离有一定难度。

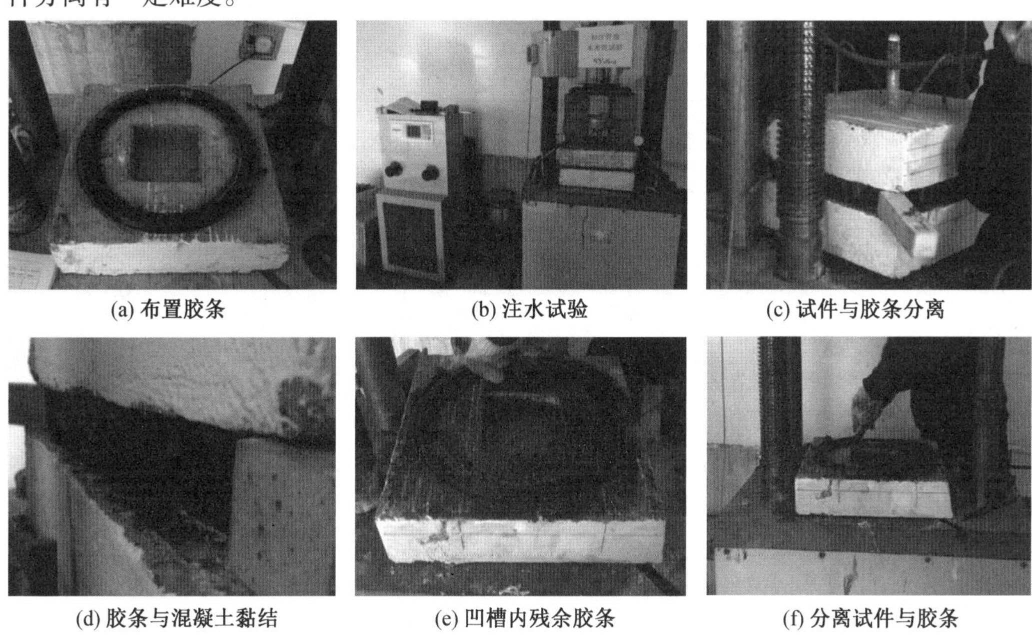

(a) 布置胶条　(b) 注水试验　(c) 试件与胶条分离

(d) 胶条与混凝土黏结　(e) 凹槽内残余胶条　(f) 分离试件与胶条

图7.17　试验过程(SY)

混凝土试件无防水处理的试验结果如表7.17所示,给出了水密性试验的极限水压与压缩力结果。

表7.17　腻子复合橡胶条极限水压

压缩力/(kN·m⁻¹)	SY-a/MPa	SY-b/MPa	SY-c/MPa	极限水压均值/MPa
1	0.04	0.065	0.045	0.05
6	0.15	0.14	0.11	0.133
10	0.23	0.27	0.23	0.243
20	0.36	0.42	0.4	0.393
30	0.48	0.51	0.49	0.493
40	0.55	0.58	0.56	0.563

混凝土试件表面无防水措施的腻子复合橡胶条水密试验水压随时间变化的结果如表7.18所示,试验水压与压力随时间的变化关系如图7.18所示,混凝土表面有防水措施的结果如表7.19所示,相应的水压与压力随时间的试验曲线如图7.19所示。

表 7.18 SY - 6 - b(无防水措施)

压缩力/(kN·m^{-1})	即时水压/MPa	10 min 水压/MPa	20 min 水压/MPa	30 min 水压/MPa
1	0.065	0.04	0.035	0.03
6	0.14	0.095	0.085	0.08
10	0.27	0.2	0.18	0.16
20	0.42	0.31	0.275	0.24
30	0.51	0.36	0.33	0.31
40	0.58	0.44	0.375	0.35

表 7.19 SY - 6 - e(有防水措施)

压缩力/(kN·m^{-1})	即时水压/MPa	10 min 水压/MPa	20 min 水压/MPa	30 min 水压/MPa
1	0.06	0.05	0.04	0.03
6	0.135	0.115	0.1	0.095
10	0.295	0.255	0.23	0.22
20	0.45	0.38	0.355	0.33
30	0.545	0.46	0.43	0.405
40	0.64	0.545	0.505	0.475

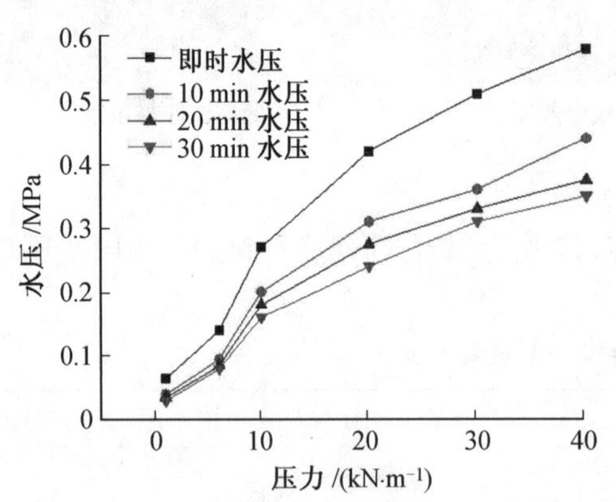

图 7.18 水压与压力随时间的变化曲线(无防水措施)

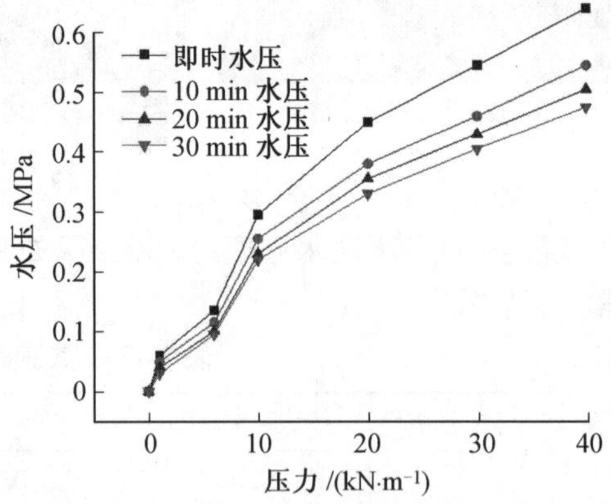

图 7.19 水压与压力随时间的变化曲线(有防水措施)

7.4 试验结果对比分析

下面对比分析主要因素对密封胶条防水性能的影响规律。通过分析处理,给出每种密封胶条水密性试验的最大防水压力平均值(MPa)与压缩力(kN/m)、压缩量(mm)之间的变化关系,如图 7.20 ~ 7.23、表 7.20 ~ 7.23 所示,其中设计凹槽尺寸为40 mm × 34 mm ×6 mm。

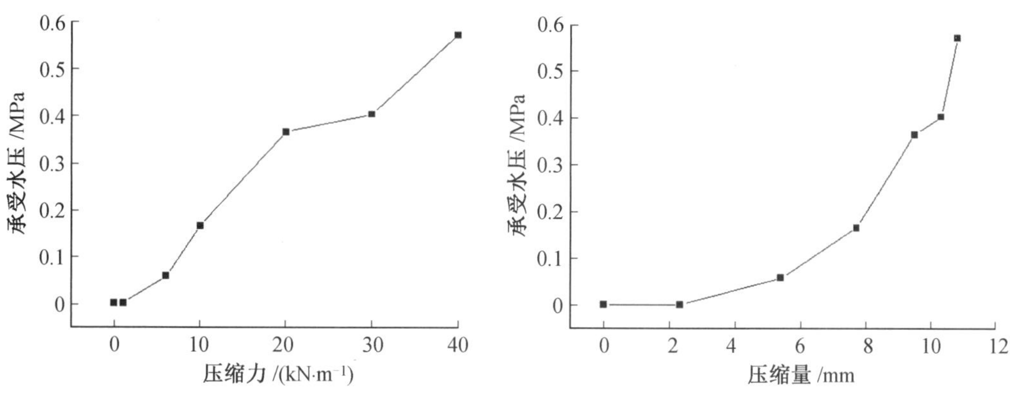

图 7.20　极限水压均值－压缩力关系(遇水膨胀复合橡胶条)

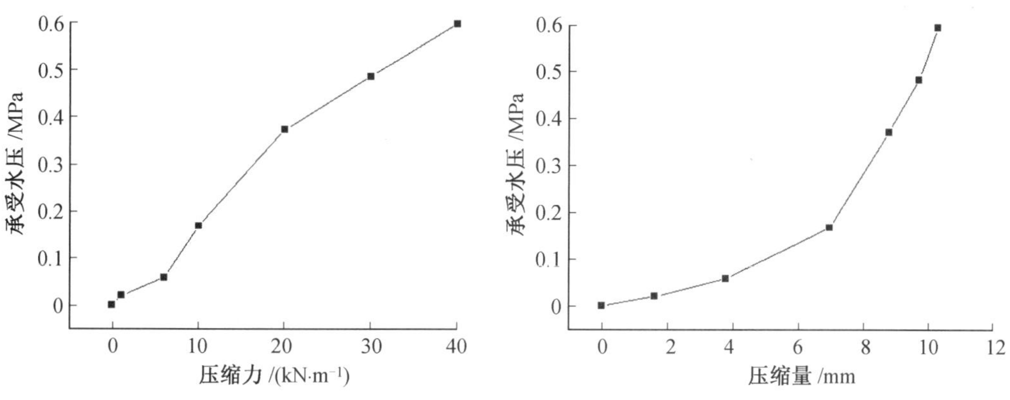

图 7.21　极限水压均值－压缩力关系(三元乙丙弹性橡胶条)

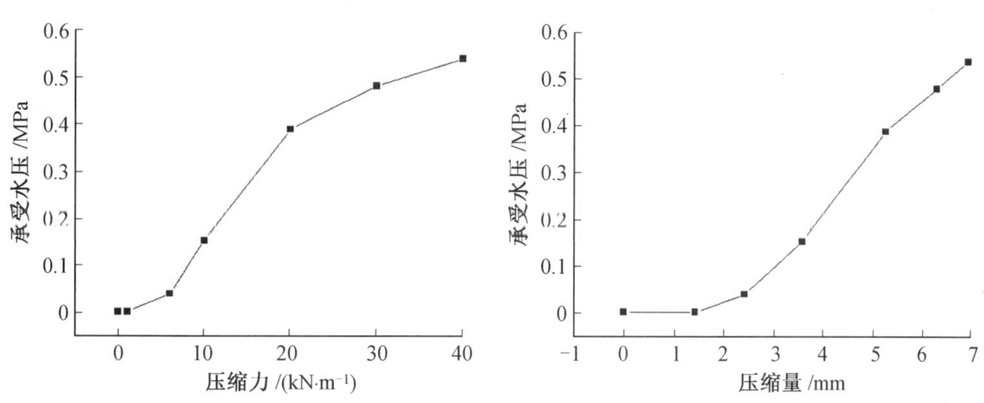

图 7.22　极限水压均值－压缩力关系(遇水膨胀橡胶条)

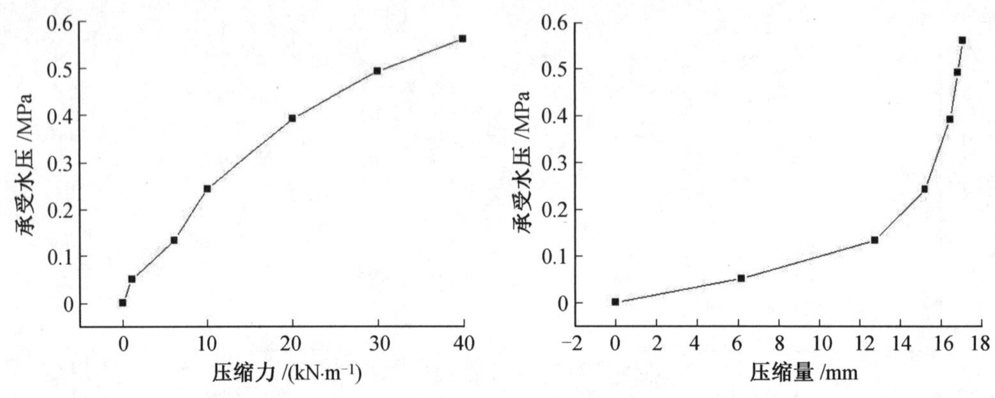

图 7.23　极限水压均值 - 压缩力关系(腻子复合橡胶条)

表 7.20　压缩力与极限水压力平均值(FHSY - 6)

压缩力 /(kN · m^{-1})	压缩量平均值 /mm	极限水压力平均值 /MPa
1	2.33	0
6	5.38	0.057
10	7.70	0.165
20	9.46	0.365
30	10.29	0.403
40	10.80	0.573

表 7.21　压缩力与极限水压力平均值(TSY - 6)

压缩力 /(kN · m^{-1})	压缩量平均值 /mm	极限水压力平均值 /MPa
1	1.63	0.02
6	3.792	0.058
10	6.973	0.167
20	8.759	0.372
30	9.693	0.485
40	10.281	0.597

表 7.22　压缩力与极限水压力平均值(PZSY - 6)

压缩力/(kN · m^{-1})	压缩量平均值/mm	极限水压力平均值/MPa
1	1.414	0
6	2.413	0.038
10	3.572	0.152
20	5.239	0.388
30	6.296	0.48
40	6.925	0.538

表 7.23　压缩力与极限水压力平均值(SY - 6)

压缩力/(kN · m^{-1})	压缩量平均值/mm	极限水压力平均值/MPa
1	6.180	0.05
6	12.733	0.133
10	15.209	0.243
20	16.460	0.393
30	16.844	0.493
40	17.093	0.563

以上为 4 种密封胶条在 6 mm 凹槽水密性试验结果,对比分析如图 7.24 所示。

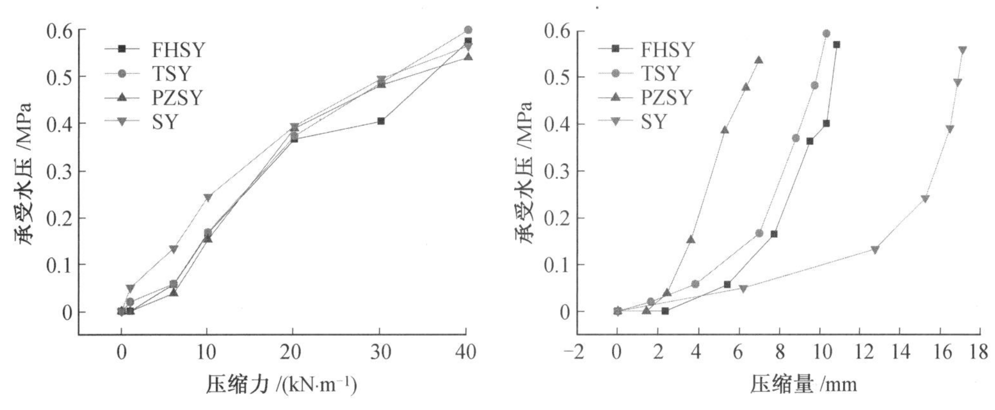

图 7.24　4 种密封胶条平均值比较

由图 7.24 可见,腻子复合橡胶条在压缩力不超过 20 kN/m 时,极限水压要高于其他 3 种胶条。但是当压缩力超过 30 kN/m 时,4 种密封材料的极限防水能力相差较小。当压缩力不超过 20 kN/m 时,除腻子复合橡胶条外的其他 3 种密封胶条,防水能力比较接近。在达到相同极限防水能力时,腻子及发泡复合橡胶条的压缩量远大于其他 3 种密封胶条,三元乙丙弹性密封胶条与复合橡胶密封条达到相同防水能力时,压缩量相接近。遇水膨胀密封胶条的压缩量较小,主要是由于其为实心截面,而其他胶条均采用中心开孔型截面。

4 种密封胶条水压随时间逐渐下降，在水压下降后补压发现，拼接缝处并无渗漏，这是由于混凝土渗透作用引起的。拼接缝内水压较小时，水压随时间降低速率较低；当水压逐渐升高后，前10 min内水压随时间的降低速率也明显提高，10 min之后水压降低速率逐渐降低，并且20 ~ 30 min区间的降低速率明显低于前20 min。通过对比混凝土试件表面有无防水措施的试验结果可知，由于采取了防水措施，拼接缝内水压随时间的降低速率明显降低，无论是水压较低时还是水压较高时，都有明显的改善。检测中要注意防水材料涂刷全面，避免局部防水材料涂抹不均匀。

为验证水压大小对混凝土渗透作用的影响，采用无防水措施试件直接加载到40 kN/m 压缩力，将水压加到最大水压平均值的1/3 水平。每间隔 10 min 记录水压表示数，在前 1 h 内，每间隔10 min 会有0.005 MPa 水压回落值，分析原因为混凝土内部吸水，地下工程结构防水设计中混凝土抗渗性能十分关键。现场拼接缝防水性能检测时，水压表下降并不能作为拼接缝防水不合格标准，要考虑混凝土渗透吸水因素。因此，考察拼接缝处有无水滴流淌才是最保守的拼接缝防水评定标准。根据《给水排水管道工程施工及验收规范》(GB 50268—2008) 中的有压管、无压管的水密性试验验收标准，针对不同种类的管道材料提出了在水密性试验时规定时间内允许水压下降值的范围。

考虑到不同种密封胶条的弹性模量、截面尺寸、截面形式各不相同，基于密封胶条的应力限值规定要求难以统一。此外，在截面尺寸较大的双舱、多舱管廊中布置两道密封胶条时，现场检测胶条应力不易操作。因此，这里建议根据不同种类和截面形式的密封胶条防水能力，采用密封胶条压缩率限值作为防水评定指标。针对一般埋深不超过10 m的地下综合管廊，由水密性试验结果统计分析，得出压缩率限值如表 7.24 所示。在实际施工中测定节段间拼接缝距离即可换算确定胶条压缩率，相对更直观、易测量和易复核验收。

表 7.24 常用胶条基于防水性能要求的最小压缩率建议值

密封胶条种类	最小压缩率建议值	压缩力/($kN \cdot m^{-1}$)
腻子复合橡胶条	60%	10
遇水膨胀复合密封橡胶条	40%	10
三元乙丙弹性密封橡胶条	33%	10
遇水膨胀密封橡胶条	24%	10

第8章　双舱箱涵性能分析

8.1　引　　言

由于实体双舱箱涵尺寸、质量较大，采用数值分析技术，对相关问题进行建模分析。本章基于ABAQUS通用有限元软件对双舱箱涵拼接缝防水相关性能进行分析，针对地基不均匀沉降、预应力布置等多种条件下的拼接缝密封胶条界面开展应力分析，以及这些因素对防水性能的影响规律。

8.2　箱涵拼接缝截面预应力分布特性分析

预制综合管廊各节段常用的预应力连接形式有PC钢棒、预应力钢绞线等。通过施加预应力使各节段形成整体，同时也是预制综合管廊防水的重要保证。当预制综合管廊为大尺寸单舱、双舱或三舱时，箱涵截面尺寸较大，预应力在拼接缝处截面分布不均匀，将影响密封胶条防水性能。针对双舱管廊的预应力分布进行有限元建模，分析预应力管廊拼接缝处的应力分布特性。

通过多种预应力筋布置方案结果分析，得出每种预应力布置方案在多个拼接缝处混凝土截面预应力的分布变化规律。根据密封胶条水密性试验获得防水能力与压缩量、压应力的关系，提出预应力布置优化建议。单舱、双舱箱涵及三舱箱涵拼装图如图8.1～8.3所示。

通过在预制综合管廊施加的预应力，实现对拼接缝处布置的密封胶条产生挤压力，使得密封胶条产生压缩变形并增大了与混凝土构件表面的压应力，从而达到密封防水的作用。但是影响密封胶条防水性能的因素主要为接触面状态、接触面应力大小及应力分布。

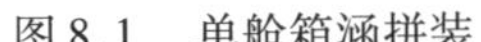

图8.1　单舱箱涵拼装

图8.2　双舱箱涵拼装

图 8.3　三舱箱涵拼装

接触面状态包括橡胶密封条材质硬度、耦合接触面的粗糙程度。密封胶条接触界面上须产生足够压缩量，硬度越大的密封胶条越不利于接触面压缩变形。相反，密封胶条材质硬度越小，在接触表面越容易产生变形，但材质较软的密封胶条接触面上接触压力较小，侧水压作用下会穿过密封条接触面发生渗漏。

接触面应力大小及应力分布主要靠施加预应力实现。影响密封胶条与混凝土接触面应力大小与分布情况的因素主要为预应力大小、布置及数量。对于一般单舱综合管廊，由于尺寸较小，在箱涵四角施加预应力基本可以满足胶条防水压力要求。

当采用双舱、多舱预制管廊箱涵时，需要考虑预应力筋布置、数量及施加预应力大小等因素。因为双舱管廊结构尺寸较大，双舱截面高宽比一般不大于 0.5，同时由于截面尺寸较大，为减小单节箱涵自重，方便运输吊装，因此预制双舱箱涵的纵向长度较小，一般控制在 1 ～ 2 m。由于双舱箱涵截面尺寸大，拼接缝处胶条压应力分布可能不均匀，这是由于预应力在横截面需要一个扩散过程，这个过程对应的纵向长度称为过渡长度。距离布置预应力筋处较近拼接缝界面应力较大，相反距离预应力筋位置较远处则接触面上的压应力较小，导致胶条挤压应力分布不均匀，影响胶条防水效果，在距离预应力筋较远处的胶条属于薄弱处，易出现渗漏。

8.2.1　预应力箱涵模型参数设计

模型材料须满足《城市综合管廊工程技术规范》(GB 50838—2015) 中对预制管廊的要求。这里箱涵采用 C50 混凝土，具体参数如表 8.1 和表 8.2 所示。

表 8.1　混凝土参数设计

材料	质量密度 /$(kg \cdot m^{-3})$	弹性模量 /GPa	泊松比	轴心抗压强度标准值 /$(N \cdot mm^{-2})$	轴心抗压强度设计值 /$(N \cdot mm^{-2})$
混凝土	2 500	34.5	0.2	32.4	23.1

表 8.2　预应力钢棒分析参数

材料	质量密度 /$(kg \cdot m^{-3})$	弹性模量 /GPa	线膨胀系数	直径 /mm	极限抗拉强度 /MPa
预应力钢棒	7 800	200	1.5×10^{-5}	16	1 420

根据预应力钢棒的尺寸及强度等参数，确定单根钢棒最大张拉控制应力 σ_{con}。张拉

控制应力取极限抗拉强度的75%，为1 065 MPa，单根钢棒张拉力为214 kN。

8.2.2　预应力布置及模型建立

典型双舱室管廊截面尺寸为4.1 m × 9 m，如图8.4所示。

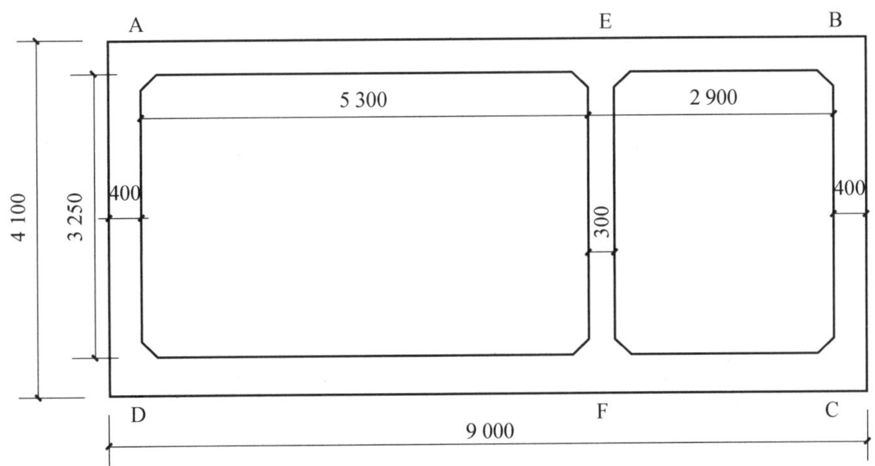

图8.4　典型双舱室管廊截面尺寸

为考察单根预应力钢棒在管廊截面不同位置的应力分布情况，布置两种单根预应力筋进行分析。DY－1在A腋角处布置一根预应力钢棒，其他角点不布置预应力钢棒，DY－2为在E部腋角处布置一根预应力钢棒，其他位置不布置。同时设计4根预应力钢棒布置（Y－4）、8根预应力钢棒布置（Y－8－1、Y－8－2、Y－8－3）工况。预应力筋布置图如图8.5所示。

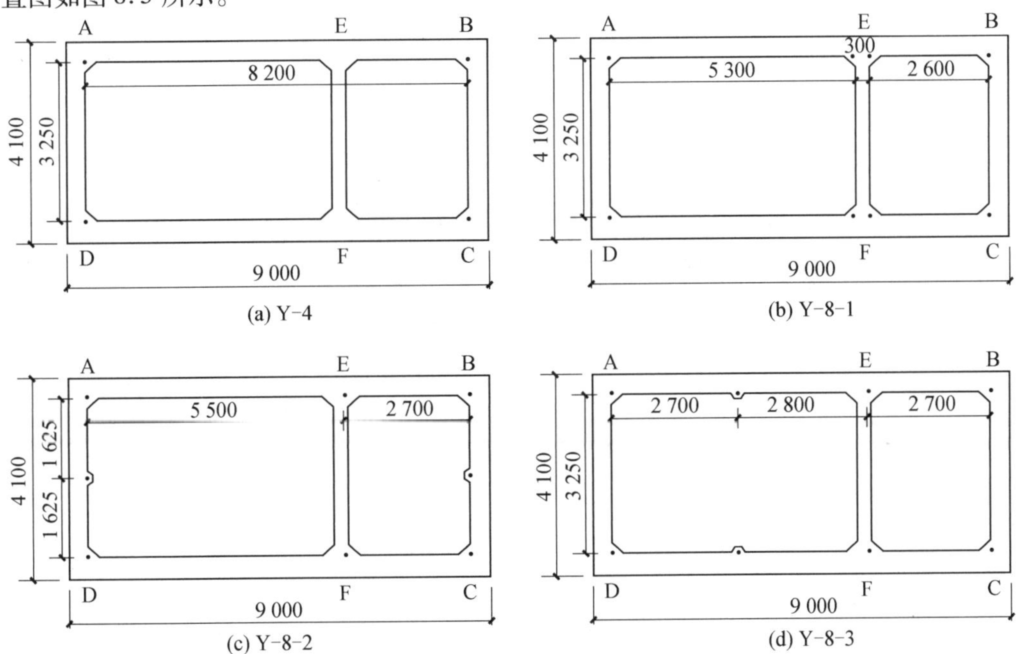

图8.5　预应力筋布置图

为提高模型分析精度,采用实体六面体单元。单根预应力钢棒最大张拉控制应力为 1 065 MPa,单个预制箱涵长度每节为 1.5 m,取 8 节箱涵进行建模分析。纵向总长度为 12 m,钢棒沿箱涵通长布置总长为 12 m。采用降温法施加预应力,每根预应力钢棒张拉力为 214 kN,由张拉控制应力计算钢棒下降温度,将预应力钢棒嵌入到混凝土构件中。边界条件为管廊一端完全固定,另一端不限制位移。由于腋角处形状不规则,划分网格时需对腋角处进行分割后再划分,网格密度为 0.15。针对所建模型,根据多种预应力布置,修改模型预应力布置及数量,如图 8.6 所示。

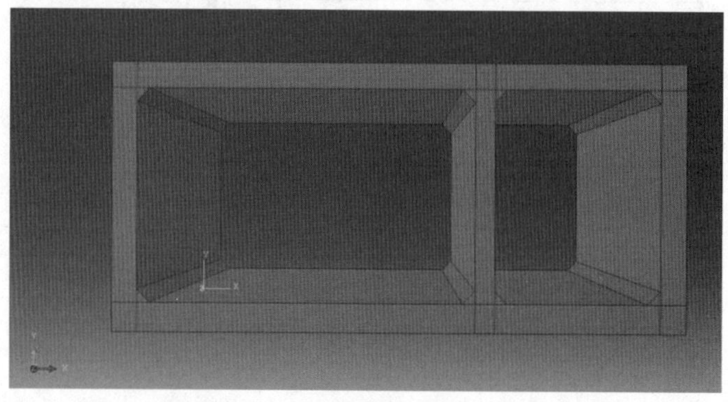

图 8.6 典型双舱管廊模型

8.2.3 预应力钢棒分析结果及分析

针对单根预应力 DY - 1、DY - 2 布置工况,提取管廊纵向 0.5 m、1 m、1.5 m、3 m、4.5 m 及 6 m 截面处压应力数据,分析单根预应力施加的变化规律。对多根预应力 Y - 4、Y - 8 - 1、Y - 8 - 2 和 Y - 8 - 3 布置工况,提取管廊纵向 1.5 m、3 m 和 4.5 m 拼接缝处压应力数据。其中布置 4 根预应力钢棒 Y - 4 和 8 根预应力钢棒 Y - 8 - 1 的分析结果应力分布云图如图 8.7 所示。

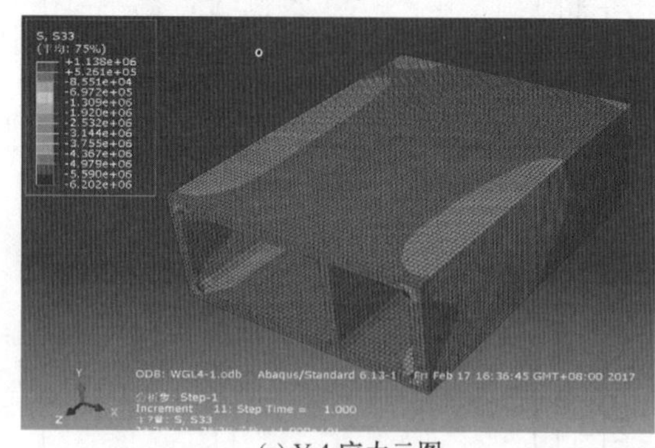

(a) Y-4 应力云图

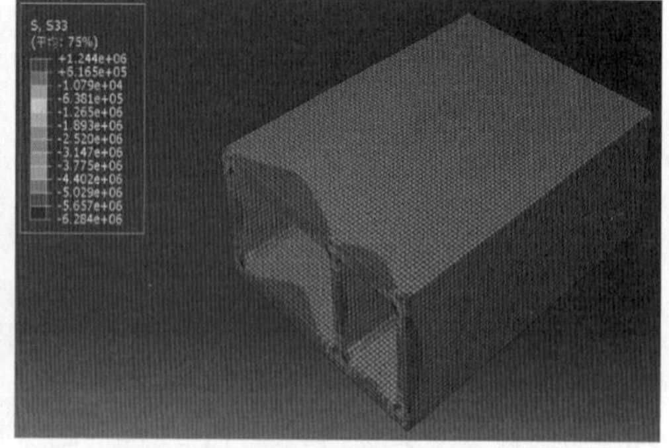

(b) Y-8-1 应力云图

图 8.7 纵向压应力分布云图

分析结果表明,管廊截面中间压应力较小,预应力钢棒附近截面压应力较大。增加预应力钢棒数量后,使管廊截面中间压应力提高,但较两端预应力分布小很多,沿管廊纵向有一定长度的持续现象。根据 DY - 1 分析结果,获得 AD、AE 方向截面压应力分布曲线,如图 8.8 所示。

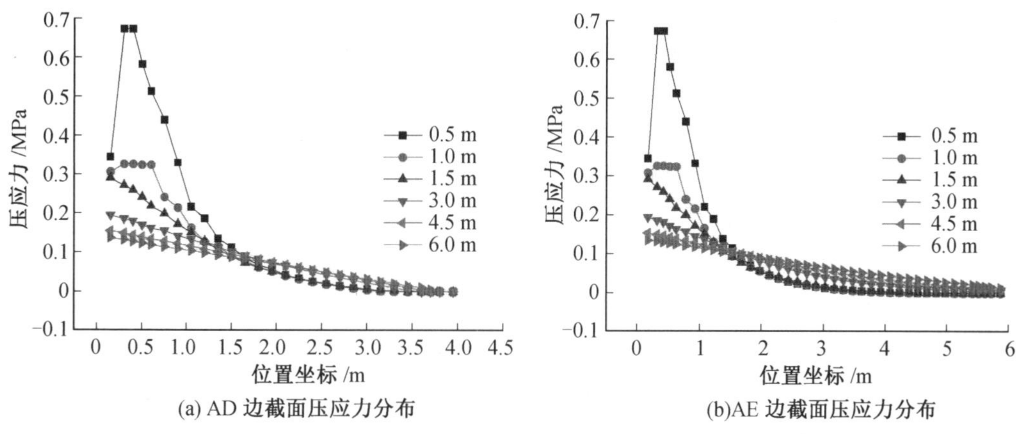

(a) AD 边截面压应力分布　(b)AE 边截面压应力分布

图 8.8　DY－1 截面压应力分布曲线

根据 DY－2 箱涵在 0.5 m、1.0 m、1.5 m、3.0 m、4.5 m、6.0 m 处拼接缝分析结果，获得 EA、EB 和 EF 方向截面压应力分布曲线，如图 8.9 所示。

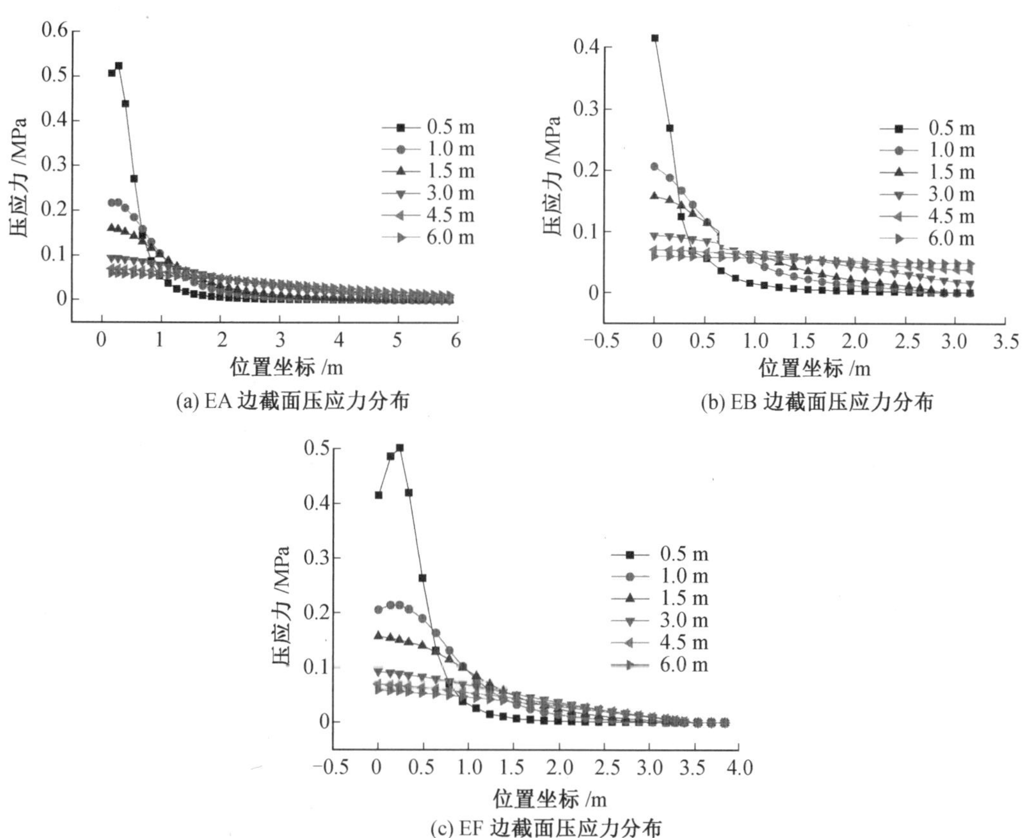

(a) EA 边截面压应力分布　(b) EB 边截面压应力分布

(c) EF 边截面压应力分布

图 8.9　DY－2 截面压应力分布曲线对比图

从施加单根预应力钢棒的分析结果可见,在距离端部较近的管廊截面0.5 m、1 m、1.5 m处,预应力在截面分布不均匀程度较大。距离预应力钢棒近处截面压应力较大,并在截面上随距离增加而下降,且下降幅度较大,截面压应力降低显著。在距离预应力钢棒最远处出现截面预压应力消压现象,尤其是长度较大的DY－1的AE边和DY－2的EA边。两种预应力布置分析结果表明,在0.5 m、1 m和1.5 m的截面压应力分布中出现了0.2～1.8 m不等的消压应力区域。随着纵向长度增加呈逐渐减小趋势,在1.5 m之后基本消除了消压应力区域。

由压应力分布对比曲线可见,在距离管廊端部纵向距离较远的截面3 m、4.5 m和6 m处,拼接缝处压应力分布基本均匀,随截面变化平缓,压应力最大值与最小值之差较小,且消压应力区域逐渐减小甚至全截面受压。

根据Y－4分析结果,箱涵在1.5 m、3 m、4.5 m拼接缝处DC边、AD边截面压应力分布曲线如图8.10所示。

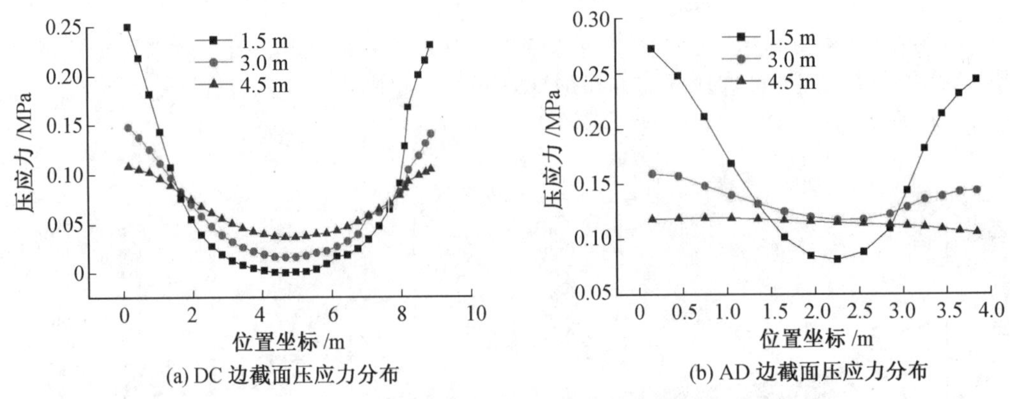

(a) DC 边截面压应力分布　　(b) AD 边截面压应力分布

图8.10　Y－4截面压应力分布曲线对比图

根据Y－4分析结果,拼接缝处压应力分布呈现两端较大、中间较小的分布规律。由于DC边长9 m约为AD边长的2倍,在应力分布上DC边4.5 m处拼接缝最小压应力约为0.036 6 MPa,而AD边4.5 m处拼接缝最小压应力约为0.105 6 MPa,约为DC边的3倍。由此可见,截面预应力分布受到截面长度影响,要大于截面长度自身变化,压应力分布并不是随长度线性衰减的。同时,随着纵向长度增加,拼接缝处压应力分布趋于均匀,其中AD边截面在4.5 m拼接缝处预压应力分布基本均匀,而DC边由于截面长度较大,随着预应力扩散长度增加,压应力分布趋于平缓,但在4.5 m处拼接缝仍呈两端大、中间小的不均匀分布形式。

由Y－8－1箱涵在1.5 m、3 m、4.5 m处拼接缝分析结果,获得DC边、AD边和BC边截面压应力分布曲线如图8.11所示。

由预应力布置Y－8－1压应力分布曲线可见,在DC边的F处增设两道预应力钢棒,对DC边截面拼接缝处的压应力有较大提高。其中,4.5 m拼接缝处最小压应力由0.036 6 MPa提升到0.105 8 MPa,提高了近3倍,且截面压应力分布平均值由0.067 1 MPa提高到0.141 3 MPa,截面压应力平均值提高了近2倍。3 m拼接缝处最小压应力由 0.015 9 MPa 提升到 0.078 8 MPa，提高了近 5 倍，截面压应力分布平均值由 0.065 1 MPa 提高到 0.142 2 MPa，截面压应力平均值提高了近 2 倍。

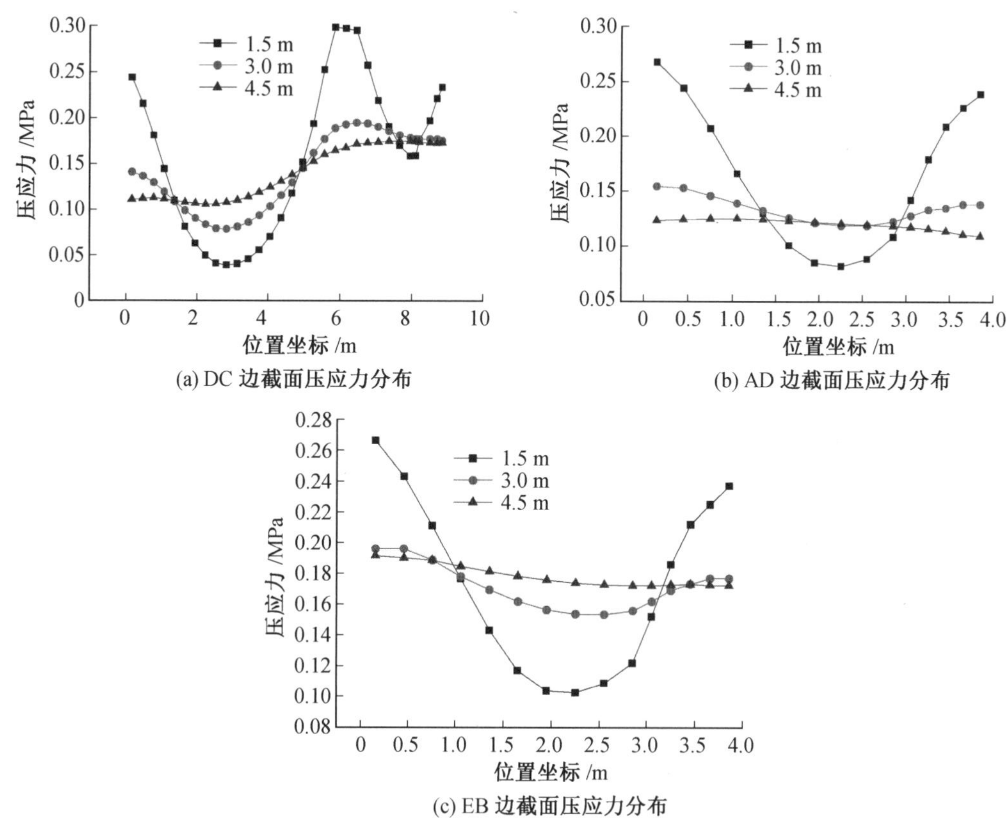

(a) DC 边截面压应力分布

(b) AD 边截面压应力分布

(c) EB 边截面压应力分布

图 8.11　Y－8－1 截面压应力分布曲线对比图

在 AD 边拼接缝截面和 BC 边拼接缝截面处，压应力沿管廊纵向变化规律与 Y－4 变化规律基本相似，Y－4 的 4.5 m 拼接缝处 AD 边截面压应力平均值为 0.114 2 MPa，Y－8－1 的 4.5 m 拼接缝处 AD 边截面压应力平均值为 0.119 9 MPa，有一定提升，但提升幅度较小。由此可见，在 E、F 处增设两道预应力布置，对 DC 边提升作用较大，对 AD 边、BC 边拼接缝处的压应力影响作用较小，可以忽略。

由 Y－8－2 箱涵在 1.5 m、3 m、4.5 m 拼接缝处分析结果，获得管廊 DC 边、AD 边和 BC 边的截面压应力分布曲线，如图 8.12 所示。

在 Y－8－2 的预应力布置中，在管廊截面 E、F 处将两道预应力钢棒减少为一道，同时在 AD 边、BC 边的中间处增设一道预应力。分析结果显示，4.5 m 拼接缝处的压应力最小值为 0.099 5 MPa，较 Y－8－1 的最小值 0.105 8 MPa 有一定幅度降低，但降低幅度不大。截面压应力平均值为 0.134 6 MPa，较 Y－8－1 的平均值 0.141 3 MPa 有小幅度降低，同样降低幅度不大。由此可见，在管廊截面 E、F 处设计两道预应力钢棒虽然对 DC 边拼接缝处压应力有一定提升，但同设置一道预应力钢棒情况相比较，提升幅度不大，较不经济。

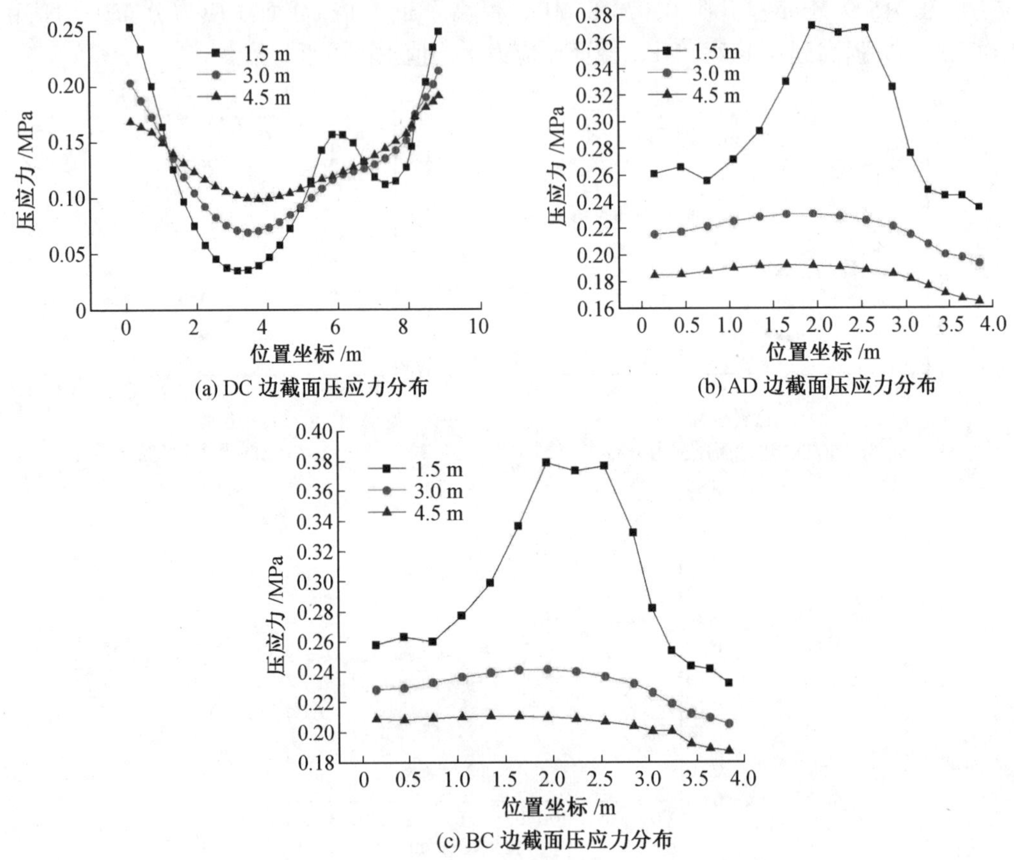

(a) DC 边截面压应力分布

(b) AD 边截面压应力分布

(c) BC 边截面压应力分布

图 8.12　Y－8－2 截面压应力分布曲线对比图

根据AD边、BC边的拼接缝预应力分布情况，由曲线对比图可以看出预应力分布呈现两端小、中间大的规律。在AD边、BC边增设的预应力钢棒并不能有效地将预应力传递到更多的拼接缝截面上去。从分布曲线上看，AD边拼接缝截面和BC边拼接缝截面处压应力沿管廊纵向变化规律与Y－8－1变化规律并不相似。从数值上看，Y－8－2在4.5 m处AD边截面压应力最小值为0.164 6 MPa，Y－8－1最小值为0.109 7 MPa，Y－8－2的AD边4.5 m处平均值为0.183 3 MPa，Y－8－1的平均值为0.119 9 MPa。增设两道预应力钢棒对AD边、BC边拼接缝压应力提高显著。

根据Y－8－3箱涵在1.5 m、3 m、4.5 m处拼接缝分析结果，获得管廊DC边、AD边和BC边的截面压应力分布曲线，如图8.13所示。

Y－8－3同样也为8根预应力钢棒布置，区别为在AB边、DC边上的预应力均匀布置，不局限于腋角位置。分析结果表明，DC边上压应力在1.5 m拼接缝处呈现较不均匀的分布，在预应力钢棒布置处会有较大提升，而后压应力迅速下落，截面上最大压应力为0.327 4 MPa，最小压应力为0.104 6 MPa，二者差值为0.222 8 MPa，最大值为最小值的近3倍，截面压应力分布不均匀。DC边在管廊3 m拼接缝处压应力均值为0.153 5 MPa，在4.5 m拼接缝处压应力均值为0.144 9 MPa，二者差异较小，可认为应力基本均布。从曲线分布可见，截面压应力变化平缓、分布均匀，且分布的均匀程度要好于前3种布置。

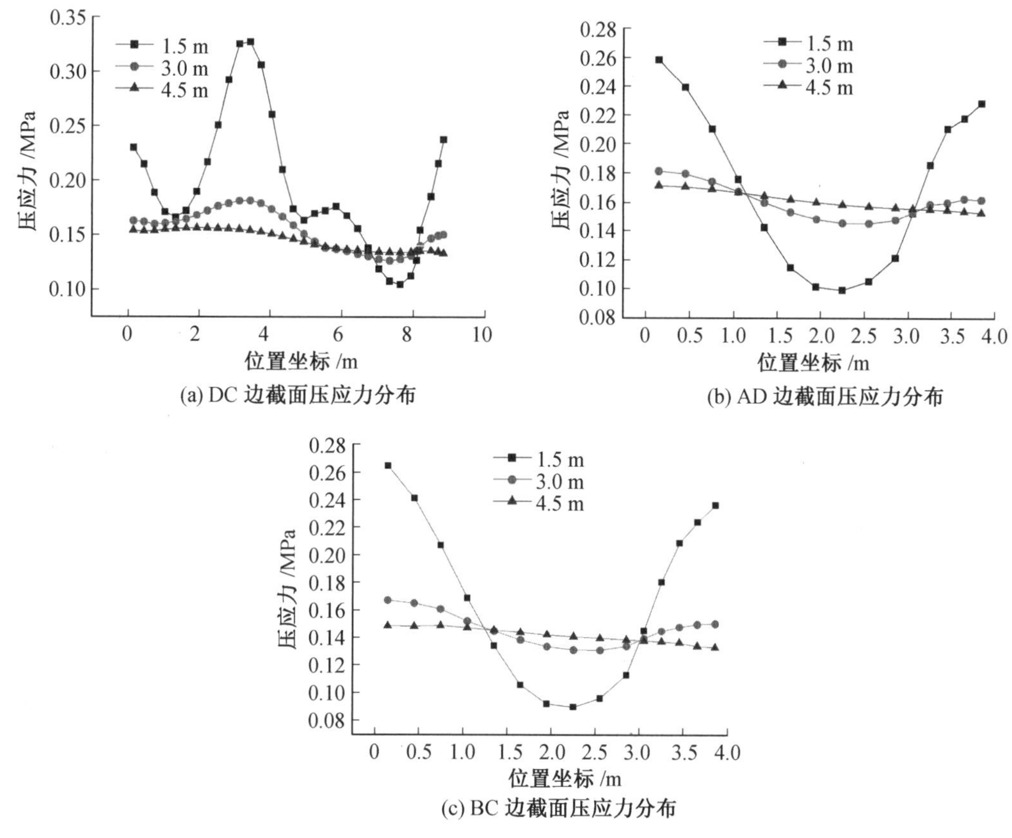

(a) DC 边截面压应力分布

(b) AD 边截面压应力分布

(c) BC 边截面压应力分布

图 8.13　Y－8－3 截面压应力分布曲线图

此外,双舱内隔墙对预应力分布也有一定影响,内部隔墙会分散一定压应力。实际工程中,一般沿预制管廊周长范围布置一至两道弹性密封胶条,这就使得双舱、三舱管廊内部隔墙不会受压,预应力全部作用在外围弹性密封胶条上。因此,数值分析结果实际上是偏于保守的。

8.2.4　预应力分布特性对预制拼装管廊防水性能影响

采用预制成型弹性密封条为主要防水措施,且在《城市综合管廊工程技术规范》(GB 50838—2015)中提到了对弹性密封条的界面应力要求不应低于 1.5 MPa。在工程实际中,预制单舱综合管廊一般布置一道密封胶条,由于拼接缝截面尺寸较小,因此通常可以实现对密封胶条的防水密封要求。对截面尺寸为 3 m × 3 m 的单舱管廊的分析结果表明,拼接缝处预压应力可以满足 1.5 MPa 应力限值要求。当采用双舱管廊时,一般为了能够提高防水能力,布置两道防水密封胶条。由于双舱管廊截面尺寸一般较大,布置两道防水密封胶条后,需施加更大的预应力来满足要求。

分析结果表明,在截面尺寸较大的双舱管廊中,由于预压应力分布不均匀的特性,距离预应力布置较远,拼接缝预压应力较小,致使密封胶条与混凝土界面应力降低,成为多舱管廊防水的薄弱点。采用两道防水密封胶条布置,当密封胶条宽度为 20 mm 时,计算得到薄弱处密封胶条界面压应力,结果如表 8.3 ~ 8.5 所示。

表 8.3　DC 边密封胶条界面应力结果　MPa

预应力布置方案	1.5 m 拼接缝		3 m 拼接缝		4.5 m 拼接缝	
	平均应力	最小值	平均应力	最小值	平均应力	最小值
Y－4	0.750	0.002	0.651	0.159	0.671	0.366
Y－8－1	1.582	0.393	1.422	0.788	1.413	1.058
Y－8－2	1.251	0.349	1.272	0.693	1.346	0.995
Y－8－3	1.939	1.046	1.535	1.265	1.449	1.339

表 8.4　AD 边密封胶条界面应力结果　MPa

预应力布置方案	1.5 m 拼接缝		3 m 拼接缝		4.5 m 拼接缝	
	平均应力	最小值	平均应力	最小值	平均应力	最小值
Y－4	1.674	0.810	1.352	1.173	1.142	1.137
Y－8－1	1.653	0.824	1.340	1.191	1.199	1.097
Y－8－2	2.905	2.350	2.171	1.933	1.833	1.646
Y－8－3	1.709	0.991	1.599	1.453	1.605	1.528

表 8.5　BC 边密封胶条界面应力结果　MPa

预应力布置方案	1.5 m 拼接缝		3 m 拼接缝		4.5 m 拼接缝	
	平均应力	最小值	平均应力	最小值	平均应力	最小值
Y－8－1	1.737	1.025	1.711	1.534	1.780	1.720
Y－8－2	2.940	2.323	2.287	2.052	2.038	1.873
Y－8－3	1.669	0.895	1.458	1.308	1.413	1.328

根据管廊各边密封胶条应力情况，可见 Y－4 在 DC 边、AD 边中基本全小于应力限值 1.5 MPa，仅有 AD 边 1.5 m 拼接缝处的平均值满足应力限值要求。在 Y－8－1 中，DC 边的均值在 1.5 m、3 m 和 4.5 m 的拼接缝处能够达到或接近应力限值 1.5 MPa，而最小值则随着纵向长度的增加而有较明显的增大，从 0.393 MPa 到 1.058 MPa。由此可见，在 4.5 m 处的应力分布较均匀，且薄弱处的压应力值较 1.5 m 和 3 m 拼接缝处有很大提高。BC 边的密封胶条受力平均值 3 处拼接缝均满足应力限值 1.5 MPa 的要求，而 AD 边平均值并没有全部满足要求。因此，在该布置方案中，在 3 处拼接缝密封胶条受力并未能实现全部满足应力限值 1.5 MPa 的要求。

Y－8－2 的分析结果表明，DC 边密封胶条受力均值均达到 1.5 MPa，其中各拼接缝压应力最小值较 Y－8－1 有一定程度的降低，但降低幅度不大。同时这种预应力布置方式，使得在 AB、BC 边的密封胶条受力均满足应力限值 1.5 MPa 的要求。Y－8－3 的分析结果表明，AD、DC 边的 3 个拼接缝处压应力均值和最小值均较 Y－8－1 有较大提升，尤其是最小值提升显著。4.5 m 拼接缝处 DC、AD 和 BC 边的应力分布分析结果表明，无论平均值还是最小值均能达到或接近 1.5 MPa，预应力分布较为均匀。

综上所述,预应力在管廊拼接缝截面的分布不能看作是均匀分布的,预应力在管廊截面的传递需要一定的扩散距离,即预应力过渡长度,在过渡长度之后预应力在拼接缝截面的分布趋于相对均匀,但仍存在薄弱点,可近似认为均匀分布。

单根预应力和多根预应力钢棒的分析结果表明,在双舱管廊的拼接缝处存在预应力分布不均匀特性,1.5 m、3 m 拼接缝处应力分布不均匀,尤其是第一个拼接缝处,应力分布相差极大。沿纵向长度趋于平缓均匀,应力分布不均匀致使密封胶条受力不均,存在较多防水密封薄弱点。在 4.5 m 拼接缝处以后基本实现均匀分布。对于实际工程,可在端部采用一定的预应力补偿措施,避免预应力分布不均匀而导致拼接缝间密封胶条受力不均匀出现渗漏问题。

对于尺寸较小的单舱管廊和多舱管廊的左右两边拼接缝处,通过在角点施加预应力基本可以满足密封胶条防水应力限值 1.5 MPa 的要求。分析结果表明,对于双舱管廊拼接缝上下截面,当布置两道密封胶条时,较难实现全截面均满足防水应力限值 1.5 MPa 的要求。实际工程中每根预应力筋张拉力通常为 150 kN 到 200 kN,模拟分析中每根预应力钢棒已张拉至 214 kN,故提高单根预应力钢棒张拉力作用较小,且单根张拉力较大,易导致混凝土结构局压应力偏高。

8.3　箱涵拼接缝张开位移响应分析

管廊在服役过程中,管廊局部不均匀沉降将导致管廊拼接缝处产生一定的张开位移响应,影响拼接缝间密封胶条防水特性。本部分基于 ABAQUS 探讨了地基不均匀沉降对拼接缝张开位移响应的影响。

工程天然地基刚度差异,基础及垫层施工误差,顶部不均匀荷载作用均可体现在地基差异沉降上,可用地基沉降结果反映上述作用对管廊节段受力综合影响。通过建立不同工况差异沉降参数分析,考虑密封胶条特性、接头接触效应的节段地基条件,分析节段及接头的受力特性及位移,并同密封胶条水密性特性进行对比分析。

8.3.1　箱涵差异沉降参数设计及模型建立

为了对模型进行简化,不考虑承插口处混凝土对沉降控制的有利作用,将箱涵截面简化为无企口截面。箱涵内舱尺寸为(5 300 mm + 2 600 mm) × 3 250 mm,外部整体尺寸为 9 000 mm × 4 100 mm,单节长度为 1.2 m,外墙壁厚 T_1 = 400 mm,底板 T_2 = 450 mm,隔墙 T_3 = 300 mm, 腋脚尺寸为 200 mm,预应力筋加在距腋脚 50 mm 处。取 12 节标准段箱涵相连,箱涵网格密度划分为 0.4。

混凝土为采用 C50, 预应力钢筋为预应力钢棒(直径为 16 mm, 极限抗拉强度为 1 420 MPa),钢棒网格密度为 0.08,张拉控制应力取极限抗拉强度的 75%,相应每根钢棒张拉应力为 1 065 MPa,总预应力设计值为 1 713 MPa。截面胶条总长度为 52 m,假设橡胶条应力均匀,则单位长度上橡胶条所受压力为 22.5 kN/m,对应压缩量为 18.6 mm。根据试验结果,橡胶简化为线弹性材料,截面尺寸为 25 mm × 22 mm × 23 mm(厚 × 上宽 × 下宽),网格密度为 0.05,模型中箱涵间隙为 6.4 mm。

管廊左右和下部均布置地基土，底部地基土层厚度为 5 m，每一侧的侧向土层宽度为 9.1 m，地基土定义为线弹性地基，泊松比为 0.32，网格密度为 0.4。定义重力反方向为 Y 方向、管廊横向为 X 方向、管廊纵向为 Z 方向。对模型两端横断面进行边界条件约束：横向进行 X 向约束，纵向进行 Z 向约束，底部进行 Y 向约束。箱涵与密封胶条之间摩擦系数取值为 0.4。模型如图 8.14 所示。

图 8.14　管廊地基整体模型及网格划分

沉降计算中对永久荷载采用标准值作为代表值，可变荷载长期效应采用准永久值作为代表值。具体设定如下：

(1) 首先管廊在自重作用下与土接触。

(2) 随后对管廊拼接缝处施加预应力 1 065 MPa，使拼接缝闭合，胶条产生压缩。

(3) 在管廊上表面施加面荷载，模拟上部土压力与交通荷载。管廊覆土厚度为 3 m，土压力标准值为 57 kPa，近似取交通荷载准永久值、标准值为 20 kPa，准永久值系数取为 1.0，则面荷载设计值为 77 kPa。

8.3.2　不均匀沉降分析设计

不均匀沉降实现方法：在管廊下部设置弹性地基，对弹性地基进行规则分块，对相邻地基赋予不同的弹性模量和泊松比，实现垫层土体连续差异沉降的控制模拟。每节箱涵下部土层分为左右各 2 块。

第一种：考虑纵向地基刚度差异和荷载作用引起的不均匀沉降，中间下弯工况。

第二种：考虑横向地基刚度差异和荷载作用引起的不均匀沉降，中间扭转工况。

工况划分具体如表 8.6 所示。

表 8.6　数值计算工况表

箱涵下部土体	沉降方式	工况	受力机制	产生原因
A　B　C	B 节段较 A、C 节段沉降大，表现为连续差异沉降	中间下弯工况	竖向弯剪	地层刚度纵向差异
A/B　C/D　E/F	C 下部地层沉降较 D 部分大，中间管廊横向扭转	扭转工况	纵向扭曲	地层刚度横向差异

8.3.3　不同工况分析结果

中间下弯工况由管节两端向中间土层,弹性模量逐渐线性减小。通过改变中心土层弹性模量得到不同最大差异沉降数值结果。模型中假设地基条件为软黏土地基,地基土层设置为5 m,设置中间管廊下部土层弹性模量为0.5 MPa,沿纵向向边缘土层线性增大,边缘土层弹性模量为2 MPa,分析结果如图8.15 ~ 8.20所示。

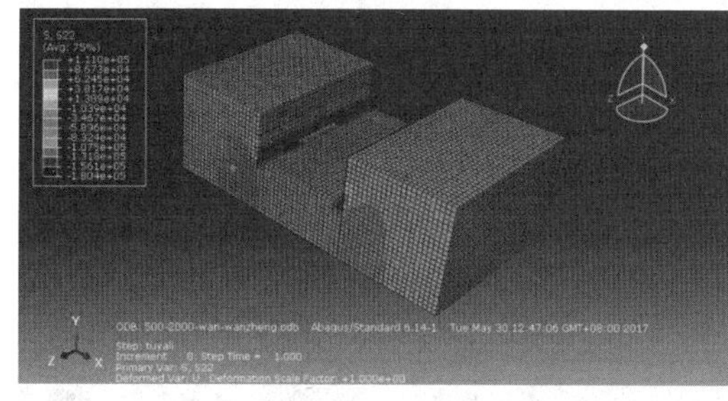

图8.15　地基土应力图

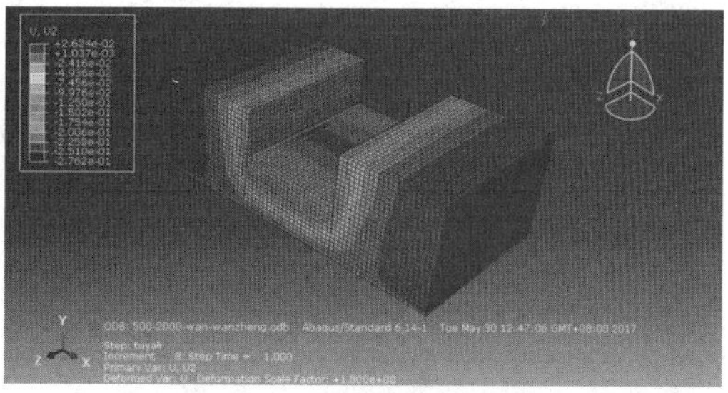

图8.16　地基土沉降量图

图8.17　预应力分布图

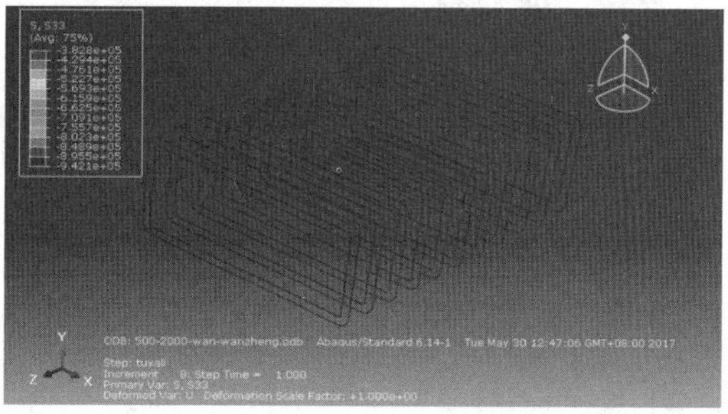

图8.18　橡胶条应力分布图

图8.19　管廊竖向沉降差异最大处

图8.20　管廊拼接缝张开量最大处

地基土应力及地基土沉降如图8.15、图8.16所示,橡胶条最大应力为0.942 MPa,管廊最大差异沉降为16.94 mm,管廊拼接缝最大张开量增加值为1.12 mm。根据密封胶条防水试验结果,在这种地基变化条件下,拼接缝张开量有一定增大,下部增大1.12 mm,防水能力降低较大。上部拼接缝内密封胶条压缩更加紧密,仍能满足防水要求,下部拼接缝的张开量则使得防水能力有较大降低。根据水密性试验结果和胶条压缩力条件,经过线性插值,得到遇水膨胀复合胶条极限耐水压力降低0.127 MPa,三元乙丙弹性胶条降低0.129 MPa,遇水膨胀胶条降低0.159 MPa,腻子复合橡胶条降低0.146 MPa。可见遇水膨胀橡胶条受到的防水性能影响最大。

扭转工况中改变横向中轴线两边土层弹性模量,使沉降较大一侧土层弹性模量向沉降较小一侧线性增大。假设地基条件为软黏土地基,模型中设置1 ~ 4、9 ~ 12 节段及中间第4 节段横向中轴线右侧的地层弹性模量为2.0 MPa,第4 ~ 8 节段左侧弹性模量为0.5 MPa。分析结果如图8.21 ~ 8.26 所示。

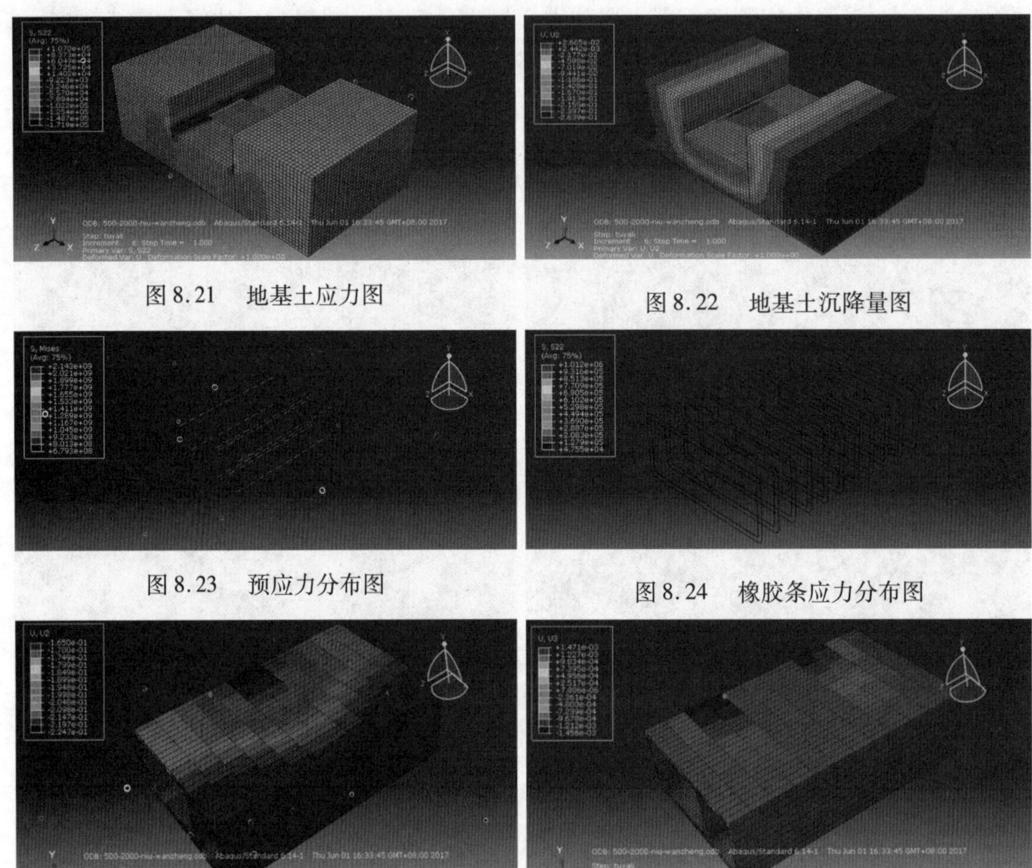

图8.21　地基土应力图

图8.22　地基土沉降量图

图8.23　预应力分布图

图8.24　橡胶条应力分布图

图8.25　管廊竖向沉降差异最大处

图8.26　管廊拼接缝张开量最大处

地基土应力及地基土沉降分析结果如图8.21、图8.22 所示。橡胶条最大应力为1.102 MPa,管廊最大差异沉降为17.27 mm,管廊拼接缝最大张开量为1.25 mm。根据密封胶条防水试验结果,在地基变化条件下,拼接缝张开量使得防水能力有较大降低。同样,经线性插值得到遇水膨胀复合胶条极限耐水压力降低0.142 MPa,三元乙丙弹性胶条降低0.144 MPa,遇水膨胀胶条降低0.177 MPa,腻子复合橡胶条降低0.15 MPa。遇水膨胀橡胶条受到的防水性能影响最大。

根据试验及分析结果,遇水膨胀橡胶条受拼接缝张开量影响最大的原因主要是其实心截面形式所致,实心截面可恢复变形较小,水密性能受到压缩量变化的敏感性要高于中间开孔截面形式的密封胶条。因此,优先选择中间开孔截面形式的胶条是必要的。

8.4　箱涵拼接缝密封胶条应力分析

设计两节足尺箱涵的张拉拼装模拟，分析考察拼接缝间密封胶条在设计张拉力下的界面应力响应。模型尺寸、参数、预应力分布参数同前述模型一致。进行两种工况的分析，分别是工况为 6 根预应力钢棒和 4 根预应力钢棒。单根预应力钢棒张拉控制应力为 214 kN，如图 8.27 ~ 8.30 所示。

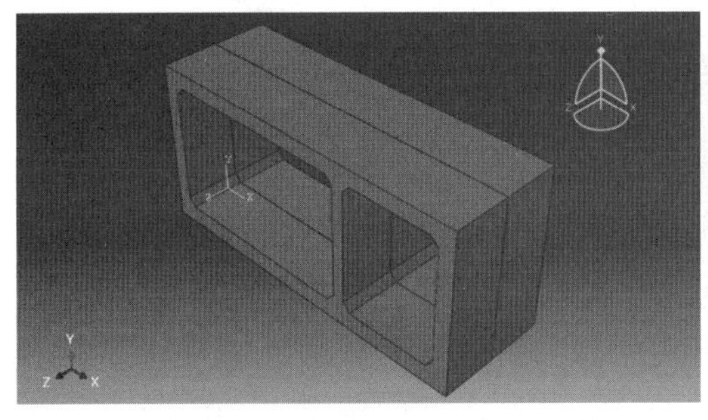

图 8.27　双节箱涵拼装模型

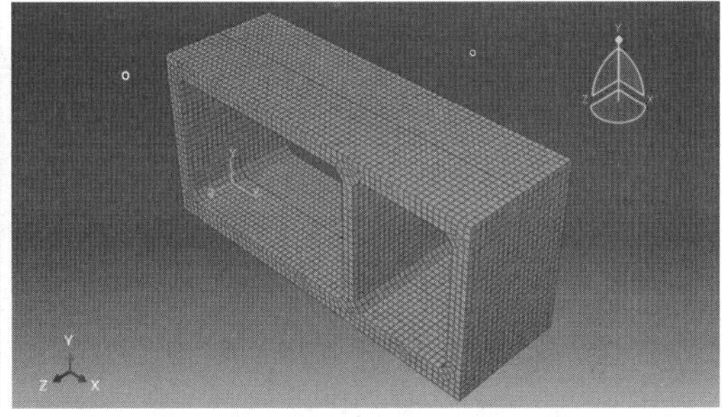

图 8.28　双节箱涵模型网格划分

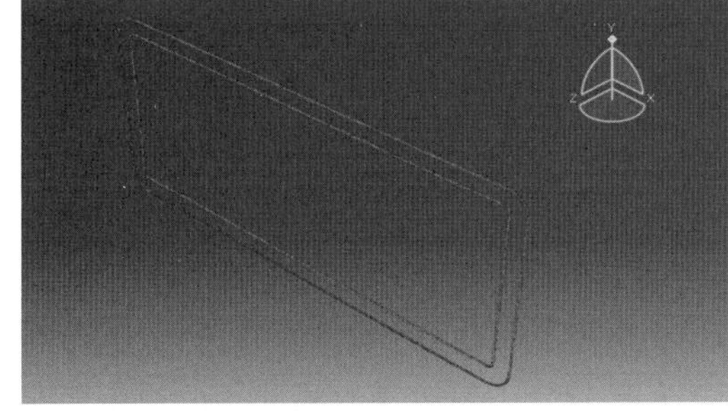

图 8.29　拼接缝内布置密封胶条

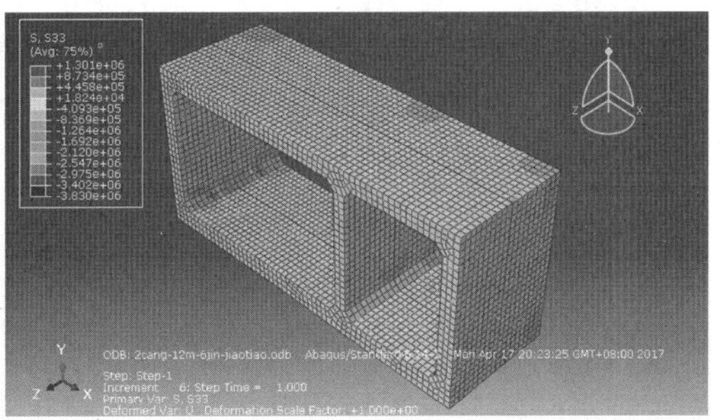

图 8.30　6 根预应力 S33 方向应力云图

根据分析结果，提取拼接缝胶条界面应力，绘制胶条界面应力与坐标关系曲线，6 根预应力筋结果如图 8.31、图 8.32 所示。

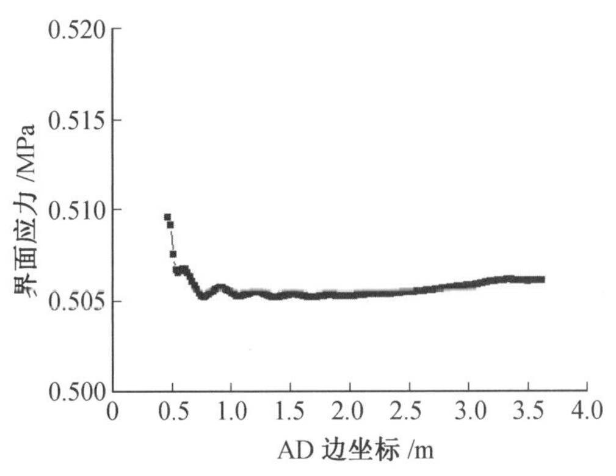

图 8.31　AD 边胶条界面应力

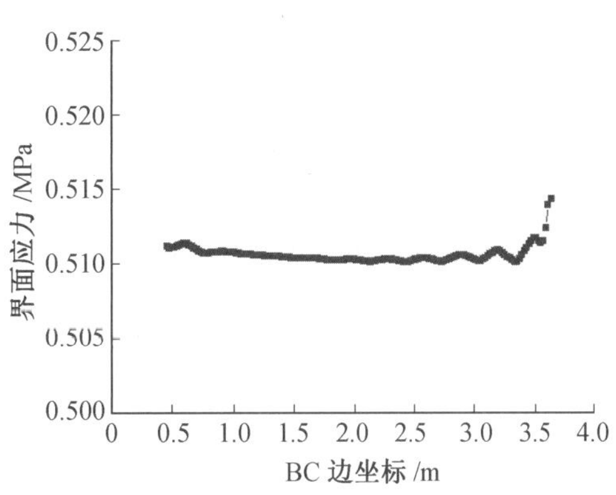

图 8.32　BC 边胶条界面应力

结果表明，两节箱涵拼装预应力张拉后，AD、BC 边密封胶条的界面应力值基本是均匀分布的，AD 边胶条界面应力均值为 0.505 649 MPa，BC 边胶条界面应力均值为

0.510 578 MPa，最大值与最小值相差较小。虽然AD、BC均为箱涵左右短边，但密封胶条界面应力均值却不相同，BC边胶条界面应力略大于AD边界面应力，原因主要为箱涵两舱室尺寸不同，而中间隔墙腋角处布置预应力钢棒，距离BC边较近，使得BC边胶条界面应力略大于AD边。AB、CD边胶条界面应力结果如图8.33、图8.34所示。

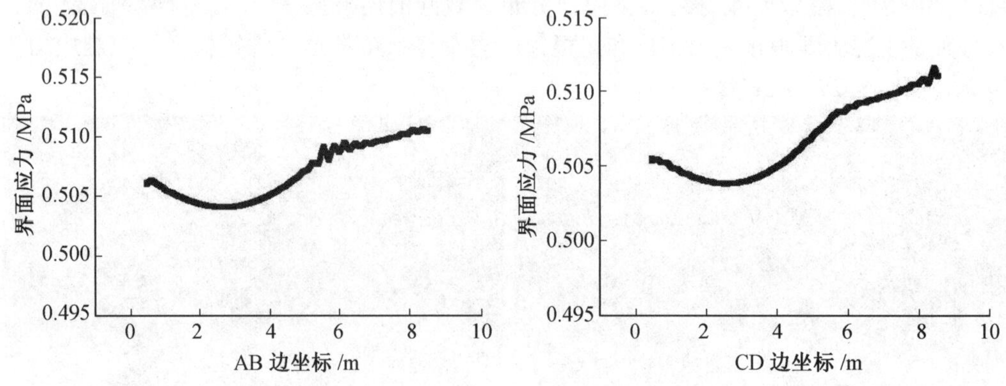

图 8.33　AB 边胶条界面应力　　　　图 8.34　CD 边胶条界面应力

分析结果表明，AB、CD边密封胶条的界面应力值分布基本均匀，AB边胶条界面应力均值为0.506 911 MPa，CD边胶条界面应力均值为0.506 759 MPa，两者均值相差较小。在预应力分布上呈现先降低后升高的趋势，分析原因同样是由于中间隔墙的腋角预应力布置使得较小舱室的上下密封胶条界面应力较大，箱涵大舱截面横向预应力钢棒距离较远，中间预应力衰减的趋势较明显。

根据以上分析结果及密封胶条水密性试验结果，在足尺箱涵拼接缝处布置两道密封胶条，施加6根预应力钢棒作用，单根预应力钢棒作用214 kN，不考虑地面摩擦阻力，分析得到密封胶条界面应力约为0.5 MPa，而0.5 MPa对应腻子复合橡胶密封条的极限防水能力为0.424 MPa。该界面应力对于遇水膨胀复合橡胶条的极限耐水压力为0.162 MPa，对于三元乙丙弹性橡胶条的极限耐水压力为0.164 MPa，对于遇水膨胀橡胶条的极限耐水压力为0.152 MPa。

布置4根预应力钢棒的分析结果如图8.35、图8.36所示。

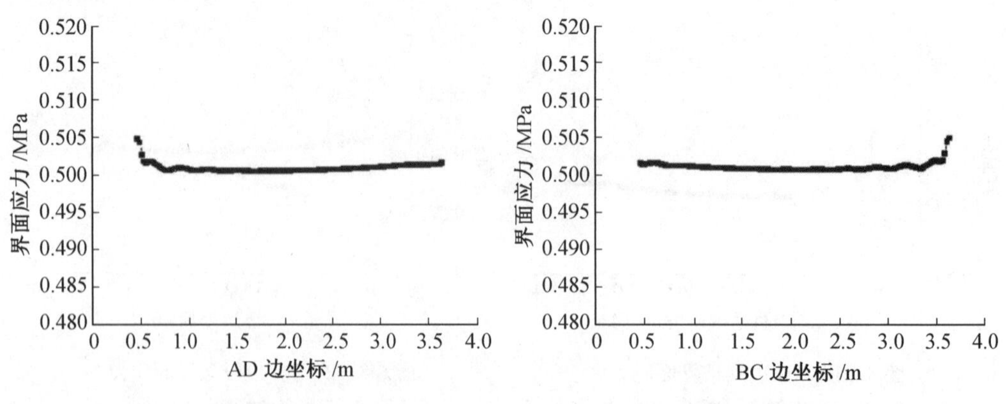

图 8.35　AD 边胶条界面应力　　　　图 8.36　BC 边胶条界面应力

分析结果表明，AD、BC 边密封胶条的界面应力值分别基本均匀。AD 边胶条界面应力均值为0.500 84 MPa，BC 边胶条界面应力均值为0.501 028 MPa，平均值略小于6 根预应力钢棒的分析结果，但相差较小。同样，AD、BC 边密封胶条的界面应力均值不相同，BC 边胶条界面应力略大于 AD 边界面应力。AB、CD 边胶条界面应力结果如图 8.37、图 8.38 所示。

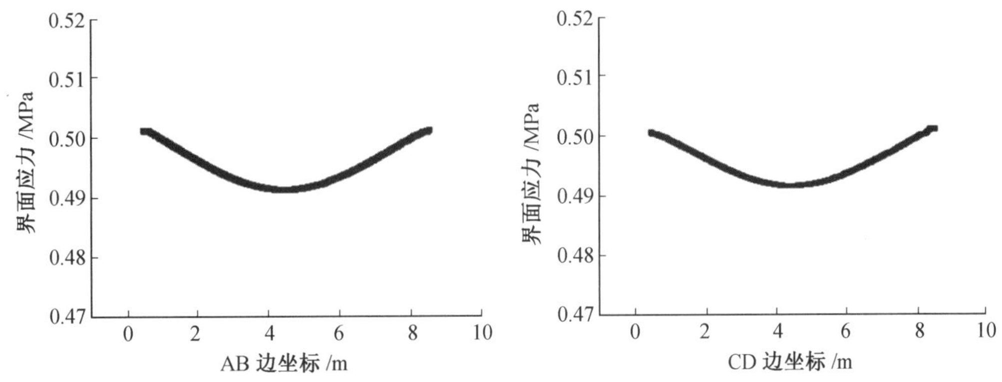

图 8.37　AB 边胶条界面应力　　图 8.38　CD 边胶条界面应力

分析结果表明，AB、CD 边密封胶条的界面应力值分布并不均匀，呈现明显的两端应力值大、中间应力值小的趋势。AB 边胶条界面应力均值为 0.495 147 MPa，CD 边胶条界面应力均值为 0.495 292 MPa，两者都不足 0.5 MPa。在预应力分布上呈现先降低后升高的趋势。原因是中间隔墙的腋角无预应力布置，同时箱涵尺寸较大，使得预应力向中间扩散时呈现递减。截面横向距离预应力钢棒较远，中间预应力衰减的趋势较明显。因此，管廊箱涵中间位置是防水薄弱点，在其他条件相同的情况下，水密性试验过程中会比其他地方较早出现渗漏，也验证了上述分析。

通过对比布置 4 根与布置 6 根预应力钢棒的方案，得出中间预应力有逐渐衰减的趋势，并且是耐水压的较薄弱点。同时进行了 8 根预应力钢棒的模拟，即中间隔墙处腋角上下各布置两根预应力钢棒，如图 8.39 所示。但模拟的橡胶条界面应力结果显示，橡胶条上界面应力与 6 道预应力的布置方案基本相同，无明显提升，故不适宜在中间隔墙处布置四道预应力，作用较小，受力效果不好，同时也不经济。

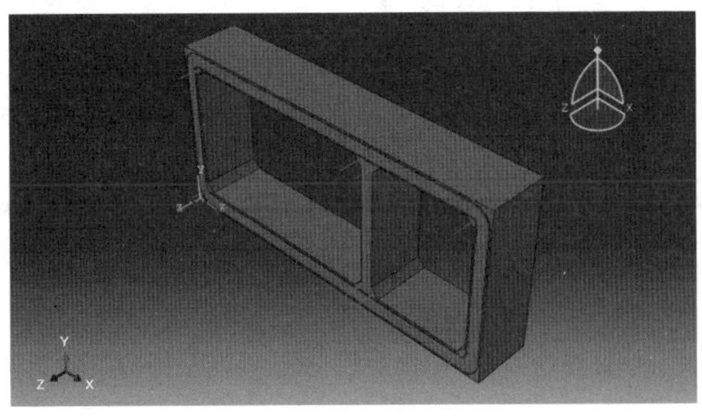

图 8.39　布置 8 根预应力分析模型

8.5 地面摩擦对箱涵预应力影响分析

地面摩擦的存在，会影响拼接缝内密封胶条受到的界面应力分布情况，可能使得应力分布不均匀，存在防水密封薄弱点。在预制箱涵拼装张拉过程中，地面摩擦力是影响拼装密封效果的重要影响因素。

考察双舱箱涵(5 300 mm + 2 600 mm) × 3 250 mm，单节长度为1.2 m，外墙壁厚 T_1 = 400 mm，底板 T_2 = 450 mm，隔墙 T_3 = 300 mm，腋脚尺寸为200 mm，预应力筋加在距腋脚50 mm处。同样，取12节标准段管廊相连，管廊网格密度为0.4。预应力钢筋采用预应力钢棒(直径为16 mm，网格密度为0.08)，张拉控制应力取极限抗拉强度的75%，那么每根钢棒张拉应力为1 065 MPa。根据密封胶条试验结果，胶条简化为线弹性材料，截面尺寸为25 mm × 22 mm × 23 mm(厚 × 上宽 × 下宽)，网格密度为0.05。在箱涵左右和下部均布置地基土，底部地基土层厚度为0.5 m，每一侧的侧向土层宽度为0.5 m，地基土定义为线弹性地基，土层弹性模量为2 MPa，泊松比为0.32，网格密度为0.4。以重力的反方向为 Y 方向，以箱涵横向为 X 方向，以箱涵纵向为 Z 方向。对每节箱涵及地基土模型进行边界条件约束：横向进行 X 向约束，纵向进行 Z 向约束，底部进行 Y 向约束，其中箱涵仅单侧截面进行 X 向约束。设置箱涵与地面之间摩擦系数为0.4。

根据所建立模型，开展三种典型工况分析，分别为布置4根预应力钢棒、布置6根预应力钢棒和布置8根预应力钢棒。部分分析模型如图8.40所示。

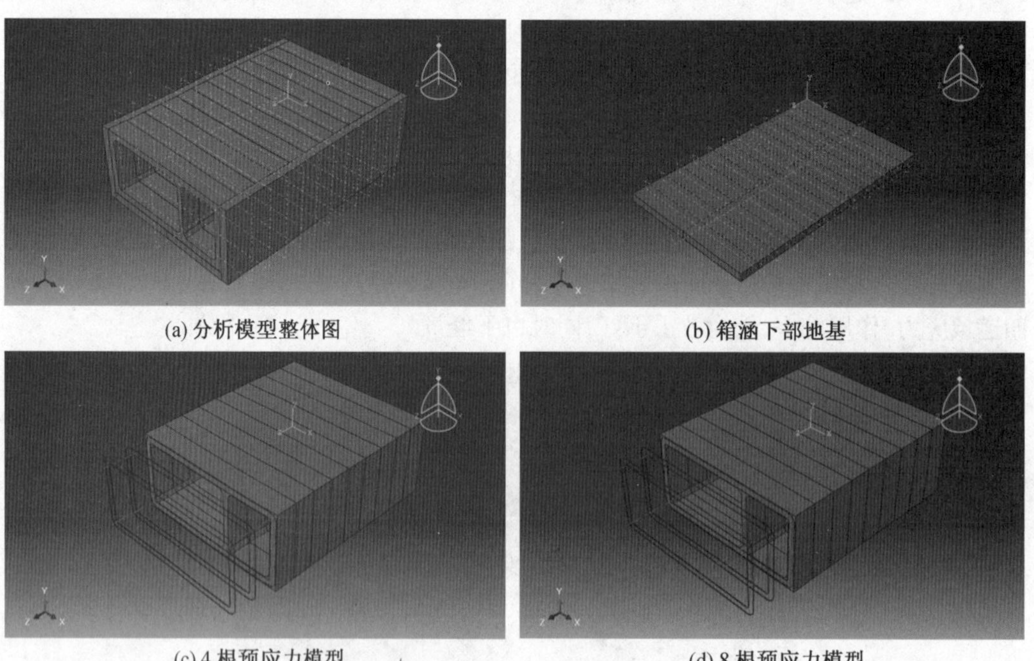

(a) 分析模型整体图　(b) 箱涵下部地基

(c) 4根预应力模型　(d) 8根预应力模型

图8.40　有限元分析模型

根据三种预应力布置方案的分析结果，分别提取出1.2 m、2.4 m和3.6 m处拼接缝内密封胶条的界面应力结果，获得胶条应力曲线如图 8.41 所示。

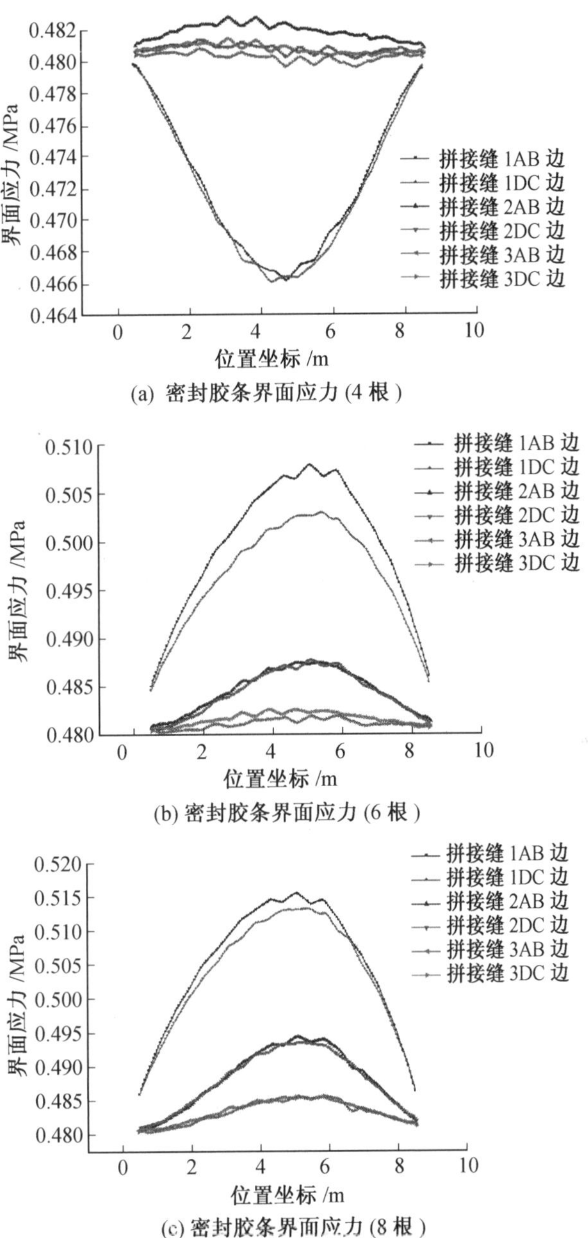

(a) 密封胶条界面应力 (4 根)

(b) 密封胶条界面应力 (6 根)

(c) 密封胶条界面应力 (8 根)

图 8.41　分析结果数据曲线图(彩图见附录)

分析结果表明，布置 4 根预应力钢棒的布置方案，在拼接缝 1 处呈现两端胶条应力较大而中间应力小的特征。这是因为预应力布置在箱涵的四个角点处，箱涵中间隔墙未布置预应力钢棒，使得两端大、中间小，但在拼接缝2 及拼接缝3 处的胶条界面应力基本实现均匀分布。在布置6 根和布置8 根预应力钢棒的方案中，拼接缝1 处的胶条界面应力分布与布置 4 根预应力的结果恰好相反,呈现出两端小、中间大的情况,这是由于箱涵中间隔墙处增设了预应力钢棒的缘故。在地面摩擦力作用下,分布规律与未考虑地面摩擦的结果有一定差异,地面摩擦力作用对密封胶条界面应力分布影响较大。同时,由于地面摩擦力作用下的 3 种预应力布置方案,共 9 处拼接缝处的胶条界面应力均呈现上部 AB 边略大于下部 DC 边的特点。

根据 3 种预应力布置方案下的密封胶条界面应力曲线分析结果,拼接缝处密封胶条所受到界面应力在距离端部较近的拼接缝处分布较不均匀,随箱涵纵向长度的增加而逐渐趋于均匀。这一规律与未考虑地面摩擦力作用的模拟结果相同。但是在地面摩擦力的作用下,在 3 种布置方案的 3 处拼接缝处,总体呈现出上部 AB 边的密封胶条界面应力要略大于下部 DC 边的胶条界面应力。因此,在考虑地面摩擦力的情况下,箱涵上部拼接缝内密封胶条所受界面应力大于下部密封胶条所受的界面应力。从防水控制角度分析,该界面应力差异会降低下部密封胶条的防水能力,导致下部拼接缝防水能力低于上部拼接缝。

第 9 章　双舱箱涵拼接缝水密性足尺验证试验

9.1　引　言

对足尺预制管廊箱涵进行张拉拼接，然后进行水密性验证试验，验证箱涵拼接缝处密封胶条是否能达到设计水压的密封功效，同时对张拉拼装进行现场试验，获得对地面摩擦力的要求，对水密性试验防水能力控制指标进行总结分析。

9.2　试验概况

足尺箱涵截面尺寸为 4.1 m × 9 m。每节箱涵纵向长度为 1.5 m，共两节。整体密封胶条布置如图 9.1 所示。

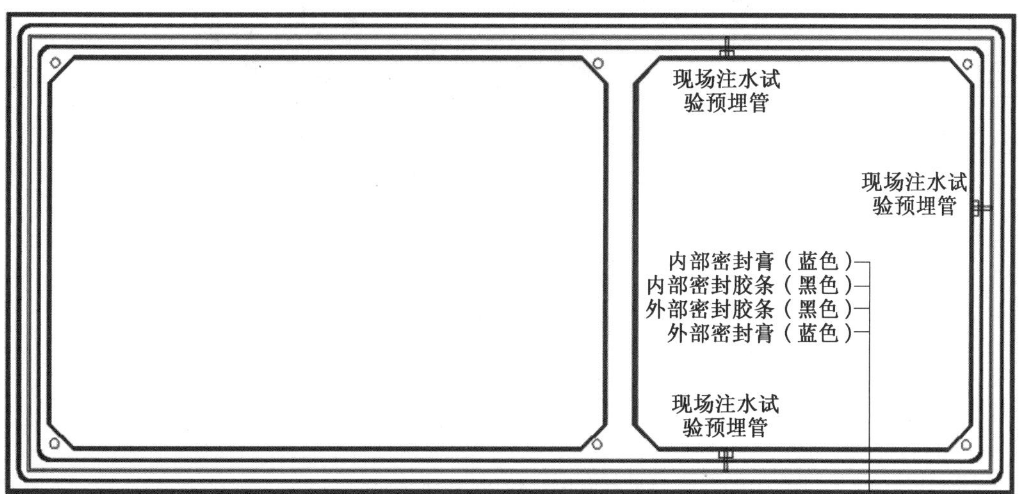

图 9.1　箱涵截面防水布置图

足尺管廊箱涵承插口断面形式如图 9.2 所示。

在箱涵试件的两道凹槽内，提前布置密封胶条，通过在凹槽内涂刷氯丁胶来固定密封胶条位置。然后采用 6 根预应力钢棒的张拉将两节箱涵连接在一起，实现对密封胶条的挤压，从而实现拼接缝处的防水。试验现场如图 9.3 所示。

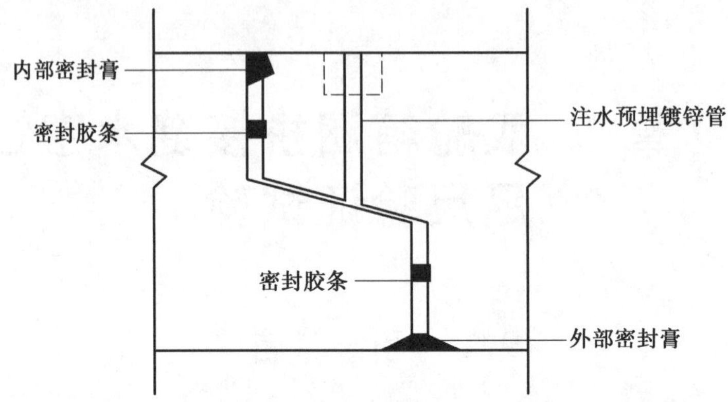

图 9.2　承插口截面构造图

图 9.3　足尺箱涵水密性试验现场

9.3　试验过程

9.3.1　密封胶条的布置

水密性试验采用的腻子复合型橡胶条，胶条尺寸为 23 mm × 22 mm × 25 mm，截面中间开孔。在承插口内布置两道密封胶条，现场如图 9.4、图 9.5 所示，两道胶条长度约为 50 m。在布置密封胶条前将承插口表面清理干净，除去表面的灰尘等。在密封胶条安装完毕后，通过预应力将两节箱涵进行预拼装，使得两节箱涵相接触，凹槽内的密封胶条被夹在箱涵之间定位。然后将正式张拉的装置安装完毕开始正式张拉。

图 9.4　拼接面凹槽内涂刷氯丁胶

图 9.5　拼接面凹槽内粘贴密封胶条

9.3.2　预应力钢棒张拉

正式张拉前,根据实际校验值确定张拉力与油压表对应的数值,预应力钢棒布置如图 9.6 所示。如图 9.7、图 9.8 所示,逐步将两节箱涵张拉拼装到位,拼装过程中保证胶条安装无误。通过百分表测量预应力钢棒张拉过程中节段箱涵拼接缝间距变化。在预应力钢棒上粘贴钢筋应变片,测量张拉时预应力钢棒的应变量。在箱涵内部注水孔下部安装注水泵和水压表,上部留一个排气孔,其余注水管均进行封堵,在注水时,当上部排气孔有水流出时则将排气孔封堵。然后进行水压试验。

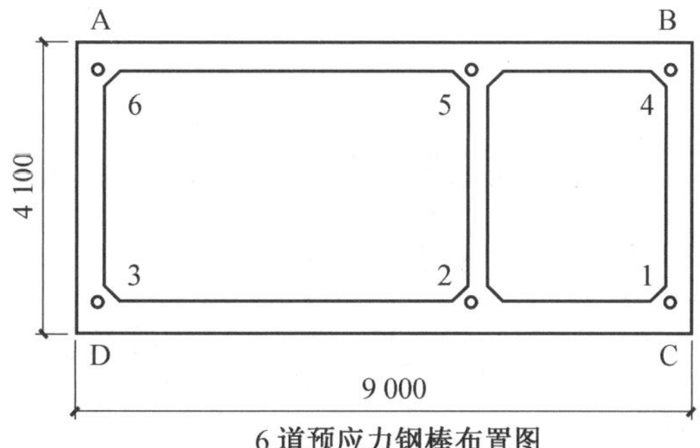

图 9.6　预应力钢棒布置与编号

图 9.7　准备张拉

图 9.8　节段箱涵张拉拼装

在箱涵四个角部布置 4 个量程为 30 mm 的百分表。将钢棒穿进预应力孔道后，将导线从特制的开孔垫片中穿出，然后将垫片与混凝土贴紧，紧固螺栓，如图 9.9 所示。张拉现场如图 9.10 所示。

图 9.9　紧固钢棒螺栓与连接器

图 9.10　预应力钢棒张拉现场

按照预先设定的张拉顺序进行预应力钢棒张拉,密封胶条产生压力。在张拉过程中,读取百分表读数和利用游标卡尺测量拼接缝间距的变化,同时根据钢筋应变片的数值判断每根预应力钢棒的张拉力是否在合理范围,以及在张拉过程中钢棒的应变变化。在张拉过程中记录百分表数值变化及拼接缝宽度,如图 9.11 所示。

图 9.11　张拉过程中百分表读数及用游标卡尺测缝宽

预应力采用分步张拉如表 9.1 所示,张拉完成一个循环后测量拼接缝变化,每次张拉后测量钢棒应变,记录钢棒应变值,然后紧固螺栓。最大张拉到 180 kN 张拉力。在张拉过程中钢棒的应变基本为线性变化,说明预应力钢棒一直处在弹性阶段,应变值与张拉前理论计算值比较接近。

表 9.1　预应力钢棒张拉步骤

张拉步	张拉钢筋位置编号	张拉值 1 号油表 /MPa	张拉值 2 号油表 /MPa	力值 /kN
1	1,6	20.7	20.1	100
2	3,4	20.7	20.1	100
3	2,5	20.7	20.1	100
4	1,6	29	28.2	140
5	3,4	29	28.2	140
6	2,5	29	28.2	140
7	1,6	37.27	36.26	180
8	3,4	37.27	36.26	180
9	2,5	37.27	36.26	180

按照预设张拉步张拉完成后,测量两节箱涵间的拼接缝宽度。4 个固定点的测量结果如表 9.2 所示,但由于整体拼接缝接口处存在一定尺寸偏差等,不同位置处的最大拼接缝宽度与最小拼接缝宽度有一定差距。在凹槽内涂刷了环氧树脂及氯丁胶等胶条,使得凹槽深度小于 6 mm。测量凹槽深度减少 2 mm,故由平均值计算压缩率约为 52%。同时通过布置在预应力钢棒上的钢筋应变片,实现对预应力钢棒应力的实时监测,并得出预应

力钢棒在连接螺栓紧固前后，钢棒应力是否会有损失，并得出损失的最大值。通过对钢筋应变片结果分析，对预应力钢棒张拉完成时，及紧固钢棒螺栓后，应变片数值有 50 ~ 200 $\mu\varepsilon$ 不等的差值，这部分为紧固螺栓，撤掉千斤顶张拉力后的预应力损失，最大值为 40 MPa，最小值为 10 MPa。

表 9.2　拼接缝宽度(mm)

张拉步	拼接缝 1	拼接缝 2	拼接缝 3	拼接缝 4	平均值
初始读数	20.26	19.06	23.58	24.51	21.85
3	14.63	14.11	11.74	13.98	13.62
6	12.73	12.36	9.14	9.68	10.98
9	10.10	8.28	7.13	6.76	8.06

9.3.3　注水试验

张拉完成后进行注水试验，布置水压表、注水泵等。由于在箱涵内部留有多个注水管，故需要将多余的注水孔封堵，只留下一个底部注水孔和一个顶部排气孔。具体步骤如图 9.12、图 9.13 所示。

图 9.12　排气孔封堵后拼接缝内打压注水

图 9.13　注水加压过程中水压表数值

测试结果如表 9.3 所示。在水压试验过程中，按照预先设定好的水压加载级进行加载，每一加载级进行 10 ~ 15 min 的稳定水压观测，观测拼接缝表面是否有水滴流淌或渗出。观测期间允许压力表数值有一定范围的下降,这是为了考虑混凝土表面的渗透吸水特性。水压下降后进行补压,观测拼接缝及周围混凝土表面是否有水滴流淌或渗出,一旦发现则判定为在该水压力下,拼接缝防水失效。

表 9.3　试验水压值

水压值/MPa	压力表数值/MPa	密封胶条是否渗漏
0.06	0.06	否
0.08	0.08	否
0.1	0.1	否
0.12	0.12	否

试验目标水压为 0.12 MPa,在试验时,通过水压泵注水将胶条拼接缝内水压提高到 0.12 MPa,观测胶条拼接缝处无渗漏现象,说明在 0.12 MPa 水压下,密封胶条水密性能合格。在水压值达到 0.12 MPa 加载目标后不再进行极限水压测试。考虑到达到极限水压发生渗漏后,在密封胶条与混凝土界面间会形成渗漏通道,不便于进行重复性试验,影响测试结果。

9.4　相关问题探讨

地下预制拼装结构的拼接缝防水问题一直未能得到很好的解决,实际工程中的拼接缝密封影响因素较多,不易控制,同时各因素之间也相互作用影响。通过两节段足尺箱涵的拼接缝水密性试验,以及前期进行的各种密封胶条与混凝土界面的水密性试验,对密封胶条与混凝土界面的防水性能进行研究,针对多种不同材质密封胶条的压缩量与防水水压关系进行了研究,在此基础上对预制拼装管廊等地下结构的密封防水性能进行分析。

9.4.1　防水能力控制指标

在地下结构的防水设计中有很多防水控制指标,有些针对混凝土单位面积上浸湿的湿渍面积进行限定,有些允许一定的渗漏,但是对渗漏量进行了限定,这些主要是针对混凝土结构自身的抗渗能力。

在城市地下综合管廊规范中,规定密封胶条与混凝土之间的界面应力不应低于 1.5 MPa,是通过规定密封胶条的界面应力作为防水控制指标。密封胶条的防水能力与其接触面压应力正相关,接触面压应力越大,则密封胶条与混凝土界面的极限防水能力越高。但是 1.5 MPa 指标没有指明具体密封胶条类型。规范中提到了密封胶条常用为遇水膨胀橡胶、三元乙丙弹性橡胶,并未强制性规定密封胶条材质。综合管廊规范中对密封胶条界面应力不低于 1.5 MPa 的要求,是通过水密性试验得出的。该水密性试验采用遇水膨胀橡胶条作为密封材料,并采用 0.06 MPa 作为设计水压,在该水压下进行不同预应力下的拼接缝水密性试验。在其试验与分析中发现遇水膨胀密封胶条在 1.424 MPa 界面应力时,拼接缝处发生轻微渗漏。故规范中取密封胶条 1.5 MPa 界面应力作为防水控制指标。

但对于不同的工程设计及综合管廊等地下结构的埋深不同。同时一些工程中考虑过河道的倒虹吸作用,把 0.06 MPa 作为检测密封胶条防水能力的设计指标,还不能涵盖各种工况下的水压力。故基于前几章的研究,对 4 种密封胶条进行的水密性试验,提出对不同材质、不同界面形式的密封胶条的压缩率作为地下结构拼接缝的防水性能控制指标。以压缩率为控制指标可以较容易实时测量拼接缝间距,从而根据密封胶条的压缩率与水密性能试验得出的关系,对拼接缝水密性能给出较准确评价,免去了计算密封胶条界面应力的烦琐。目前应用这几种材质的密封胶条的压缩率作为不同工况的防水设计指标。

9.4.2　箱涵拼装中地面摩擦力控制

在箱涵拼接张拉拼装过程中,要克服地面摩阻力作用。在单个张拉千斤顶进行单点张拉,油压表读数为 10 MPa 时,张拉端箱涵发生移动,经计算油压表 10 MPa 对应的张拉力为 50 kN,即单点张拉时需克服地面摩擦力为 50 kN。两点同时张拉需要克服地面摩擦力 80 kN,考虑箱涵自重 40 t,经计算地面摩擦系数为 0.2。

以上为在底部垫层上涂抹了润滑黄油,因此摩擦力较一般情况偏低。工程实际中,地面摩擦力会影响箱涵拼接缝内密封胶条压缩量,在箱涵所有预应力钢棒采用相同张拉控制应力时,箱涵拼接缝底部密封胶条会由于地面摩擦力作用使得界面应力、压缩率略小于上部拼接缝内的密封胶条,进而影响整体防水效果。为考虑底部摩擦力对防水效果的影响,根据摩擦力大小可将底部预应力钢棒张拉力适当提高,并严格控制拼接缝上下间距基本保持一致。同时考虑到预应力钢棒的最大张拉力,在张拉时要考虑到现场地面摩擦力作用,避免地面摩擦力分担了较大一部分预应力而密封胶条未达到设计压缩率。预应力钢棒最大张拉力按照极限抗拉强度的 70% 控制,直径 16 mm 钢棒的极限抗拉强度为 1 420 MPa,最大张拉控制应力为 994 MPa,对应的张拉力为 199.893 kN。

根据密封胶条压缩率与耐水压力关系,由地下结构具体防水水压设计要求,得到密封胶条压缩率,再由压缩率与压缩力(kN/m)对应关系,以及密封胶条布置长度,计算得出拼接缝处密封胶条达到设计压缩率时所需的有效压缩力,进一步在不考虑预应力损失的情况下,由最大张拉控制应力得出的最大张拉力扣除密封胶条所需有效预压力,为最大允许摩擦力。根据箱涵自重可推算出最大允许摩擦系数。这为现场垫层提供了设计依据,在安装前进行现场摩擦系数实测,保证预应力钢棒张拉力能够使得拼接缝处密封胶条达到设计压缩率。

设计流程图如图 9.14 所示。

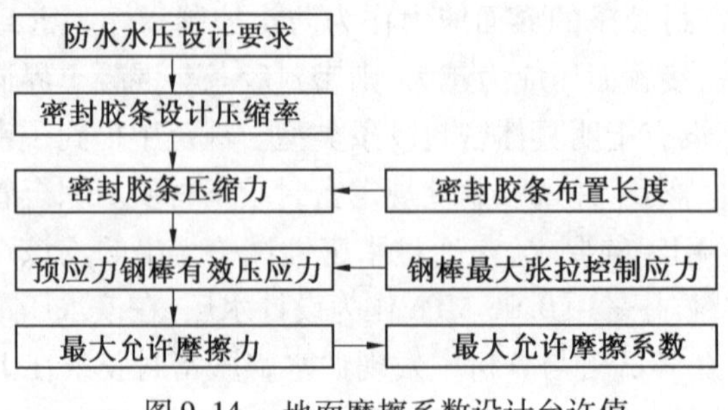

图 9.14　地面摩擦系数设计允许值

9.4.3　密封胶条防水性能影响因素

工程实际中，影响密封胶条防水性能的因素很多。从密封胶条防水机理角度分析，密封胶条与混凝土接触面的耦合程度，密封胶条材质自身的特性，如硬度、自黏性和互黏性，以及密封胶条在拼接缝处界面压应力大小是主要因素。

(1) 密封胶条与混凝土接触面的耦合程度。地下预制混凝土结构，混凝土与密封胶条接触表面有较多孔洞、细小凹坑，甚至有些孔隙会在密封胶条下部连通，形成渗水通道。密封胶条在压应力作用下对混凝土表面孔洞的填堵能力与胶条自身材质的硬度相关，硬度较大，在压力作用下，当表面凹坑孔隙填补能力较差，但密封胶条与混凝土界面间有相互连通的凹坑孔隙时，易发生渗漏。而硬度较小的密封胶条在压力作用下变形大，可对孔隙实现较好的填堵。

(2) 胶条的自黏性与互黏性。水密试验表明，自黏性、互黏性较好的胶条，在较低水压下的防水能力，明显好于黏性较差或无黏性的密封胶条。同时具有一定互黏性，便于在拼接缝处胶条就位，胶条不易外翻、错位等，有利于密封防水。

(3) 胶条界面压应力。胶条界面压应力与预应力张拉均匀程度、预应力张拉设计值等因素有关。在弹性范围内，密封胶条界面压应力越大，则密封胶条极限防水能力越高。

(4) 试件构造设计。对预制拼装综合管廊的承插口设计，固定密封胶条的凹槽尺寸设计，包括凹槽深度和宽度。凹槽深度影响密封胶条的耐久性及最大压缩率，密封胶条本身的构造设计，如胶条断面形式、截面开孔与否等，也是影响防水效果的重要因素。

(5) 预制拼装结构制作精度。制作精度是指拼装对接位置的尺寸偏差，对于箱涵主要是承插口位置的尺寸精度，将影响密封胶条的压缩率均匀性，影响胶条界面压应力的均匀性。尺寸偏差会导致局部压缩率达不到设计要求，成为渗漏薄弱点，降低拼接缝水密性能。

(6) 试件制作成品的表面裂缝。浇注方式不同及在制作过程中的震动、局部配筋缺陷等，可能使得试件表面有贯通性微小裂缝，当发生位置为拼装对接表面处时，这些微小裂缝会在水压较大时发生渗漏。故在设计制作中应避免试件浇注面出现贯通裂缝。为了避免微小贯通裂缝对地下结构物的水密性影响，应做好外包防水措施来预防表面贯通裂缝的影响。

综上所述，足尺箱涵水密性试验研究表明，拼接缝内密封胶条界面应力不易测量，而密封胶条压缩率现场实测相对操作性更好。为了达到箱涵拼接缝设计所需防水能力，预应力钢棒张拉设计值应考虑地面摩阻力、密封胶条达到防水设计压缩量所需的有效压应力，以及预应力损失。这几部分累计不能超过预应力钢棒最大张拉控制应力，这对垫层摩擦系数有一定的要求，不能超过最大允许摩擦系数。当箱涵尺寸较大，地面摩擦阻力较大时，要考虑底部拼接缝密封胶条的压缩率会因为摩擦力影响而有一定的降低，可对底部预应力进行适当放大，从而保证胶条压缩率、界面应力达到防水设计要求。

第10章　断层位移作用下装配式管廊响应分析

10.1　引　　言

地质断层一般可分为逆断层、正断层和走滑断层等，是影响地下综合管廊沉降响应的重要作用形式。本章首先介绍了基于 ABAQUS 有限元软件的跨断层装配式综合管廊模型构建过程，主要涉及材料参数选取、接触设置、边界条件设置等内容。在此基础上，对不同断层类型下的装配式综合管廊结构响应的影响因素进行了分析，考察了装配式管廊在正断层和逆断层作用下的响应特征，讨论了断层位移量、管廊埋深和管土间摩擦系数等因素对管廊响应的影响规律，为预制装配式综合管廊跨断层设计和分析提供了技术参考。

10.2　分析模型

10.2.1　基本假设

在进行有限元模拟分析中，一般对模型进行适当简化处理，以期尽可能接近实际工况。综合管廊断层分析中采用的基本假设条件如下：

(1) 为了探讨断层位移作用对装配式管廊响应的影响规律，在计算区域范围内土体为单一均质土，忽略土体分层影响。

(2) 未考虑破碎带影响，活动盘与固定盘土体间采用设置接触面接触属性的方法来模拟二者相互作用。

(3) 将管廊和垫层混凝土结构简化为可恢复的弹性材料，管廊节段间密封胶条简化处理为线弹性材料。

10.2.2　模型尺寸

1. 装配式综合管廊几何尺寸

装配式综合管廊断面形式主要根据施工方法、管廊中管线情况、地下空间分布特点和综合造价等因素进行选择。工程实际中，综合管廊断面有矩形、圆形和椭圆形3种，相关性能对比如表10.1所示。

表 10.1　不同截面形式的管廊性能比较

截面形式	矩形	圆形	椭圆形
施工方法	明挖法	暗挖法	暗挖法
空间利用率	利用率高	利用率较低	利用率低
受力性能	较差	很好	较好
布置管线方便与否	是	否	否

由表 10.1 可见,相较于圆形和椭圆形截面,矩形截面除受力性能相对较差外,其他方面更具有优势。综合各方面因素考虑,目前国内外已建的综合管廊项目基本都为矩形截面。这里首先考察的单舱装配式管廊采用目前较为常用的一种几何尺寸,其断面尺寸为 4.6 m × 3.6 m,单节管廊跨径为 2 m,管廊企口深度为 80 mm,企口角度为 90°,企口位置距管廊内表面 150 mm。在管廊四个腋角处各布置一根预应力钢棒,单根钢棒张拉力为 200 kN。具体尺寸如图 10.1 所示。

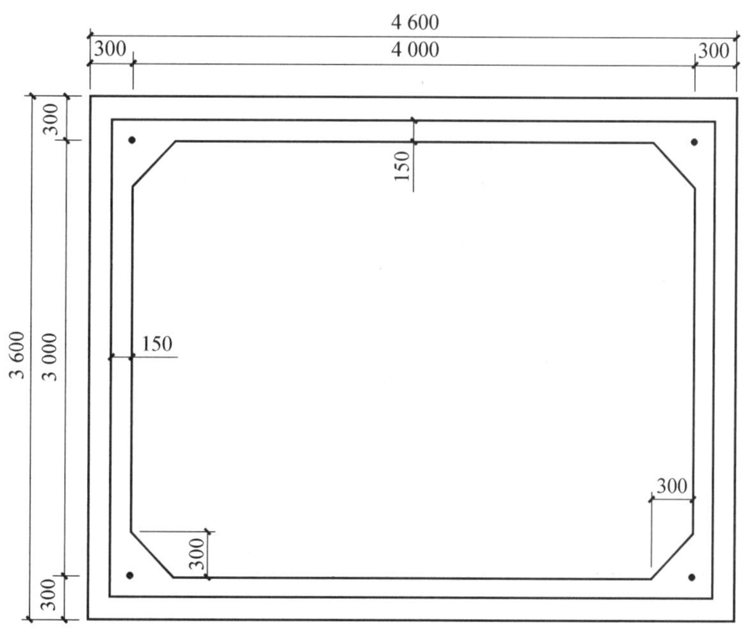

图 10.1　单舱管廊断面尺寸(单位:mm)

2. 土体模型尺寸

土体模型尺寸太大或太小均不能得到良好的模拟结果,要结合实际情况合理选择。在对地下管廊结构进行研究时,土体模型尺寸常按以下规则进行确定:管廊两侧的土体宽度大于等于 3 倍的管廊宽度,管廊下方土体深度大于等于 3 倍的管廊高度。具体如图 10.2 所示。

根据以上原则,土体整体模型横截面尺寸为高 × 宽 = 21 m × 40 m,长度取 100.54 m。左侧土体部件作为固定盘,长度为 50.54 m。右侧土体部件作为活动盘,长度为 50 m,如图 10.3 所示。管廊下方垫层横截面尺寸取高 × 宽 = 0.2 m × 4.6 m,长度取

100.54 m。由于采用50节立式预制装配式管廊，单节管廊跨径2 m，单根预应力钢棒张拉力为200 kN，假设胶条所受应力均匀，则管廊节段间间隙根据预应力大小和密封胶条材料属性计算后设置为11 mm，故纵向长为100.54 m。

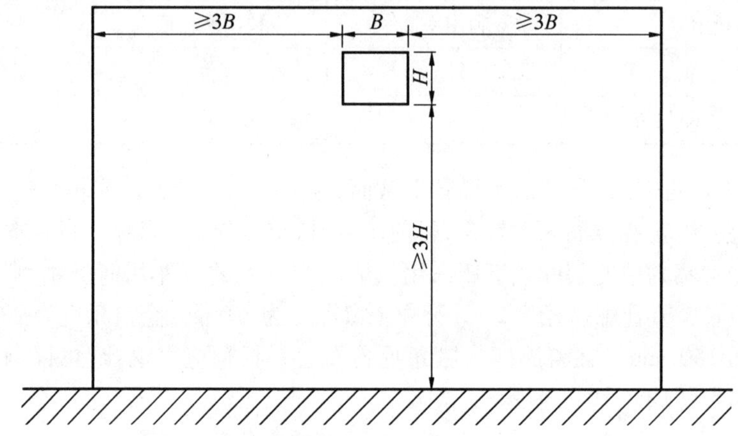

图10.2　模型计算范围确定原则

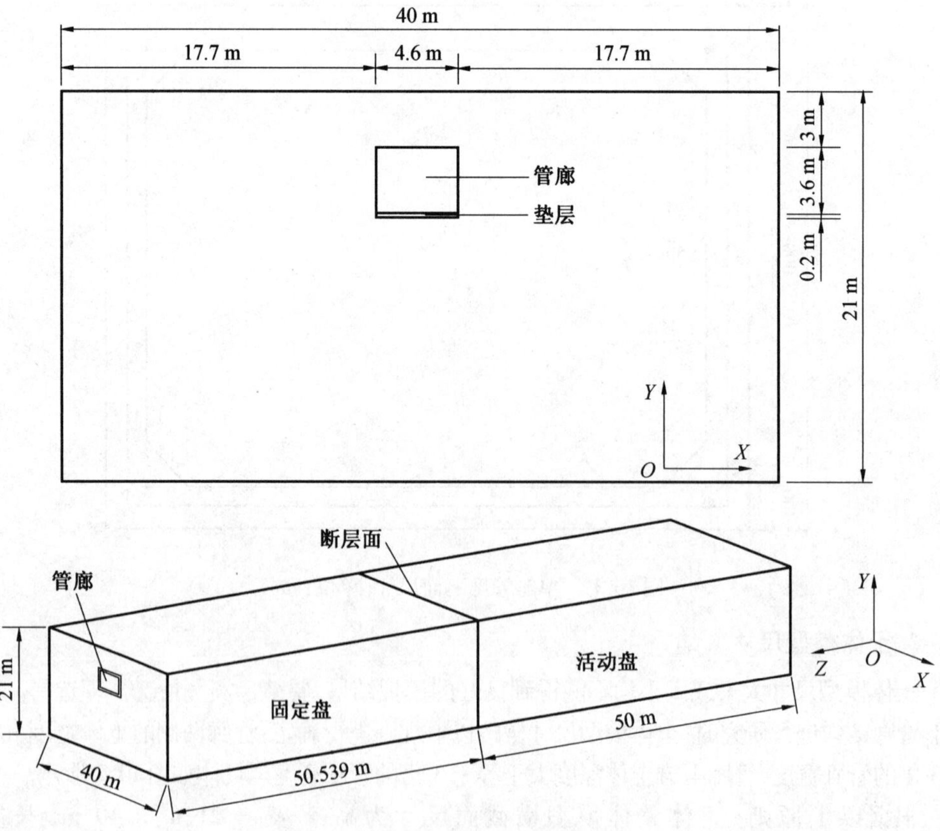

图10.3　模型计算范围示意图

10.2.3　材料模型与基本参数

相比于其他材料，土体材料力学性能较为复杂，通常具有弹塑性、非线性和各向异性等特点。诸多土体本构模型中，Mohr - Coulomb 模型形式简单、参数设置较少，但其参数物理意义明确且较容易取值，计算结果相对准确。土体屈服及破坏过程如图 10.4 所示。

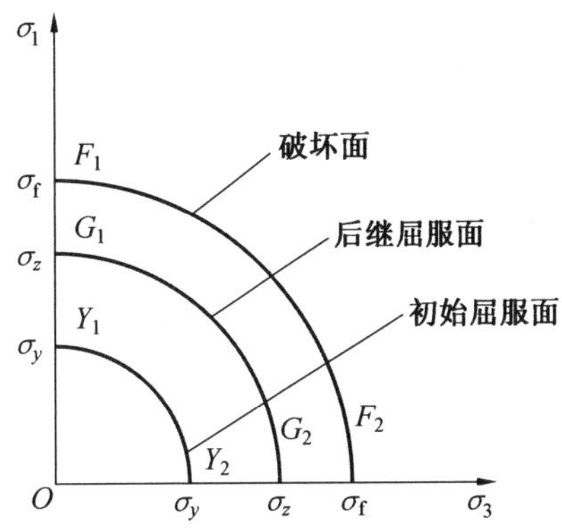

图 10.4　土体屈服及破坏过程示意图

初始屈服条件可由式(10.1)表示，破坏准则与屈服准则仅参数不同。

$$F(\sigma_x,\sigma_y,\sigma_z,\tau_{xy},\tau_{yz},\tau_{xz},k)=0 \tag{10.1}$$

式中　F——屈服函数；

k——反映材料塑性特性的材料常数。

或

$$\begin{cases}F^*(\sigma_1,\sigma_2,\sigma_3,k_f)=0\\F^*(I_1,J_2,J_3,k_f)=0\end{cases} \tag{10.2}$$

式中　k_f——破坏参数。

根据弹塑性理论，I_1、J_2、J_3 可由主应力 σ_1、σ_2、σ_3 表示为

$$I_1=\sigma_1+\sigma_2+\sigma_3 \tag{10.3}$$

第二、三偏应力张量不变量为

$$\begin{cases}J_2=\dfrac{1}{6}[(\sigma_1-\sigma_2)^2+(\sigma_2-\sigma_3)^2+(\sigma_3-\sigma_1)^2]\\J_3=\dfrac{1}{27}(2\sigma_1-\sigma_2-\sigma_3)(2\sigma_2-\sigma_1-\sigma_3)(2\sigma_3-\sigma_1-\sigma_2)\end{cases} \tag{10.4}$$

从图 10.5 可知，Mohr - Coulomb 强度准则可表示为

$$\tau=\tau_f=\sigma\tan\varphi+c \tag{10.5}$$

式中　τ——土中某点剪应力；

τ_f——土体的抗剪强度；

σ——正应力；

c、φ——材料的黏聚力和内摩擦角。

进一步，得到 Mohr - Coulomb 屈服准则的表达式为

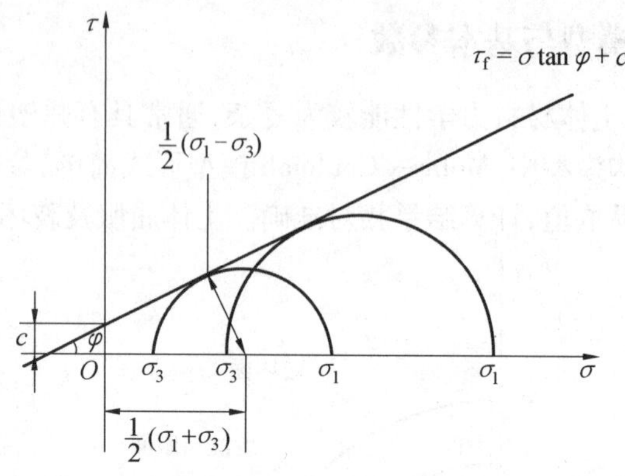

图 10.5　土体某点抗剪强度准则

$$\tau_{\max} = \sigma_m \sin\varphi + c\cos\varphi \tag{10.6}$$

式中　σ_m——平均主应力；

$\tau_{\max}$——最大剪应力。

最终可将 Mohr - Coulomb 准则解析表达为

$$F\left\{\frac{1}{3}I_1\sin\varphi - \left(\cos\theta_\sigma + \frac{\sin\theta_\sigma\sin\varphi}{\sqrt{3}}\right)\sqrt{J_2} + c\cos\varphi\right\} = 0 \tag{10.7}$$

Mohr - Coulomb 模型材料参数如表 10.2 所示。

表 10.2　模型土体的材料参数

类别	密度/(kg · m^{-3})	弹性模量/MPa	泊松比	内摩擦角/(°)	黏聚力/kPa
黏土	1 900	8	0.3	20	20

管廊、垫层等其他结构材料参数如表 10.3 所示。

表 10.3　管廊及附属结构材料参数

名称	型号	密度/(kg · m^{-3})	弹性模量/MPa	泊松比
预制综合管廊	C50 混凝土	2 500	34 500	0.2
垫层	C20 混凝土	2 400	25 500	0.2
预应力钢棒	直径 16 mm	7 800	200 000	0.3

10.2.4　接触面相互作用

混凝土结构与土体之间的耦合作用，使得结构在土体位移作用下产生位移响应变化。由于土体材料与混凝土材料在性能上的差异性，二者接触面会产生非线性接触变形。因此，采用非线性接触方法来模拟结构与土体间相互作用，对断层位移作用下的装配式综合管廊响应分析是必要的。

1. 土体与结构相互作用

为简化计算，土体与结构间作用常采用等效土弹簧来模拟。该方法在精度上虽满足要求,但地基土弹簧系数较难确定。所以,本节采用定义接触面间接触关系的方法来较为真实地反映管廊与土体间的相互作用。

ABAQUS中接触属性由接触面间的法向作用和切向作用共同组成。法向作用基本采用ABAQUS中默认的"硬接触",即只有当两个表面挤压时接触约束才建立,当两个表面分离时则解除相应节点上的接触约束。而切向作用常采用ABAQUS中的库仑摩擦模型,即使用摩擦系数来表示接触面之间的摩擦特性。

这里,对管廊与土体间、垫层与土体间均采用上述设置接触属性的方法来定义相互作用。其中接触属性中法向作用采用硬接触,切向通过罚函数设定摩擦系数来模拟分析管土间的相互作用。

2. 土体间相互作用

土体模型中固定盘和活动盘之间同样采用上述设置方法,设置非线性面－面接触,法向设置硬接触,切向采用罚函数,设定摩擦系数为0.3。

3. 管廊与其他部分的相互作用

管廊与管廊底部垫层、管廊与密封胶条均采用上述设置方法,设置非线性面－面接触,法线方向为硬接触,切向采用罚函数,均设定摩擦系数为0.4;地下综合管廊内置钢筋,采用约束类型中的Embedded region将其嵌入到管廊混凝土结构中,使其共同承受荷载,不考虑钢筋与混凝土之间的黏结滑移。综合管廊与体内预应力钢棒之间相互作用类似,即将预应力钢棒嵌入混凝土构件中。

10.2.5　边界条件和初始地应力平衡

1. 边界条件

由图10.3可见,穿越断层区域的装配式管廊模型中共存在6个平面边界。分析正、逆断层位移作用时,土体模型各平面边界分别设置为:(1)模型上边界不设置任何约束;(2)土体模型左右、前后侧面均只限制法向位移;(3)模型左侧固定盘底面边界对x、y、z 3个方向均设置约束;(4)断层位移作用通过在模型右侧活动盘底面边界施加沿法线方向的位移来实现。

关于管廊和垫层结构两端面边界条件,将管廊和垫层端面约束法向位移与无约束的模拟结果进行对比后发现,除在端部小变形区小范围内存在较小差异外,大变形区两种边界条件计算结果基本相同,说明此时可不考虑管廊和垫层端面边界条件的影响。对管廊和垫层端面约束其法向位移,边界条件如图10.6所示。

2. 初始地应力平衡

地应力是指存在地壳中未受工程扰动的天然应力,包括岩土体和地下结构自重,以及历史上地壳运动残留的应力等。ABAQUS软件中提供了5种平衡初始地应力的方法。通过对5种方法的可行性和平衡结果进行综合考虑,最终采用OBD导入地应力平衡方法,且地应力平衡应先于施加断层位移作用。

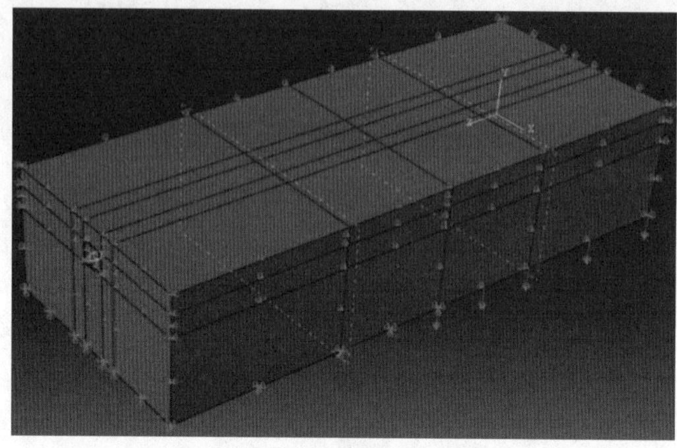

图 10.6 模型边界条件

10.2.6 单元类型和网格划分

ABAQUS 中线性减缩积分单元相较于普通的完全积分单元,前者对位移求解更为准确,且分析精度在网格存在扭曲变形时也不会受到大的影响。对于模型中的装配式管廊、垫层、土体、密封胶条等实体单元,均可采用 8 节点六面体线性减缩积分单元(C3D8R) 进行模拟。

ABAQUS 中桁架单元可用来模拟只能承受拉伸或压缩荷载而不能承受弯矩或垂向荷载的线状结构。对于管廊结构的内置受力钢筋和预应力钢棒,可以采用两节点线性三维空间桁架单元(T3D2) 来模拟。

典型有限元模型网格划分情况如图 10.7 所示,可对管廊周围土体和靠近断层面一定范围内土体进行网格加密以提高计算精度。

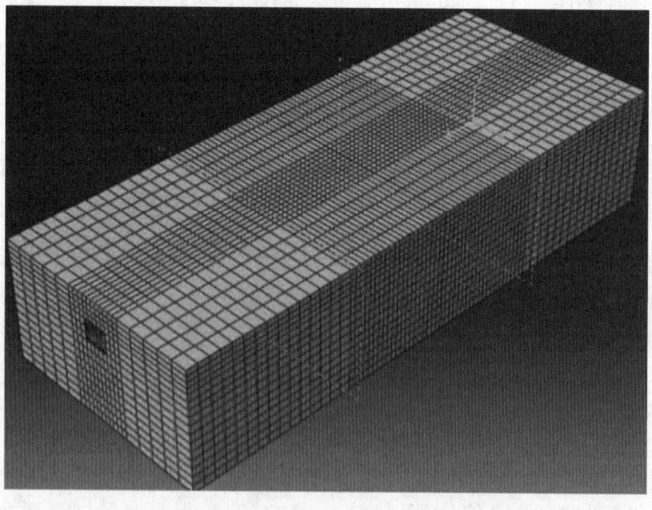

图 10.7 跨断层综合管廊有限元模型网格划分

10.3　正断层位移作用下装配式管廊响应分析

以 10.2 节所述跨断层管廊模型为典型案例,模型左侧为固定盘,右侧为活动盘。下面讨论典型正断层位移场作用下,断层位移量、管廊埋深、管土摩擦系数、管廊穿越断层面角度等因素对管廊响应的影响规律,如表 10.4 所示。

表 10.4　影响因素分析工况表

工况	倾角 /(°)	断层位移量 /m	埋深 /m	管土摩擦系数	管廊穿越角度 /(°)
1	90	0.1/0.2/0.3/0.35/0.4	3	0.7	90
2	90	0.3	3/4/5	0.7	90
3	90	0.3	3	0.3/0.5/0.7/0.9	90
4	90	0.3	3	0.7	45/60/75/90

10.3.1　断层位移量的影响

正断层位移作用下固定盘和活动盘之间的相对运动趋势如图 10.8 所示。不同断层位移量下,装配式综合管廊结构响应存在差异。管廊与断层面在轴向 50.54 m 处相交。下面分析在断层倾角为 90°、埋深为 3 m 的情况下,与断层面正交的装配式管廊在不同断层位移量(0.10 m、0.20 m、0.30 m、0.35 m、0.40 m) 作用下的竖向位移、管廊接口处顶板和底板纵向水平开口位移分布情况。

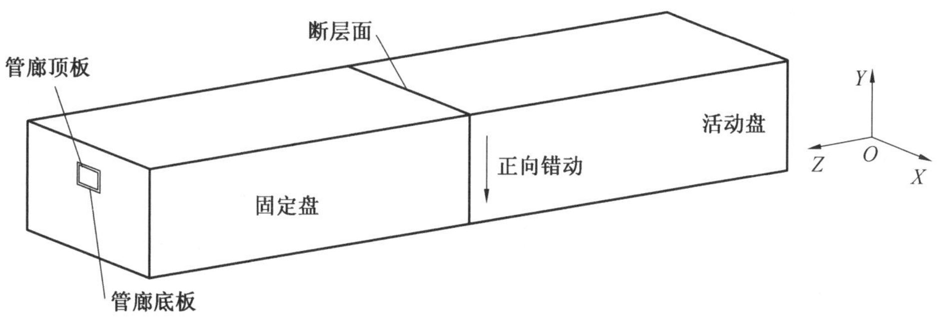

图 10.8　正断层运动示意图

1. 竖向位移分析

将沿断层面竖直向下的 0.10 m、0.20 m、0.30 m、0.35 m、0.40 m 位移量施加于活动盘底面,使活动盘相对于固定盘向下错动,模拟正断层位移作用。断层位移量不同时的管廊竖向位移分布曲线如图 10.9 所示,单节管廊两端竖向位移差分布曲线如图 10.10 所示。

由图 10.9 和图 10.10 可见,当断层位移量增大时,管廊竖向位移随之增大,管廊不均匀沉降程度逐渐增大。越靠近断层面位置,单节管廊两端竖向位移差越大,即管廊差异沉降越大,弯曲变形越明显;距断层面越远的位置,单节管廊两端竖向位移差越小,即远离断层面位置管廊趋于整体沉降,不发生弯曲变形。

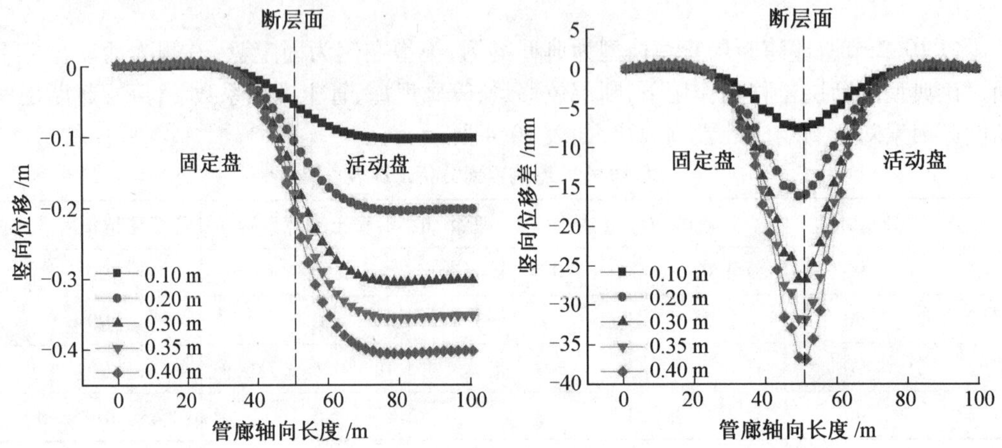

图 10.9 断层位移对竖向位移的影响　　图 10.10 断层位移对两端竖向位移差的影响

随着断层位移量的增加,结构弯曲变形的范围向两侧延伸,即断层运动对管廊的影响范围逐渐增大,但仍主要集中在断层面附近。总体来看,正断层位移作用时,不同断层位移量下活动盘和固定盘中管廊结构整体变形程度大致相同,管廊沿轴向方向的竖向位移分布曲线大致呈"S" 形。

2. 纵向水平开口位移分析

图 10.11(a)、(b) 分别为正断层作用下,不同断层位移量相应的管廊接口处顶板和底板纵向水平开口位移分布曲线。由图可见,管廊接口处顶、底板纵向水平开口位移分布曲线大致关于 *A* 点呈中心对称,其中负值表示管廊节段拼接缝张开量增大,防水能力下降,正值反之。因此,重点分析开口位移为负值的部分。断层面左侧即固定盘位置,不同断层位移量下,管廊接口处顶板纵向水平开口位移均为负值,表示拼接缝防水能力均有所下降;断层位移量为0.10 m、0.20 m时,在距断层面12 m的位置管廊顶板拼接缝张开量达到最大,分别为1.320 mm和2.741 mm;断层位移量为0.30 m、0.35 m、0.40 m时,在距断层面10 m 的位置管廊顶板拼接缝张开量达到最大,依次为 4.011 mm、4.716 mm 和 5.401 mm。断层面右侧即活动盘位置,在断层位移量为0.10 ~ 0.40 m时,管廊底板拼接缝张开量均在距断层面 6 m 的位置达到最大,依次为 0.229 mm、0.805 mm、2.661 mm、3.587 mm、4.367 mm。随着断层位移量的增加,所有位置处管廊拼接缝变形程度逐渐增大。

根据现行国家标准《城市综合管廊工程技术规范》(GB 50838—2015) 对装配式管廊接头拼接缝外缘最大张开量限值 2 mm 规定,从图 10.11(a)、(b) 中可以看出,当断层位移量为 0.10 m 时,管廊顶板和底板拼接缝张开量均未超过限值;当断层位移量为 0.20 m 时,固定盘中距断层面18 ~ 8 m的范围内管廊顶板拼接缝张开量超过限值,管廊底板拼接缝张开量均未超过限值;当断层位移量为 0.30 m 时,固定盘中距断层面 22 ~ 6 m 的范围内管廊顶板拼接缝张开量超过限值,活动盘中距断层面 4 ~ 8 m 的范围内管廊底板拼接缝张开量超过限值；当断层位移量为0.35 m时，固定盘中距断层面22 ~ 4 m的范围内管廊顶板拼接缝张开量超过限值，活动盘中距断层面4 ~ 10 m的范围内管廊底板拼接缝张开量超过限值；当断层位移量为0.40 m时，固定盘中距断层面24 ~ 4 m的范围内管廊顶板拼接缝张开量超过限值，活动盘中距断层面4 ~ 12 m的范围内管廊底板拼接缝张开量超过限值。

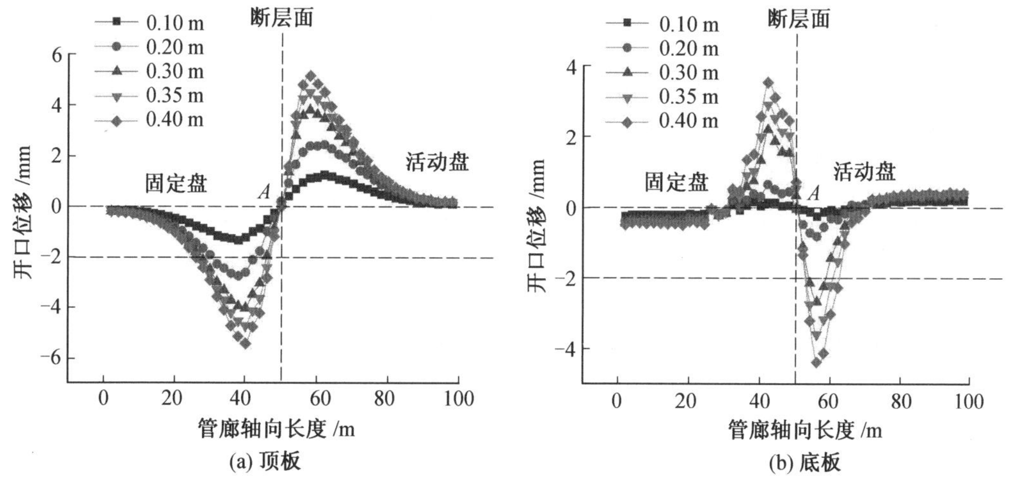

图 10.11　断层位移对管廊接口处顶、底板纵向水平开口位移的影响

图 10.12 为正断层作用下，装配式综合管廊顶板、底板拼接缝最大张开量与断层位移量的关系图。从图中可以看出，装配式综合管廊顶板、底板拼接缝最大张开量与断层位移量基本呈线性关系。随着断层位移量的增大，拼接缝最大张开量不断增大，且管廊顶板拼接缝最大张开量均大于底板。总体来说，在正断层位移作用下，固定盘中预制综合管廊顶板拼接缝在一定范围内防水能力下降明显，活动盘中预制综合管廊底板拼接缝在一定范围内防水能力下降明显。较管廊底板拼接缝而言，管廊顶板拼接缝具有防水能力下降程度大、下降范围广的特点。

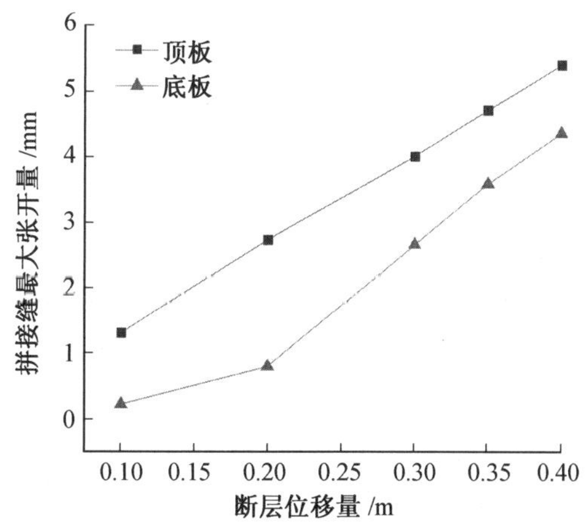

图 10.12　正断层作用下管廊拼接缝最大张开量与断层位移量的关系

10.3.2　管廊埋深的影响

综合管廊埋深一般在2 ~ 5 m的范围内。将90°倾角正断层、0.30 m断层位移量作用下装配式管廊作为研究对象,对其在埋深为3 m、4 m和5 m工况下的响应特点进行分析,考察埋深对管廊响应的影响规律。

1. 竖向位移分析

正断层作用时,不同埋深下管廊沿轴向长度的竖向位移变化情况如图10.13所示,单节管廊两端竖向位移差分布情况如图10.14所示。从图10.14中可看出,越靠近断层面的位置,单节管廊两端竖向位移差越大,即管廊差异沉降越大,弯曲变形越明显;距断层面越远的位置,单节管廊两端竖向位移差越小,即远离断层面位置管廊趋于整体沉降,不发生弯曲变形。随着管廊埋深的增大,固定盘中靠近断层面位置处单节管廊两端竖向位移差逐渐增大,活动盘中靠近断层面位置处单节管廊两端竖向位移差逐渐减小,但总体影响程度很小,不同埋深下最大差距为0.75 mm。总体来看,可在一定程度上认为小范围的埋深变化对装配式管廊在正断层位移作用下的结构整体变形影响很小。

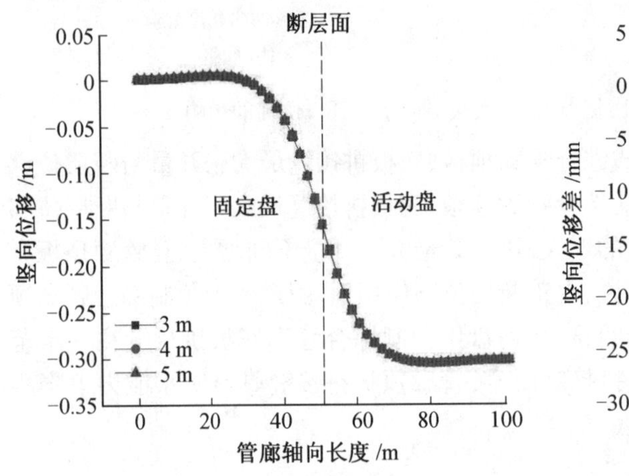

图10.13　埋深对竖向位移的影响

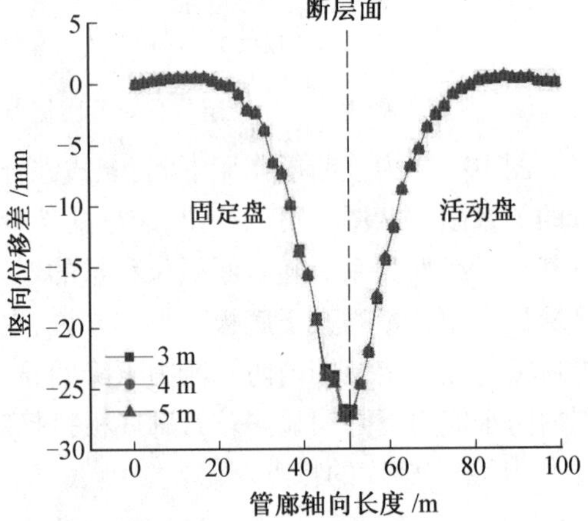

图10.14　埋深对两端竖向位移差的影响

2. 纵向水平开口位移分析

图10.15(a)、(b)分别为正断层作用下,管廊接口处顶、底板在不同埋深时的纵向水平开口位移分布曲线。由图可见,管廊接口处顶、底板纵向水平开口位移大致关于A点呈中心对称,其中负值表示管廊节段间拼接缝张开量增大,防水能力下降,正值反之,故重点分析开口位移为负值的部分。可以看出,埋深变化对预制综合管廊接口处顶、底板纵向水平开口位移影响不大,顶板在不同埋深下的开口位移最大差距为0.283 mm,底板为0.425 mm,对底板拼接缝影响更为明显。固定盘中靠近断层面位置,即距离断层面20 m范围以内,管廊顶板拼接缝张开量随着管廊埋深的增大而增大,3 m、4 m、5 m埋深工况下管廊顶板拼接缝最大张开量分别为4.011 mm、4.154 mm和4.285 mm;固定盘中远离断层面的位置,即距离断层面20 m范围以外,管廊顶板拼接缝张开量随着管廊埋深的增大而

减小。活动盘中,除了靠近断层面最近的两节管廊外,其他位置处管廊底板拼接缝张开量基本随着管廊埋深的增大而减小,3 m、4 m、5 m 埋深情况下管廊接口处底板拼接缝最大张开量分别为2.661 mm、2.641 mm和2.626 mm。分析原因应该是当埋深增大时,管廊上方所受荷载增大,管廊产生的变形增大,与此同时土体对管廊的约束力也增大,限制管廊变形,两种情况共同作用导致这种规律产生。总体来说,小范围埋深变化对装配式综合管廊在正断层位移作用下的拼接缝变形产生些许影响,但影响不大。

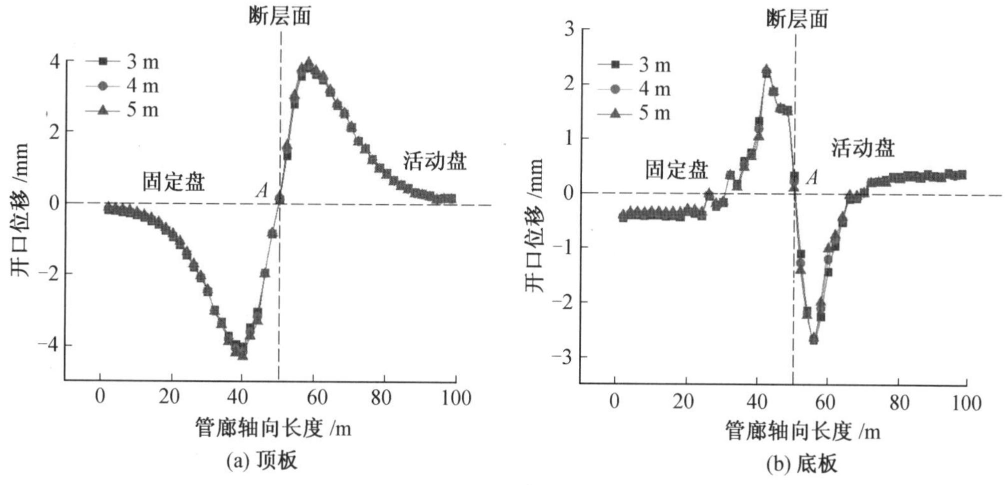

图 10.15　埋深对管廊接口处顶、底板纵向水平开口位移的影响

10.3.3　管土摩擦系数的影响

管土摩擦系数是断层位移能量传递至管廊的重要影响参数,填土类型及管廊外表面处理措施不同均能导致管土摩擦系数发生变化。本节将断层倾角为90°、埋深为3 m、断层位移量为0.30 m的正断层位移作用下装配式管廊作为研究对象,分析其在管土摩擦系数为0.3、0.5、0.7、0.9下的响应情况,总结管土摩擦系数对装配式综合管廊响应的影响规律。

1. 竖向位移分析

正断层作用下,不同管土摩擦系数时管廊沿轴向长度的竖向位移变化情况如图10.16所示,单节管廊两端竖向位移差分布情况如图10.17所示。从图中可以看出,所有位置处管廊竖向位移几乎没有差异,单节管廊两端竖向位移差在不同管土摩擦系数下的最大差距为0.32 mm。可在一定程度上认为,小范围的管土摩擦系数变化对装配式管廊在正断层位移作用下的结构整体变形几乎没有影响。

2. 纵向水平开口位移分析

图10.18(a)、(b) 展示了正断层作用下,管廊接口处顶、底板在不同管土摩擦系数时的纵向水平开口位移分布情况。由图可见,对于靠近断层面的大变形区,管廊接口处顶板纵向水平开口位移大致随着管土摩擦系数的增大而增大,而管廊接口处底板纵向水平开口位移大致随着管土摩擦系数的增大而减小,且底板变化幅度较顶板大。分析认为,由于

靠近断层面的位置管廊与土体非协调变形，土体对管廊结构两侧产生的竖向摩擦力方向与断层位移方向相同，其大小随着管土摩擦系数的增大而增大，从而使管廊弯曲变形增大；当管土摩擦系数增加时，轴向摩擦力随之增大，从而限制管廊轴向变形。两者共同作用导致这种规律产生。总体来说，正断层位移作用下，管土摩擦系数变化对预制综合管廊顶板拼接缝开口位移影响很小，最大差距为 0.105 mm；对底板拼接缝开口位移产生些许影响，但影响不大，最大差距为 0.336 mm。实际工程中可适当增大管土摩擦系数来减小正断层位移作用对装配式管廊拼接缝变形的影响。

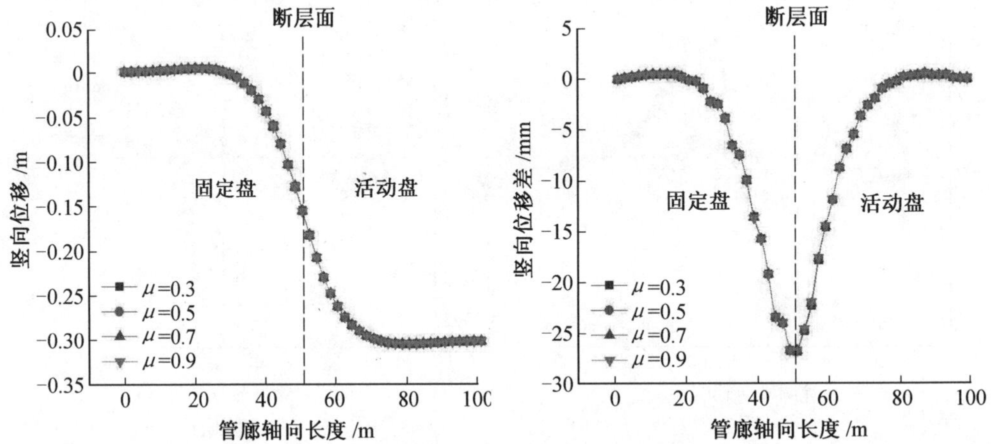

图 10.16　管土摩擦系数对竖向位移的影响　　图 10.17　管土摩擦系数对两端竖向位移差的影响

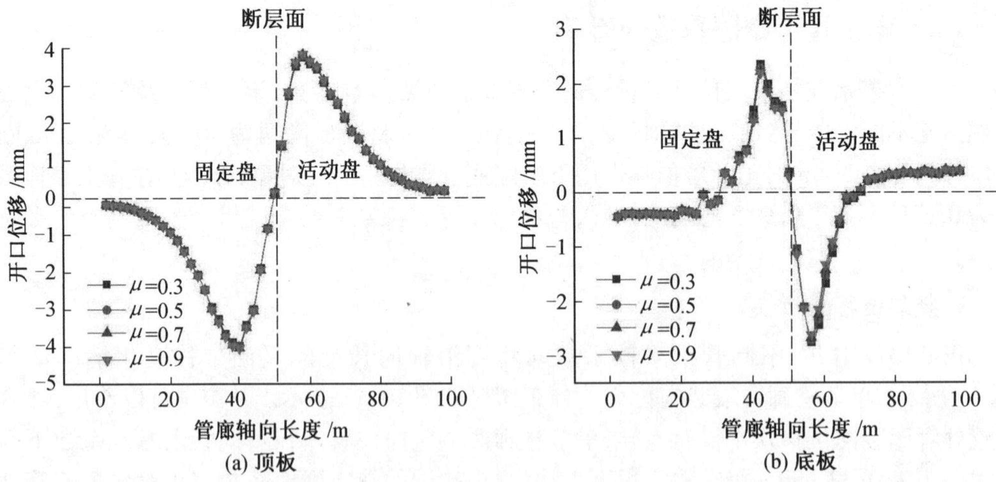

图 10.18　管土摩擦系数对管廊接口处顶、底板纵向水平开口位移的影响

10.3.4　管廊穿越角度的影响

实际工程中，管廊与断层面相交的角度有很多种，而装配式综合管廊的受力变形情况会因角度的不同而有所差别。这里分析装配式综合管廊穿越断层面角度为 45°、60°、75°、90° 时的受力变形规律，主要分析结构竖向位移和综合管廊接口处顶、底板纵向水平开口

位移。建立模型时保证断层面与管廊断面跨中相交于同一位置。管廊与断层面斜交 45°时的模型尺寸如图 10.19 所示。

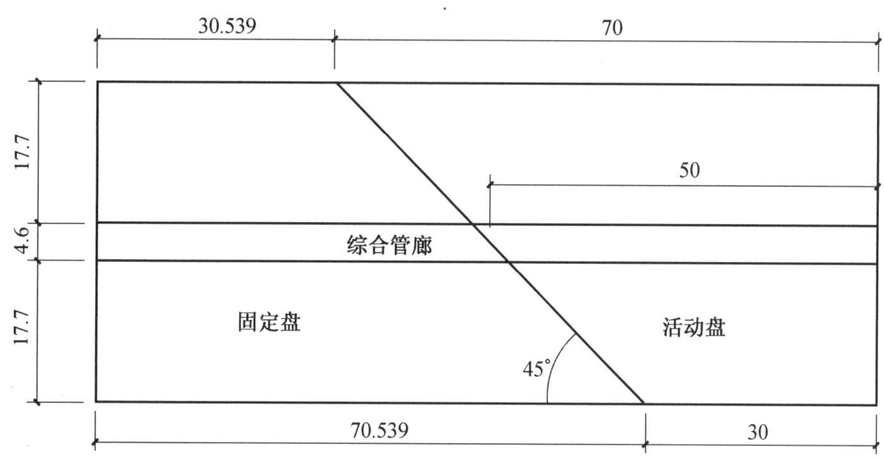

图 10.19　综合管廊 45° 穿越角下土体模型尺寸示意图(单位:m)

1. 竖向位移分析

正断层作用时,不同穿越角度下管廊沿轴向长度的竖向位移变化情况如图 10.20 所示,单节管廊两端竖向位移差分布情况如图 10.21 所示。从图中可以看出,随着管廊穿越角度的增大,断层位移作用对管廊弯曲变形的影响范围逐渐减小,靠近断层面位置单节管廊两端竖向位移差逐渐增大,远离断层面位置单节管廊两端竖向位移差逐渐减小。分析原因认为,穿越角度为 90° 时管廊与断层面正交,穿越角度越大越接近于正交,断层错动对管廊的扭转作用就越小,故断层位移作用对管廊弯曲变形的影响范围越小,从而远离断层面位置管廊竖向位移变化率越小。由于断层位移量是一定的,影响范围越小导致靠近断层面位置处管廊竖向位移变化率越大。

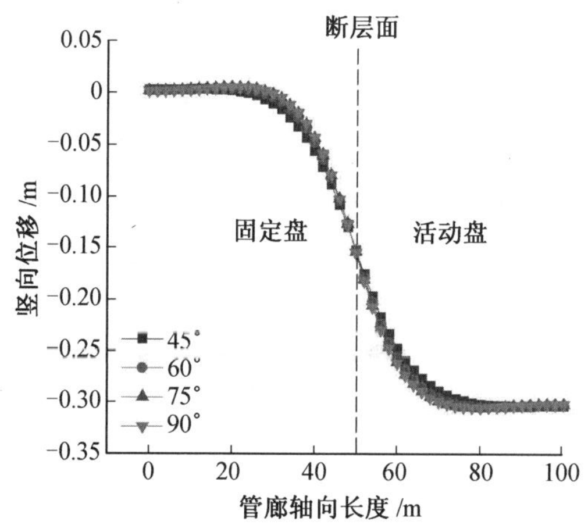

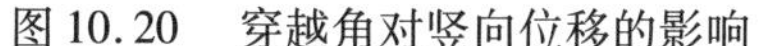
图 10.20　穿越角对竖向位移的影响

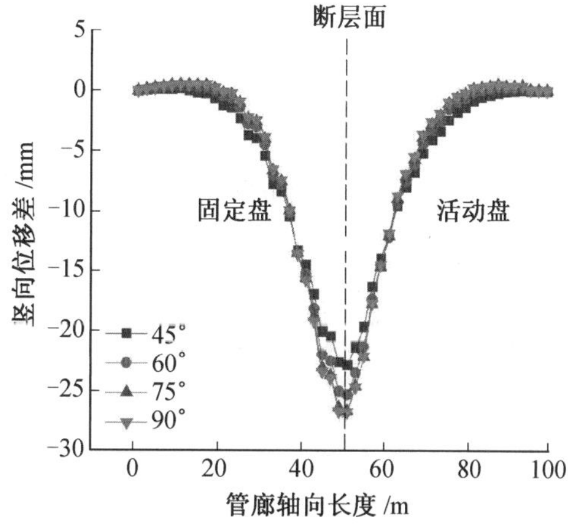

图 10.21　穿越角对两端竖向位移差的影响

2. 纵向水平开口位移分析

图 10.22(a)、(b) 展示了正断层作用下,管廊接口处顶、底板在不同穿越角度下的纵向水平开口位移分布情况。由图可见,对于管廊接口处顶板,其开口位移在轴向位置 28 ~74 m 内随着穿越角度的增大而增大,其他位置开口位移随着穿越角度的增大而减小;对于管廊接口处底板,其开口位移在固定盘和活动盘两端部 10 m 范围内随着穿越角度的增大而减小,其他位置开口位移大致随着穿越角度的增大而增大。管廊接口处顶板在不同穿越角度下开口位移最大差距为 1.15 mm,而管廊接口处底板在不同穿越角度下开口位移最大差距为 0.84 mm。相同轴向位置处,穿越角度越接近 90° 时,顶板和底板在不同穿越角度下开口位移差距均越小。

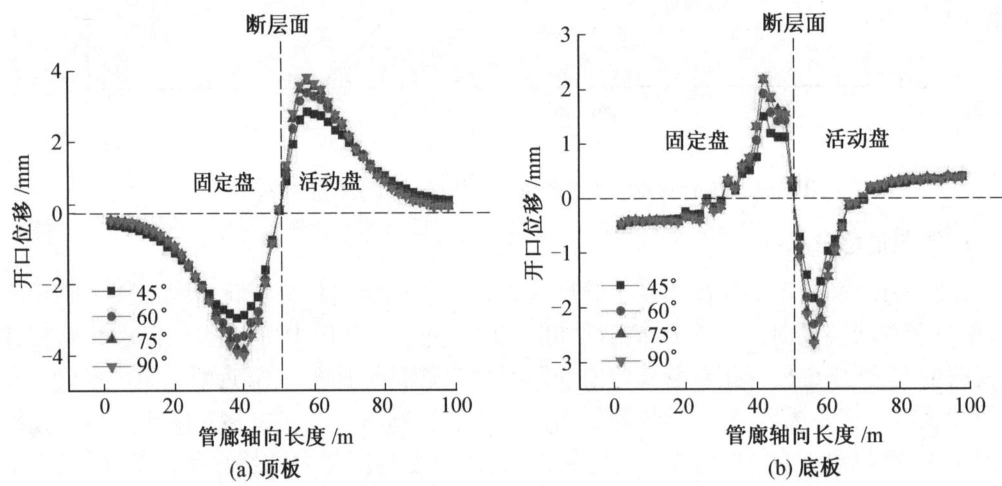

图 10.22 穿越角对管廊接口处顶、底板纵向水平开口位移的影响

10.4 逆断层位移作用下装配式管廊响应分析

以 10.2 节建立的跨断层装配式综合管廊模型为基础,模型左侧为固定盘,右侧为活动盘,活动盘相对于固定盘抬升挤压。分析逆断层位移作用下,断层位移量、管廊埋深、管土摩擦系数、管廊穿越角度这 4 类因素对综合管廊响应的影响规律,其中影响因素分析的情况如表 10.5 所示。

表 10.5 影响因素分析的情况

工况	倾角 /(°)	断层位移量 /m	埋深 /m	管土摩擦系数	管廊穿越角度 /(°)
1	90	0.1/0.2/0.3/0.35	3	0.7	90
2	90	0.3	2/3/4/5	0.7	90
3	90	0.3	3	0.3/0.5/0.7/0.9	90
4	90	0.3	3	0.7	45/60/75/90

10.4.1　断层位移量的影响

逆断层位移作用下的活动盘与固定盘之间的相对运动趋势如图 10.23 所示。装配式综合管廊的响应因断层位移量的不同而存在差异。管廊与断层面相交位置为轴向 50.539 m 处。以下探讨在断层倾角为 90°、埋深为 3 m 的情况下,不同位移量(0.10 m、0.20 m、0.30 m、0.35 m) 作用下管廊竖向位移、管廊接口处顶板和底板纵向水平开口位移的分布情况。

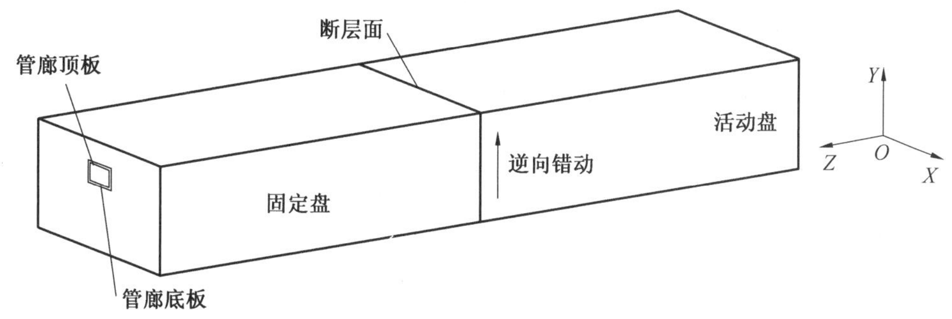

图 10.23　逆断层运动示意图

1. 竖向位移分析

将 0.10 m、0.20 m、0.30 m、0.35 m 竖直向上的位移量分别施加于活动盘底面,使活动盘相对于固定盘向上运动,模拟逆断层位移作用。断层位移量不同时的装配式管廊竖向位移分布曲线如图 10.24 所示,单节管廊两端竖向位移差分布曲线如图 10.25 所示。

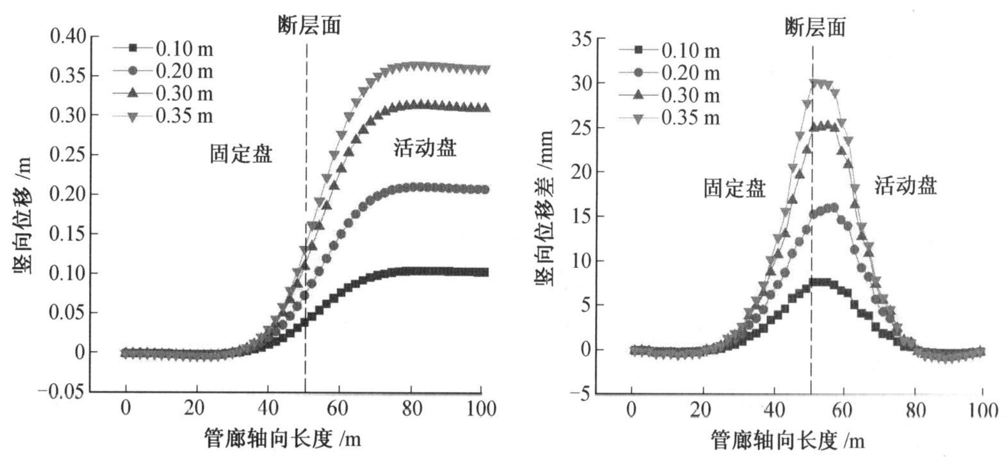

图 10.24　断层位移对竖向位移的影响　　图 10.25　断层位移对两端竖向位移差的影响

由图 10.24 和图 10.25 可见,当断层位移量增大时,管廊的竖向位移随之增大,表示管廊的不均匀沉降程度逐渐增大。越靠近断层面的位置,单节管廊两端竖向位移差越大,即管廊差异沉降越大,弯曲变形越明显;距断层面越远的位置,单节管廊两端竖向位移差越小,即远离断层面位置管廊趋于整体沉降,不发生弯曲变形。随着断层位移量的增加,结构弯曲变形的范围也随之增大,即逆断层位移作用对结构变形的影响范围增大。断层面两侧的管廊变形并非呈对称或反对称分布。以断层位移量0.35 m为例,断层面位置处管廊竖向位移为0.137 m,活动盘中管廊弯曲变形比固定盘更为明显。

2. 纵向水平开口位移分析

图10.26(a)、(b) 为逆断层作用时,不同断层位移量下管廊接口处顶、底板纵向水平开口位移分布曲线。由图10.26了解到,管廊接口处顶板和底板纵向水平开口位移均随着断层位移量的增大而逐渐增大。其中负值表示管廊节段拼接缝张开量增大,防水能力下降,正值反之,分析开口位移为负值的部分。断层面左侧即固定盘位置,在距离断层面6 m的位置处断层位移量为0.10 m、0.20 m、0.30 m、0.35 m,管廊底板拼接缝张开量达到最大值,依次为0.300 mm、0.631 mm、2.006 mm、3.017 mm;断层面右侧即活动盘位置,在距离断层面14 m的位置处断层位移量为0.10 m、0.20 m、0.30 m、0.35 m,管廊顶板拼接缝张开量达到最大,依次为1.343 mm、2.877 mm、4.465 mm、5.133 mm。随着断层位移量的增加,所有位置处管廊拼接缝变形程度逐渐增大。

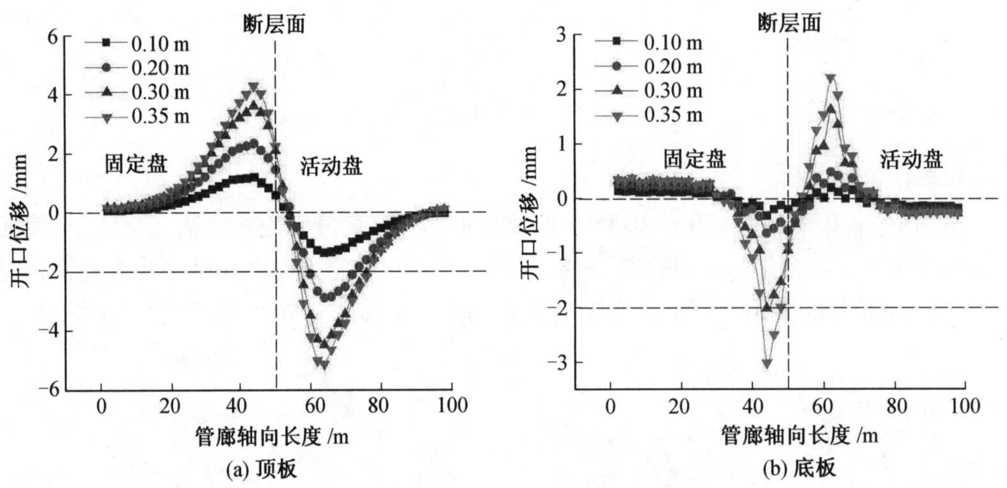

图10.26 断层位移对管廊接口处顶、底板纵向水平开口位移的影响

根据《城市综合管廊工程技术规范》(GB 50838—2015) 对预制管廊接头拼接缝外缘最大张开量2 mm的限值规定,由图10.26(a)、(b) 可知,当断层位移量为0.10 m时,管廊顶板和底板拼接缝张开量均未超过限值;当断层位移量为0.20 m时,活动盘中距断层面10 ~22 m的范围内管廊顶板拼接缝张开量超过限值,管廊底板拼接缝张开量均未超过限值;当断层位移量为0.30 m时,活动盘中距断层面8 ~ 26 m的范围内管廊顶板拼接缝张开量超过限值,固定盘中仅在底板拼接缝张开量最大值处达到限值;当断层位移量为0.35 m时,活动盘中距断层面8 ~ 26 m的范围内管廊顶板拼接缝张开量超过限值,固定盘中在距断层面4 m、6 m位置处管廊底板拼接缝张开量超过限值。

图10.27 为正断层和逆断层作用下,预制综合管廊顶板、底板拼接缝最大张开量与断层位移量的关系图。由图可见,不论是正断层还是逆断层作用,随着断层位移量的增大,管廊拼接缝最大张开量不断增大,且管廊顶板拼接缝最大张开量均大于底板。对于管廊

顶板拼接缝,逆断层作用下的最大张开量均大于正断层作用下的;对于管廊底板拼接缝,除断层位移量 0.10 m 外,正断层作用下的最大张开量均大于逆断层作用下的。总体来说,在逆断层作用下,活动盘中装配式综合管廊顶板拼接缝在一定范围内防水能力下降明显,固定盘中装配式综合管廊底板拼接缝在一定范围内防水能力下降明显。较管廊底板拼接缝而言,管廊顶板拼接缝具有防水能力下降程度大、下降范围广的特点。

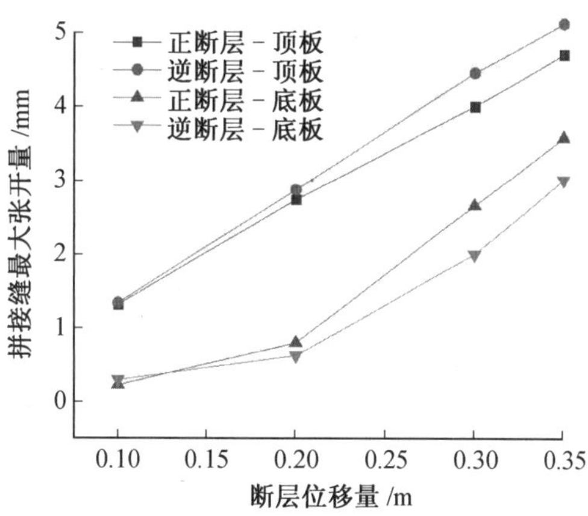

图 10.27　正(逆)断层作用下拼接缝最大张开量与断层位移量的关系

10.4.2　管廊埋深的影响

将 90° 倾角逆断层、0.3 m 断层位移量作用下装配式管廊作为研究对象,对其在埋深 2 m、3 m、4 m 和 5 m 工况下的响应情况进行分析,就埋深对逆断层作用下装配式管廊响应的影响规律进行总结。

1. 竖向位移分析

逆断层作用时,不同埋深下综合管廊沿轴向长度的竖向位移变化情况如图 10.28 所示,单节管廊两端竖向位移差分布情况如图 10.29 所示。由图 10.29 可见,越靠近断层面的位置,单节管廊两端竖向位移差越大,即管廊差异沉降越大,弯曲变形越明显;距断层面越远的位置,单节管廊两端竖向位移差越小,即远离断层面位置管廊趋于整体沉降,不发生弯曲变形。随着管廊埋深的增大,固定盘中靠近断层面位置处单节管廊两端竖向位移差逐渐增大,活动盘中从断层面位置出发,单节管廊两端竖向位移差先增大后减小,但总体影响程度不大,最大差距为 1.39 mm。因此,可在一定程度上认为小范围的埋深变化对装配式管廊在逆断层作用下的结构整体变形影响不大。

2. 纵向水平开口位移分析

图 10.30(a)、(b) 为逆断层作用下,不同埋深时管廊接口处顶、底板纵向水平开口位移分布曲线。由图可见,对于靠近断层面的大变形区,管廊接口处顶板纵向水平开口位移大致随着埋深的增大而增大,2 m、3 m、4 m、5 m 埋深工况下管廊顶板拼接缝最大张开量分别为 4.261 mm、4.465 mm、4.538 mm 和 4.632 mm;管廊接口处底板纵向水平开口位移大致随着埋深的增大而减小,2 m、3 m、4 m、5 m 埋深工况下管廊底板拼接缝最大张开量

分别为2.153 mm、2.006 mm、2.004 mm和1.975 mm。分析原因应该是当埋深增大时，管廊上方所受荷载增大，管廊产生的变形增大，与此同时土体对管廊的约束力也增大，限制管廊变形，两种情况共同作用导致这种规律产生。不同埋深情况下，所有位置管廊接口处顶板开口位移最大差距为0.817 mm，管廊接口处底板开口位移最大差距为0.524 mm。相较正断层作用而言，逆断层作用下，埋深变化对管廊拼接缝变形的影响更大。

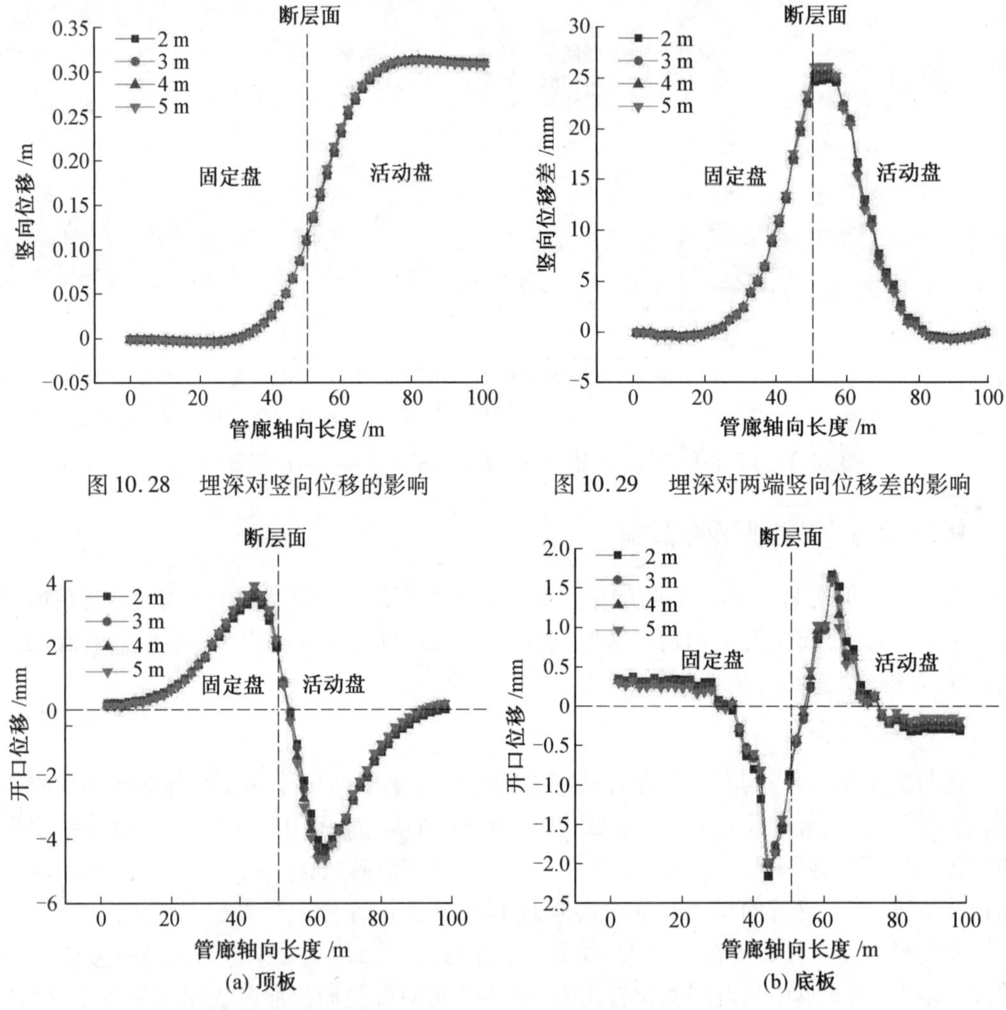

图 10.28 埋深对竖向位移的影响

图 10.29 埋深对两端竖向位移差的影响

图 10.30 埋深对接口处顶、底板纵向水平开口位移的影响

10.4.3 管土摩擦系数的影响

管土摩擦系数是断层位移能量传递至管廊的重要影响参数，土壤类型及管廊外表面处理措施不同均会导致管土摩擦系数发生变化。本节将断层倾角为90°、埋深为3 m、断层位移量为0.3 m的逆断层作用下装配式管廊作为研究对象，分析其在管土摩擦系数为0.3、0.5、0.7、0.9下的响应情况，总结管土摩擦系数对装配式综合管廊响应的影响规律。

1. 竖向位移分析

逆断层作用时，不同管土摩擦系数下管廊沿轴向长度的竖向位移变化情况如图 10.31 所示，单节管廊两端竖向位移差分布情况如图 10.32 所示。可以看出，所有位置处管廊竖向位移几乎没有差异，单节管廊两端竖向位移差在不同管土摩擦系数下的最大差距为 0.16 mm。可在一定程度上认为，小范围的管土摩擦系数变化对装配式管廊在逆断层作用下的结构整体变形几乎没有影响。

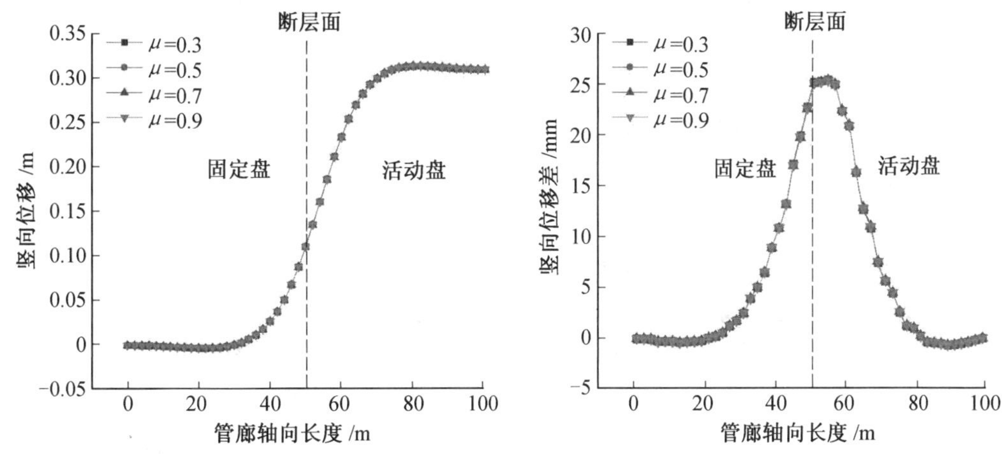

图 10.31　管土摩擦系数对竖向位移的影响　　图 10.32　管土摩擦系数对两端竖向位移差的影响

2. 纵向水平开口位移分析

图 10.33(a)、(b) 给出了逆断层作用下，管廊接口处顶、底板在不同管土摩擦系数时的纵向水平开口位移分布情况。由图可见，对于靠近断层面的大变形区，管廊接口处顶板纵向水平开口位移大致随着管土摩擦系数的增大而增大，而管廊接口处底板纵向水平开口位移大致随着管土摩擦系数的增大而减小，底板变化幅度较顶板大。分析原因，与正断

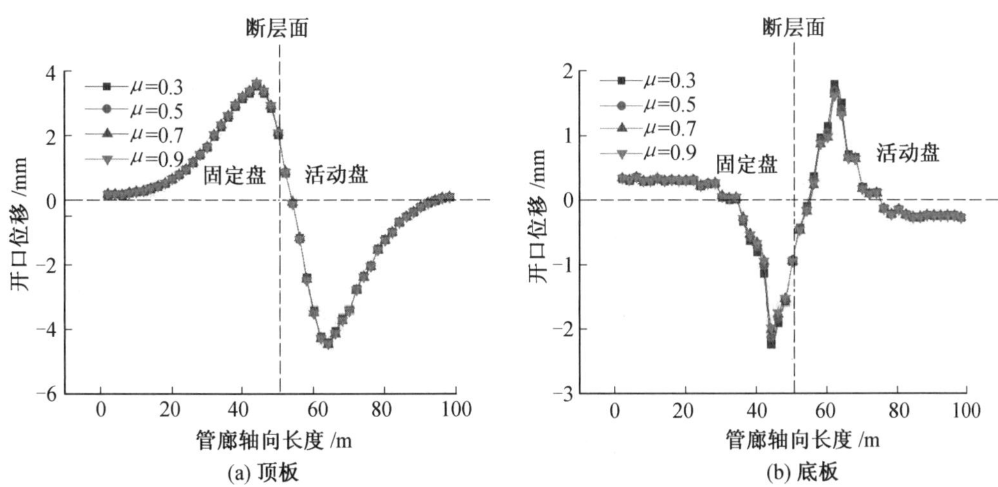

图 10.33　管土摩擦系数对接口处顶、底板纵向水平开口位移的影响

层作用下相同。不同管土摩擦系数情况下,所有位置管廊接口处顶板开口位移最大差距为0.083 mm,管廊接口处底板开口位移最大差距为0.249 mm,说明管土摩擦系数在逆断层位移作用下对管廊拼接缝变形的影响很小。相较正断层作用而言,逆断层作用下,管土摩擦系数变化对管廊拼接缝变形的影响更小。

10.4.4　管廊穿越角度的影响

实际工程中管廊与断层面相交的角度有很多种,而装配式综合管廊的受力变形会因角度的不同而有所差别。本节分析逆断层作用下,综合管廊穿越断层面角度为45°、60°、75°、90°时的受力变形规律,主要分析结构竖向位移和综合管廊接口处顶、底板纵向水平开口位移。建立模型时保证断层面与管廊断面跨中相交于同一位置,模型尺寸与正断层作用下相同。

1. 竖向位移分析

逆断层作用时,不同管廊穿越角度下管廊沿轴向长度的竖向位移变化情况如图10.34所示,单节管廊两端竖向位移差分布情况如图10.35所示。从图中可以看出,随着管廊穿越角度的增大,断层位移作用对管廊弯曲变形的影响范围逐渐减小,靠近断层面位置单节管廊两端竖向位移差逐渐增大,远离断层面位置单节管廊两端竖向位移差逐渐减小。分析原因认为,穿越角度为90°时管廊与断层面正交,穿越角度越大越接近于正交,断层错动对管廊的扭转作用就越小,故断层对管廊竖向位移的影响范围越小,从而远离断层面位置管廊竖向位移差越小。由于断层位移量是一定的,影响范围越小导致靠近断层面位置处管廊竖向位移变化率越大。

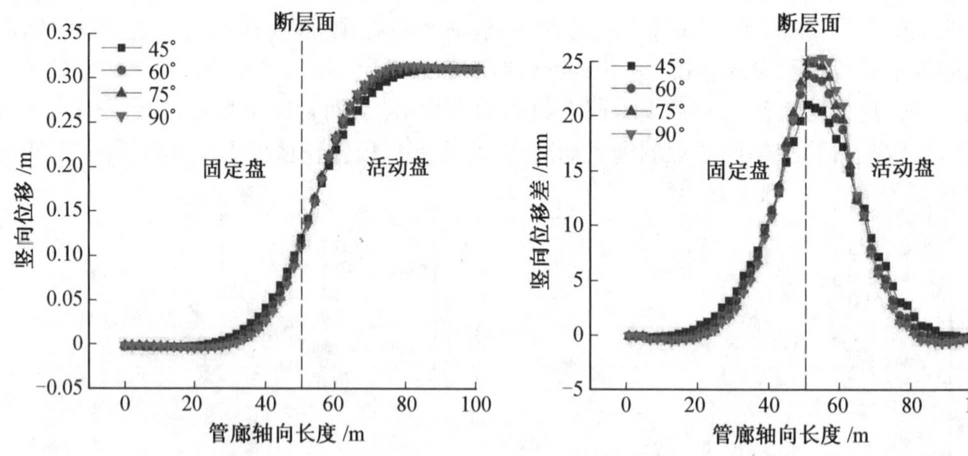

图10.34　穿越角度对竖向位移的影响　　图10.35　穿越角度对两端竖向位移差的影响

2. 纵向水平开口位移分析

图10.36(a)、(b)给出了逆断层作用下,管廊接口处顶、底板在不同穿越角度下的纵向水平开口位移分布情况。由图可见,对于管廊接口处顶板,其开口位移在轴向位置34 ~76 m内大致随着穿越角度的增大而增大,其他位置开口位移大致随着穿越角度的增大而减小;对于管廊接口处底板,在靠近断层面的大变形区其开口位移大致随着穿越角度

的增大而增大。管廊接口处顶板在不同穿越角度下开口位移最大差距为 1.80 mm，而管廊接口处底板在不同穿越角度下开口位移最大差距为 0.99 mm。相同轴向位置处，穿越角度越接近 90° 时，顶板和底板在不同穿越角度下开口位移差距均越小。相较正断层作用而言，逆断层作用下，管廊穿越角度变化对管廊拼接缝变形影响更大。

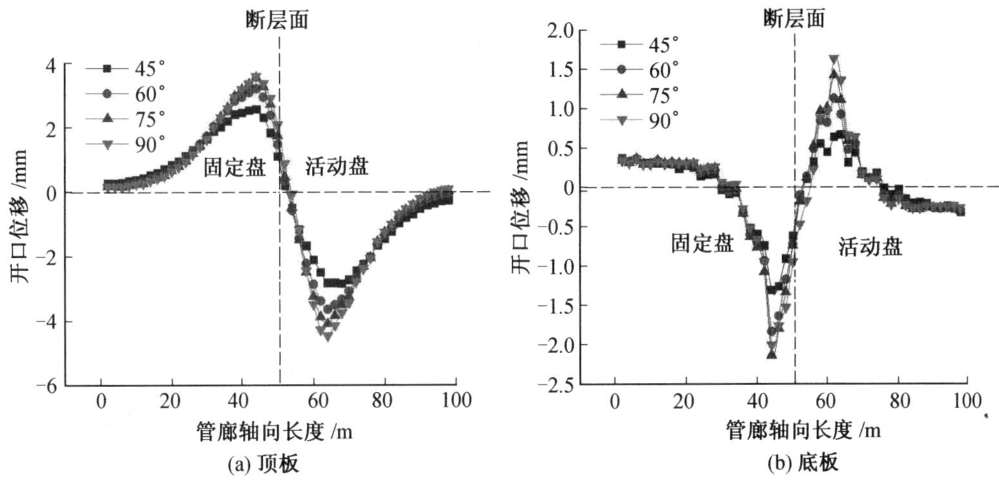

图 10.36　穿越角度对管廊接口处顶、底板纵向水平开口位移的影响

综上所述，在正、逆断层位移作用下，装配式管廊在 4 种影响因素下的响应规律分别为：

(1) 在正断层和逆断层位移作用下，当断层位移量增大时，管廊结构整体弯曲变形程度与变形范围随之增大。越靠近断层面的位置管廊弯曲变形越明显，远离断层面的位置管廊趋于整体沉降。正断层位移作用下的管廊在活动盘和固定盘中弯曲变形程度基本相同，而逆断层位移作用下的管廊在活动盘中弯曲变形更明显。

(2) 在正断层和逆断层位移作用下，当断层位移量增大时，管廊接口处底板和顶板纵向水平开口位移随之增大。对于正断层位移作用，管廊顶板拼接缝在固定盘中防水能力下降明显，底板拼接缝在活动盘中防水能力下降明显；对于逆断层位移作用，管廊顶板拼接缝在活动盘中防水能力下降明显，底板拼接缝在固定盘中防水能力下降明显。正、逆断层位移作用下，不同断层位移量时的管廊顶板拼接缝防水能力均较底板拼接缝防水能力下降程度大、下降范围广。不同断层位移量下，对于顶板拼接缝而言，管廊在逆断层作用下的最大张开量均大于正断层作用下的，而管廊在逆断层作用下的底板拼接缝最大张开量基本均小于正断层作用下的。

(3) 在正、逆断层相同位移量作用下，小范围埋深变化对装配式管廊的结构整体变形影响很小。靠近断层面的位置，管廊顶板拼接缝张开量大致随着埋深的增大而增大，而底板拼接缝张开量大致随着埋深的增大而减小，但总体影响不大。相较于正断层作用，埋深变化对逆断层作用下管廊拼接缝变形的影响更大。

(4) 在正、逆断层相同位移量作用下，小范围管土摩擦系数变化对装配式管廊的结构整体变形几乎没有影响。靠近断层面位置，管廊顶板拼接缝张开量大致随着管土摩擦系数的增大而增大，而底板拼接缝张开量大致随着管土摩擦系数的增大而减小，管土摩擦系数变化对底板拼接缝的影响更大，但总体影响很小。相较于正断层作用，管土摩擦系数变化在逆断层作用下对管廊拼接缝变形的影响更小。

(5) 在正、逆断层相同位移量作用下，随着管廊穿越断层面角度的增大，断层位移作用对管廊结构整体变形的影响范围逐渐减小，靠近断层面位置管廊竖向位移变化率逐渐增大，远离断层面位置管廊竖向位移变化率逐渐减小。随着管廊穿越角度的增大，管廊顶板和底板拼接缝张开量均在靠近断层面位置逐渐增大，远离断层面位置逐渐减小。相同位置处，穿越角度越接近 90°，不同角度下的管廊结构整体变形和拼接缝变形程度差距越小。相较于正断层作用，管廊穿越角度变化在逆断层作用下对管廊拼接缝变形的影响更大。

第 11 章　土体沉陷作用下装配式管廊响应分析

11.1　引　　言

对于正断层而言，当断层倾角为 90° 时，活动盘土体发生垂直向下的整体位移，其土体位移形式与以采空沉陷、黄土湿陷等为典型代表的地质灾害发生时的土体位移形式相同。但对于黄土湿陷等地质灾害，存在土体沉陷区长度 L。当沉陷区长度 $L \leqslant L_{max}$ 时，L_{max} 称为临界沉陷区长度，在一定的沉陷位移 δ 作用下，管廊两侧的变形在沉陷区内产生耦合，不能等效为两个正断层。随着沉陷位移 δ 的增大，依次经历以下 3 个阶段：(a) 当 $\delta \leqslant \delta_1$ 时，管廊底部与土体保持紧密贴合，不发生管土分离现象，称为管土协同变形阶段；(b) 当 $\delta_1 \leqslant \delta \leqslant \delta_{max}$ 时，沉陷区中部管廊底部与土体保持紧密贴合，两端管廊与土体分离，造成端部一定范围内管廊悬空，悬空范围随着 δ 的增大而增大，称为局部暗悬空阶段；(c) 当 $\delta \geqslant \delta_{max}$ 时，沉陷区内管廊底部与土体完全分离，称为完全暗悬空阶段。不考虑管廊上方土体发生剪切破坏从而塌陷至管廊下方的情况，则此后沉陷位移 δ 的变化对管廊的受力性能几乎没有影响，将 δ_{max} 称为极限沉陷位移。3 个阶段的示意图如图 11.1 所

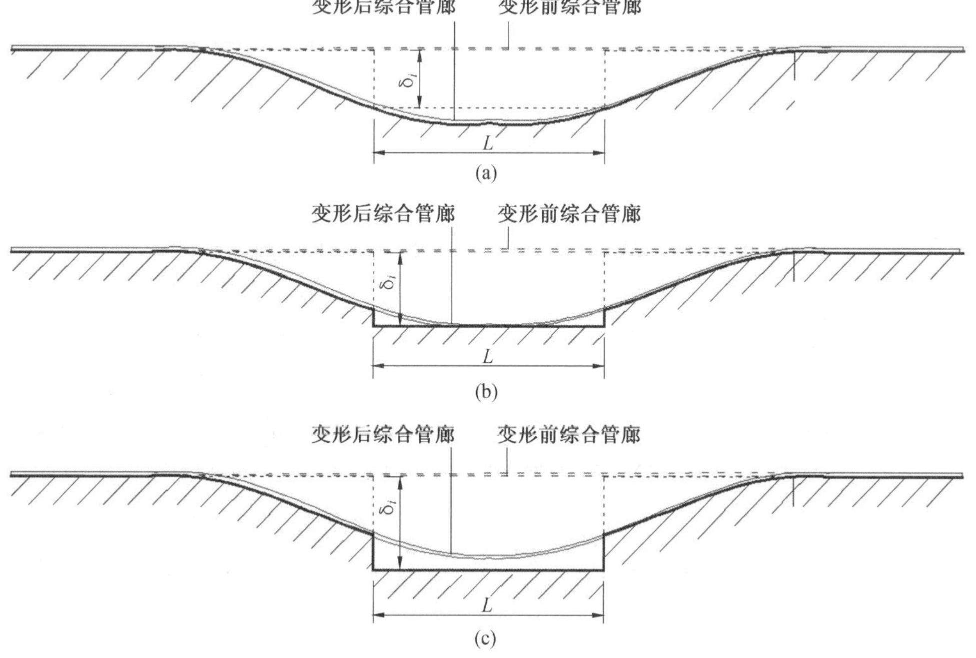

图 11.1　综合管廊在土体整体下沉作用下变形示意图

示，具体是由管廊在荷载作用下产生的挠度和管廊下方地基土的下沉量两者大小情况决定所处阶段。当沉陷区长度 L 足够大，即 $L \geqslant L_{max}$ 时，在给定的沉陷位移 δ 作用下，不会到达完全暗悬空阶段，管廊在沉陷区内变形不存在叠加，黄土湿陷等地质灾害可等效为两个正断层，如图 11.2 所示。本章主要研究土体整体下沉作用下预制装配式管廊的响应规律，并对相关影响因素进行参数分析。

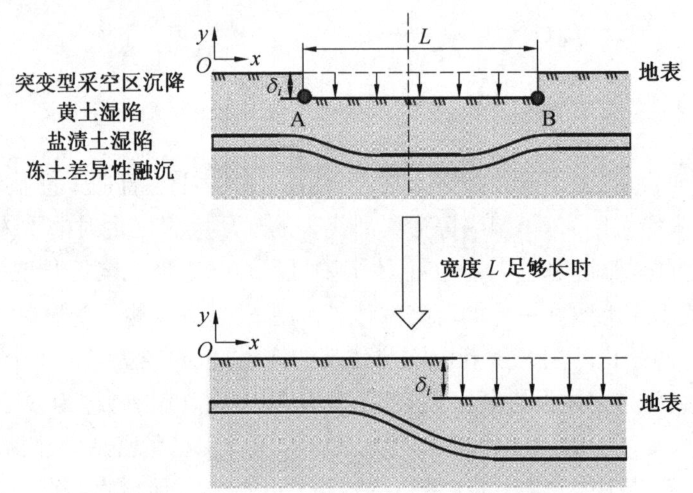

图 11.2　断层及其他突变荷载 - 位移示意图

11.2　土体沉陷作用下装配式管廊数值模拟分析

11.2.1　数值模型

利用 ABAQUS 有限元软件建立土体整体下沉作用下的装配式综合管廊 - 土体三维实体模型，如图 11.3 所示。设定土体整体尺寸为长 × 宽 × 高 = 120.649 m × 40 m × 21 m，管廊整体共为 60 节立式预制单舱矩形管廊，单节尺寸长 × 宽 × 高 = 2 m × 4.6 m × 3.6 m，具体尺寸如图 11.3 所示。单根预应力钢棒的张拉力为 200 kN，管廊节段间隙为 11 mm，初始埋深为 3 m，土壤类型为黏土，土体材料参数如 11.3.2 节表 11.2 所示。模型上表面不设置约束；非沉陷区 3 个侧面只约束法线方向位移，底面限制 3 个方向的位移；沉陷区左右侧面只约束法线方向位移，对土体边界底面施加一定的位移量，用来模拟土体整体下沉作用。沉陷区与非沉陷区土体之间相互作用通过设置两者面 - 面非线性接触方法来模拟。接触面法向设置为硬接触，切向由于不考虑沉陷区土体位移对非沉陷区土体的影响，即非沉陷区土体的变形仅由管廊结构变形导致，故设置为无摩擦。对于其他设置，如初始地应力平衡、单元类型、材料参数、管 - 土相互作用等均与前述一致。

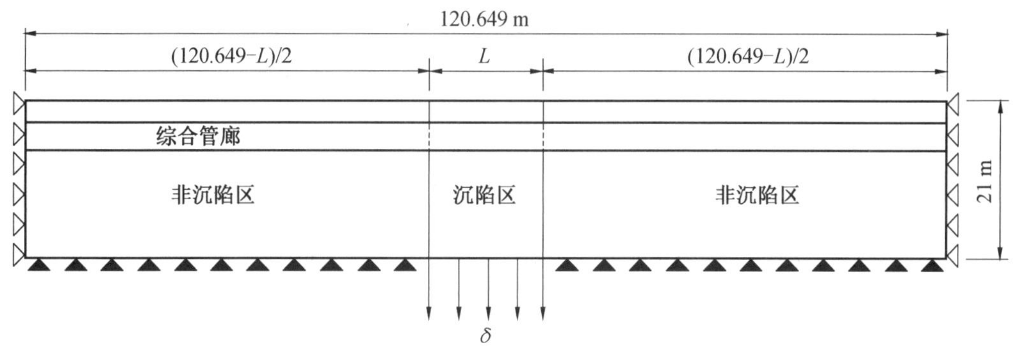

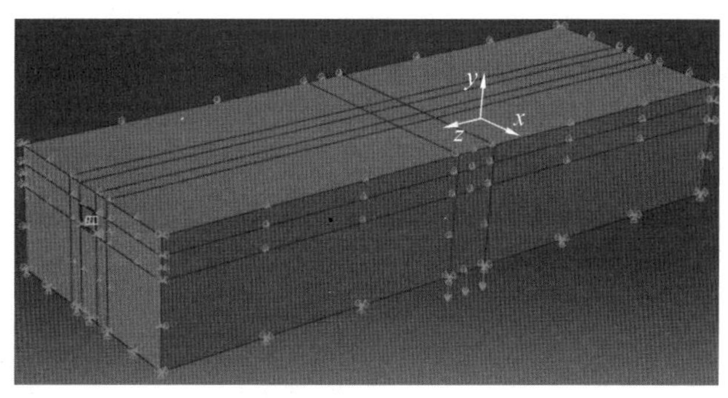

图 11.3　有限元模型示意图

11.2.2　沉陷位移对装配式管廊响应的影响

对于给定的某一沉陷区长度 L,沉陷位移 δ 是影响综合管廊受力状态的重要因素。随着 δ 不断增加,沉陷区内管廊底部与土体分离的区域范围不断增大,直到 δ 增大至 δ_{max} 时,管廊底部与土体完全分离,管廊等同受到垂向均布荷载的作用,此后沉陷位移 δ 的增加对综合管廊的受力性能几乎没有影响。因此沉陷位移 δ 将影响沉陷区内管廊的受力状态,从而在根本上导致结果的差异。本节采用数值模拟的方法,从管廊的竖向位移、管廊接口处顶板和底板纵向水平开口位移的角度出发,分析沉陷位移 δ 对装配式管廊响应的影响规律。

1. 竖向位移分析

图 11.4(a) ~ (e) 依次为沉陷区长度 L 为 6 m、8 m、10 m、12 m、14 m 工况下,不同沉陷位移 δ 作用下管廊竖向沉降位移分布曲线。可以看出,各种工况下管廊竖向位移分布曲线大致关于沉陷区跨中左右对称分布,沉陷区跨中达到最大竖向沉降位移值。从图 11.4(a)、(b) 可以看出,当 L 为 6 m 和 8 m 时,沉陷位移 $\delta > 0.15$ m 时的管廊竖向位移曲线基本相同,观察模型结果后可认为此时沉陷区管廊底部与土体完全分离,处于完全暗悬空阶段;沉陷位移 $\delta \leqslant 0.15$ m 时,随着 δ 的增大,管廊竖向位移变化率逐渐增大,即差异沉降越来越明显。通过分析沉陷区管廊下方土体表面的接触压应力可知,δ 为 0.05 m 和 0.10 m 时均处于管土协同变形阶段。从图 11.4(c)、(d) 中可以看出,当 L 为 10 m 和

12 m 时，沉陷位移 $\delta > 0.20$ m 时的管廊竖向位移分布曲线基本相同，观察模型结果后可认为此时沉陷区管廊底部与土体完全分离，处于完全暗悬空阶段；沉陷位移 $\delta \leqslant 0.20$ m 时，随着 δ 的增大，管廊竖向位移变化率逐渐增大，即差异沉降越来越明显。通过分析沉

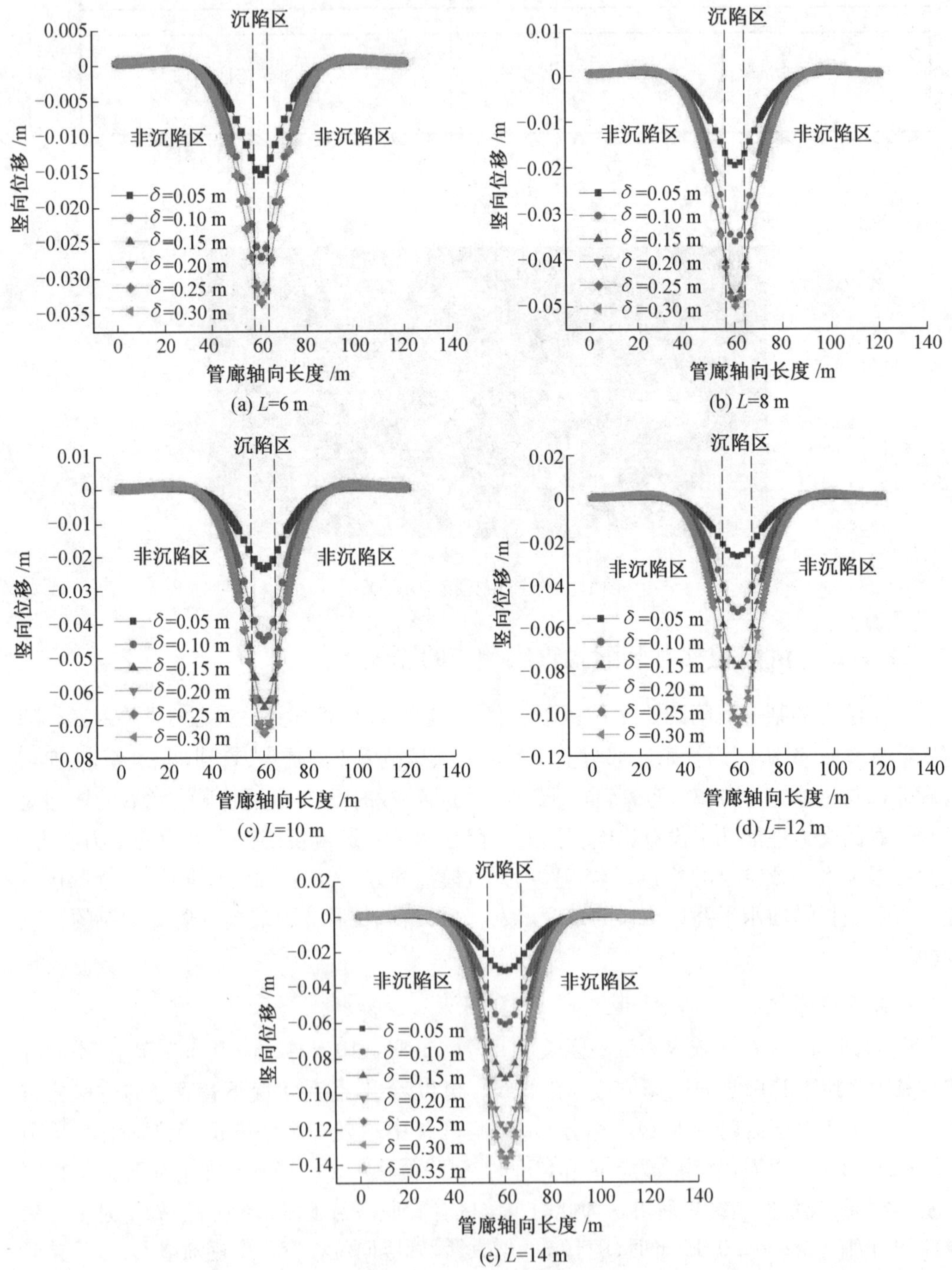

图 11.4　不同沉陷位移作用下管廊竖向位移分布曲线

陷区管廊下方土体表面的接触应力可知，δ 为 0.05 m 和 0.10 m 时均处于管土协同变形阶段，$\delta = 0.15$ m 时处于局部暗悬空阶段。从图 11.4(e) 中可以看出，当 $L = 14$ m 时，沉陷位移 $\delta > 0.25$ m 时的管廊竖向位移分布曲线基本相同，观察模型结果后可认为此时沉陷区管廊底部与土体完全分离，处于完全暗悬空阶段；沉陷位移 $\delta \leqslant 0.25$ m 时，随着 δ 的增大，管廊竖向位移变化率逐渐增大，即差异沉降越来越明显。通过分析沉陷区管廊下方土体表面的接触应力可知，δ 为 0.05 m 和 0.10 m 时均处于管土协同变形阶段，δ 为 0.15 m 和 0.20 m 时处于局部暗悬空阶段，且 $\delta = 0.15$ m 时的管廊悬空范围比 $\delta = 0.20$ m 时的悬空范围小。总体来说，给定沉陷区长度 L 情况下，随着沉陷位移 δ 的增大，管廊竖向位移变化率逐渐增大，在到达某一数值后基本保持不变。

2. 纵向水平开口位移分析

图 11.5(a) ~ (e) 依次为沉陷区长度 L 为 6 m、8 m、10 m、12 m、14 m 工况下，不同沉陷位移 δ 作用下预制综合管廊接口处顶板纵向水平开口位移分布曲线。其中负值表示管

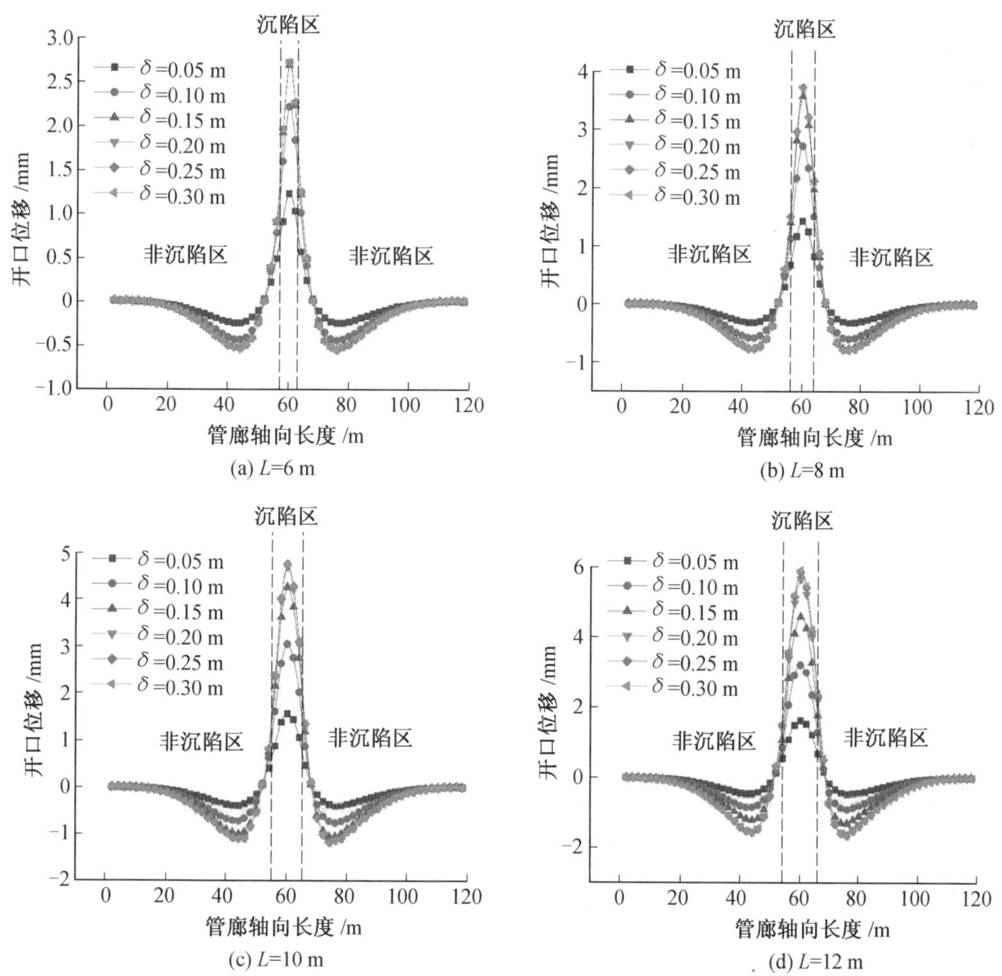

图 11.5　不同沉陷位移作用下管廊接口处顶板纵向水平开口位移分布曲线

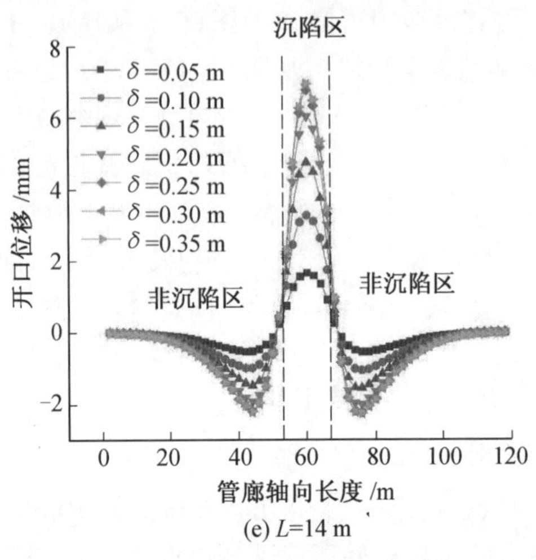

(e) L=14 m

续图 11.5

廊拼接缝张开量增大,防水能力下降。可以看出,各种工况下预制管廊接口处顶板纵向水平开口位移分布曲线大致关于沉陷区跨中左右对称分布,沉陷区跨中达到最大开口位移值。L为6 m和8 m时,沉陷位移$\delta>0.15$ m时的管廊接口处顶板纵向水平开口位移值基本相同,$\delta\leqslant0.15$ m时管廊接口处顶板纵向水平开口位移值随着δ的增大而增大。管廊顶板拼接缝张开量最大值分别为0.546 mm和0.775 mm;L为10 m和12 m时,沉陷位移$\delta>0.20$ m的管廊接口处顶板纵向水平开口位移值基本相同,$\delta\leqslant0.2$ m时管廊接口处顶板纵向水平开口位移值随着δ的增大而增大。管廊顶板拼接缝张开量最大值分别为1.172 mm和1.653 mm;$L=14$ m时,沉陷位移$\delta>0.25$ m时的管廊接口处顶板纵向水平开口位移值基本相同,$\delta\leqslant0.25$ m时管廊接口处顶板纵向水平开口位移值随着δ的增大而增大。管廊顶板拼接缝张开量最大值为2.235 mm。

从图11.5(a) ~ (e)可知,预制管廊接口顶板拼接缝防水能力下降主要位于非沉陷区,沉陷区内管廊顶板拼接缝处密封胶条压缩更加密实,防水能力有所提高。当$L=14$ m时,沉陷区跨中胶条压缩量最大增加了6.945 mm,胶条总体压缩量达到胶条厚度的83%,胶条压缩量过大可能会使胶条压坏,实际工程中应选择弹性恢复性能较好的密封胶条。

图11.6(a) ~ (e)依次为沉陷区长度L为6 m、8 m、10 m、12 m、14 m工况下,不同沉陷位移δ作用下预制综合管廊接口处底板纵向水平开口位移分布曲线。其中负值表示管廊拼接缝张开量增大,防水能力下降。可以看出,各种工况下预制管廊接口处底板纵向水平开口位移分布曲线大致关于沉陷区跨中左右对称分布,沉陷区跨中达到最大开口位移。不同沉陷区长度L下,沉陷位移δ与底板纵向水平开口位移之间的关系规律与顶板相同,此处不再进行赘述。沉陷区长度L为6 m、8 m、10 m、12 m、14 m下的预制管廊底板拼接缝张开量最大值分别为1.550 mm、2.314 mm、3.382 mm、4.676 mm、5.978 mm。

从图11.6(a) ~ (e)可知,预制综合管廊底板拼接缝防水能力下降主要位于沉陷区,且较顶板更加明显,非沉陷区管廊底板拼接缝防水能力几乎没有下降。实际工程中,对于可能发生局部沉陷的区域,装配式综合管廊拼接缝下方位置除采用密封胶条进行防水外,应采用其他防水构造措施以防止发生渗漏水现象。

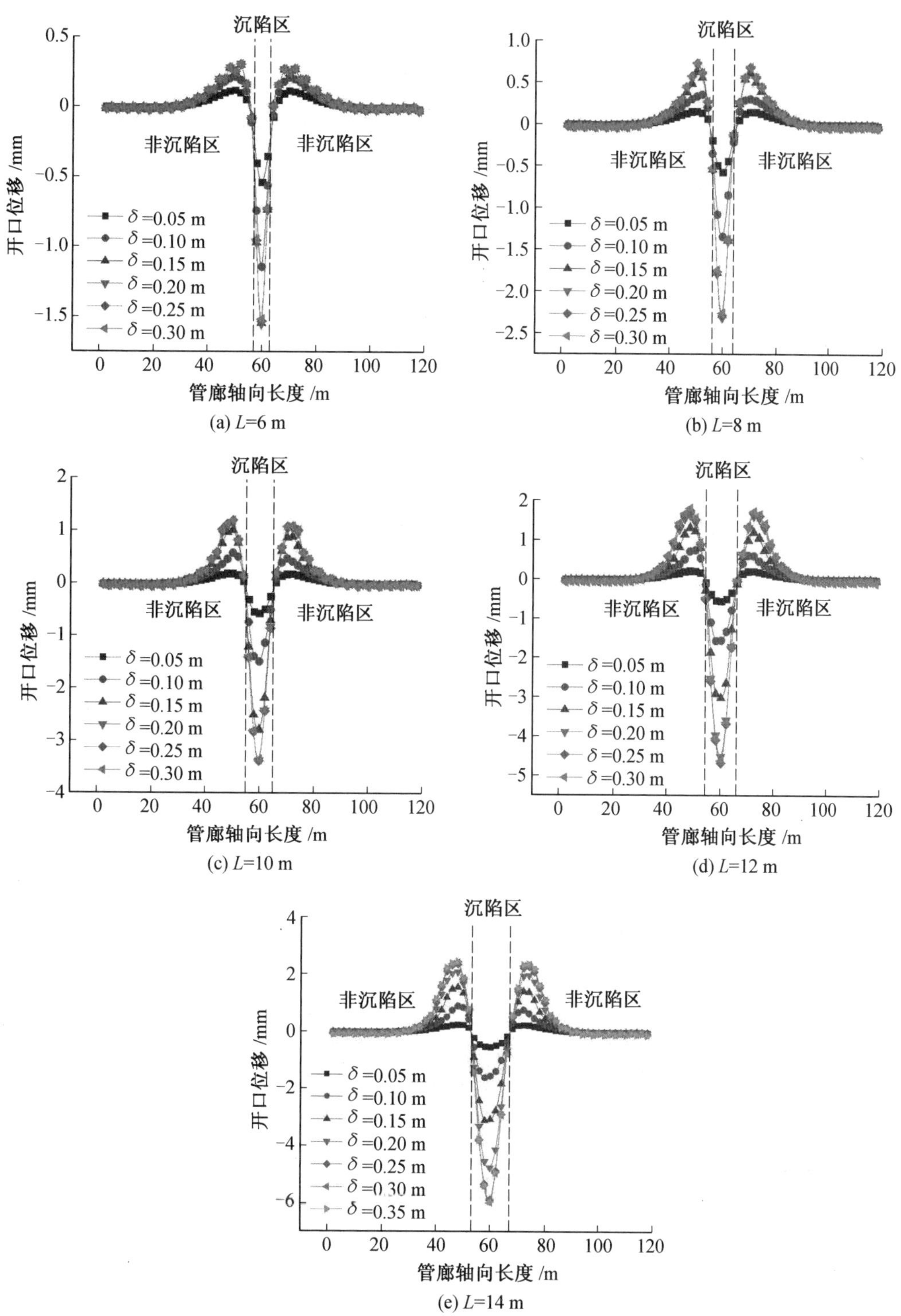

(a) L=6 m　(b) L=8 m　(c) L=10 m　(d) L=12 m　(e) L=14 m

图 11.6　不同沉陷位移作用下管廊接口处底板纵向水平开口位移分布曲线

图 11.7(a)、(b) 给出了不同沉陷区长度 L 下管廊接口处顶、底板拼接缝最大张开量与沉陷位移 δ 的变化关系。可以看出,当 L 不同时,管廊接口处顶板和底板拼接缝最大张开量随沉陷位移的变化规律基本相同,均为先增加并在沉陷位移达到某一值后基本保持不变。同时可以看出,随着沉陷位移的增大,不同沉陷区长度下拼接缝最大张开量的差距逐渐增大。

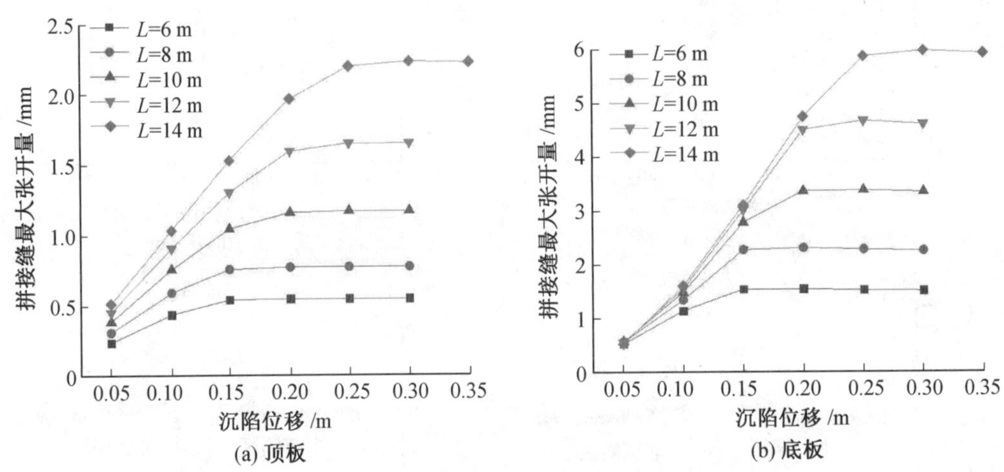

图 11.7　管廊接口处顶、底板拼接缝最大张开量与沉陷位移的变化关系

11.2.3　沉陷区长度对装配式管廊响应的影响

沉陷区长度 L 是影响综合管廊受力状态的重要因素,其大小将决定管廊在沉陷区何时进入完全暗悬空阶段。本节采用数值模拟的方法,从管廊的竖向位移、管廊接口处顶板和底板纵向水平开口位移的角度出发,分析沉陷区长度 L 对装配式管廊响应的影响。

1. 竖向位移分析

图 11.8(a) ~ (e) 依次为沉陷位移 δ 为 0.05 m、0.10 m、0.15 m、0.20 m、0.25 m、0.30 m 工况下,不同沉陷区长度 L 时的管廊竖向位移分布曲线。可以看出,各种工况下管廊竖向位移分布曲线大致关于沉陷区跨中左右对称分布,沉陷区跨中达到最大竖向位移值。在给定的沉陷位移 δ 作用下,随着沉陷区长度 L 的增大,管廊竖向位移变化率逐渐增大,即管廊差异沉降越来越明显,且差异沉降范围逐渐增大。

2. 纵向水平开口位移分析

图 11.9(a) ~ (e) 依次为沉陷位移 δ 为 0.05 m、0.10 m、0.15 m、0.20 m、0.25 m、0.30 m 工况下,不同沉陷区长度 L 下管廊接口处顶板纵向水平开口位移分布曲线。其中负值表示管廊拼接缝张开量增大,防水能力下降。可以看出,各种工况下预制综合管廊接口处顶板纵向水平开口位移分布曲线大致关于沉陷区跨中左右对称分布,沉陷区跨中达到最大开口位移值。可以看出,给定沉陷位移 δ,预制综合管廊接口处顶板纵向水平开口位移随着沉陷区长度 L 的增大而增大。

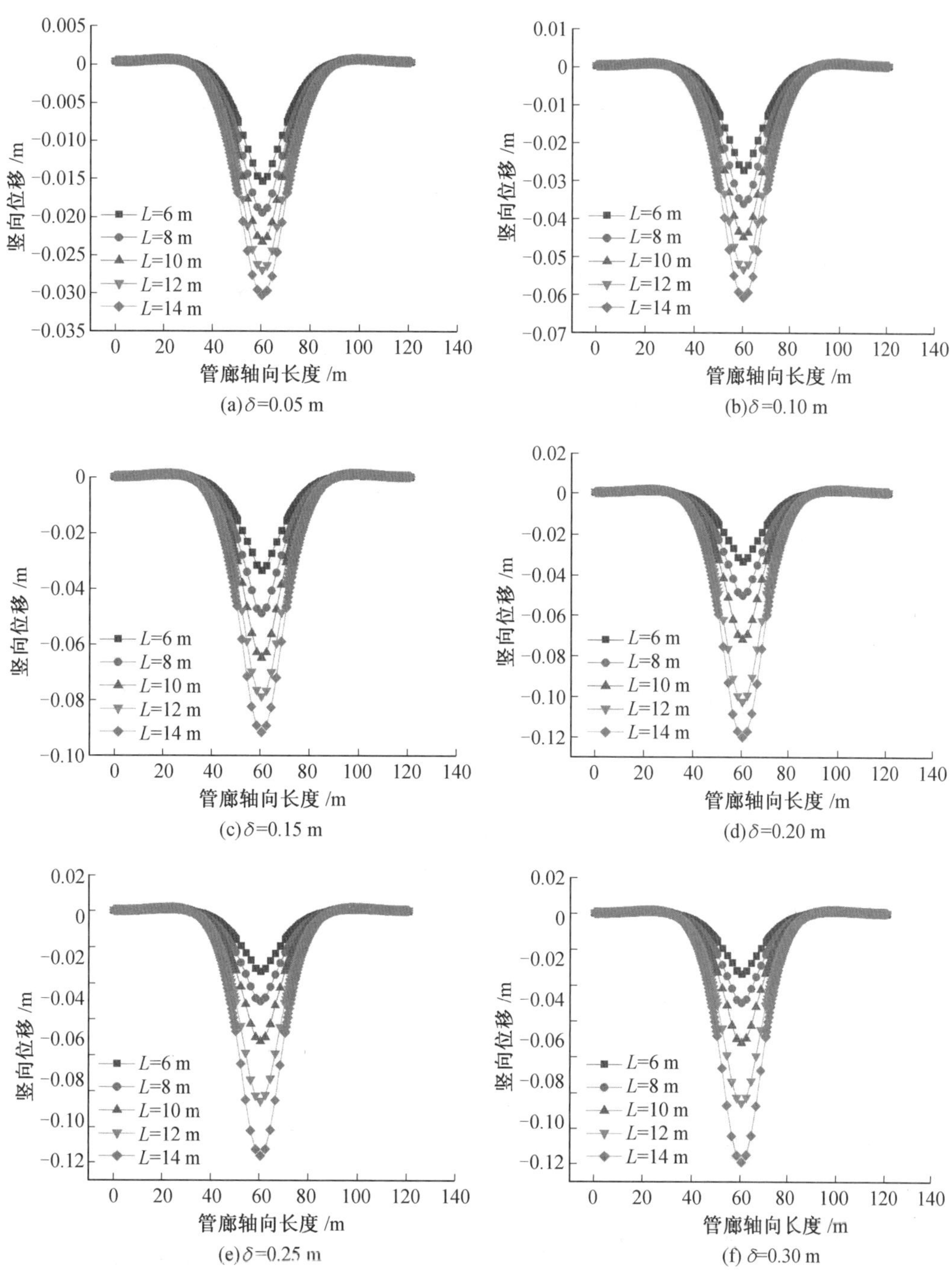

图 11.8　不同沉陷区长度下管廊竖向位移分布曲线

图 11.10(a) ~ (e) 依次为沉陷位移 δ 为 0.05 m、0.10 m、0.15 m、0.20 m、0.25 m、0.30 m 工况下，不同沉陷区长度 L 下预制综合管廊接口处底板纵向水平开口位移分布曲线。其中负值表示管廊拼接缝张开量增大，防水能力下降。可以看出，各种工况下预制综合管廊接口处底板纵向水平开口位移分布曲线关于沉陷区跨中左右对称分布，沉陷区跨

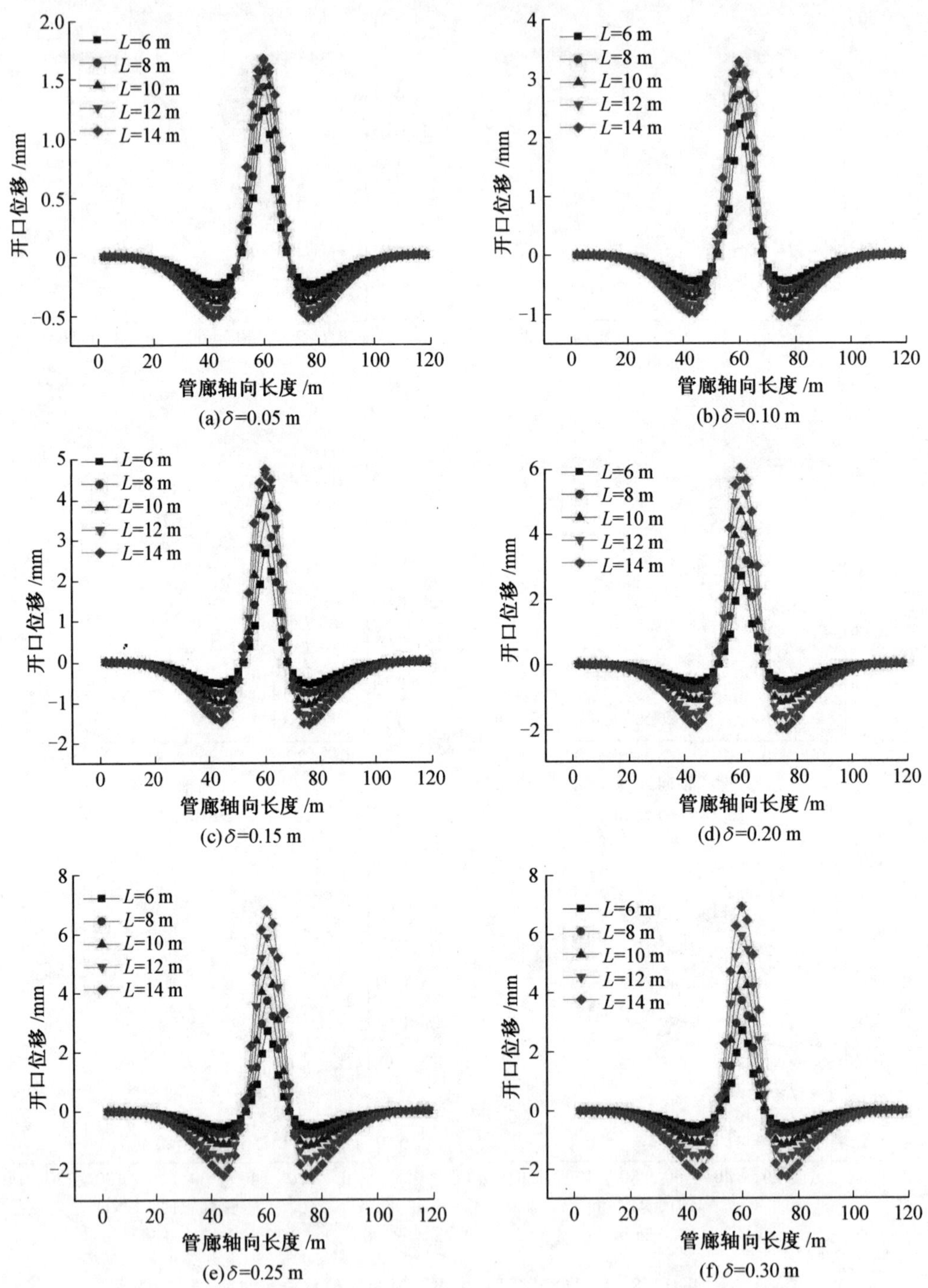

图 11.9 不同沉陷区长度下管廊接口处顶板纵向水平开口位移分布曲线

中达到最大开口位移值。可以看出，给定沉陷位移 δ，预制综合管廊接口处底板纵向水平开口位移随着沉陷区长度 L 的增大而增大。管廊底板拼接缝防水薄弱位置主要位于沉陷区，且较顶板拼接缝防水能力下降更为明显。

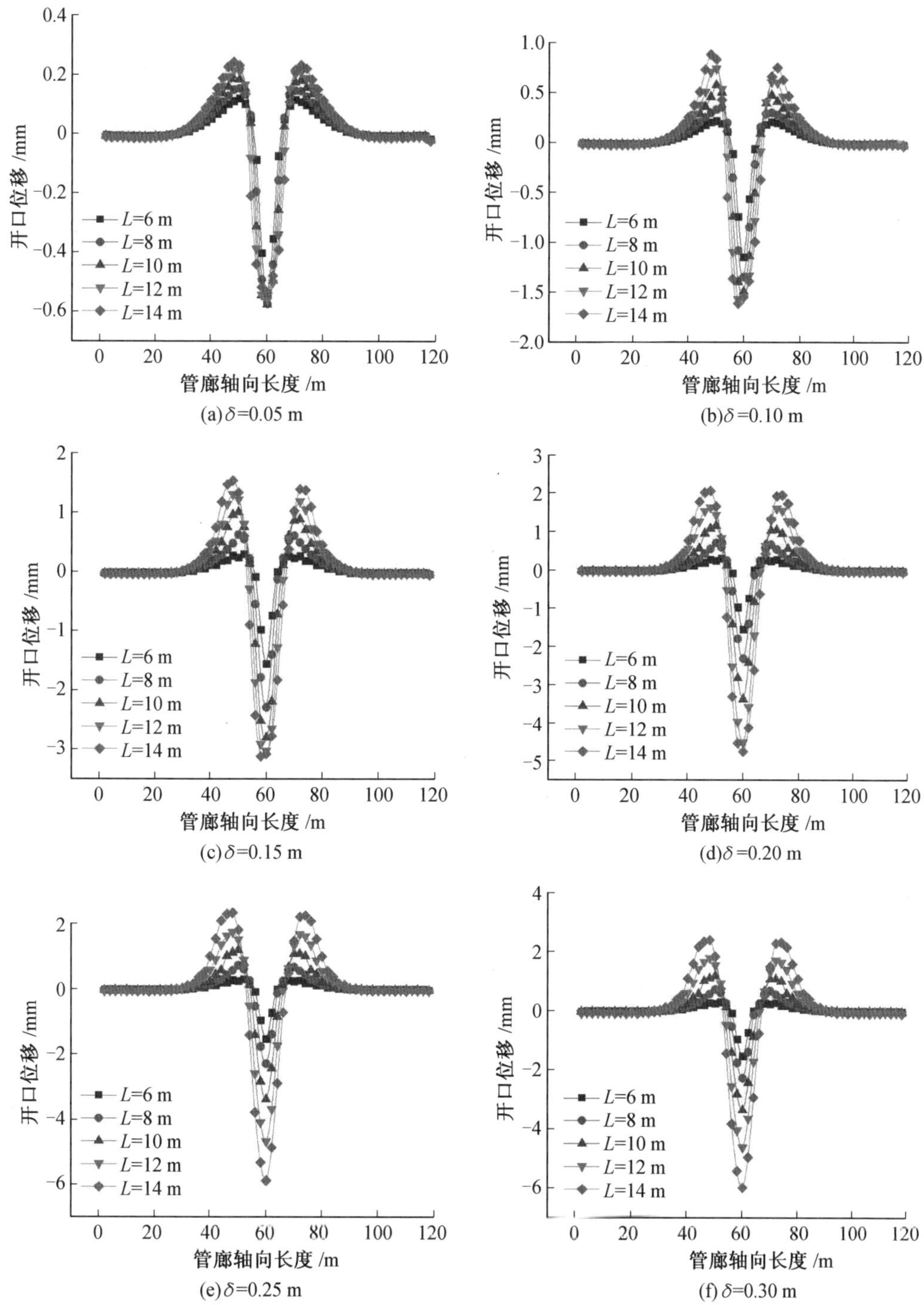

图 11.10　不同沉陷区长度下管廊接口处底板纵向水平开口位移分布曲线

图 11.11(a)、(b) 给出了不同沉陷位移 δ 下管廊接口处顶板、底板拼接缝最大张开量随沉陷区长度 L 的变化关系。可以看出，拼接缝最大张开量基本都随沉陷区长度 L 的增大而增大，且沉陷位移 δ 越大，拼接缝最大张开量增加的幅度越大，即沉陷区长度对管廊

受力性能的影响越大。δ 为 0.25 m 和 0.30 m 时，由于在给定的沉陷区长度 L 作用下管廊均处于完全暗悬空阶段，所以两者在相同沉陷区长度下的拼接缝最大张开量差距较小。

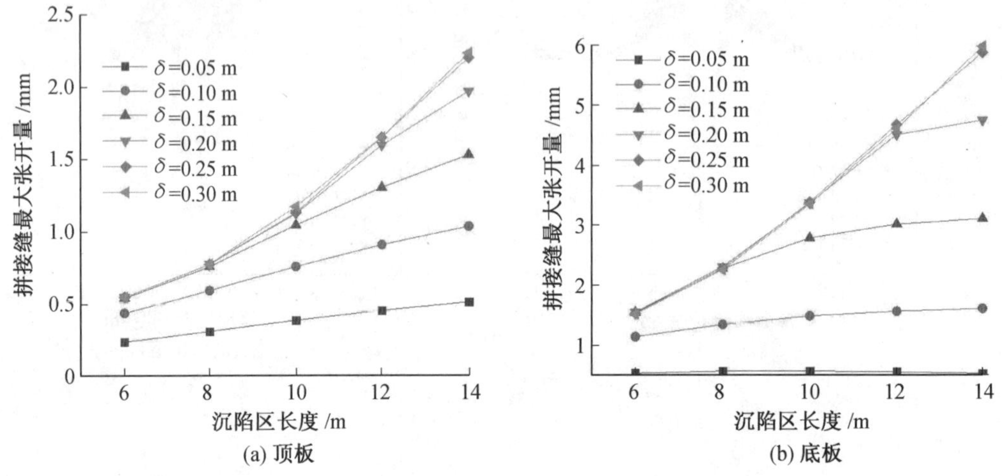

图 11.11　管廊接口处顶、底板拼接缝最大张开量与沉陷区长度的变化关系

11.3　土体沉陷作用下装配式管廊响应影响因素分析

本节将从分析管廊的竖向位移、管廊接口处顶板和底板纵向水平开口位移的角度出发，讨论管廊埋深、土体弹性模量及管土摩擦系数对土体整体下沉作用下管廊响应的影响情况，其中影响因素分析情况如表 11.1 所示。

表 11.1　影响因素分析情况表

工况	沉陷区长度 /m	沉陷位移 /m	埋深 /m	管土摩擦系数	土体弹性模量 / MPa
1	14	0.05/0.10/0.15/0.20/0.25/0.30	2/3/5	0.7	8
2	14	0.05/0.10/0.15/0.20/0.25/0.30	3	0.7	8/15/20
3	14	0.05/0.10/0.15/0.20/0.25/0.30	3	0.3/0.4/0.5/0.7/0.9	8

11.3.1　管廊埋深的影响

本节以沉陷区长度 L = 14 m 为例，研究不同沉陷位移 δ 作用下，埋深 2 m、3 m、5 m 时的预制综合管廊响应规律。

1. 竖向位移分析

图 11.12(a) ~ (f) 依次为沉陷区长度 L = 14 m，沉陷位移 δ 为 0.05 m m、0.10 m、0.15 m、0.20 m、0.25 m、0.30 m 工况下，不同埋深时预制综合管廊竖向位移分布曲线。由图可见，各种工况下管廊竖向位移分布曲线大致关于沉陷区跨中左右对称分布，沉陷区跨中达到最大竖向位移值。当沉陷位移较小，如 δ = 0.05 mm 和 δ = 0.10m 时，小范围埋深变化对综合管廊的竖向位移分布几乎没有影响；当沉陷位移较大，即 $\delta \geqslant 0.15$ m 时，随着埋深的增大，管廊竖向位移变化率逐渐增大，即管廊差异沉降越来越明显，且差异沉降范

围逐渐增大,即土体位移作用对综合管廊变形的影响范围增大。随着沉陷位移 δ 的增大,不同埋深下管廊竖向位移的差距越来越大。当在某一沉陷位移 δ 作用下,所有埋深工况下管廊均进入完全暗悬空阶段时,此时不同埋深下管廊竖向位移的差距达到最大,并在此后基本保持定值。

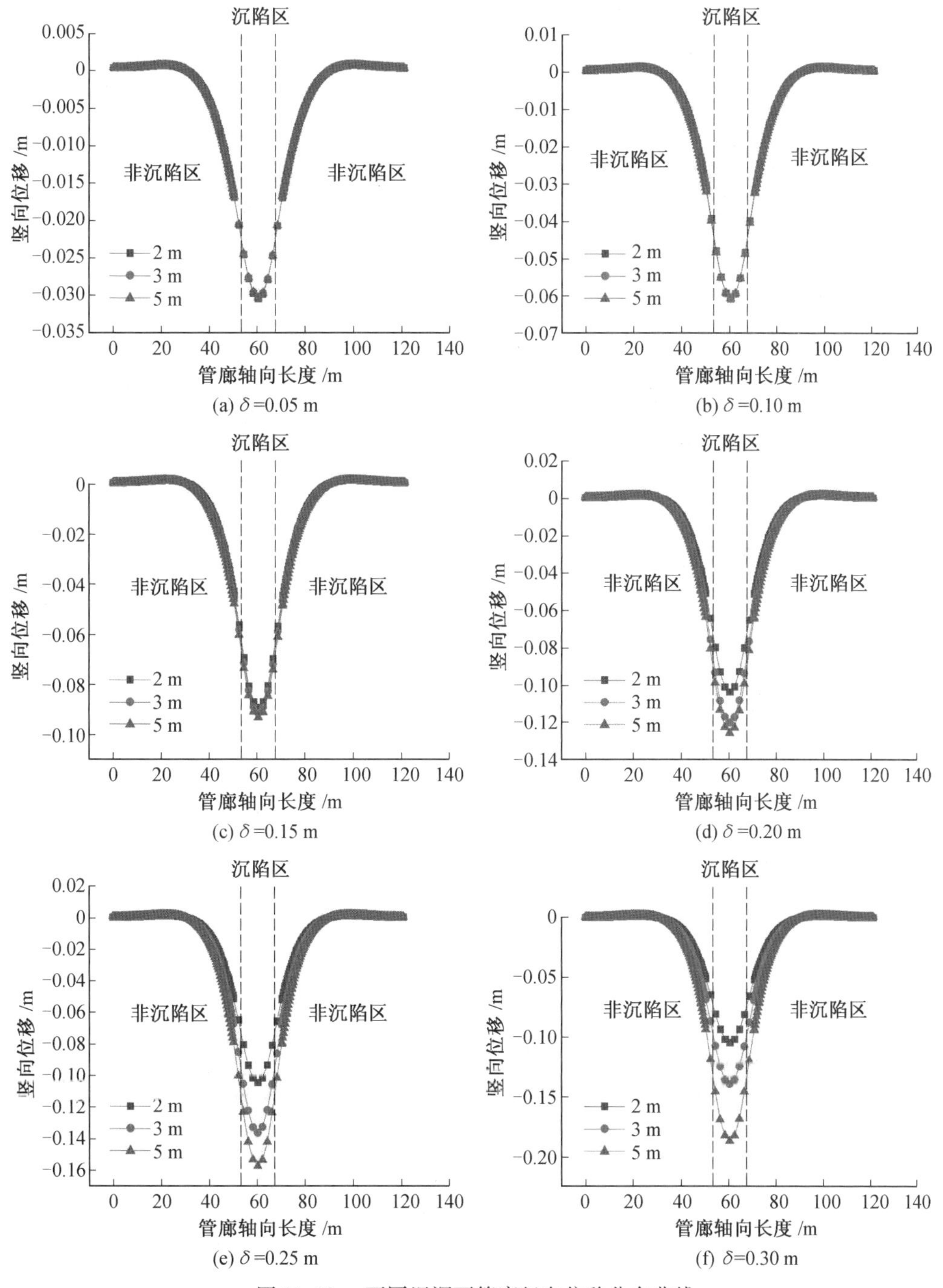

图 11.12　不同埋深下管廊竖向位移分布曲线

图11.13(a)、(b)分别为沉陷区长度$L = 14$ m,埋深分别为2 m、5 m工况下,不同沉陷位移δ作用下综合管廊的竖向位移分布曲线。结合图11.4(e)可以看出,埋深2 m时,在$\delta = 0.20$ m时管廊进入完全暗悬空阶段;埋深3 m时,在$\delta = 0.25$ m时进入完全暗悬空阶段;埋深5 m时,在给定的δ范围内未进入完全暗悬空阶段。由于$\delta \geqslant 0.20$ m后不同埋深下管廊所处阶段不同,故其竖向位移的差距逐渐明显。

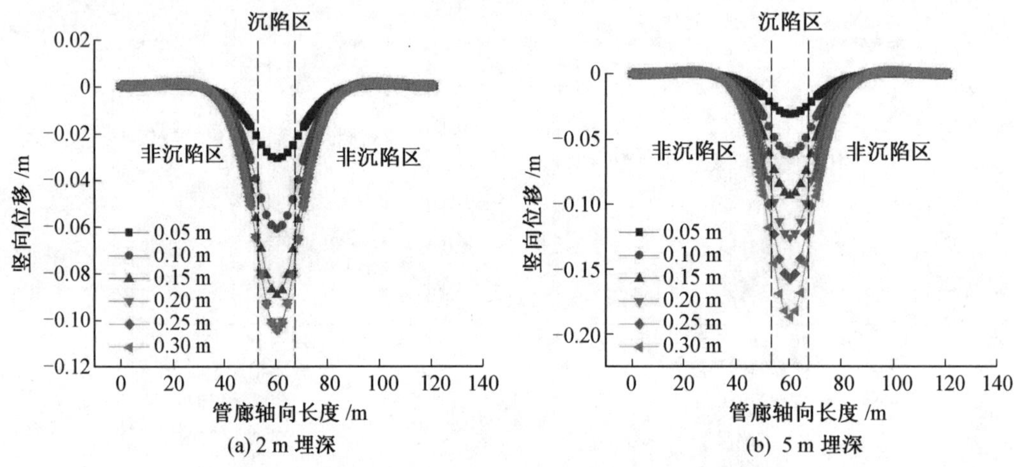

图11.13 埋深2 m及5 m工况下管廊竖向位移分布曲线

2. 纵向水平开口位移分析

图11.14(a) ~ (f) 依次为沉陷区长度$L = 14$ m,沉陷位移δ为0.05 m、0.10 m、0.15 m、0.20 m、0.25 m、0.30 m工况下,不同埋深时预制管廊接口处顶板纵向水平开口位移分布曲线。由图11.14可见,在大变形区,管廊接口处顶板纵向水平开口位移基本均随着埋深的增大而增大;两端部小变形区,管廊接口处顶板纵向水平开口位移基本均随着埋深的增大而减小。随着沉陷位移δ的增大,不同埋深下顶板开口位移的差距越来越大。在实际工程中,为降低局部土体沉陷对装配式管廊拼接缝变形的影响程度,管廊应适当浅埋。

图11.15(a) ~ (f) 依次为沉陷区长度$L = 14$ m,沉陷位移δ为0.05 m、0.10 m、0.15 m、0.20 m、0.25 m、0.30 m工况下,不同埋深时预制管廊接口处底板纵向水平开口位移分布曲线。由图11.15可见,当δ较小,如$\delta = 0.10$ m时,大变形区内管廊接口处底板纵向水平开口位移大致随着埋深的增大而减小;当δ较大,如$\delta = 0.30$ m时,大变形区内管廊底板纵向水平开口位移大致随着埋深的增大而增大。随着沉陷位移δ的增大,不同埋深下底板开口位移的差距逐渐增大。分析认为,随着埋深的增大,管廊上覆荷载增大,使管廊产生的变形增大,与此同时土体对管廊的约束也增大,限制管廊变形。当δ较小时,由于管廊底部与土体保持紧密贴合,土体对管廊的约束起主要作用;当δ较大时,由于管廊底部与土体分离,荷载对管廊产生的变形起主要作用。实际工程中,发生地质灾害时的土体沉陷位移一般较大,因此为降低局部土体沉陷对装配式管廊拼接缝变形的影响程度,管廊应适当浅埋。

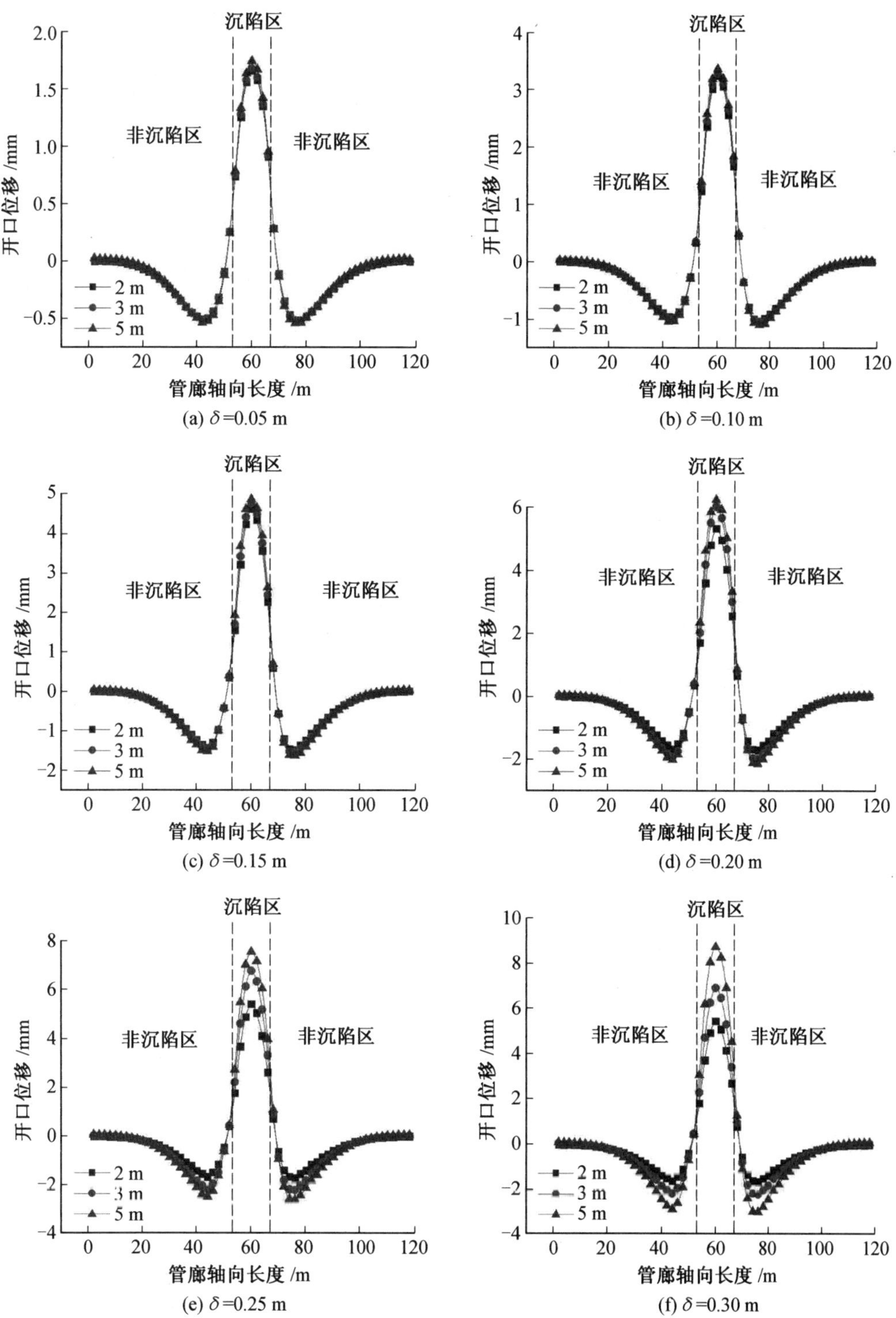

图 11.14　不同埋深时管廊接口处顶板纵向水平开口位移分布曲线

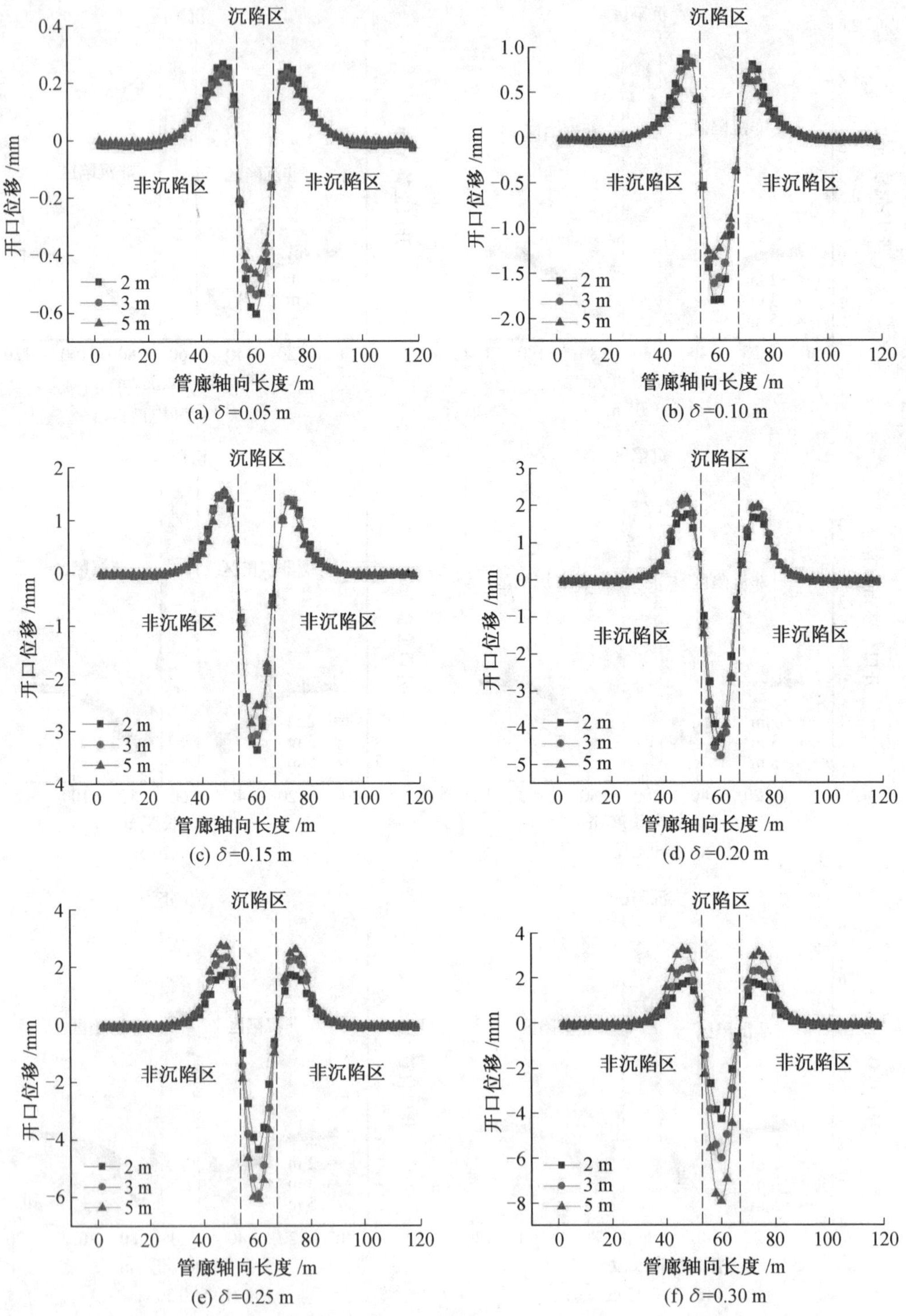

(a) δ=0.05 m (b) δ=0.10 m (c) δ=0.15 m (d) δ=0.20 m (e) δ=0.25 m (f) δ=0.30 m

图 11.15　不同埋深时管廊接口处底板纵向水平开口位移分布曲线

11.3.2　土体弹性模量的影响

综合管廊在不同地区建设,其周围土壤的类型不同,而土壤弹性模量是其中最主要影响因素。本节以沉陷区长度 $L=14$ m、埋深 3 m 为例,通过改变黏土的弹性模量大小,研究分析土体弹性模量在不同沉陷位移 δ 下对预制管廊响应的影响规律。模型土体的材料参数如表 11.2 所示。

表 11.2　模型土体的材料参数

类别	密度 /(kg · m^{-3})	弹性模量 /MPa	泊松比	内摩擦角 /(°)	黏聚力 /kPa
黏土	1 900	8、15、20	0.3	20	20

1. 竖向位移分析

图 11.16(a) ~ (f) 依次为沉陷区长度 $L=14$ m,沉陷位移 δ 为 0.05 m、0.10 m、0.15 m、0.20 m、0.25 m、0.30 m 工况下,不同土体弹性模量时的预制管廊竖向位移分布曲线。由图 11.16 可以看出,对于非沉陷区,相同位置处管廊竖向位移绝对值均随着土体弹性模量的增大而减小,即随着土体弹性模量的减小,管廊差异沉降范围增大,管廊竖向位移变化率增大。对于沉陷区,当沉陷位移 δ 较小,如 $\delta=0.10$ m 时,土体弹性模量越大,相同位置处管廊竖向沉降位移绝对值越大;当沉陷位移 δ 较大,如 $\delta=0.30$ m 时,土体弹性模量越大,相同位置处管廊竖向位移绝对值越小。随着沉陷位移 δ 的增大,不同土体弹性模量下的管廊竖向位移差距越来越大。

图 11.17(a)、(b) 分别为沉陷区长度 $L=14$ m,土体弹性模量为 15 MPa 和 20 MPa 情况下,不同沉陷位移 δ 作用时的预制管廊的竖向位移分布曲线。结合图 11.4(e) 可以看出,当土体弹性模量为 8 MPa 时,管廊在 $\delta=0.25$ m 时进入完全暗悬空阶段;当土体弹性模量为 15 MPa 时,管廊在 $\delta=0.20$ m 时进入完全暗悬空阶段;当土体弹性模量为 20 MPa 时,管廊在 $\delta=0.15$ m 时进入完全暗悬空阶段。地基土弹性模量越大,管廊进入完全暗悬空阶段时的沉陷位移 δ 越小。

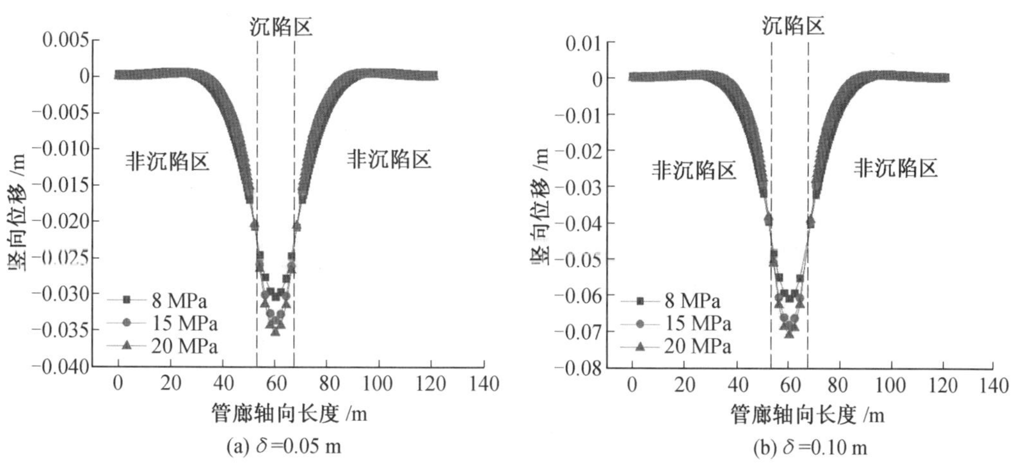

(a) δ=0.05 m　　(b) δ=0.10 m

图 11.16　不同土体弹性模量下管廊竖向位移分布曲线

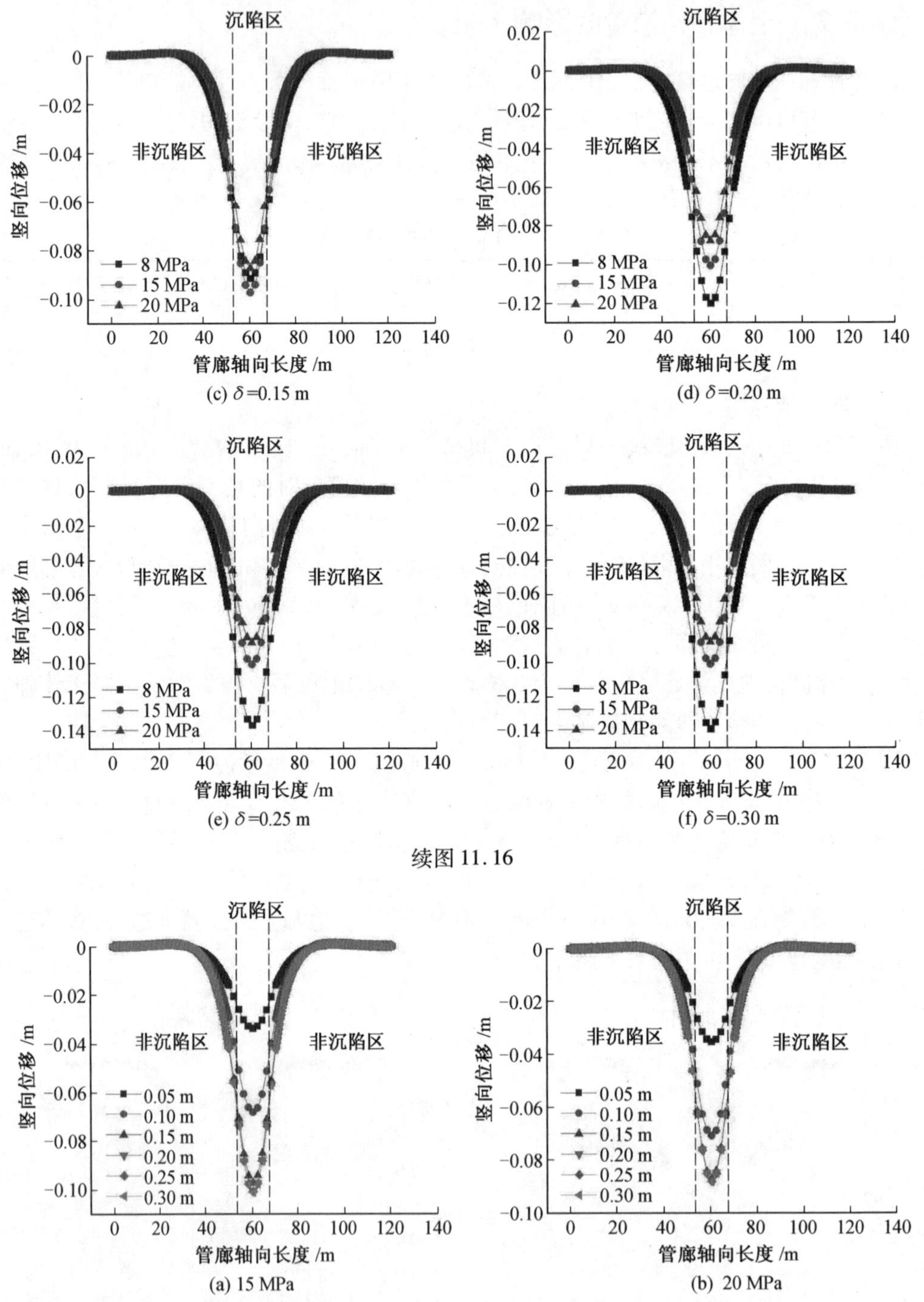

(c) δ=0.15 m

(d) δ=0.20 m

(e) δ=0.25 m

(f) δ=0.30 m

续图 11.16

(a) 15 MPa

(b) 20 MPa

图 11.17　土体弹性模量为 15 MPa 和 20 MPa 时管廊竖向位移分布曲线

2. 纵向水平开口位移分析

图 11.18(a) ~ (f) 依次为沉陷区长度 L = 14 m，沉陷位移 δ 为 0.05 m、0.10 m、0.15 m、0.20 m、0.25 m、0.30 m 工况下，不同土体弹性模量时装配式管廊接口处顶板纵

向水平开口位移分布曲线。由图可见，对于大变形区，当沉陷位移 δ 较小，如 $\delta = 0.10$ m 时，顶板开口位移大致随着土体弹性模量的增大而增大；当沉陷位移 δ 较大，如 $\delta = 0.30$ m 时，顶板开口位移大致随着土体弹性模量的增大而减小。而两端部小变形区内顶板开口位移在不同沉陷位移量作用下均随着土体弹性模量的增大而减小。

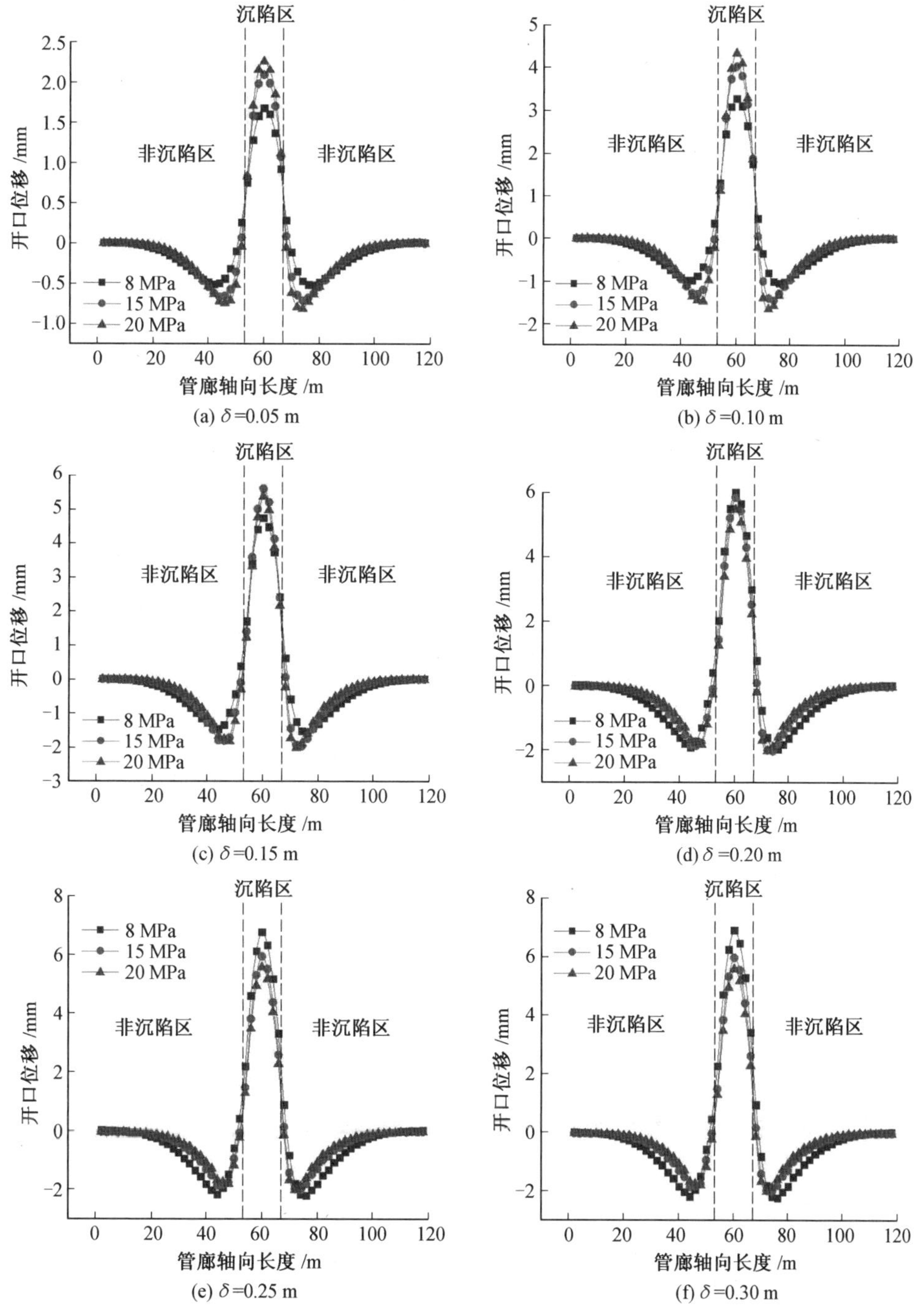

图 11.18　不同土体弹性模量时管廊接口处顶板纵向水平开口位移分布曲线

图 11.19(a) ~ (f) 依次为沉陷区长度 $L = 14$ m,沉陷位移 δ 为 0.05 m、0.10 m、0.15 m、0.20 m、0.25 m、0.30 m 工况下,不同土体弹性模量时预制管廊接口处底板纵向

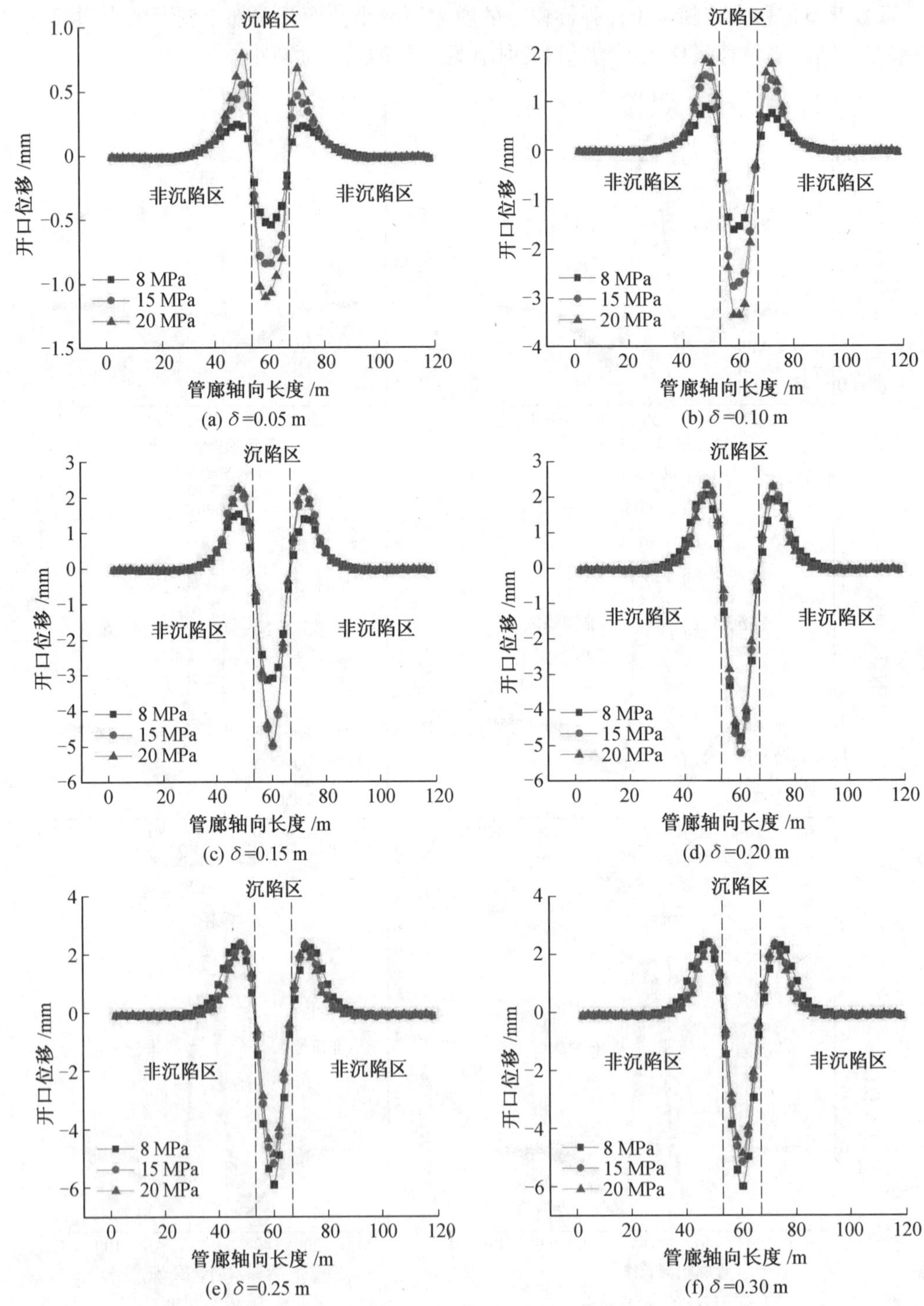

图 11.19　不同土体弹性模量时管廊接口处底板纵向水平开口位移分布曲线

水平开口位移分布情况。与顶板开口位移变化规律类似，也即在大变形区内，当沉陷位移 δ 较小时，底板开口位移大致随着土体弹性模量的增大而增大；当沉陷位移 δ 较大时，底板开口位移大致随着土体弹性模量的增大而减小。

总体来说，实际工程中，发生地质灾害时的土体沉陷位移一般较大，因此为降低局部土体沉陷对装配式综合管廊拼接缝变形的影响程度，管廊下方地基土应适当进行加固。

11.3.3　管土摩擦系数的影响

这里，以沉陷区长度 $L = 14$ m、埋深 3 m 为例，通过改变管廊与土体接触面摩擦系数的大小，研究分析管土摩擦系数在不同沉陷位移 δ 下对预制管廊响应的影响规律。

1. 竖向位移分析

图 11.20(a) ~ (f) 依次为沉陷区长度 $L = 14$ m，沉陷位移 δ 为 0.05 m、0.10 m、0.15 m、0.20 m、0.25 m、0.30 m 工况下，不同管土摩擦系数时的装配式管廊竖向位移分布曲线。由图可见，当 $\delta = 0.05$ m 和 0.10 m 时，管土摩擦系数变化对管廊竖向位移几乎没有影响；当 δ 为 0.15 m 和 0.20 m 时，所有位置处管廊竖向位移绝对值均随着管土摩擦系数的增大而增大，但影响不大；当 δ 为 0.25 m 和 0.30 m 时，非沉陷区内相同位置处管廊竖向位移绝对值大小排序为 $\mu = 0.5 > \mu = 0.4 > \mu = 0.9 > \mu = 0.7 > \mu = 0.3$。而沉陷区内相同位置处管廊竖向位移绝对值大小排序为 $\mu = 0.9 > \mu = 0.5 > \mu = 0.4 > \mu = 0.7 > \mu = 0.3$。分析原因应该是，$\delta$ 为 0.05 m 和 0.10 m 时管廊处于管土协同阶段，δ 为 0.15 m 和 0.20 m 时管廊处于局部暗悬空阶段，δ 为 0.25 m 和 0.30 m 时管廊处于完全暗悬空阶段。管土非协调变形使土体对管廊结构两侧产生的竖向摩擦力方向与沉陷位移方向相同，其大小随着管土摩擦系数的增大而增大，从而使管廊弯曲变形增大；轴向摩擦力随着管土摩擦系数的增大而增大，从而限制管廊轴向变形。不同阶段两者占比不同，从而导致这种规律产生。

2. 纵向水平开口位移分析

图 11.21(a) ~ (f) 依次为沉陷区长度 $L = 14$ m，沉陷位移 δ 为 0.05 m、0.10 m、0.15 m、0.20 m、0.25 m、0.30 m 工况下，不同管土摩擦系数时预制管廊接口处顶板纵向水平开口位移分布曲线。由图可见，当 δ 为 0.05 m 和 0.10 m 时，管土摩擦系数变化对管廊接口处顶板纵向水平开口位移的影响可忽略不计，开口位移最大差距分别为 0.029 mm 和 0.064 mm；当 δ 为 0.15 m 和 0.20 m 时，大变形区内管廊接口处顶板纵向水平开口位移基本均随着管土摩擦系数的增大而增大，但影响很小，开口位移最大差距分别为 0.129 mm 和 0.181 mm；当 δ 为 0.25 m 和 0.30 m 时，对于沉陷区，相同位置处管廊接口处顶板纵向水平开口位移随管土摩擦系数的增大而增大。对于非沉陷区，大部分区域位置管廊接口处顶板纵向水平开口位移大小排序为 $\mu = 0.9 > \mu = 0.5 > \mu = 0.4 > \mu = 0.7 > \mu = 0.3$。非沉陷区内不同管土摩擦系数下开口位移差距较沉陷区小，沉陷区内开口位移最大差距分别为 0.463 mm 和 0.469 mm。

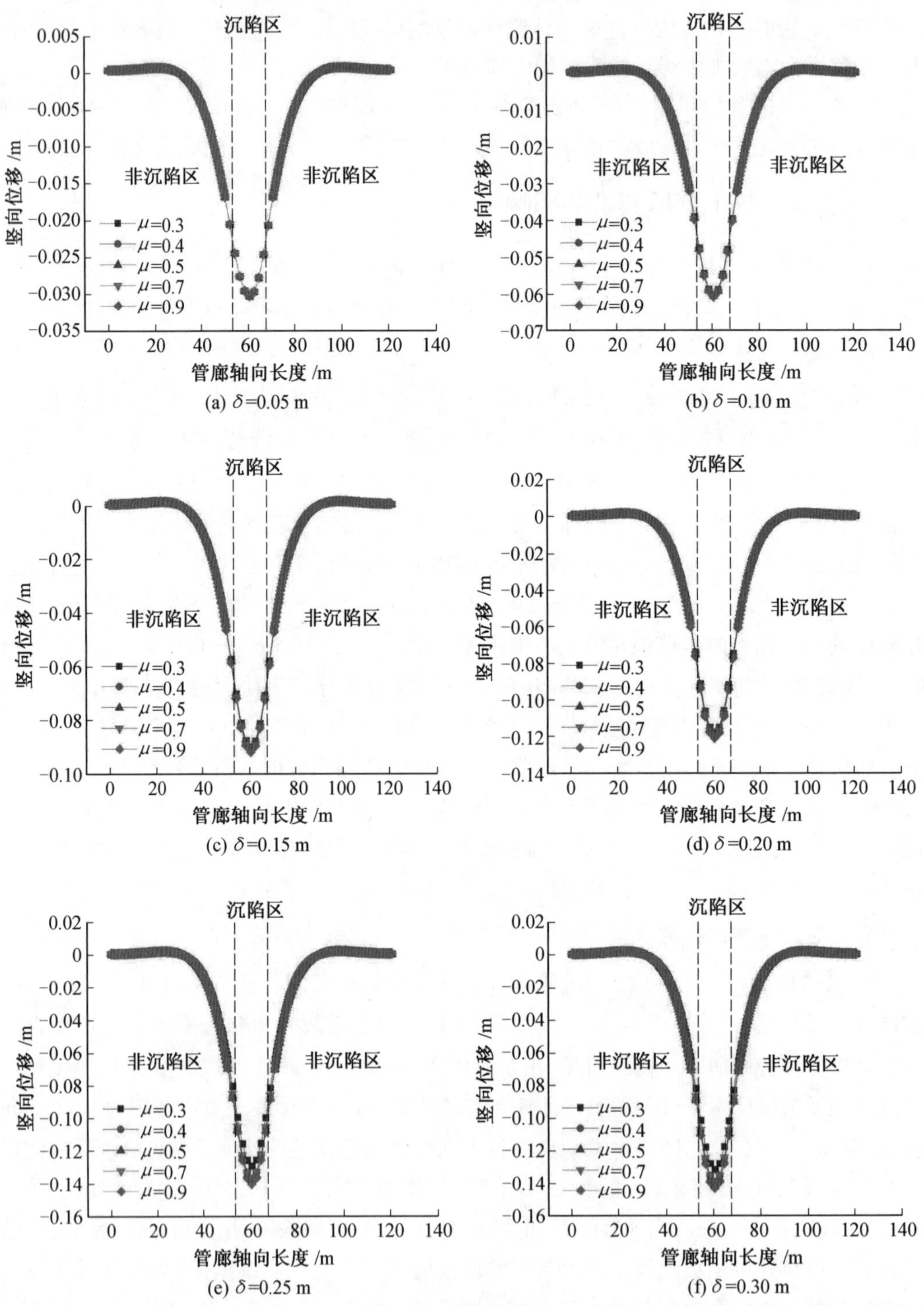

(a) δ=0.05 m (b) δ=0.10 m

(c) δ=0.15 m (d) δ=0.20 m

(e) δ=0.25 m (f) δ=0.30 m

图 11.20 不同管土摩擦系数下管廊竖向位移分布曲线

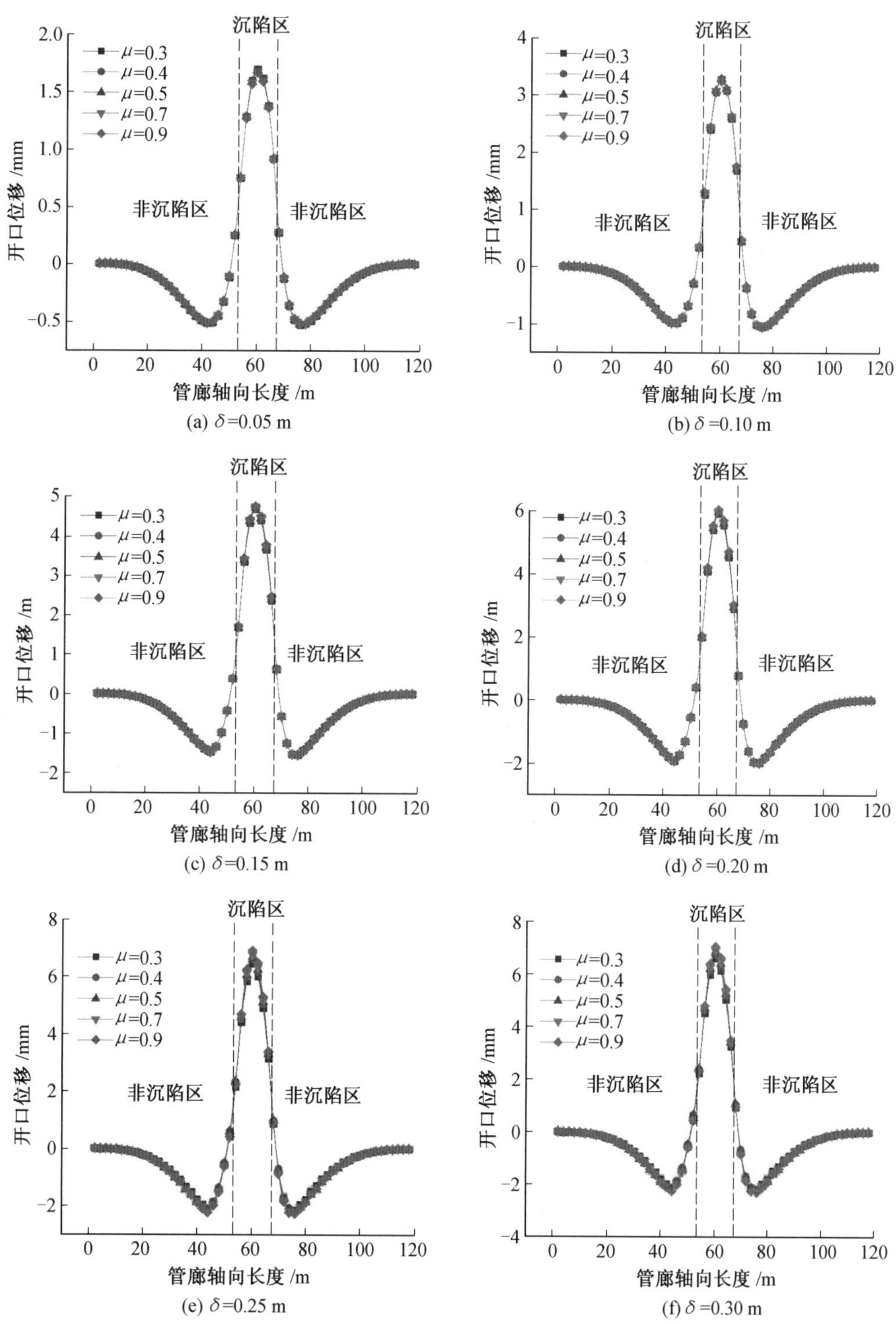

图 11.21　不同管土摩擦系数时管廊接口处顶板纵向水平开口位移分布曲线

图 11.22(a) ~ (f) 依次为沉陷区长度 $L = 14$ m，沉陷位移 δ 为 0.05 m、0.10 m、0.15 m、0.20 m、0.25 m、0.30 m 工况下，不同管土摩擦系数时预制管廊接口处底板纵向水平开口位移分布曲线。由图可见，当 δ 为 0.05 ~ 0.20 m 时，管土摩擦系数对预制综合

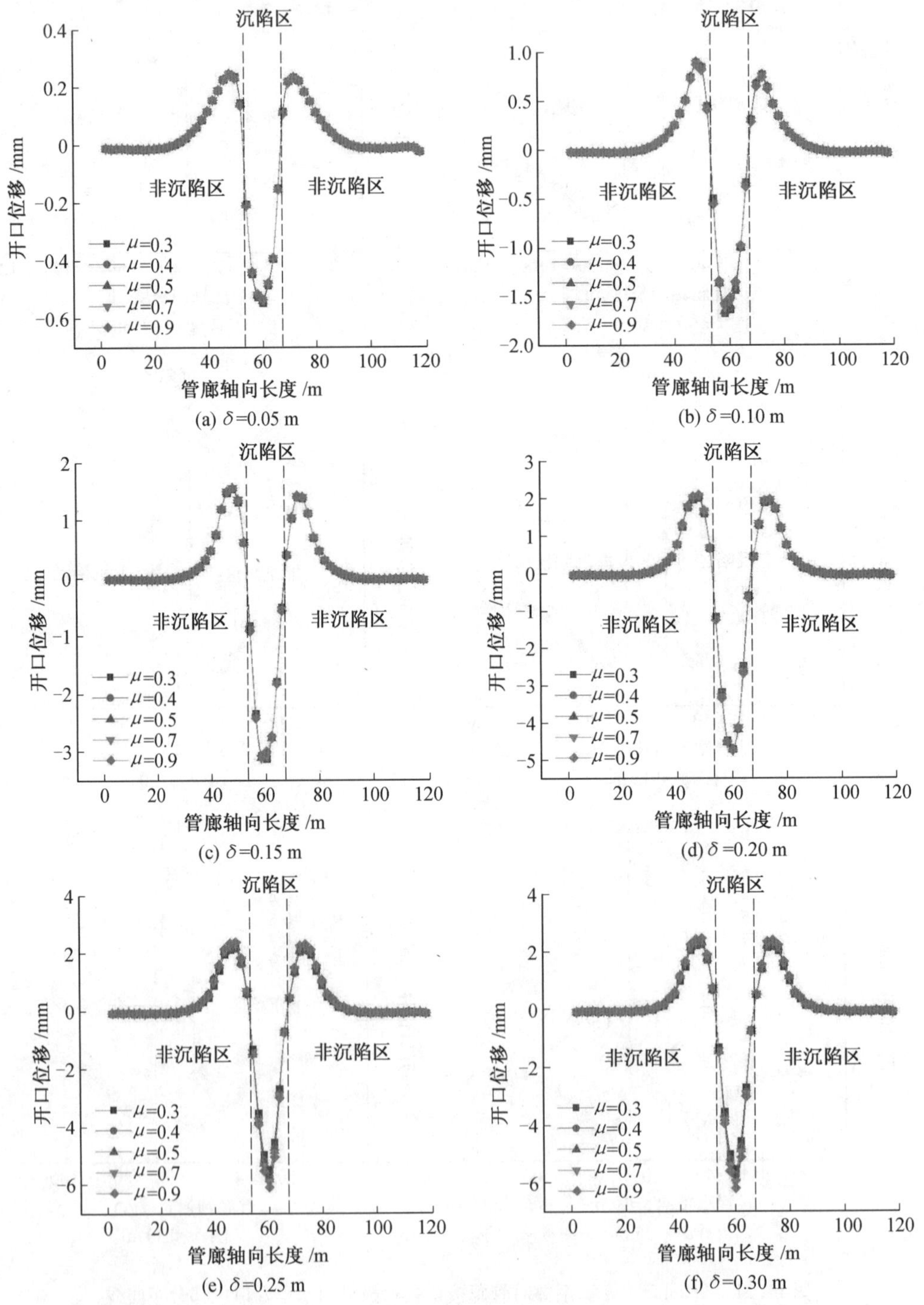

图 11.22 不同管土摩擦系数时管廊接口处底板纵向水平开口位移分布曲线

管廊接口处底板纵向水平开口位移影响很小，不同管土摩擦系数下的开口位移差距在 0.20 mm 以内。当 δ 为 0.25 m 和 0.30 m 时，在大变形区内，预制综合管廊接口处底板纵向水平开口位移大致随着管土摩擦系数的增大而增大，其他区域影响很小。δ 为 0.25 m 和 0.30 m 时不同管土摩擦系数下开口位移最大差距分别为 0.614 mm 和 0.660 mm。分析原因应该是，管廊与垫层之间摩擦力是影响底板开口位移主要因素。当 $\delta \leq 0.20$ m 时，所有位置处管廊和垫层基本均保持贴合，由于管廊与垫层之间摩擦系数不变，所以管土摩擦系数对底板开口位移影响不大。而 $\delta \geq 0.25$ m 时，管廊处于完全暗悬空阶段，沉陷区内管廊与垫层分离，故此时管土摩擦系数对底板开口位移产生些许影响。

综上所述，沉陷区长度、沉陷位移、管廊埋深、土体弹性模量和管土摩擦系数对装配式管廊响应的影响规律如下：

（1）土体沉陷作用范围相同时，随着沉陷位移的增大，沉陷区内管廊底部与土体逐渐分离直至管廊完全悬空，此后沉陷位移对管廊的受力性能几乎没有影响，管廊等同于受到垂向均布荷载作用。

（2）土体沉陷作用范围相同时，随着沉陷位移的增大，管廊的竖向相对位移、拼接缝开口位移均先增大后基本保持不变。装配式管廊顶板拼接缝防水能力下降主要位于非沉陷区，而底板拼接缝防水能力下降主要位于沉陷区，且底板拼接缝防水能力下降程度较大。

（3）土体沉陷位移量相同时，管廊的竖向相对位移、拼接缝开口位移均随着沉陷区长度的增大而逐渐增大，且当沉陷位移量增大时，管廊变形增长幅度随之增大。

（4）土体沉陷作用范围相同时，当沉陷位移较小，小范围的埋深变化对管廊结构竖向相对位移几乎没有影响，而管廊接口处顶板纵向水平开口位移在大变形区内随埋深的增大而增大，管廊底板反之；当沉陷位移较大时，随着埋深的增大，管廊竖向相对位移、拼接缝开口位移均逐渐增大。随着沉陷位移的增大，不同埋深下管廊结构整体变形及拼接缝变形程度的差距越来越明显。

（5）土体沉陷作用范围相同时，非沉陷区内管廊竖向位移变化率和变化范围均随着地基土弹性模量的增大而减小。对于沉陷区，当沉陷位移较小时，管廊竖向位移、拼接缝开口位移均随着地基土弹性模量的增大而增大；当沉陷位移较大时，管廊竖向位移、拼接缝开口位移均随着地基土弹性模量的增大而减小。

（6）土体沉陷作用范围相同时，管土摩擦系数变化对管土协调变形阶段和局部暗悬空阶段的管廊结构整体变形和拼接缝变形程度的影响很小。对于完全暗悬空阶段，沉陷区内管廊竖向位移、拼接缝开口位移大致随着管土摩擦系数的增大而增大，非沉陷区内的影响相对较小。

第 12 章　土体沉陷作用下管廊结构响应理论分析

12.1　引　言

在土体整体下沉作用下，随着沉陷位移的增加，沉陷区内管廊底部与土体逐渐分离，管廊最终处于完全暗悬空阶段，是此种工况下管廊受力的最不利状态。本章采用两种解析计算方法对装配式管廊完全暗悬空阶段下的内力和变形规律进行理论分析，将两种计算方法的解析解与有限元模拟解进行对比，验证其正确性，并就管廊纵向刚度对管廊纵向变形的影响进行分析。

12.2　基于弹性地基梁理论的管廊纵向力学分析

12.2.1　计算模型确定

纵向等效连续化模型最早由志波由纪夫等提出，目前主要运用于盾构隧道纵向分析中。为将其推广到预制装配式综合管廊的纵向分析中，且能较好地反映管廊的变形特点，本节将装配式管廊简化为置于 Pasternak 地基模型上的铁木辛柯梁，分析土体沉陷对上方综合管廊的影响。铁木辛柯梁将梁的弯曲变形和剪切变形都考虑进去，能够较为真实地反映装配式管廊的变形特性；同时，双参数地基模型中通过加入剪切刚度为 t 的剪切层，可解决温克尔模型中地基弹簧不连续的问题。

假设黄土湿陷等地质灾害引起地基整体沉降的区域大小为 L，在此区域内管廊底部与土体完全分离，即管廊处于完全暗悬空阶段，此时不用考虑沉陷位移 δ 的影响。地基沉降对管廊变形产生影响的区域大小为 L'。以管 - 土分离部分地基梁中点为坐标原点建立直角坐标系，假设在土体发生沉陷前，所研究区域范围内管廊沿轴线是水平建设的，以变形前的轴向方向为 x 方向，垂直于 x 方向的为 w 方向，即 w 轴与模型的对称轴重合，如图 12.1 所示。管土分离段管廊上方受力简化为均布荷载 q，其中 q 包括管廊自重、上覆土体质量、土体剪切力等。均布荷载 q 可认为是土体整体下沉作用对管廊产生的附加荷载。

为对完全暗悬空阶段的管廊变形和内力进行分析和计算，进行如下假定：

(1) 预制装配式综合管廊为一无限长、均质的铁木辛柯梁。

(2) 地基土采用 Pasternak 弹性地基模型。

(3) 除长度为 L 的区域范围外，其他位置的管廊与土体均保持紧密贴合，不考虑两者相对滑动。

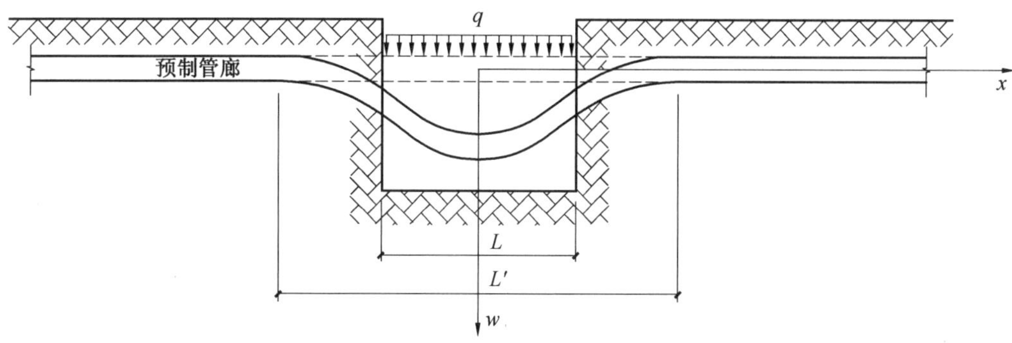

图 12. 1　管廊模型

(4) 除沉陷区地基土发生主动沉降,其他位置地基土变形仅由结构变形导致,不发生主动沉降,即地基沉降对管廊产生的附加荷载只作用于沉陷区。

(5) 只考虑管廊纵向变形,不考虑横向变形。

(6) 沉陷影响范围内土体是均匀的。

(7) 这里只考虑土体整体下沉作用对综合管廊产生的附加内力和变形。

图 12. 2 为本节弹性地基梁模型的示意图。图中 L 为管 - 土分离部分长度,均布荷载 q 为地基沉降作用对综合管廊产生的附加荷载。

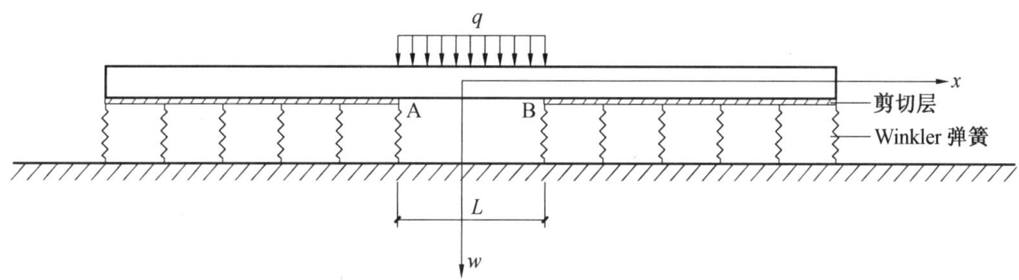

图 12. 2　弹性地基梁模型

12. 2. 2　解析解答

1. 管 - 土分离段

根据计算模型的对称性及变形的连续性条件,两端管 - 土未分离段对中间管 - 土分离段的作用以剪力 Q_0 和弯矩 M_0 代替,作用于地基梁的 A 点和 B 点处。管 - 土分离部分管廊受到竖直向下的均布荷载 q 的作用,假设在整个受力过程,q 保持不变。管 - 土分离段的受力模型如图 12. 3 所示。

图 12. 3 中有两种坐标系,即全局坐标系 $x - w$ 以及局部坐标系 $x_1 - w_1$。全局坐标系 $x - w$ 的规定同图 12. 1,局部坐标系 $x_1 - w_1$ 中,w_1 轴为过 A 点的竖直线,即 $x_1 = x + L/2$。而 x_1 轴为 A、B 两点都下沉相同位移 w_0 后两点的水平线,即 $w_1 = w - w_0$。

根据铁木辛柯梁理论,弯矩 M 和剪力 Q 可表示为

$$M = -D\frac{\mathrm{d}\theta}{\mathrm{d}x} \tag{12.1}$$

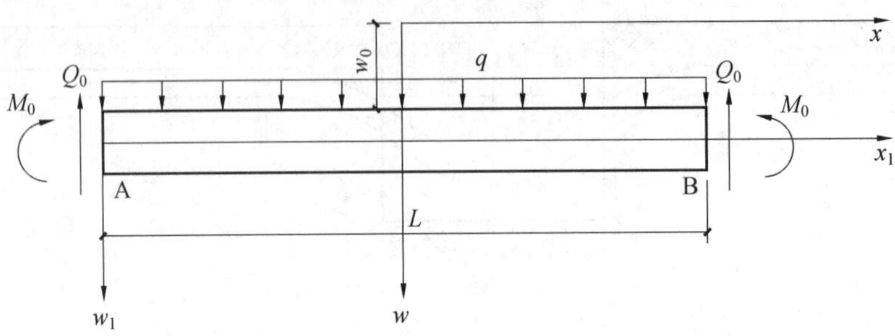

图 12.3　管 - 土分离段的受力模型

$$Q = C\left(\frac{\mathrm{d}w}{\mathrm{d}x} - \theta\right) \tag{12.2}$$

式中　D—— 管廊等效抗弯刚度，$D = (EI)_{\mathrm{eq}}$；

C—— 管廊等效抗剪刚度，$C = (nGA)_{\mathrm{eq}}$（n 为剪切修正系数）；

E—— 弹性模量；

G—— 剪切模量；

I—— 抗弯惯性矩；

A—— 截面面积。

用 $x_1 = L$ 时，即 B 点的挠度 w_0、转角 θ_0、剪力 Q_0、弯矩 M_0 作为初始参数，表示任意位置处变形、内力为：

弯矩方程为

$$M_1 = M_0 + Q_0(L - x_1) - \frac{1}{2}q(L - x_1)^2 \tag{12.3}$$

剪力方程为

$$Q_1 = -Q_0 + q(L - x_1) \tag{12.4}$$

由式(12.1)和式(12.3)可得

$$\frac{\mathrm{d}\theta_1}{\mathrm{d}x_1} = \frac{-M_0 - Q_0(L - x_1) + \frac{1}{2}q(L - x_1)^2}{D} \tag{12.5}$$

式(12.5)对 x 进行一次积分，可得

$$\theta_1 = \frac{M_0(L - x_1) + \frac{1}{2}Q_0(L - x_1)^2 - \frac{1}{6}q(L - x_1)^3}{D} + R \tag{12.6}$$

当 $x_1 = L$ 时，转角 $\theta_1 = \theta_0$，代入式(12.6)中，可得积分常数 $R = \theta_0$。故结构转角方程为

$$\theta_1 = \frac{M_0(L - x_1) + \frac{1}{2}Q_0(L - x_1)^2 - \frac{1}{6}q(L - x_1)^3}{D} + \theta_0 \tag{12.7}$$

由式(12.2)、式(12.4)和式(12.7)整理可得

$$\frac{\mathrm{d}w_1}{\mathrm{d}x_1} = \frac{-Q_0 + q(L - x_1)}{C} + \frac{M_0(L - x_1) + \frac{1}{2}Q_0(L - x_1)^2 - \frac{1}{6}q(L - x_1)^3}{D} + \theta_0 \tag{12.8}$$

对式(12.8)进行一次积分，可得挠度方程为

$$w_1=\frac{Q_0(L-x_1)-\frac{1}{2}q(L-x_1)^2}{C}+\frac{-\frac{1}{2}M_0(L-x_1)^2-\frac{1}{6}Q_0(L-x_1)^3+\frac{1}{24}q(L-x_1)^4}{D}-\theta_0(L-x_1)\tag{12.9}$$

综上所述,结合模型的整体坐标,将管－土分离段管廊的位移和内力写成矩阵的形式,即为($-0.5L\leqslant x\leqslant 0.5L$)

$$\begin{bmatrix}w\\\theta\\M\\Q\\1\end{bmatrix}=\begin{bmatrix}1 & -(0.5L-x) & -\frac{(0.5L-x)^2}{2D} & -\frac{(0.5L-x)^3}{6D}+\frac{(0.5L-x)}{C} & \frac{q(0.5L-x)^4}{24D}-\frac{q(0.5L-x)^2}{2C}\\0 & 1 & \frac{(0.5L-x)}{D} & \frac{(0.5L-x)^2}{2D} & -\frac{q(0.5L-x)^3}{6D}\\0 & 0 & 1 & (0.5L-x) & -\frac{q(0.5L-x)^2}{2}\\0 & 0 & 0 & -1 & q(0.5L-x)\\0 & 0 & 0 & 0 & 1\end{bmatrix}\begin{bmatrix}w_0\\\theta_0\\M_0\\Q_0\\1\end{bmatrix}\tag{12.10}$$

由于模型具有对称性,在 $x=0$ 处,$Q=0,\theta=0$。代入式(12.10)可得

$$Q_0=\frac{qL}{2}\tag{12.11}$$

$$\theta_0=-\frac{qL^3+12LM_0}{24D}\tag{12.12}$$

2. 管－土未分离段

将 B 点以右管－土未分离段的管廊作为研究对象,B 点以左的管－土分离部分对 B 点的作用用剪力 Q_0 和弯矩 M_0 替代,如图 12.4 所示。局部坐标系 x_2-w_2 与全局坐标系 $x-w$ 满足关系式:$x_2=x-0.5L,w_2=w$;Pasternak 型双参数地基模型的基床反力表示为

$$p=kw-t\frac{\mathrm{d}^2w}{\mathrm{d}x^2}\tag{12.13}$$

式中　k——基床反力系数;

t——地基剪切刚度,两者数值在本节中通过下式进行计算:

$$\begin{cases}k=\dfrac{1.3E_s}{b(1-v^2)}\sqrt[12]{\dfrac{E_sb^4}{EI}}\\t=\dfrac{E_sh_t}{6(1+v)}\end{cases}\tag{12.14}$$

式中 E_s—— 下卧土体的弹性模量；

v—— 下卧土体的泊松比；

EI—— 梁抗弯刚度；

b—— 梁宽；

h_t—— 双参数地基模型中变形影响深度，可取 $2.5b$。

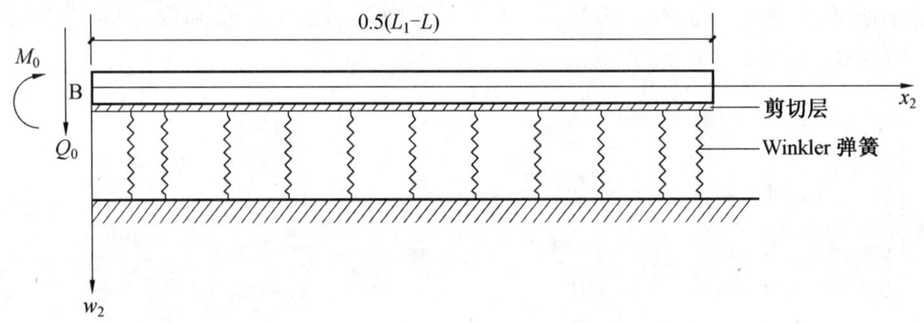

图 12.4　管 - 土未分离部分计算模型

选取弹性地基梁的微分单元体进行分析，如图 12.5 所示。

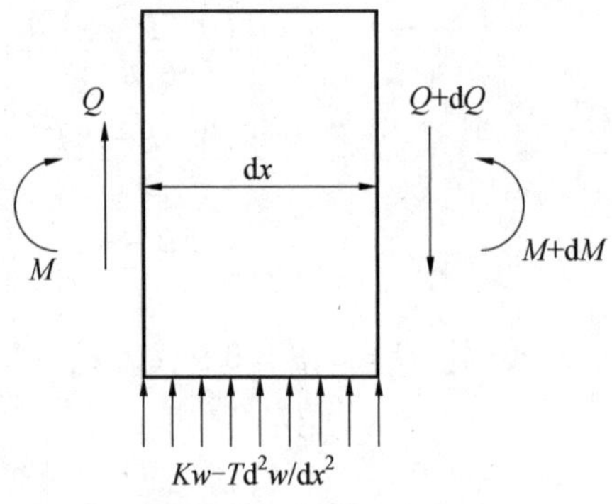

图 12.5　微分单元体受力图

根据剪力平衡和弯矩平衡可得

$$\begin{cases} Q + \left(Kw - T\dfrac{\mathrm{d}^2 w}{\mathrm{d}x^2}\right)\mathrm{d}x = Q + \mathrm{d}Q \\ M + Q\mathrm{d}x + \dfrac{1}{2}\left(Kw - T\dfrac{\mathrm{d}^2 w}{\mathrm{d}x^2}\right)(\mathrm{d}x)^2 = M + \mathrm{d}M \end{cases} \tag{12.15}$$

结合式(12.1)、式(12.2)和式(12.15)可得到双参数地基上铁木辛柯梁关于竖向位移 w、转角 θ 的平衡微分方程为

$$\begin{cases} -\dfrac{\mathrm{d}}{\mathrm{d}x}\left[C\left(\dfrac{\mathrm{d}w}{\mathrm{d}x} - \theta\right)\right] + Kw - T\dfrac{\mathrm{d}^2 w}{\mathrm{d}x^2} = 0 \\ -\dfrac{\mathrm{d}}{\mathrm{d}x}\left(D\dfrac{\mathrm{d}\theta}{\mathrm{d}x}\right) - C\left(\dfrac{\mathrm{d}w}{\mathrm{d}x} - \theta\right) = 0 \end{cases} \tag{12.16}$$

式中 K—— 地基的竖向劲度系数，$K = kb$；

T—— 地基的抗剪劲度系数，$T = tb$；

b—— 梁宽，即管廊横截面宽度。

对式(12.16)进行解耦，用竖向挠度表示的弹性地基梁微分方程为

$$\frac{d^4 w}{dx^4}-\frac{KD+TC}{D(C+T)}\frac{d^2 w}{dx^2}+\frac{KC}{D(C+T)}w=0 \tag{12.17}$$

式(12.17)为四阶常系数线性齐次微分方程，用初始状态参数($x_2=0$时，即B点的挠度w_0、转角θ_0、剪力Q_0、弯矩M_0)表示结构变形、内力解为

$$\begin{cases}w(x_2)=a_1(x_2)w_0+b_1(x_2)\theta_0+c_1(x_2)M_0+d_1(x_2)Q_0\\ \theta(x_2)=a_2(x_2)w_0+b_2(x_2)\theta_0+c_2(x_2)M_0+d_2(x_2)Q_0\\ M(x_2)=a_3(x_2)w_0+b_3(x_2)\theta_0+c_3(x_2)M_0+d_3(x_2)Q_0\\ Q(x_2)=a_4(x_2)w_0+b_4(x_2)\theta_0+c_4(x_2)M_0+d_4(x_2)Q_0\end{cases} \tag{12.18}$$

求解可得到传递矩阵参数为

$$a_1(x_2)=\operatorname{ch}(\alpha x_2)\cos(\beta x_2)+\frac{\beta^2\left[1+\frac{D}{C}(\alpha^2+\beta^2)\right]-\alpha^2\left[1-\frac{D}{C}(\alpha^2+\beta^2)\right]}{2\alpha\beta}\operatorname{sh}(\alpha x_2)\sin(\beta x_2)$$

$$b_1(x_2)=\frac{\operatorname{ch}(\alpha x_2)\sin(\beta x_2)}{2\beta\left(1+\frac{T}{C}\right)}+\frac{\operatorname{sh}(\alpha x_2)\cos(\beta x_2)}{2\alpha\left(1+\frac{T}{C}\right)}$$

$$c_1(x_2)=-\frac{\operatorname{sh}(\alpha x_2)\sin(\beta x_2)}{2\alpha\beta D\left(1+\frac{T}{C}\right)}$$

$$d_1(x_2)=\frac{\beta\left[1+\frac{D}{C}(\alpha^2+\beta^2)\right]\operatorname{sh}(\alpha x_2)\cos(\beta x_2)-\alpha\left[1-\frac{D}{C}(\alpha^2+\beta^2)\right]\operatorname{ch}(\alpha x_2)\sin(\beta x_2)}{2\beta\alpha(\alpha^2+\beta^2)D\left(1+\frac{T}{C}\right)}$$

$$a_2(x_2)=\left\{\beta^2\left[1+\frac{D}{C}(\alpha^2+\beta^2)\right]^2+\alpha^2\left[1-\frac{D}{C}(\alpha^2+\beta^2)\right]^2\right\}\times\frac{\beta\operatorname{sh}(\alpha x_2)\cos(\beta x_2)-\alpha\operatorname{ch}(\alpha x_2)\sin(\beta x_2)}{2\alpha\beta}\left(1+\frac{T}{C}\right)$$

$$b_2(x_2)=\operatorname{ch}(\alpha x_2)\cos(\beta x_2)+\frac{\alpha^2\left[1-\frac{D}{C}(\alpha^2+\beta^2)\right]-\beta^2\left[1+\frac{D}{C}(\alpha^2+\beta^2)\right]}{2\alpha\beta}\operatorname{sh}(\alpha x_2)\sin(\beta x_2)$$

$$c_2(x_2)=-\frac{\alpha\left[1-\frac{D}{C}(\alpha^2+\beta^2)\right]\operatorname{ch}(\alpha x_2)\sin(\beta x_2)+\beta\left[1+\frac{D}{C}(\alpha^2+\beta^2)\right]\operatorname{sh}(\alpha x_2)\cos(\beta x_2)}{2\beta\alpha D}$$

$$d_2(x_2)=-\frac{\alpha^2\left[1-\frac{D}{C}(a^2+\beta^2)\right]^2+\beta^2\left[1+\frac{D}{C}(a^2+\beta^2)\right]^2}{2\alpha\beta(\alpha^2+\beta^2)D}\operatorname{sh}(\alpha x_2)\sin(\beta x_2)$$

$$a_3(x_2)=\frac{D\left(1+\frac{T}{C}\right)(\alpha^2+\beta^2)}{2\alpha\beta}\left\{\beta^2\left[1+\frac{D}{C}(\alpha^2+\beta^2)\right]^2+\alpha^2\left[1-\frac{D}{C}(\alpha^2+\beta^2)\right]^2\right\}\mathrm{sh}(\alpha x_2)\sin(\beta x_2)$$

$$b_3(x_2)=\left\{\beta^2\left[1+\frac{D}{C}(\alpha^2+\beta^2)\right]-\alpha^2\left[3-\frac{D}{C}(\alpha^2+\beta^2)\right]\right\}\frac{\mathrm{sh}(\alpha x_2)\cos(\beta x_2)D}{2\alpha}+\left\{\beta^2\left[3+\frac{D}{C}(\alpha^2+\beta^2)\right]-\alpha^2\left[1-\frac{D}{C}(\alpha^2+\beta^2)\right]\right\}\frac{\mathrm{ch}(\alpha x_2)\sin(\beta x_2)D}{2\beta}$$

$$c_3(x_2)=\mathrm{ch}(\alpha x_2)\cos(\beta x_2)-\frac{\beta^2\left[1+\frac{D}{C}(\alpha^2+\beta^2)\right]-\alpha^2\left[1-\frac{D}{C}(\alpha^2+\beta^2)\right]}{2\alpha\beta}\times\mathrm{sh}(\alpha x_2)\sin(\beta x_2)$$

$$d_3(x_2)=\frac{\beta^2\left[1+\frac{D}{C}(\alpha^2+\beta^2)\right]^2+\alpha^2\left[1-\frac{D}{C}(\alpha^2+\beta^2)\right]^2}{\alpha^2+\beta^2}\times\left[\frac{\mathrm{sh}(\alpha x_2)\cos(\beta x_2)}{2\alpha}+\frac{\mathrm{ch}(\alpha x_2)\sin(\beta x_2)}{2\beta}\right]$$

$$a_4(x_2)=\frac{D(\alpha^2+\beta^2)\left(1+\frac{T}{C}\right)}{2\alpha}\left\{\alpha^2\left[3-\frac{D}{C}(\alpha^2+\beta^2)\right]-\beta^2\left[1+\frac{D}{C}(\alpha^2+\beta^2)\right]\right\}\mathrm{sh}(\alpha x_2)\cos(\beta x_2)+\frac{D(\alpha^2+\beta^2)\left(1+\frac{T}{C}\right)}{2\beta}\left\{\beta^2\left[3+\frac{D}{C}(\alpha^2+\beta^2)\right]-\alpha^2\left[1-\frac{D}{C}(\alpha^2+\beta^2)\right]\right\}\mathrm{ch}(\alpha x_2)\sin(\beta x_2)$$

$$b_4(x_2)=\frac{D(\alpha^2+\beta^2)^2}{2\alpha\beta}\mathrm{sh}(\alpha x_2)\sin(\beta x_2)$$

$$c_4(x_2)=\frac{\alpha^2+\beta^2}{2\alpha}\mathrm{sh}(\alpha x_2)\cos(\beta x_2)-\frac{\alpha^2+\beta^2}{2\beta}\mathrm{ch}(\alpha x_2)\sin(\beta x_2)$$

$$d_4(x_2)=\mathrm{ch}(\alpha x_2)\cos(\beta x_2)+\frac{\beta^2\left[1+\frac{D}{C}(\alpha^2+\beta^2)\right]-\alpha^2\left[1-\frac{D}{C}(\alpha^2+\beta^2)\right]}{2\alpha\beta}\times\mathrm{sh}(\alpha x_2)\sin(\beta x_2)$$

其中

$$\alpha=\sqrt{\sqrt{\frac{KC}{4D(C+T)}}+\frac{KD+TC}{4D(C+T)}},\quad \beta=\sqrt{\sqrt{\frac{KC}{4D(C+T)}}-\frac{KD+TC}{4D(C+T)}}$$

结合模型的整体坐标,将管－土未分离段管廊的位移和内力写成矩阵的形式,即为

$(0.5L \leqslant x \leqslant 0.5L_1)$

$$\begin{bmatrix} w \\ \theta \\ M \\ Q \\ 1 \end{bmatrix} = \begin{bmatrix} a_1(x-0.5L) & b_1(x-0.5L) & c_1(x-0.5L) & d_1(x-0.5L) & 0 \\ a_2(x-0.5L) & b_2(x-0.5L) & c_2(x-0.5L) & d_2(x-0.5L) & 0 \\ a_3(x-0.5L) & b_3(x-0.5L) & c_3(x-0.5L) & d_3(x-0.5L) & 0 \\ a_4(x-0.5L) & b_4(x-0.5L) & c_4(x-0.5L) & d_4(x-0.5L) & 0 \\ 0 & 0 & 0 & 0 & 1 \end{bmatrix} \begin{bmatrix} w_0 \\ \theta_0 \\ M_0 \\ Q_0 \\ 1 \end{bmatrix} \tag{12.19}$$

结合远端的边界条件，即 $x = 0.5L_1$ 处位移 w 和转角 θ 等于零，可确定初始参数 w_0 和 M_0，然后可以确定整个管廊结构的变形和内力分布情况。

12.3　基于能量变分方法的管廊纵向力学分析

这里，将预制装配式综合管廊节段看作由剪切弹簧和抗拉弹簧连接的弹性地基短梁。在研究中综合考虑刚体转动效应和剪切错台效应，将管廊变形看成在剪切错台的基础上发生刚体转动，如图 12.6 所示。

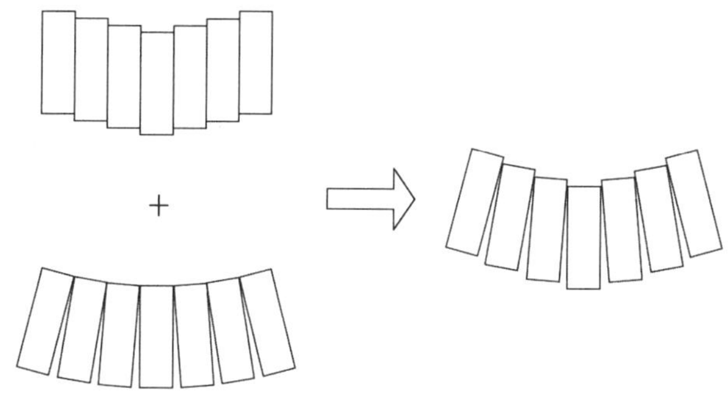

图 12.6　装配式综合管廊变形模型示意图

12.3.1　装配式综合管廊总势能

下面基于最小势能原理的结构响应能量变分法，计算土体沉陷对上方装配式综合管廊产生的竖向位移，不考虑管廊横向变形。一共取 60 节段管廊进行分析，与有限元模型尺寸相同，管廊各结点位移命名如图 12.7 所示。

取其中第 m 和 $m+1$ 节管廊进行变形分析，如图 12.8 所示。第 m 节管廊左端竖向位移为 $w_{m(l+l')}$，右端竖向位移为 $w_{m(l+l')+l}$；第 $m+1$ 节管廊左端竖向位移为 $w_{(m+1)(l+l')}$，右端竖向位移为 $w_{(m+1)(l+l')+l}$。通过几何关系推导出第 m 节和 $m+1$ 节管廊倾斜角度 θ（为小转角，近似取 $\theta \approx \sin\theta$）为

$$\begin{cases} \theta_m \approx \sin\theta_m = \dfrac{w_{m(l+l')+l} - w_{m(l+l')}}{l} \\ \theta_{m+1} \approx \sin\theta_{m+1} = \dfrac{w_{(m+1)(l+l')+l} - w_{(m+1)(l+l')}}{l} \end{cases} \tag{12.20}$$

式中 l—— 单节管廊的长度；

l'—— 管廊间隙，为方便表述，以下公式令 $s = l + l'$。

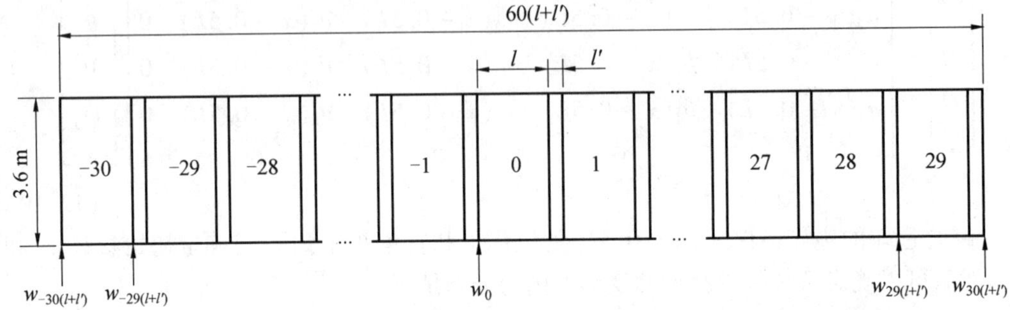

图 12.7 预制装配式综合管廊分析模型图

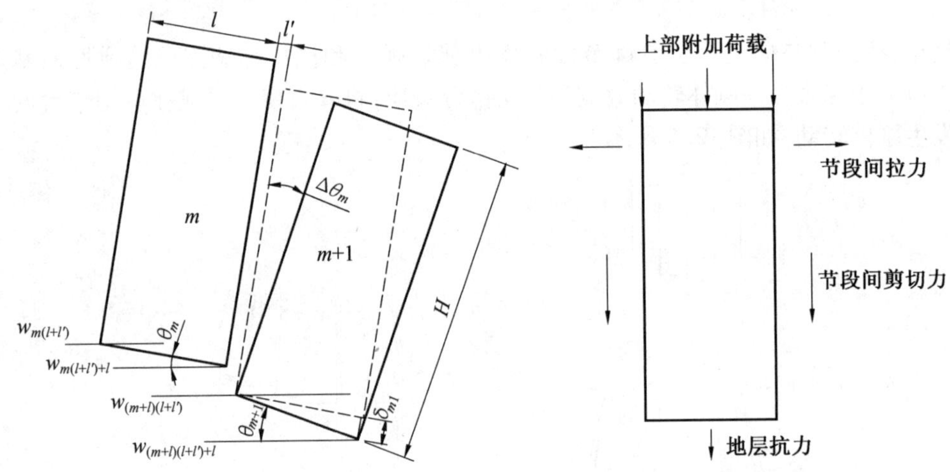

图 12.8 考虑刚体转动和剪切错台效应的综合管廊变形计算模型

节间转角 $\Delta\theta_m$ 计算式为

$$\Delta\theta_m = \theta_{m+1} - \theta_m = \frac{w_{(m+1)s+l} - w_{(m+1)s} - w_{ms+l} + w_{ms}}{l} \tag{12.21}$$

则由于刚体转动导致的管廊节段相对位移量 δ_{m1} 计算式为

$$\delta_{m1} = l\sin\Delta\theta_m \approx l\Delta\theta_m \tag{12.22}$$

假设综合管廊位移为 $w_{(x)}$，地基弹簧位移为 $S_{(x)}$，对于非沉陷区管－土未分离段，根据管廊与土体之间位移协调条件可知 $w_{(x)} = S_{(x)}$。根据管廊变形和节间剪切刚度及节间抗拉刚度，可以得到节段间剪切力与节段间拉力的表达式。

节段间剪切力为

$$F_t = k_t(w_{(m+1)s} - w_{ms+l}) \tag{12.23}$$

节段间最大拉力为

$$F_T = k_T\Delta\theta_m H \tag{12.24}$$

地层抗力为

$$F_k = kbw_{(x)} \tag{12.25}$$

式中　k_t、k_T—— 管廊节间剪切刚度和节间抗拉刚度,其取值在本章是根据有限元模拟所得;

k—— 下卧土的基床反力系数;

H—— 单节管廊横截面高度;

b—— 单节管廊横截面宽度。

以下 4 部分组成了土体沉陷引起综合管廊变形过程中的总势能:

(1) 上部附加荷载做功为

$$W^P = \sum_{m=-N}^{N-1}\int_{ms}^{(m+1)s} w_x P_x \mathrm{d}x = \int_{-Ns}^{Ns} w_x P_x \mathrm{d}x \tag{12.26}$$

式中　$2N$—— 受土体沉陷影响的装配式管廊计算节段数,取值与土体沉陷的影响范围有关,理论上 N 取值越大,计算精度越高。但计算量大,计算效率受影响,这里取 $N = 30$;

P_x—— 土体沉陷引起的上部附加荷载作用。

(2) 克服地层抗力做功为

$$W^k = -\left(\int_{-Ns}^{-N_1 s} \frac{1}{2}kbw_x^2 \mathrm{d}x + \int_{N_1 s}^{Ns} \frac{1}{2}kbw_x^2 \mathrm{d}x\right) \tag{12.27}$$

式中　$2N_1$—— 处于管 - 土分离状态的综合管廊计算节段数。

(3) 克服节段间剪切力做功为

$$W^t = -\sum_{m=-N}^{N-2}\frac{1}{2}F_t\delta_{m2} = -\sum_{m=-N}^{N-2}\frac{1}{2}k_t\delta_{m2}^2 = -\sum_{m=-N}^{N-2}\frac{1}{2}k_t\left(w_{(m+1)s} - w_{ms+l}\right)^2 \tag{12.28}$$

(4) 克服节段间拉力做功为

$$W^T = -\sum_{m=-N}^{N-2}\int_{r=0}^{r=H}\frac{1}{2}\frac{k_T}{H}\Delta\theta_m^2 r^2 \mathrm{d}r = -\sum_{m=-N}^{N-2}\frac{k_T\Delta\theta_m^2 H^2}{6} \tag{12.29}$$

其中,$\Delta\theta_m$ 如式(12.21) 所示,可得

$$W^T = -\sum_{m=-N}^{N-2}\frac{k_T H^2}{6l^2}\left(w_{(m+1)s+l} - w_{(m+1)s} - w_{ms+l} + w_{ms}\right)^2 \tag{12.30}$$

根据最小势能原理,管廊的应变能和外力势能之和即为土体沉陷引起上方综合管廊的总势能,即

$$E^P = W^P + W^k + W^t + W^T \tag{12.31}$$

12.3.2　位移函数傅里叶展开

能量变分法原理中通过假设合适的位移函数来表示管廊的变形形状。由前述可知综合管廊竖向位移大致关于沉陷区跨中左右对称分布,令综合管廊位移函数如下,并按傅里叶级数展开:

$$w_{(x)} = \sum_{n=0}^{\infty} a_n \cos\frac{n\pi x}{N(l + l')} = \boldsymbol{T}_n(x)\boldsymbol{A}^T \tag{12.32}$$

式中

$$\boldsymbol{T}_n(x)=\left(1,\cos\frac{\pi x}{N(l+l')},\cos\frac{2\pi x}{N(l+l')},\cdots,\cos\frac{n\pi x}{N(l+l')}\right)$$

$$\boldsymbol{A}^{\mathrm{T}}=(a_0,a_1,a_2,\cdots,a_n)^{\mathrm{T}}$$

n—— 傅里叶的展开级数。

12.3.3 变分控制方程

将总势能 E^{P} 对各待定系数取极值,即

$$\frac{\partial E^{\mathrm{P}}}{\partial a_i}=0\quad(a_i=a_0,a_1,a_2,\cdots,a_n)\tag{12.33}$$

式中 a_i—— 矩阵 $\boldsymbol{A}$ 中的第 i 个元素。

可得到矩阵形式:

$$([K_{\mathrm{k}}]+[K_{\mathrm{t}}]+[K_{\mathrm{t}}])\{A\}^{\mathrm{T}}=\{P_n\}^{\mathrm{T}}\tag{12.34}$$

式中 $[K_{\mathrm{t}}]$—— 管廊节段间剪切刚度矩阵:

$$[K_{\mathrm{t}}]=\sum_{m=-N}^{N-2}k_{\mathrm{t}}(T_n[(m+1)s]-T_n[(ms+l)])\cdot\frac{\partial(w_{(m+1)s}-w_{ms+l})}{\partial a_i}\tag{12.35}$$

$[K_{\mathrm{k}}]$—— 土体刚度矩阵:

$$[K_{\mathrm{k}}]=2\int_{N_1s}^{Ns}\frac{\partial w_x}{\partial a_i}T_n(x)\,\mathrm{d}x\tag{12.36}$$

$[K_{\mathrm{T}}]$—— 管廊节段间抗拉刚度矩阵:

$$[K_{\mathrm{T}}]=\frac{k_{\mathrm{T}}H^2}{3l^2}\sum_{m=-N}^{N-2}(T_n[(m+1)s+l]-T_n[(m+1)s]-T_n[ms+l]+T_n[ms])\times\frac{\partial(w_{(m+1)s+l}-w_{(m+1)s}-w_{ms+l}+w_{ms})}{\partial a_i}\tag{12.37}$$

$\{P_n\}^{\mathrm{T}}$—— 自由土体位移和综合管廊节段的相互作用效应:

$$\{P_n\}^{\mathrm{T}}=q\int_{-N_1s}^{N_1s}\{T_n(x)\}^{\mathrm{T}}\mathrm{d}x\tag{12.38}$$

利用MATLAB软件开展上述方法的数值运算,其中$[K_{\mathrm{k}}]$积分计算主要运用积化和差公式

$$\cos\alpha\cos\beta=[\cos(\alpha+\beta)+\cos(\alpha-\beta)]/2$$

刚度矩阵取11阶方阵即可满足实际工程的精度要求。

12.4 解析解与模拟解的对比

基于上述解析解,根据管廊下卧土体材料参数、管廊上方所受均布荷载大小、管廊尺寸和管廊刚度属性,可得到土体沉陷作用造成管廊在沉陷区管-土完全分离时的位移解析解结果。将不同土体弹性模量(8 MPa、15 MPa和20 MPa)下,沉陷区长度为 $L=14$ m、沉陷位移为 $\delta=0.3$ m时的竖向位移模拟值与所得到的管廊竖向位移解析值进行对比,对

比情况如图 12.9 所示。

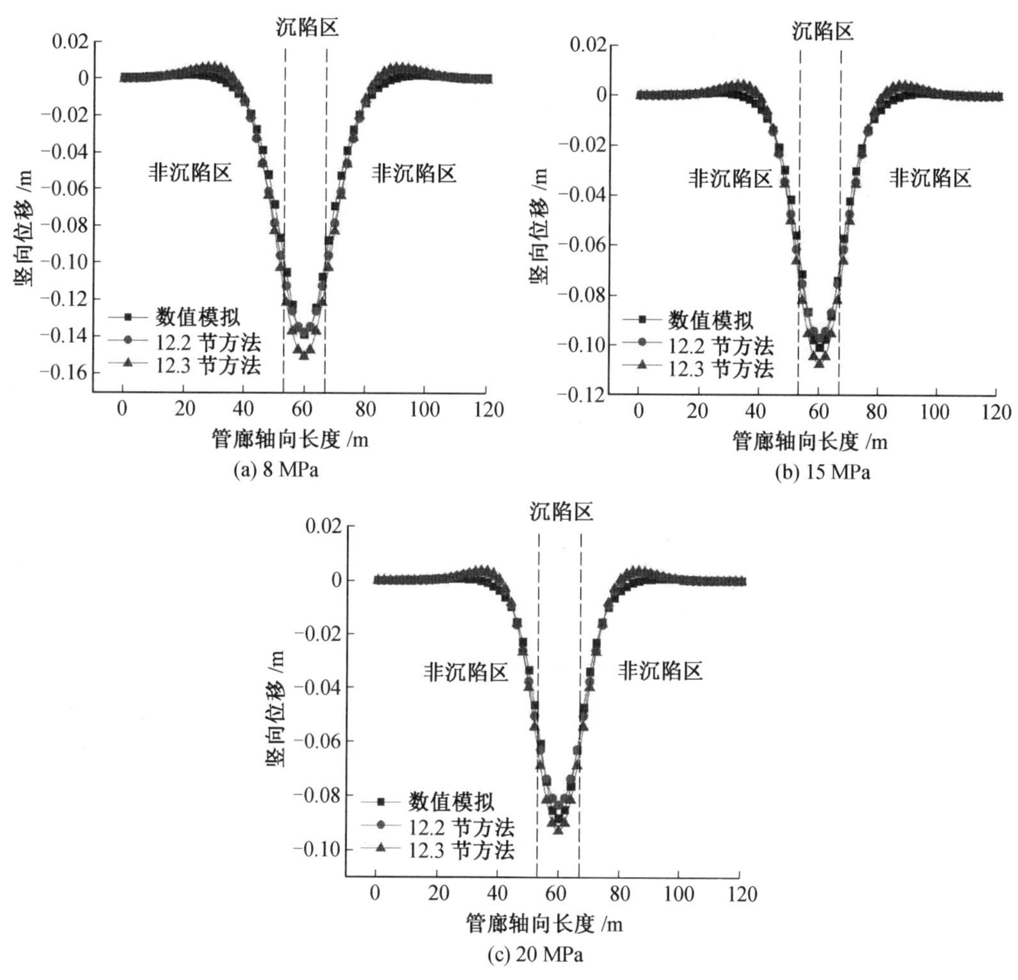

(a) 8 MPa

(b) 15 MPa

(c) 20 MPa

图 12.9　管廊竖向位移模拟值与解析值对比

由图 12.9 可见，两种计算方法得出管廊竖向位移分布规律与有限元模拟得出的结果基本一致。地基土弹性模量为 8 MPa 时，所有位置处解析值与模拟值最大差距为 10.21 mm，竖向位移最大处即沉陷区跨中差距为 1.13 mm；所有位置处解析值与模拟值最大差距为 16.42 mm，竖向位移最大处即沉陷区跨中差距为 11.93 mm。地基土弹性模量为15 MPa 时，所有位置处解析值与模拟值最大差距为 5.72 mm，竖向位移最大处即沉陷区跨中差距为 3.81 mm；所有位置处解析值与模拟值最大差距为 10.59 mm，竖向位移最大处即沉陷区跨中差距为 6.75 mm。地基土弹性模量为 20 MPa 时，解析值与模拟值最大差距为 4.95 mm，竖向位移最大处即沉陷区跨中差距为 4.95 mm；所有位置处解析值与模拟值最大差距为 8.37 mm，竖向位移最大处即沉陷区跨中差距为 4.73 mm。相对而言，12.2 节计算方法在竖向位移计算中精度较高。

图 12.10(a)、(b)、(c) 分别表示土体弹性模量为8 MPa、15 MPa 和20 MPa 时，管廊接口处顶板纵向水平开口位移模拟值与解析值对比情况。从图中可以看出，本章两种计算

方法得出管廊顶板开口位移分布规律与有限元模拟得出的结果基本一致。当土体弹性模量为 8 MPa 时,开口位移最大处,即沉陷区跨中位置 12.2 节计算方法与模拟值差距为 1.48 mm,12.3 节计算方法与模拟值差距为 0.47 mm;当土体弹性模量为 15 MPa 时,开口位移最大处,即沉陷区跨中位置 12.2 节计算方法与模拟值差距为 1.23 mm,12.3 节计算方法与模拟值差距为 0.28 mm;当土体弹性模量为 20 MPa 时,开口位移最大处,即沉陷区跨中位置 12.2 节计算方法与模拟值差距为 1.15 mm,12.3 节计算方法与模拟值差距为 0.20 mm。12.3 节计算方法精度较高。

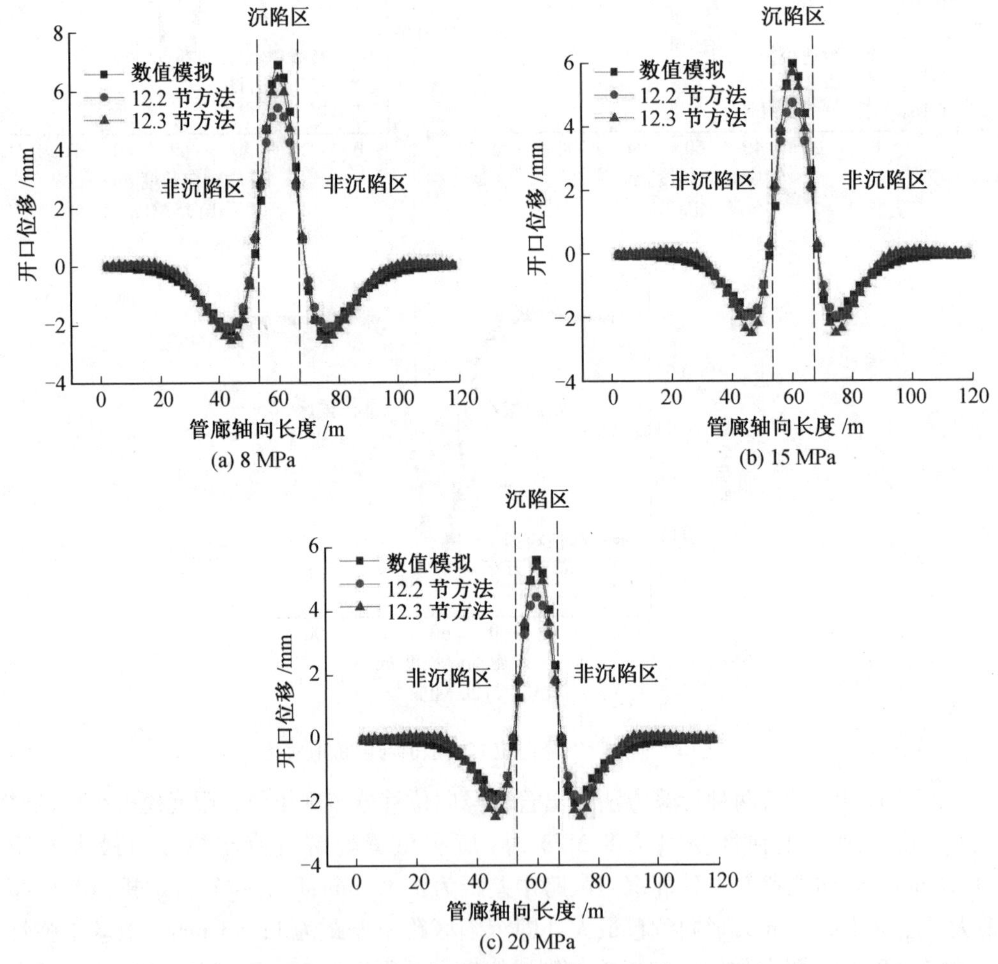

图 12.10　管廊接口处顶板纵向水平开口位移模拟值与解析值对比

图 12.11(a)、(b)、(c) 分别表示土体弹性模量为 8 MPa、15 MPa 和 20 MPa 时,管廊接口处底板纵向水平开口位移模拟值与解析值对比情况。从图中可以看出,本章两种计算方法得出管廊底板开口位移分布规律与有限元模拟得出的结果基本一致。当土体弹性模量为 8 MPa 时,开口位移最大处,即沉陷区跨中位置 12.2 节计算方法与模拟值差距为 0.54 mm,12.3 节计算方法与模拟值差距为 0.46 mm;当土体弹性模量为 15 MPa 时,开口位移最大处,即沉陷区跨中位置 12.2 节计算方法与模拟值差距为 0.38 mm,12.3 节计算

方法与模拟值差距为 0.57 mm；当土体弹性模量为 20 MPa 时，开口位移最大处，即沉陷区跨中位置 12.2 节计算方法与模拟值差距为 0.39 mm，12.3 节计算方法与模拟值差距为 0.55 mm。解析公式计算开口位移时，假设顶板和底板开口位移大小相等、方向相反。而模拟结果中由于摩擦力等原因，底板开口位移绝对值在大变形区基本均小于顶板。由于解析公式没有考虑轴向摩擦力对开口位移的影响，所以在某些位置与模拟值差距较大。总体来说，在计算土体沉陷作用造成装配式综合管廊在沉陷区管 - 土完全分离时的最大开口位移时，可以认为本节给出的两种计算方法满足精度要求。

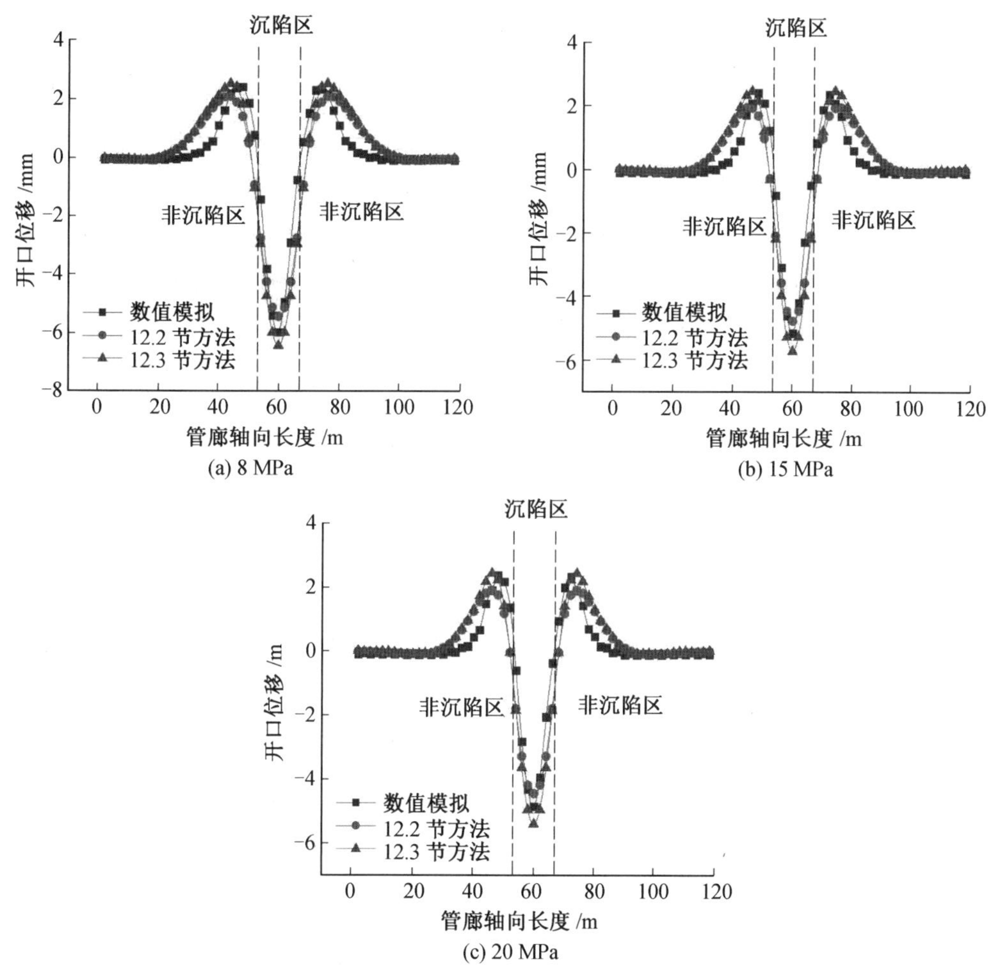

图 12.11　管廊接口处底板纵向水平开口位移模拟值与解析值对比

12.5　管廊纵向刚度的影响

在土体参数、埋深、沉陷区长度等其他外部因素都确定的情况下，装配式综合管廊的沉降只与管廊的纵向刚度有关，因此本节采用 12.2 节计算方法研究装配式综合管廊纵向等效抗弯刚度和等效抗剪刚度对管廊沉降的影响。图 12.12、图 12.13 分别表示不同等效抗剪强度和不同等效抗弯刚度下管廊竖向相对位移分布情况。

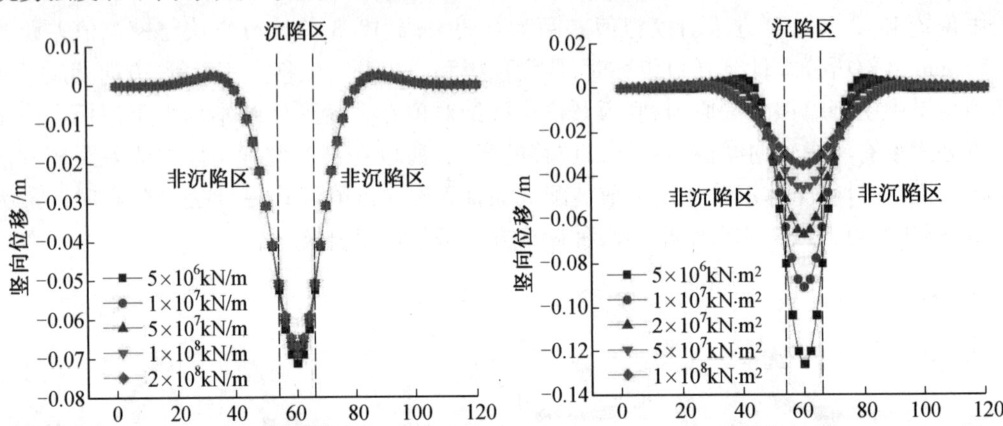

图 12.12　不同等效抗剪强度下竖向位移分布　　图 12.13　不同等效抗弯刚度下竖向位移分布

从图 12.12 中可以看出,装配式管廊等效抗剪强度的变化对非沉陷区内管廊竖向位移几乎没有影响;当等效抗剪强度较小时,如在 $5\times10^6 \sim 5\times10^7$ kN/m 之间,沉陷区内管廊竖向位移随着等效抗剪强度的增大而减小;当等效抗剪强度大于 5×10^7 kN/m 后,其变化对沉陷区内管廊竖向位移几乎没有影响。

从图 12.13 中可以看出,管廊沿轴向长度的竖向位移分布曲线因抗弯刚度的增大而趋于平缓,位移分布较为均匀,沉陷区内管廊竖向位移值逐渐减小。

总体来说,企口型装配式综合管廊由于接头企口的存在,其纵向抗剪强度一般比较大,此时装配式综合管廊竖向位移对抗剪强度的变化不敏感,通过增加抗剪强度来降低沉降位移不可取。而纵向抗弯刚度的变化对管廊竖向位移产生显著影响。增大装配式综合管廊纵向抗弯刚度,可以减小管廊在不均匀沉降作用下的位移,减小管廊拼接缝的变形程度。从图 12.14 可以看出,随着管廊纵向等效抗弯刚度的增大,管廊最大竖向位移值与等效抗弯刚度关系曲线趋于平缓,即等效抗弯刚度的影响程度减小。而增大结构抗弯刚度的同时会增加管廊混凝土结构本体的应力应变,可能使混凝土结构发生破坏,故工程中应根据实际情况合理选择一个平衡点。

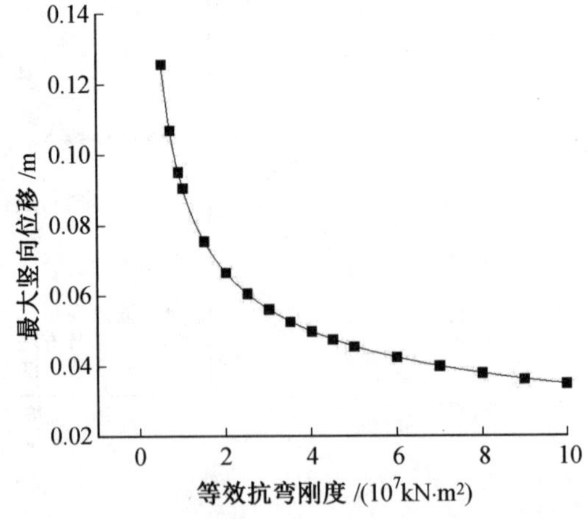

图 12.14　管廊最大竖向位移与等效抗弯刚度关系曲线

综上所述,通过将装配式综合管廊简化为搁置于双参数地基上的铁木辛柯梁,基于结构力学知识和弹性地基梁理论,提出的局部悬空状态下的管廊挠度变形及内力计算方法,考虑了装配式综合管廊的“接头效应”，将预制装配式综合管廊节段看作由剪切弹簧和抗拉弹簧连接的弹性地基短梁，利用能量变分方法推导出局部悬空状态下管廊纵向变形、环间转角的解析解，并获得了数值验证。

管廊纵向刚度对管廊沉降的影响分析表明，随着纵向抗剪强度的增大，非沉陷区内管廊竖向位移几乎不变，沉陷区内管廊竖向沉降位移逐渐减小，并在抗剪强度达到一定值后基本保持不变；而随着纵向抗弯刚度的增大，管廊竖向位移分布曲线趋于平缓，沉陷区内管廊竖向沉降位移逐渐减小，且抗弯刚度越大，其对管廊沉降的影响程度越小。

第13章　不均匀沉降下管廊拼接缝防水性能评价分析

13.1　引　　言

根据开展的装配式管廊拼接面处40 mm×34 mm×6 mm凹槽内的4种规格材质的密封胶条压缩试验，得到压缩力(kN/m)与压缩量(mm)的拟合公式；通过密封胶条与混凝土界面防水性能试验，获得不同胶条压缩量与极限耐水压力的关系，给出了不同胶条使用时的最小压缩率建议值。在此基础上，根据试验所用4种密封胶条的尺寸，进一步计算出不同密封胶条的界面名义应力与名义应变的关系，以及压缩率与极限耐水压力的关系，部分数据统计如表13.1和表13.2所示。

表13.1　4种密封胶条名义应力与名义应变

遇水膨胀橡胶条		三元乙丙弹性橡胶条		遇水膨胀复合橡胶条		腻子复合橡胶密封条	
名义应力/kPa	名义应变	名义应力/kPa	名义应变	名义应力/kPa	名义应变	名义应力/kPa	名义应变
210.53	0.156	222.22	0.223	222.22	0.286	166.67	0.415
315.79	0.189	333.33	0.281	333.33	0.341	222.22	0.460
421.05	0.217	444.44	0.320	444.44	0.376	333.33	0.520
526.32	0.241	555.56	0.348	555.56	0.402	444.44	0.578
631.58	0.264	666.67	0.371	666.67	0.423	666.67	0.609
736.84	0.284	777.78	0.390	777.78	0.440	888.89	0.624
842.10	0.303	888.89	0.407	888.89	0.455	1 111.11	0.639
947.37	0.321	1 000.00	0.421	1 000.00	0.467	1 333.33	0.653
1 052.63	0.337	1 111.11	0.434	1 111.11	0.479	1 777.78	0.666
1 263.16	0.368	1 333.33	0.456	1 333.33	0.498	2 222.22	0.677

4种密封胶条的建议最小压缩率从左到右依次为0.24、0.33、0.40及0.60。

表 13.2　4 种密封胶条压缩率与极限耐水压力变化关系

遇水膨胀橡胶条		三元乙丙弹性橡胶条		遇水膨胀复合橡胶条		腻子复合橡胶密封条	
压缩率	极限耐水压力/MPa	压缩率	极限耐水压力/MPa	压缩率	极限耐水压力/MPa	压缩率	极限耐水压力/MPa
0.094	0	0.082	0.02	0.116	0	0.247	0.05
0.161	0.038	0.190	0.058	0.269	0.057	0.509	0.133
0.238	0.152	0.349	0.167	0.385	0.165	0.608	0.243
0.349	0.388	0.438	0.372	0.473	0.365	0.658	0.393
0.420	0.480	0.485	0.485	0.515	0.403	0.674	0.493
0.462	0.538	0.514	0.597	0.540	0.573	0.684	0.563

下面以断层位移作用形成的不均匀沉降为例，对管廊纵向拼接缝的防水性能退化情况进行评价分析。在有限元建模中，单舱管廊布置一道密封胶条，胶条截面面积为 0.297 6 m^2。假设橡胶条所受应力均匀，则在不均匀沉降前（初始状态），4 根 200 kN 的预应力钢棒使胶条所受压应力为 2 688.172 kPa。以正断层 0.40 m 位移量为例，当分别采用遇水膨胀橡胶条、三元乙丙弹性橡胶条、遇水膨胀复合橡胶条和腻子复合橡胶密封条作为拼接缝防水设计时，最不利位置处胶条压缩率依次为 0.372、0.451、0.494 和 0.650。单舱管廊中胶条由于初始界面应力较大，对应的 4 种密封胶条初始压缩率较大，通过分析可知，在 0.40 m 及以下断层位移量作用下，管廊拼接缝张开量增大导致 4 种密封胶条变形后的压缩率均不会低于建议最小值。

在此基础上，针对工程常用的双舱矩形截面综合管廊进行数值模拟分析。模拟分析中双舱预制管廊共计 50 节段，管廊断面尺寸为 4.1 m × 9 m，单节跨径为 2 m，管廊企口深度为 80 mm，企口角度为 90°，企口位置距管廊内表面为 200 mm。在腋角处一共布置 6 根预应力钢棒，单根钢棒张拉力为 200 kN。具体如图 13.1 所示。

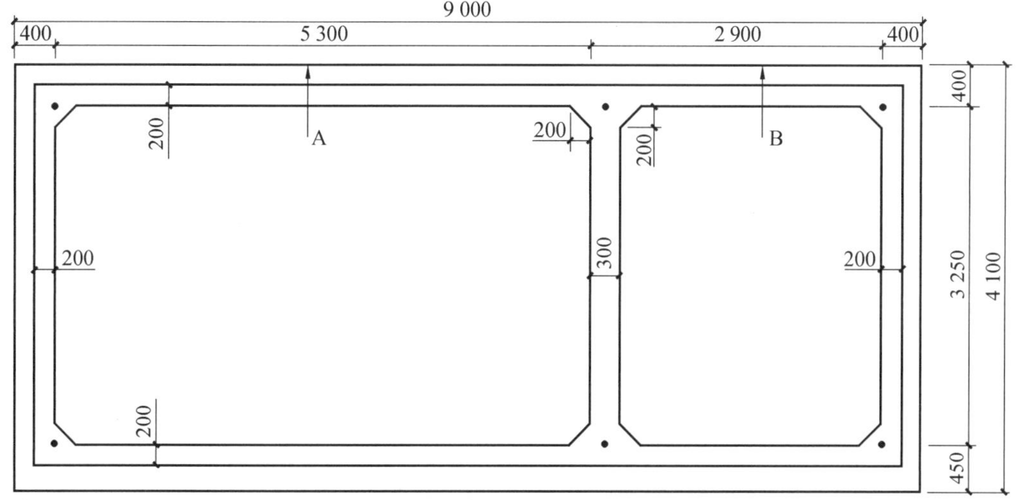

图 13.1　双舱管廊断面尺寸（单位：mm）

有限元分析过程中双舱装配式管廊拼接缝处设置两道密封胶条,橡胶条总面积为 0.987 2 mm^2。假设橡胶条所受应力均匀,则初始状态时,6 根预应力钢棒在 200 kN 预应力作用下,使胶条受到 1 215.559 kPa 的压应力。通过初始状态胶条所受压应力大小,在表 13.1 中插值得出 4 种密封胶条的初始压缩率,然后从表 13.2 插值得到初始状态时 4 种密封胶条的极限耐水压力,如表 13.3 所示。

表 13.3 初始状态时 4 种密封胶条压缩率和极限耐水压力

密封胶条种类	压缩率	极限耐水压力 /MPa
遇水膨胀橡胶条	0.361	0.403
三元乙丙弹性橡胶条	0.444	0.386
遇水膨胀复合橡胶条	0.488	0.378
腻子复合橡胶密封条	0.646	0.357

13.2 正断层位移作用

这里,以断层倾角为 90°、埋深为 3 m,与断层面正交的双舱装配式管廊在 0.30 m、0.35 m、0.40 m 位移量下的变形为例,对正断层位移作用下的管廊纵向拼接缝防水性能的退化情况进行评价分析。

图 13.2 为正断层作用时,0.30 m、0.35 m、0.40 m 位移量下的双舱管廊接口处顶板纵向水平开口位移分布曲线,其中“-1”表示小舱室跨中即 B 点的开口位移,“-2”表示大舱室跨中即 A 点的开口位移。A 点和 B 点由于与腋角处预应力钢棒的距离不同,预应力衰减趋势不同,导致胶条所受界面应力不同,在断层位移作用下产生的开口位移存在些许差异。由于 0.40 m 位移量下管廊接口处底板拼接缝张开量最大为 1.440 mm,远小于顶板拼接缝张开量,胶条变形后的压缩率不会低于建议最小值,故不进行分析。开口位移为负表示管廊节段拼接缝张开量增大,防水能力下降,故重点对这些位置防水性能进行分

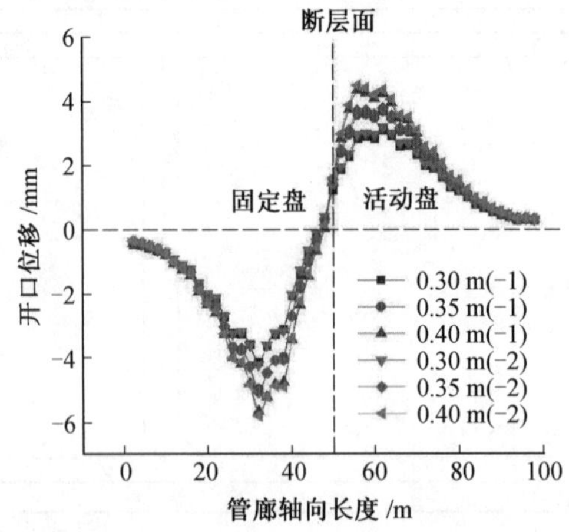

图 13.2 不同断层位移量下管廊接口处顶板纵向水平开口位移分布曲线

析。即正断层位移作用时,只对轴向2 ~ 46 m位置管廊接口处顶板的防水能力退化情况进行评价分析。其他条件一定时,认为装配式综合管廊在断层位移作用下产生的变形对拼接缝密封胶条压应力大小的影响不会因为胶条种类的不同而产生变化,将有限元模拟结果中各位置处的胶条压应力值在表13.1中插值得出4种密封胶条的压缩率,如图13.3所示。

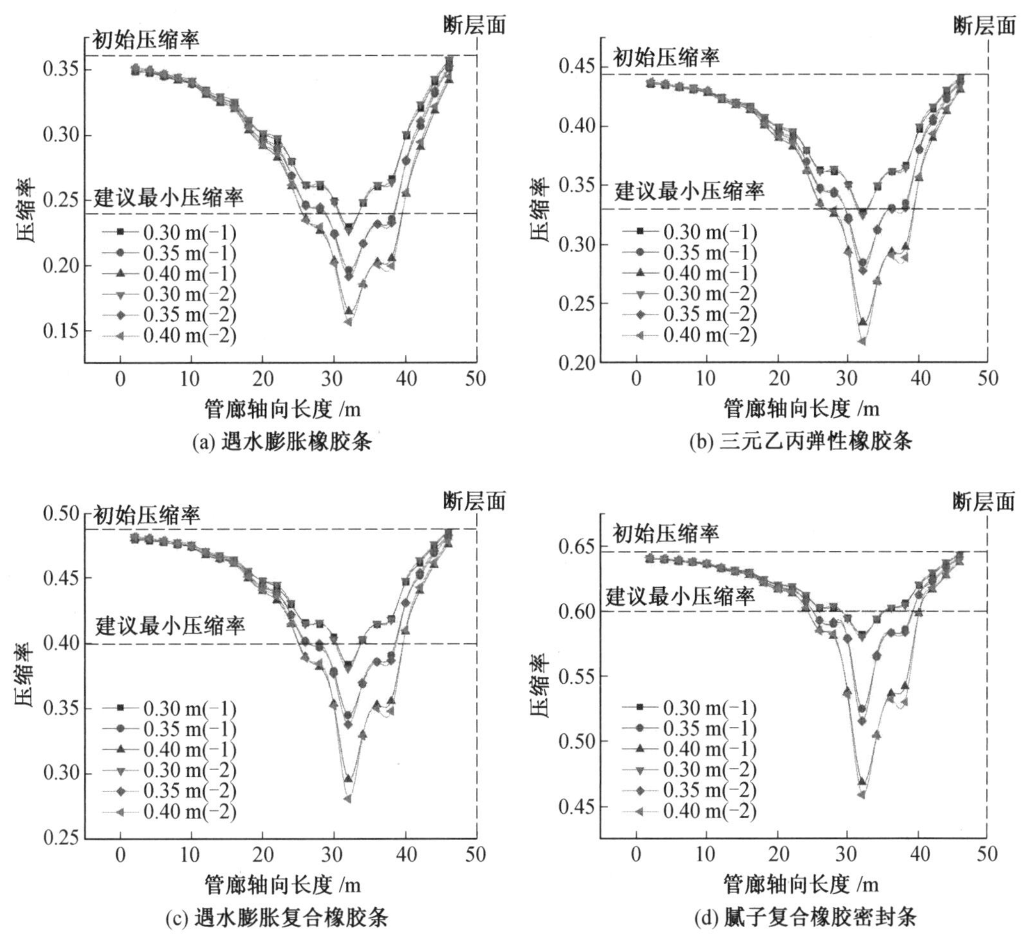

图13.3　4种密封胶条沿轴向长度的压缩率变化分布曲线

从图13.3可以看出,当正断层位移量 ≥ 0.30 m时,4种密封胶条沿管廊轴向均存在压缩率低于建议最小值的位置,并且随着断层位移量的增大,大变形区内胶条压缩率逐渐减小,低于建议最小压缩率的位置逐渐增多。在最不利位置处,A点的压缩率均小于B点的压缩率。

表13.4给出了不同断层位移量下,距断层面18 m即最不利位置处4种密封胶条的压缩率及对应的极限耐水压力。结合表13.3可知,对于极限耐水压力,位移量为0.30 m时,遇水膨胀橡胶条降低了0.268 MPa,三元乙丙弹性橡胶条降低了0.236 MPa,遇水膨胀复合橡胶条降低了0.217 MPa,腻子复合橡胶密封条降低了0.146 MPa;位移量为0.35 m时,遇水膨胀橡胶条降低了0.319 MPa,三元乙丙弹性橡胶条降低了0.268 MPa,遇水膨胀

复合橡胶条降低了0.257 MPa，腻子复合橡胶密封条降低了0.217 MPa；位移量为0.40 m时，遇水膨胀橡胶条降低了0.368 MPa，三元乙丙弹性橡胶条降低了0.309 MPa，遇水膨胀复合橡胶条降低了0.310 MPa，腻子复合橡胶密封条降低了0.240 MPa。虽然初始状态时遇水膨胀橡胶条的极限耐水压力最大，但是其在管廊拼接缝张开量增大后的耐水压力下降最明显，受到断层位移的影响最大，无法保证管廊拼接缝变形后的防水性能；而腻子复合橡胶密封条虽然初始状态的极限耐水压力最小，但是其在管廊拼接缝张开量增大后的耐水压力下降最少，受到断层位移的影响最小，能较好地应对不均匀沉降引起的拼接缝张开量增大，保证防水性能。三元乙丙弹性橡胶条和遇水膨胀复合橡胶条性能介于前述两种胶条之间。

表13.4　最不利位置处4种密封胶条压缩率和耐水压力

密封胶条种类	0.30 m		0.35 m		0.40 m	
	压缩率	耐水压力/MPa	压缩率	耐水压力/MPa	压缩率	耐水压力/MPa
遇水膨胀橡胶条	0.227	0.135	0.192	0.084	0.157	0.035
三元乙丙弹性橡胶条	0.325	0.150	0.278	0.118	0.218	0.077
遇水膨胀复合橡胶条	0.381	0.161	0.338	0.121	0.281	0.068
腻子复合橡胶密封条	0.580	0.211	0.515	0.140	0.459	0.117

表13.5给出了正断层作用时，不同断层位移量下，4种密封胶条压缩率低于建议最小值的轴向位置范围。从表中可以看出，在0.30 m、0.35 m和0.40 m位移量作用下，腻子复合橡胶密封条压缩率低于建议最小值的位置范围均最大。正断层位移量为0.40 m时，应重点关注固定盘中距断层面大致24 ~ 10 m范围内管廊顶板拼接缝的防水性能退化情况。

表13.5　低于建议最小压缩率的密封胶条轴向位置　m

密封胶条种类	0.30	0.35	0.40
遇水膨胀橡胶条	32	30 ~ 38	26 ~ 38
三元乙丙弹性橡胶条	32	30 ~ 34	28 ~ 38
遇水膨胀复合橡胶条	32	28 ~ 38	26 ~ 38
腻子复合橡胶密封条	30 ~ 34	26 ~ 38	26 ~ 40

13.3　逆断层位移作用

这里，以断层倾角为90°、埋深为3 m，与断层面正交的双舱装配式管廊在0.30 m、0.35 m、0.40 m位移量下的变形为例，对逆断层位移作用下的管廊拼接缝防水性能退化情况进行评价分析。

图13.4为逆断层位移作用时，0.30 m、0.35 m、0.40 m位移量下的管廊接口处顶板纵向水平开口位移分布曲线，其中“-1”表示小舱室跨中即B点的开口位移，“-2”表示大

舱室跨中即 A 点的开口位移。与正断层位移作用类似,由于管廊接口处底板拼接缝张开量最大为 0.933 mm,远小于顶板拼接缝张开量,胶条变形后压缩率不会低于限值,故不进行分析。开口位移为负表示管廊节段拼接缝张开量增大,防水能力下降,故重点对这些位置防水性能进行分析。即逆断层位移作用时,只对轴向58 ~98 m位置管廊接口处顶板的防水能力进行评价分析。其他条件一定时,认为装配式综合管廊在断层位移作用下产生的变形对拼接缝密封胶条压应力大小的影响不会因为胶条种类的不同而产生变化,通过有限元模拟结果中的胶条压应力值在表 13.1 中插值得出 4 种密封胶条的压缩率,如图 13.5 所示。

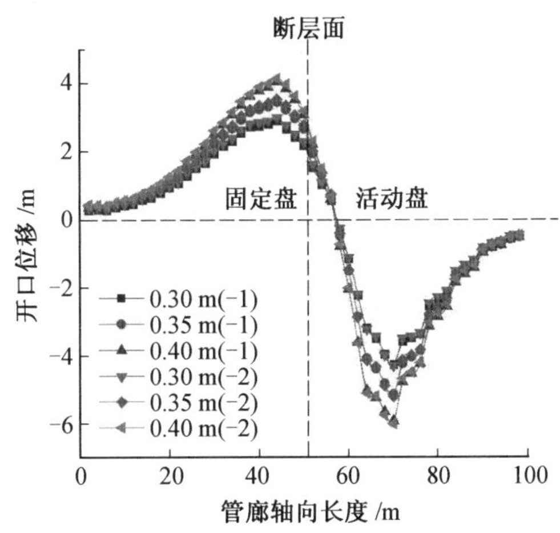

图 13.4　不同断层位移量下管廊接口处顶板纵向水平开口位移分布曲线

从图 13.5 可以看出,当逆断层位移量 ≥0.3 m 时,4 种密封胶条沿管廊轴向均存在压缩率低于建议最小值的位置,并且随着断层位移量的增大,大变形区胶条压缩率逐渐减小,低于建议最小压缩率的位置逐渐增多,且逆断层位移作用较正断层更明显。

表 13.6 给出了不同断层位移量下,距断层面20 m 即最不利位置处4 种密封胶条的压缩率及对应的极限耐水压力。结合表13.3 可知,对于极限耐水压力,位移量为0.30 m时,遇水膨胀橡胶条降低了 0.273 MPa,三元乙丙弹性橡胶条降低了 0.239 MPa,遇水膨胀复合橡胶条降低了 0.221 MPa,腻子复合橡胶密封条降低了 0.148 MPa;位移量为 0.35 m 时,遇水膨胀橡胶条降低了 0.330 MPa,三元乙丙弹性橡胶条降低了 0.275 MPa,遇水膨胀复合橡胶条降低了 0.265 MPa,腻子复合橡胶密封条降低了 0.226 MPa;位移量为 0.40 m 时,遇水膨胀橡胶条降低了 0.374 MPa,三元乙丙弹性橡胶条降低了 0.327 MPa,遇水膨胀复合橡胶条降低了 0.326 MPa,腻子复合橡胶密封条降低了 0.250 MPa。虽然初始状态时遇水膨胀橡胶条的极限耐水压力最大,但是其在管廊拼接缝张开量增大后的耐水压力下降最明显,受到断层位移的影响最大,无法保证管廊拼接缝变形后的防水性能;而腻子复合橡胶密封条虽然初始状态的极限耐水压力最小,但是其在管廊拼接缝张开量增大后的耐水压力下降最少,受到断层位移的影响最小,能较好地应对不均匀沉降引起的拼接缝张开量增大,保证防水性能。相较正断层位移作用,装配式管廊在逆断层位移作用下拼接缝防水能力下降更为明显。

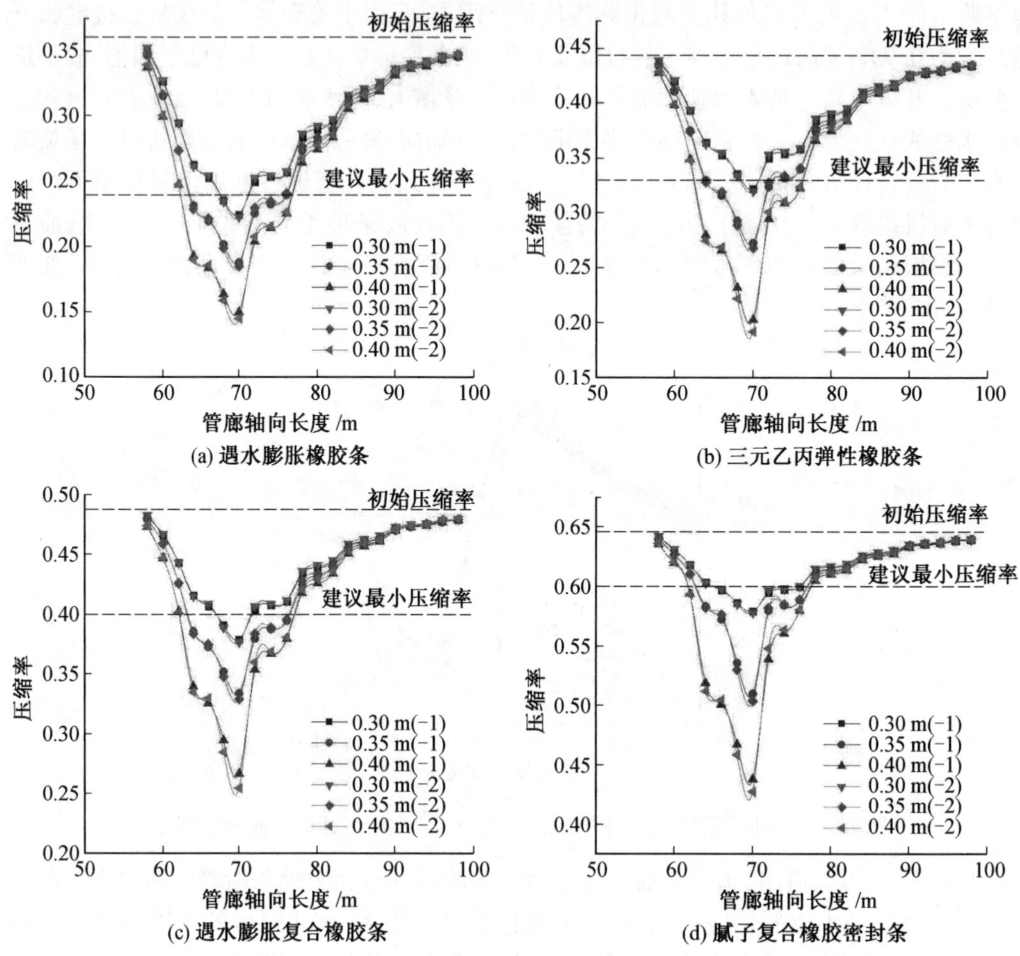

(a) 遇水膨胀橡胶条
(b) 三元乙丙弹性橡胶条
(c) 遇水膨胀复合橡胶条
(d) 腻子复合橡胶密封条

图 13.5 4 种密封胶条沿轴向长度的压缩率变化分布曲线

表 13.6 最不利位置处 4 种密封胶条压缩率和耐水压力

密封胶条种类	0.30 m		0.35 m		0.40 m	
	压缩率	耐水压力 /MPa	压缩率	耐水压力 /MPa	压缩率	耐水压力 /MPa
遇水膨胀橡胶条	0.223	0.130	0.185	0.073	0.145	0.029
三元乙丙弹性橡胶条	0.320	0.147	0.268	0.111	0.192	0.059
遇水膨胀复合橡胶条	0.377	0.157	0.329	0.113	0.255	0.052
腻子复合橡胶密封条	0.578	0.209	0.504	0.131	0.428	0.107

表 13.7 给出了正断层作用时,不同断层位移量下,4 种密封胶条压缩率低于建议最小值的轴向位置范围。从表中可以看出,在0.30 m、0.35 m和0.40 m位移量作用下,腻子复合橡胶密封条压缩率低于建议最小值的位置范围均最大。正断层位移量为 0.40 m 时,应重点关注活动盘中距断层面大致 12 ~ 26 m 范围内管廊顶板拼接缝的防水性能退化情况。

表 13.7　低于建议最小压缩率的密封胶条轴向位置　m

密封胶条种类	0.30	0.35	0.40
遇水膨胀橡胶条	68 ~ 70	64 ~ 74	64 ~ 76
三元乙丙弹性橡胶条	70	64 ~ 72	64 ~ 76
遇水膨胀复合橡胶条	68 ~ 70	64 ~ 76	64 ~ 76
腻子复合橡胶密封条	66 ~ 76	64 ~ 76	62 ~ 76

13.4　防水性能相关性分析

实际工程中,管廊拼接缝外缘张开量略大于密封胶条压缩量减小量,本节近似认为两者相等,这样在评价分析拼接缝防水性能时趋于保守。通过将表 13.1、表 13.2 中 4 种密封胶条的相关试验数据与管廊拼接缝张开量结合起来进行分析,为不均匀沉降对装配式管廊的防水性能影响分析提供参考。

13.4.1　界面应力与拼接缝张开量关系

装配式管廊在不同建设区域对耐水压力的要求不同,在表 13.2 中通过插值得出 4 种密封胶条极限耐水压力为0.10 MPa、0.15 MPa、0.20 MPa时的压缩率,将压缩率与胶条厚度相乘得到相应压缩量,如表 13.8 所示。

表 13.8　不同耐水压力下的密封胶条压缩率和压缩量

密封胶条种类	0.30 m		0.35 m		0.40 m	
	压缩率	压缩量 /mm	压缩率	压缩量 /mm	压缩率	压缩量 /mm
遇水膨胀橡胶条	0.203	3.045	0.237	3.555	0.261	3.915
三元乙丙弹性橡胶条	0.251	5.020	0.324	6.480	0.363	7.260
遇水膨胀复合橡胶条	0.315	6.300	0.369	7.380	0.401	8.020
腻子复合橡胶密封条	0.405	10.125	0.525	13.125	0.569	14.225

假设装配式综合管廊埋设区域常年水压力保持在 0.10 MPa,为使不均匀沉降导致管廊拼接缝张开量增大后管廊仍能保持良好防水性能,不发生渗漏水现象,假设拼接缝张开量最大增加 4 mm,可得出初始状态时密封胶条的最小压缩率和对应的界面应力,如表 13.9 所示。

表 13.9　拼接缝张开量 4 mm 时的密封胶条情况

密封胶条种类	压缩量 /mm	压缩率	界面应力 /kPa
遇水膨胀橡胶条	7.045	0.470	2 086
三元乙丙弹性橡胶条	9.020	0.451	1 282
遇水膨胀复合橡胶条	10.300	0.515	1 567
腻子复合橡胶密封条	14.125	0.565	420

其他工况类似，则可得出为保证管廊拼接缝张开量不同程度增大后仍具有一定的耐水压力，4 种密封胶条在初始状态应具有的最小界面应力如图 13.6 所示。

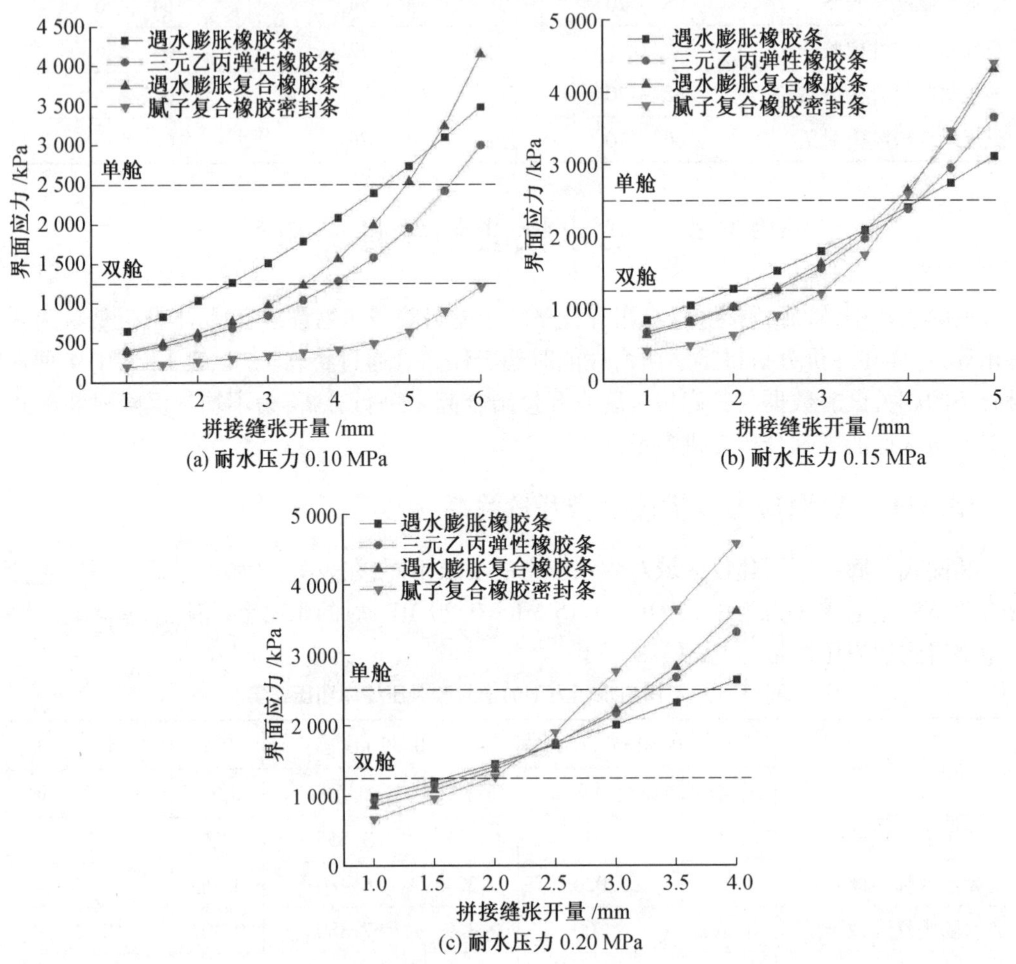

图 13.6　4 种密封胶条界面应力与拼接缝张开量关系图

从图 13.6(a) 中可以看出，为保证管廊拼接缝张开量增大后极限耐水压力不低于 0.10 MPa，腻子复合橡胶密封条在初始状态时所需的界面应力明显低于其他3种橡胶条；从图 13.6(b) 中可以看出，当拼接缝张开量增大不超过 3.5 mm 时，腻子复合橡胶密封条为保证 0.15 MPa 耐水压力所需的初始界面应力最小。当拼接缝张开量增大超过 4.0 mm 时，遇水膨胀橡胶条为保证 0.15 MPa 耐水压力所需的界面应力最小；从图 13.6(c) 可以看出，当拼接缝张开量增大不超过 2.0 mm 时，腻子复合橡胶密封条为保证 0.20 MPa 耐水压力所需的界面应力最小。当拼接缝张开量增大超过 2.5 mm 时，遇水膨胀橡胶条为保证0.20 MPa 耐水压力所需的界面应力最小。

实际工程中双舱管廊由于管廊断面尺寸较大且一般密封胶条布置两道，预应力作用下的胶条界面应力相对较低，而单舱管廊中胶条界面应力较大。假设单舱管廊拼接缝密封胶条在初始状态所受界面应力为 2 500 kPa，双舱管廊为 1 250 kPa。从图 13.6 中可以看出，为保证0.10 MPa、0.15 MPa和0.20 MPa的耐水压力，4种密封胶条作为拼接缝防水措施时的拼接缝张开量限值大小情况，具体数值如表13.10所示。

表13.10　不同耐水压力下拼接缝张开量限值(单位：mm)

密封胶条种类	0.10 MPa		0.15 MPa		0.20 MPa	
	双舱	单舱	双舱	单舱	双舱	单舱
遇水膨胀橡胶条	2.5	4.5	2.0	4.0	1.5	3.5
三元乙丙弹性橡胶条	4.0	5.5	2.5	4.0	1.5	3.0
遇水膨胀复合橡胶条	3.5	5.0	2.5	3.5	1.5	3.0
腻子复合橡胶密封条	6.0	> 6.0	3.0	3.5	2.0	2.5

对于双舱综合管廊而言，不同耐水压力要求下，采用腻子复合橡胶密封条作为拼接缝防水措施的张开量限值均最大。对于单舱综合管廊，当耐水压力要求较小，如0.10 MPa时，腻子复合橡胶条所对应的张开量限值最大；当耐水压力要求较大，如0.15 MPa、0.20 MPa时，遇水膨胀橡胶条所对应的张开量限值最大。

13.4.2　耐水压力与拼接缝张开量关系

这里，以双舱管廊中密封胶条初始界面应力1 000 kPa、1 200 kPa、1 400 kPa为例，分别得出拼接缝张开量在1 ~ 4 mm间耐水压力变化情况，如图13.7所示。

图13.7(a)为初始界面应力1 000 kPa的工况。从图中可以看出，当拼接缝张开量为0 mm时，耐水压力从高到低依次为遇水膨胀复合橡胶条、遇水膨胀橡胶条、三元乙丙弹性橡胶条、腻子复合橡胶密封条；当拼接缝张开量为1 mm时，遇水膨胀复合橡胶条变形后耐水压力最高，遇水膨胀橡胶条最低；当拼接缝张开量不小于1.5 mm时，腻子复合橡胶密封条变形后的耐水压力最高，遇水膨胀橡胶条最低。

图13.7(b)为初始界面应力1 200 kPa的工况。从图中可以看出，当拼接缝张开量为0 mm时，耐水压力从高到低依次为遇水膨胀橡胶条、三元乙丙弹性橡胶条、遇水膨胀复合橡胶条、腻子复合橡胶密封条；当拼接缝张开量为1 mm时，遇水膨胀复合橡胶条变形后耐水压力最高，腻子复合橡胶密封条最低；当拼接缝张开量为1.5 mm时，遇水膨胀复合橡胶条变形后耐水压力最高，遇水膨胀橡胶条最低；当拼接缝张开量大于等于1.5 mm时，腻子复合橡胶密封条变形后的耐水压力最高，遇水膨胀橡胶条最低。

图13.7(c)为初始界面应力1 400 kPa的工况。从图中可以看出，当拼接缝张开量为0 mm时，耐水压力从高到低依次为遇水膨胀橡胶条、三元乙丙弹性橡胶条、遇水膨胀复合橡胶条、腻子复合橡胶密封条。当拼接缝张开量小于2 mm时，腻子复合橡胶密封条变形后耐水压力最小；大于等于2 mm时，腻子复合橡胶密封条变形后耐水压力最大。

总体来说，对于双舱综合管廊而言，当建设区域地质环境条件较差时，服役过程中可能发生较为严重的不均匀沉降，使管廊拼接缝张开量增加较大，应优先采用腻子复合橡胶密封条作为拼接缝防水措施。

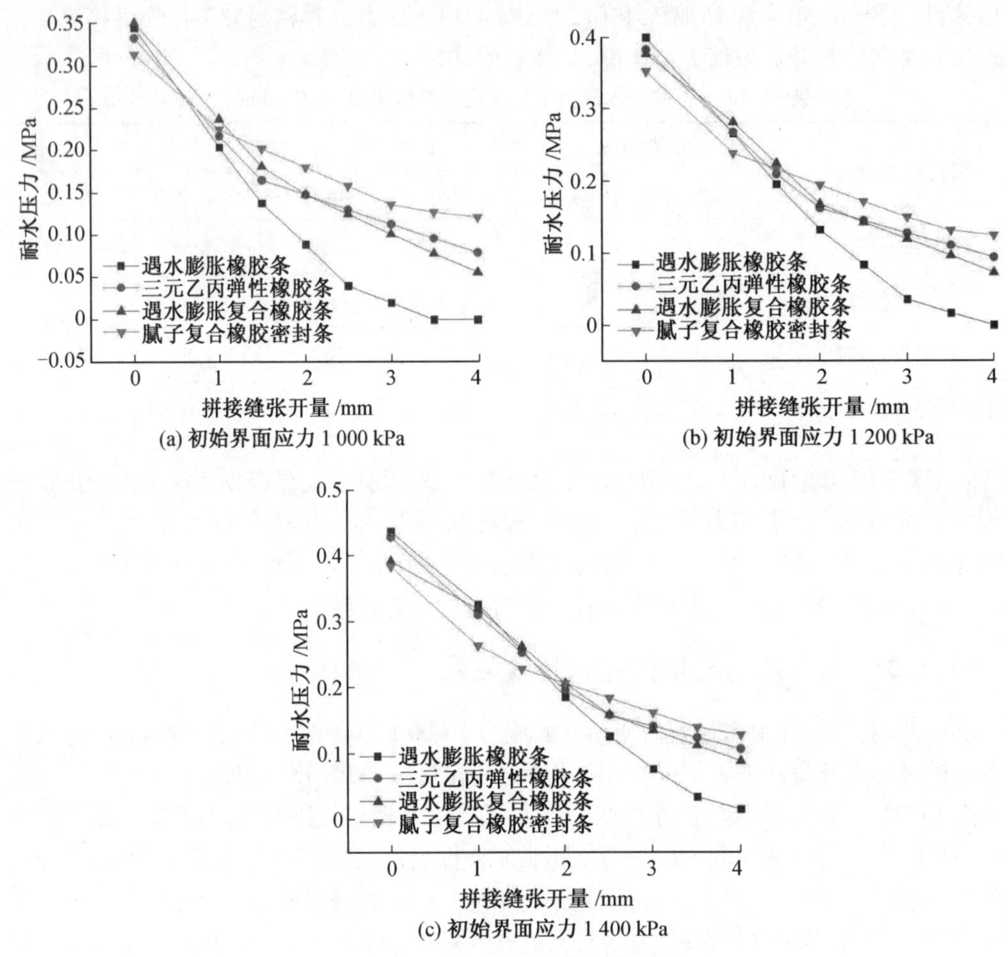

(a) 初始界面应力 1 000 kPa

(b) 初始界面应力 1 200 kPa

(c) 初始界面应力 1 400 kPa

图 13.7　4 种密封胶条耐水压力与拼接缝张开量关系图

综上所述,4 种规格材质的密封胶条中,双舱管廊采用腻子复合橡胶密封条作为拼接缝防水措施,能最大程度减少不均匀沉降对拼接缝防水性能的不利影响。

参 考 文 献

[1] CHEUNG Y K, ZINKIEWICZ O C. Plates and tanks on elastic foundations—an application of finite element method[J]. International Journal of Solids and Structures, 1965, 1(4): 451-461.

[2] PEREZ F J, PESSIKI S, SAUSE R. Seismic design of unbonded post-tensioned precast concrete walls with vertical joint connectors[J]. PCI Journal, 2004, 49(1): 58-79.

[3] HASSANLI R, ELGAWADY M A, MILLS J E. Force-displacement behavior of unbonded post-tensioned concrete walls[J]. Engineering Structures, 2016, 106: 495-505.

[4] HASSANLI R. In-plane behavior of unbondedpost-tensioned concrete walls [C]// Biennial National Conference of the Concrete Institute of Australia in Conjunction with the, Rilem Week, 2015.

[5] ESTREPO J, PARK R, BUCHANAN A H. Design of connections of earthquake resisting recast reinforced concrete perimeter frames[J]. PCI Journal, 1995, 40(5): 68-80.

[6] SOUDKI K A, RIZKALLA S H, LEBLANC B. Horizontal connections for precast concrete shear walls subjected to cyclic deformations part 1: mild steel connections [J]. PCI Journal, 1995, 40(4): 78-96.

[7] SOUDKI K A, RIZKALLA S H, DAIKIW R W. Horizontal connections for precast concrete shear walls subjected to cyclic deformations part 2: prestressed connections[J]. PCI Journal, 1995, 40(5): 82-96.

[8] KATONA M G, VITTES P D. Soil-structure analysis and evaluation of buried box-culvert designs[C]. Computing in Civil Engineering (1981), ASCE, 1982.

[9] KYUNGSIK K, CHAI H Y. Design loading on deeply buried box culverts[J]. Journal of Geotechnical and Geoenvironmental Engineering, 2006, 132 (8): 1106-1108

[10] MENEGOTTO M. Structural connections for precast concrete[J]. Technical Council of Fib. Bulletin, 2008, 43(2): 34-37.

[11] PARK R. Perspective on the seismic design of precast concrete structures in New Zealand[J]. PCI Journal, 1995, 40(3): 40-60.

[12] HENRY R S, AALETI S, SRITHARAN S, et al. Concept and finite-element modeling of new steel shear connectors for self-centering wall systems [J]. Journal of Engineering Mechanics, 2010, 136(2): 220-229.

[13] SAMUEL O O, VALSANGKARARUN J, SCHRIVERALLISON B. Performance of two cast-in-place box culvertsunder high embankments[J]. Canadian Geotechnical Journal, 2012, 49(12): 1331-1346.

[14] WILSON J F, CALLIS E G. The dynamics of loosely jointed structures[J]. International Journal of Non-Linear Mechanics, 2004, 39: 503-514

[15] XU Z, CHEUNG Y K. Averaging method using generalized harmonic functions for strongly non-linear oscillators[J]. Journal of Sound & Vibration, 1994, 174(4): 563-576.

[16] KURAMA Y C. Seismic design of unbonded post-tensioned precast concrete walls with supplemental viscous damping[J]. ACI Structural Journal, 2000, 97(4): 648-658.

[17] KURAMA Y, SAUSE R, PESSIKI S, et al. Lateral load behavior and seismic design of unbonded post-tensioned precast concrete walls[J]. ACI Structural Journal, 1999, 96(4): 622-632.

[18] 安秋香. 闭合框架结构型式的转化与结构计算[J]. 湖南水利水电, 2005(3): 25-26.

[19] 陈彤, 郭惠琴, 马涛, 等. 装配整体式剪力墙结构在住宅产业化试点工程中应用[J]. 建筑结构, 2011, 41(2): 26-30.

[20] 陈智强, 孔祥臣, 胡翔, 等. 预制预应力综合管廊接头设计计算方法研究[J]. 力学与实践, 2011(4): 42-46.

[21] 杜琼. 涵洞变形对土压力影响的研究[D]. 太原: 太原理工大学, 2013: 45-58.

[22] 胡翔, 薛伟辰, 王恒栋. 上海世博园区预制预应力综合管廊接头防水性能试验研究[J]. 特种结构, 2009, 26(1): 109-113.

[23] 姜洪斌, 张海顺, 刘文清, 等. 预制混凝土插入式预留孔灌浆钢筋搭接试验[J]. 哈尔滨工业大学学报, 2011, 43(10): 18-23.

[24] 孔祥臣. 预制拼装综合管廊接头防水性能研究[J]. 中国建设信息, 2012(11): 50-51.

[25] 李健华. 城市地下综合管廊发展与应用探讨[J]. 中国新通信, 2016, 18(24): 125.

[26] 刘红梁, 高洁, 吴志平, 等. 预制装配式建筑结构体系与设计[J]. 上海应用技术学院学报(自然科学版), 2015, 15(4): 357-361.

[27] 刘家彬, 陈云钢, 郭正兴, 等. 竖向新型连接装配式剪力墙抗震性能试验研究[J]. 湖南大学学报(自然科学版), 2014, 41(4): 16-24.

[28] 刘家彬, 陈云钢, 郭正兴, 等. 装配式混凝土剪力墙水平拼缝U型闭合筋连接抗震性能试验研究[J]. 东南大学学报(自然科学版), 2013, 43(3): 565-570.

[29] 钱稼茹, 彭媛媛, 张景明, 等. 竖向钢筋套筒浆锚连接的预制剪力墙抗震性能试验[J]. 建筑结构, 2011, 41(2): 1-6.

[30] 孙金墀. 装配式结构钢筋浆锚联接的性能[J]. 混凝土, 1986(4): 26-34.

[31] 王国兴, 徐艳玲. 大跨度钢筋混凝土闭合框架的优化设计[J]. 城市道桥与防洪, 2016(8): 75-79+10.

[32] 王民. 隧道盾构施工管片橡胶密封垫的材料和结构及产品性能特性[J]. 特种橡胶制品, 2005, 26(1): 42-46.

[33] 徐有邻, 沈文都, 汪洪. 钢筋砼粘结锚固性能的试验研究[J]. 建筑结构学报,

1994, 15(3): 26-37.

[34] 严薇，曹永红，李国荣. 装配式结构体系的发展与建筑工业化[J]. 重庆建筑大学学报，2004(5): 131-136.

[35] 余宗明. 日本的套筒灌浆式钢筋接头[J]. 建筑技术，1991，2: 50-53.

[36] 赵唯坚. 超高强材料与装配式结构[J]. 工程力学，2012，29(A02): 31-42.

[37] 赵媛媛，蒋首超. 灌浆套管节点技术研究概况[J]. 工业建筑，2009(S1): 514-517.

[38] 中国建筑标准设计研究院. 地下建筑防水构造: 10J301[S]. 北京:中国计划出版社，2010: 35-45.

[39] 中华人民共和国国家标准. 城市综合管廊工程技术规范: GB 50838—2015[S]. 北京: 中国计划出版社，2015:16-19.

[40] 中华人民共和国国家标准. 混凝土结构试验方法标准: GB/T 50152—2012[S]. 北京:中国建筑工业出版社，2012: 12-45.

[41] 周天华，吴函恒，白亮，等. 钢框架-预制混凝土抗侧力墙装配式结构体系[J]. 建筑科学与工程学报，2013，30(3): 1-6.

[42] 朱合华. 地下建筑结构[M]. 北京: 中国建筑工业出版社，2011.

[43] 朱张峰，郭正兴. 预制装配式剪力墙结构节点抗震性能试验研究[J]. 土木工程学报，2012，45(1): 69-76.

[44] FAN Q G. Experimental study on the waterproof capability of the hydro-expansive rubber sealing cushion in shield tunnel[J]. Underground Space, 2002(4): 9-12.

[45] FANG Y, LI W, MO H, et al. Experiment and analysis of law of sand deposit expansion in foundation of immersed tube tunnel treated by sand flow method[J]. Chinese Journal of Rock Mechanics and Engineering, 2012,31(1):206-216.

[46] GILLEN K T, BERNSTEIN R, WILSON M H. Predicting and confirming the lifetime of o-rings[J]. Polymer Degradation and Stability, 2005, 87(2): 257-270.

[47] LI H Y, ZHAO S Q, XU S, et al. Study and application of hydro-expansive rubber used in qinling tunnel[J]. China Railway Science, 2001,22(4): 69-73.

[48] HUANG Y. Application of sulfurized weldable epdm rubber waterproof membrane in roof rebuilding[J]. China Building Waterproofing, 2014(15): 19-21.

[49] HUANG Y. Comparisons between welding technology and traditional gluing technology for application of EPDM rubber waterproof membrane [J]. China Building Waterproofing, 2014(23): 29-30+34.

[50] JI L, LI Y L, WANG H P, et al. Shear resistance performance evaluations of rubber asphalt waterproof adhesive layer on bridge deck [J]. American Society of Civil Engineers, 2014(6): 167-175.

[51] LI W, FANG Y, MO H, et al. Model test of immersed tube tunnel foundation treated by sand-flow method [J]. Tunnelling and Underground Space Technology Incorporating Trenchless Technology Research, 2014, 40(2): 102-108.

[52] LIU Y, YU X, DAI Y, et al. Mechanical properties of waterproof adhesive layer on

concrete box girder bridge[J]. Journal of Tongji University, 2012, 40(1) :57-61+67.

[53] LUO Y, YUAN Y, CHAI R. Anumerical model in precasting segment of an immersed tunnel[C]//6th European Congress on Computational Methods in Applied Sciences and Engineering, 2012.

[54] MAZZOTTA F, LANTIERI C, VIGNALI V, et al. Performance evaluation of recycled rubber waterproofing bituminous membranes for concrete bridge decks and other surfaces [J]. Construction and Building Materials, 2017, 136: 524-532.

[55] PATEL M, SKINNER A R. Thermal ageing studies on room-temperature vulcanised polysiloxane rubbers[J]. Polymer Degradation & Stability, 2001, 73(3): 399-402.

[56] WEI G, QIU H J, WANG D D. Study of sedimentation speed and compression characteristics of back-silting soil from undersea immersed tube tunnels[J]. Applied Mechanics and Materials, 2014, 501-504(4): 132-136.

[57] WEI G, QIU H J, WEI X J. Analysis of settlement reasons and mechanism in immersed tunnel[J]. Applied Mechanics and Materials, 2012, 238: 803-807.

[58] WEI G, QIU H J. Summary of model tests and settlement characteristics of base layer in immersed tube tunnel[J]. Applied Mechanics and Materials, 2013, 368-370(1): 1421-1425.

[59] WEI G, SU Q W. Application of three-parameter model in settlement calculation of immersed tube tunnel[J]. Applied Mechanics and Materials, 2013, 470: 298-303.

[60] WU R D, YING Z Q, WANG Z, et al. Model test for hydrodynamic parameters of immersed tube tunnel in static water[J]. Applied Mechanics and Materials, 2013, 23 (2): 477-478.

[61] YEOH O H. On the ogden strain-energy function [J]. Rubber Chemistry and Technology, 1997, 70(2): 175-182.

[62] ZENG X, LI Q. Performance study on butyl rubber waterproofing membrane with Aluminum foil topping[J]. China Building Waterproofing, 2013,4: 22-26.

[63] ZHU Q. Construction of rubber waterproof joint in diaphragm wall[J]. Construction Technology, 2014,43(4): 25-31.

[64] 闫钰丰. 地裂缝环境下城市地下综合管廊结构性状研究[D]. 西安: 长安大学, 2019.

[65] 于晨龙, 张作慧. 国内外城市地下综合管廊的发展历程及现状[J]. 建设科技, 2015(17): 49-51.

[66] 张恒, 张子新. 盾构隧道开挖引起既有管线的竖向变形[J]. 同济大学学报(自然科学版), 2013, 41(8): 1172-1180.

[67] 张宏, 刘啸奔. 地质灾害作用下尤其管道设计应变计算模型[J]. 油气储运, 2017, 36(1): 91-97.

[68] 张杰, 陈小华, 鲁鑫, 等. 逆断层作用下埋地管道局部屈曲行为研究[J]. 西南石油大学学报(自然科学版), 2019, 41(3): 169-176.

[69] 张勇，马金荣，陶祥令，等. 地面堆载诱发下既有盾构隧道纵向变形的解析解[J]. 隧道建设(中英文)，2020，40(1)：66-74.

[70] 张雨童. 西安地裂缝活动环境下综合管廊结构变形规律及安全预警方法研究[D]. 西安：西安建筑科技大学，2020.

[71] 仲永涛，李鸿晶，李秀菊. 逆断层作用下埋地管线对周围土体的影响区域分析[J]. 防灾减灾工程学报，2017，37(6)：938-944+957.

[72] 周亚雄. 地下管廊穿越西安地裂缝力学行为研究[D]. 西安：西安建筑科技大学，2018.

[73] 朱琳. 黄土地区地裂缝对综合管廊的危害性研究[D]. 西安：西安理工大学，2018.

[74] 樊庆功，方卫民，苏许斌. 盾构隧道遇水膨胀橡胶密封垫止水性能试验研究[J]. 地下空间与工程学报，2002，22(4)：335-338.

[75] 樊庆功. 隧道接缝橡胶密封垫防水性能试验及有限元分析[D]. 上海：同济大学，2002：1-23.

[76] 胡指南. 沉管隧道节段接头剪力键作用机理与构造性能研究[D]. 西安：长安大学，2015：103-108.

[77] 焦永达.《给水排水管道工程施工及验收规范》GB 50268—2008 实施指南[M]. 北京：中国建筑工业出版社，2009：206-213.

[78] 孔祥臣. 预制拼装综合管廊接头防水性能研究[J]. 中国建设信息，2012(11)：50-51.

[79] 况彬彬，陈斌. 贵州六盘水地下综合管廊防水设计与施工探讨[J]. 中国建筑防水，2016(10)：14-17.

[80] 李承刚. 我国地下工程防水技术发展述评[J]. 建筑技术，2000，31(4)：225-227.

[81] 李咏今. 利用时间外延法预测硫化胶常温老化应力松弛和永久变形性能的研究[J]. 橡胶工业，2002，49(10)：615-622.

[82] 刘举举，刘春奇. 浅谈城市综合管廊的防水处理技术[J]. 城市建设理论研究，2015，5(36)：12-16.

[83] 刘植榕. 橡胶工业手册(修订版)[M]. 北京：化学工业出版社，1992：35-52.

[84] 潘洪科，汤永净，葛世平，等. 地下工程结构物耐久性研究[J]. 城市轨道交通研究，2004，7(6)：41-45.

[85] 潘洪科，杨林德，汤永净. 地下结构耐久性研究现状及发展方向综述[J]. 地下空间与工程学报，2005，1(5)：804-808.

[86] 王恒栋，薛伟辰. 综合管廊工程理论与实践[M]. 北京：中国建筑工业出版社，2013：69-77.

[87] 王鹏. 沉管隧道节段接头剪力键受力特性及作用机理研究[D]. 西安：长安大学，2014：17-23.

[88] 王树清，唐丽芳，黄良锐. 盾构隧道接缝防水设计探讨[J]. 长江科学院院报，1998，15(1)：10-13.

[89] 伍振志，杨林德，季倩倩，等. 越江盾构隧道防水密封垫应力松弛试验研究[J]. 建

筑材料学报, 2009, 12(5): 539-543.

[90] 奚翚. 密封装置设计基础[M]. 合肥: 安徽科学技术出版社, 1987: 304-321.

[91] 小泉淳, 彭杰良. 盾构隧道最新防水技术[J]. 现代隧道技术, 1993(4): 50-64.

[92] 许临, 李芳. 遇水膨胀橡胶——一种新型的止水材料[J]. 水利与建筑工程学报, 1999(2): 4-8.

[93] 杨军, 王进. 氯丁橡胶热氧老化的时温依赖性——时温转移叠加原理和寿命预测[J]. 橡胶参考资料, 2005(6): 31-35.

[94] 叶琳昌. 防水工程[M]. 北京: 中国建筑工业出版社, 1983:12-25.

[95] 郁维铭, 徐文君, 朱杰. JSP 遇水膨胀橡胶的研制[J]. 中国建筑防水, 1998(5): 36-37.

[96] 袁勇, 周欣. 隧道防水技术简述[J]. 华东公路, 1999(4):51-55.

[97] 张法源. 16 种实用配方硫化胶长期室内自然老化压缩永久变形变化及预测[J]. 特种橡胶制品, 2002, 23(4): 46-49.

[98] 中华人民共和国国家标准. 建筑地基基础设计规范:GB 50007—2011[S]. 北京: 中国建筑工业出版社, 2012: 4-32.

[99] 朱祖熹, 陆明. 遇水膨胀类止水材料的性能及其应用技术(上)[J]. 中国建筑防水, 1999(5): 5-8.

[100] 朱祖熹. 城市隧道防水技术的现状与前景[J]. 地下工程与隧道, 1995(4): 10-13.

[101] 朱祖熹. 当今国内外盾构隧道防水技术比较谈[J]. 地下工程与隧道, 2002(1): 14-20.

[102] 朱祖熹. 中日德盾构隧道衬砌接缝密封垫研究技术之比较[J]. 地下工程与隧道, 1994(4): 11-19.

[103] ABDOUN T H, HA D, O'ROURKE M J, et al. Factors influencing the behavior of buriedpipelines subjected to earthquake faulting[J]. Soil Dynamics & Earthquake Engineering, 2009, 29(3): 415-427.

[104] ATTEWELL P B, YEATES J, SELBY A R. Soil movements induced by tunneling and their effects on pipelines and structures[M]. London: Blackie and Son Ltd, 1986: 128-132.

[105] AUDIBERT J M E, NYMAN K J. Soil restraint against horizontal motion of pipes[J]. Journal of the Geotechnical Engineering Division, 1977, 103(10): 1119-1142.

[106] HALL W J, O'ROURKE T D. Seismic behavior and vulnerability of pipelines[C]. Lifeline Earthquake Engineering, ASCE, 1991: 761-773.

[107] KENNEDY R P, CHOW A M, WILLIAMSON R A. Fault movement effects on buried oil pipeline[J]. Transportation Engineering Journal of the American Society of Civil Engineers, 1977, 103(5): 617-633.

[108] MAJID K, ABBAS G, TOHID A. Experimental evaluation of vulunerability for urban segmental tunnels subjected to normal surface faulting [J]. Soil Dynamic and

Earthquake Engineering, 2016,89:28-37.

[109] MAJID K, TOHID A, ABBAS G. Experimental modeling of segmental shallow tunnels in alluvial affected by normal fault[J]. Tunnelling and Underground Space Technology, 2016,51:108-119.

[110] NAGHDALI M, BAGHERIEHA R, BAGHERIEH A. Numerical modeling of wave feature to enhance the performance of buried steel pipelines subjected to faulting displacement[J]. Indian Geotechnical Journal, 2020, 50(5): 739-752.

[111] MOHAMMAD H B, ALI N, RONAK M. Evaluation of underground tunnel response to reverse fault rupture using numerical approach[J]. Soil Dynamic and Earthquake Engineering, 2016,83:1-17.

[112] O' ROURKE T D, PALMER M C. Earthquake performance of gas transmission pipelines[J]. Earthquake Spectra, 1996, 12(3): 493-527.

[113] O' ROURKE M J, HMADI K E. Analysis of continuous buried pipelines for seismic wave effects[J]. Earthquake Engineering & Structural Dynamics, 1988, 16(6): 917-929.

[114] O' ROURKE M J, GADICHERLA V, ABDOUN T H. Centrifuge modeling of buriedpipelines[J]. Advancing Mitigation Technologies and Disaster Response for Lifeline Systems, 2003(10), 757-768.

[115] VAZOURAS P, KARAMANOSS A. Structural behavior of buried pipe bends and their effect on pipeline response in fault crossing areas. [J]. Bulletin of Earthquake Engineering, 2017,15(11): 4999-5002.

[116] TAKADA S, NEMAT H, KATSUMI F. A new proposal for simplified design on buriedsteel pipes crossing active faults[J]. Journal of Structural Mechanics and Earthquake Engineering, 1998, 668(54): 187-194.

[117] TANAHASHI H. Formuals for an infinitely long Bernoulli-Euler beam on the Pasternak model[J]. Soils Foundation, 2004, 44(5): 109-118.

[118] TIMOSHENKO S P. On the correction for shear of the differential equation for transverse vibrations of prismatic bars[J]. Philosophical Magazine, 1921, 41(245): 744-752.

[119] VESIC A S. Bending of beams resting on isotropic elastic solid[J]. Journal of Soil Machanics and Foundation Engineering, ASCE, 1961, 87(2): 35-53.

[120] WANG L J, WANG L R L. Buried pipelines in large fault movements[J]. American Society of Civil Engineers, 1995(6): 152-159.

[121] WANG L R L, WANG L J. Parametric study of buried pipelines due to large fault movements[C]. Proceedings of the third China-Japan-US Trilateral Symposium on Earthquake Engineering, Kobe, 1995: 165-172.

[122] WANG L R L, WANG L J. Parametric study of buried pipelines due to large fault movements[C]. Proceedings of the third China-Japan-US Trilateral Symposium on

Earthquake Engineering, Kunming, 1998: 165-172.

[123] 曹正正. 采动影响下浅埋输气管道与土体耦合作用机理[J]. 西南石油大学学报(自然科学版), 2018, 40(6): 139-147.

[124] 曾希. 跨断层埋地管道力学性能试验与有限元分析[D]. 荆州: 长江大学, 2019.

[125] 陈孝凯. 城市地下预制拼装结构物界面防水设计方法研究[D]. 哈尔滨: 哈尔滨工业大学, 2017.

[126] 陈艳华. 走滑断层作用下埋地充液钢质管道接口应变特性的试验[J]. 沈阳建筑大学学报(自然科学版), 2017, 33(3): 447-457.

[127] 代汝林, 李忠芳, 王姣. 基于ABAQUS的初始地应力平衡方法研究[J]. 重庆工商大学学报(自然科学版), 2012(9): 76-81.

[128] 杜盼辉. 非均匀场地中综合管廊的地震响应特点[D]. 哈尔滨: 哈尔滨工业大学, 2017.

[129] 费康, 张建伟. ABAQUS在岩土工程中的应用[M]. 北京: 中国水利水电出版社, 2010.

[130] 何小龙. 考虑管-土分离的基坑开挖引起邻近地下管线位移分析[J]. 土木与环境工程学报(中英文), 2019, 41(6): 9-16.

[131] 胡军, 谢菲, 赵世强. 现浇与预制城市综合管廊的综合对比分析[J]. 工程建设与设计, 2016(6): 20-23.

[132] 黄强兵, 梁奥, 门玉明, 等. 地裂缝活动对地下输水管道影响的足尺模型试验[J]. 岩石力学与工程学报, 2016, 35(S1): 2968-2977.

[133] 康成, 梅国雄, 梁荣柱, 等. 地表临时堆载诱发下既有盾构隧道纵向变形分析[J]. 岩土力学, 2018, 39(12): 4605-4616.

[134] 李杰, 岳庆霞, 陈隽. 地下综合管廊结构振动台模型试验与有限元分析研究[J]. 地震工程与工程振动, 2009, 29(4): 41-45.

[135] 李凯玲. 地裂缝环境下地铁隧道-围岩相互作用研究[D]. 西安: 长安大学, 2012.

[136] 李杨, 余建星, 余杨, 等. 穿越走滑断层海底管道局部屈曲研究及应变响应预测[J]. 世界地震工程, 2019, 35(4): 105-113.

[137] 梁建文, 吴泽群, 辛钰, 等. 断层错动下盾构隧道抗震措施研究[J]. 地震工程与工程振动, 2020, 40(1): 1-11.

[138] 梁荐, 郝志成. 浅谈城市地下综合管廊发展现状及应对措施[J]. 城市建设, 2013(14): 286-287.

[139] 梁荣柱, 林存刚, 夏唐代, 等. 考虑隧道剪切效应的基坑开挖对邻近隧道纵向变形分析[J]. 岩石力学与工程学报, 2017, 36(1): 223-233.

[140] 梁荣柱, 夏唐代, 胡军华, 等. 新建隧道近距离上穿对既有地铁隧道纵向变形影响分析[J]. 岩土力学, 2016, 37(S1): 391-399.

[141] 廖智麒. 综合管廊地震响应分析及影响因素研究[D]. 广州: 华南理工大学, 2019.

[142] 刘国钊, 乔亚飞, 何满潮, 等. 活动性断裂带错动下隧道纵向响应的解析解[J].

岩土力学, 2020, 41(3): 923-932.

[143] 刘晓强, 梁发云, 张浩, 等. 隧道穿越引起地下管线竖向位移的能量变分分析方法[J]. 岩土力学, 2014, 35(S2): 217-222+231.

[144] 刘啸奔, 张宏, 夏梦莹, 等. 断层作用下海底管道应变的改进解析分析方法[J]. 油气储运, 2020, 39(2): 226-232.

[145] 刘学增, 林亮伦. 75°倾角逆断层黏滑错动对公路隧道影响的模型试验研究[J]. 岩土力学与工程学报, 2011(12): 2523-2530.

[146] 刘学增, 王煦霖, 林亮伦. 45°倾角正断层粘滑错动对隧道影响试验分析[J]. 同济大学学报(自然科学版), 2014, 42(1): 44-50.

[147] 刘学增, 王煦霖, 林亮伦. 60°倾角正断层黏滑错动对山岭隧道影响的试验研究[J]. 土木工程学报, 2014, 47(2):121-128.

[148] 刘学增, 王煦霖, 林亮伦. 75°倾角正断层黏滑错动对公路隧道影响的模型试验研究[J]. 岩石力学与工程学报, 2013, 32(8): 1714-1720.

[149] 屈健. 斜入射地震波作用下综合管廊的动力响应[D]. 哈尔滨: 哈尔滨工业大学, 2017.

[150] 任翔, 胡志平, 王瑞, 等. 大口径有压埋地管道穿越活动断层的非线性分析[J]. 地震工程学报, 2019, 41(5): 1299-1307.

[151] 石亦平, 周玉蓉. ABAQUS 有限元分析实例讲解[M]. 北京: 机械工业出版社, 2006.

[152] 汤爱平, 王连发, 武百超, 等. 考虑土结相互作用的逆断层作用下埋地管道性能离心机试验[J]. 地震工程学报, 2015, 37(3): 639-642.

[153] 王滨, 李昕, 周晶. 走滑断层作用下埋地钢质管道反应的改进解析方法[J]. 工程力学, 2011, 28(12): 51-58.

[154] 王莉, 冯仕文, 赵欢, 等. 上穿既有地铁的综合管廊三维地震响应研究[J]. 地下空间与工程学报, 2020, 16(S1): 309-315+322.

[155] 王小龙, 姚安林. 埋地钢管局部悬空的挠度和内力分析[J]. 工程力学, 2008(8): 218-222.

[156] 魏纲, 俞国骅, 洪文强. 地面堆载引起下卧盾构隧道剪切错台变形计算研究[J]. 中南大学学报(自然科学版), 2018, 49(7): 1775-1783.

[157] 魏纲, 俞国骅, 杨波. 新建隧道上穿既有隧道引起的剪切错台变形研究[J]. 自然灾害学报, 2018, 27(4): 50-58.

[158] 魏纲, 洪文强, 魏新江, 等. 基坑开挖引起邻近盾构隧道转动与错台变形计算[J]. 岩土工程学报, 2019, 41(7): 1251-1259.

[159] 魏新江, 洪文强, 魏纲, 等. 堆载引起临近地铁隧道的转动与错台变形计算[J]. 岩石力学与工程学报, 2018, 37(5): 1281-1289.

[160] 吴敬龙. 非均匀地基条件下地下综合管廊受力特性研究[D]. 长沙: 中南林业科技大学, 2019.

[161] 吴锴. 非均匀场地正断层作用下埋地管道应变分析[D]. 青岛: 中国石油大

学, 2018.

[162] 武华侨. 综合管廊在断层位移作用下的反应分析[D]. 哈尔滨: 哈尔滨工业大学, 2017.

[163] 夏桂云, 李传习, 曾庆元. 考虑双重剪切的弹性地基梁分析[J]. 湖南大学学报(自然科学版), 2011, 38(11): 19-24.

[164] 熊炜, 范文, 彭建兵, 等. 正断层活动对公路山岭隧道工程影响的数值分析[J]. 岩石力学与工程学报, 2010, 29(增刊1): 2845-2852.

[165] 徐凌. 软土盾构隧道纵向沉降研究[D]. 上海: 同济大学, 2005.

[166] 徐龙军, 刘庆阳, 谢礼立. 海底跨断层输气管道动力特性数值模拟与分析[J]. 工程力学, 2015, 32(12): 99-107.

[167] 徐日庆, 程康, 应宏伟, 等. 考虑埋深与剪切效应的基坑卸荷下卧隧道的形变响应[J]. 岩土力学, 2020, 41(S1): 195-207.

[168] 许利惟, 刘旭, 陈福全. 塌陷作用下埋地悬空管道的力学响应分析[J]. 工程力学, 2018, 35(12): 212-219+228.

名 词 索 引

X

Y

Z

附录　部分彩图

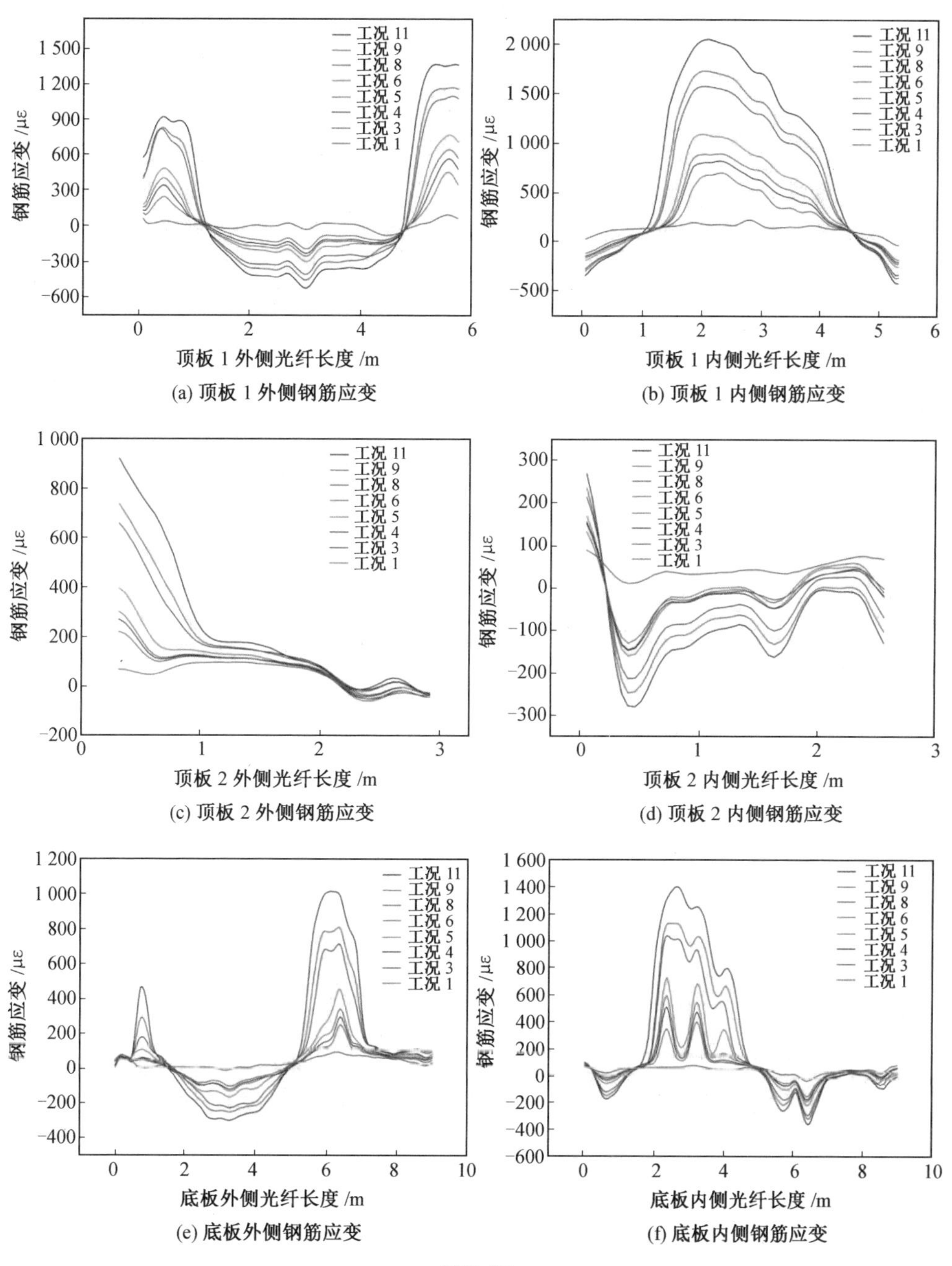

(a) 顶板 1 外侧钢筋应变　(b) 顶板 1 内侧钢筋应变

(c) 顶板 2 外侧钢筋应变　(d) 顶板 2 内侧钢筋应变

(e) 底板外侧钢筋应变　(f) 底板内侧钢筋应变

图 2.27

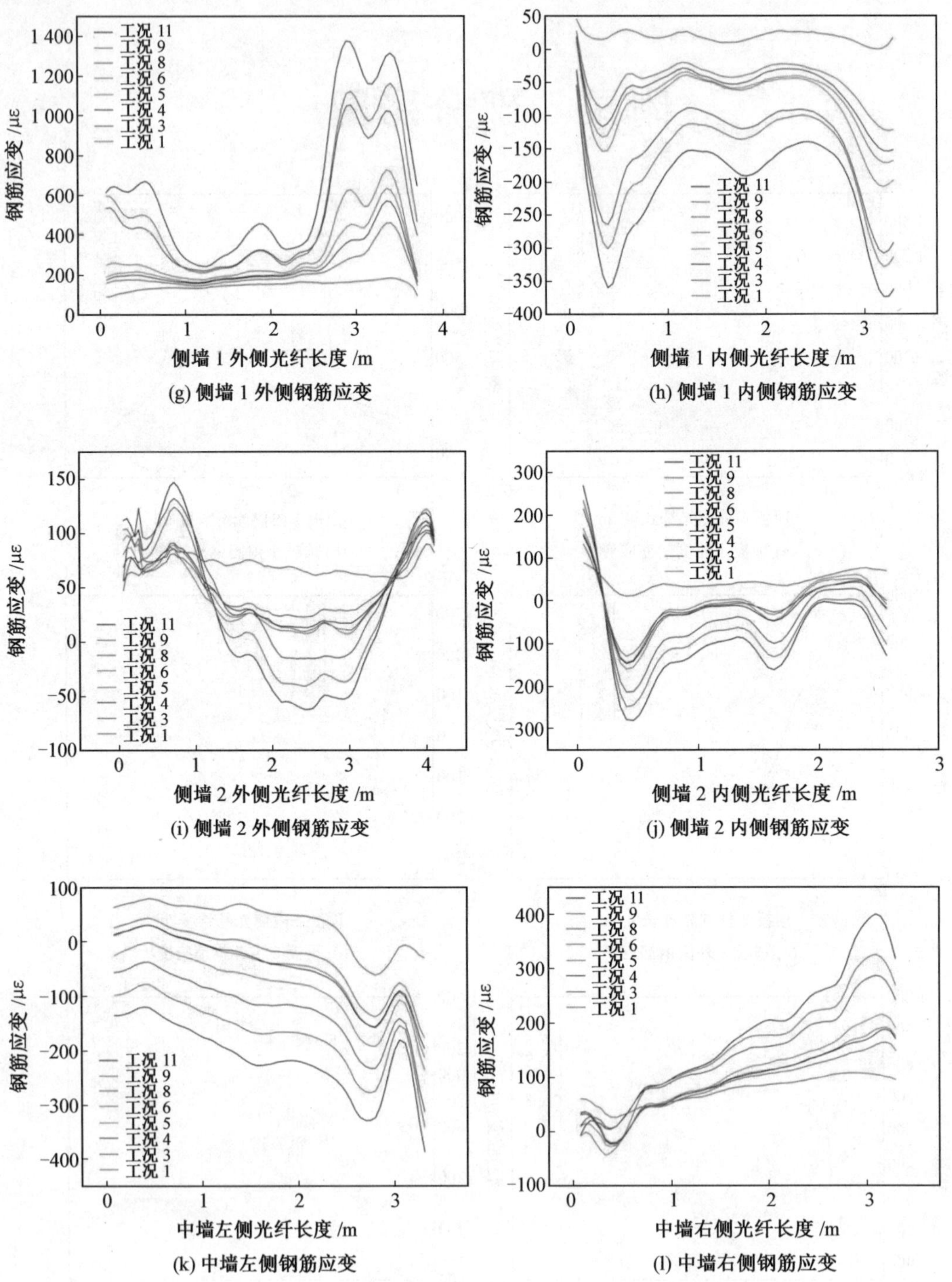

(g) 侧墙 1 外侧钢筋应变　(h) 侧墙 1 内侧钢筋应变

(i) 侧墙 2 外侧钢筋应变　(j) 侧墙 2 内侧钢筋应变

(k) 中墙左侧钢筋应变　(l) 中墙右侧钢筋应变

续图 2.27

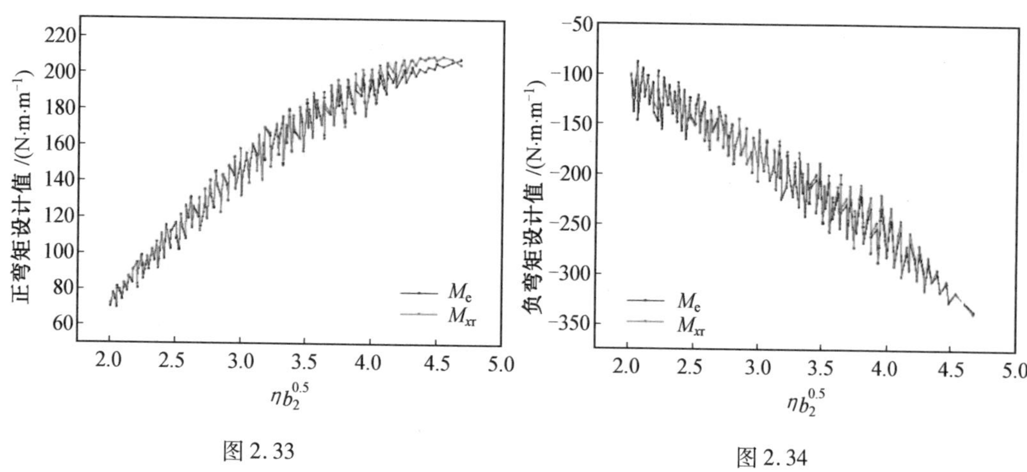

图 2.33

图 2.34

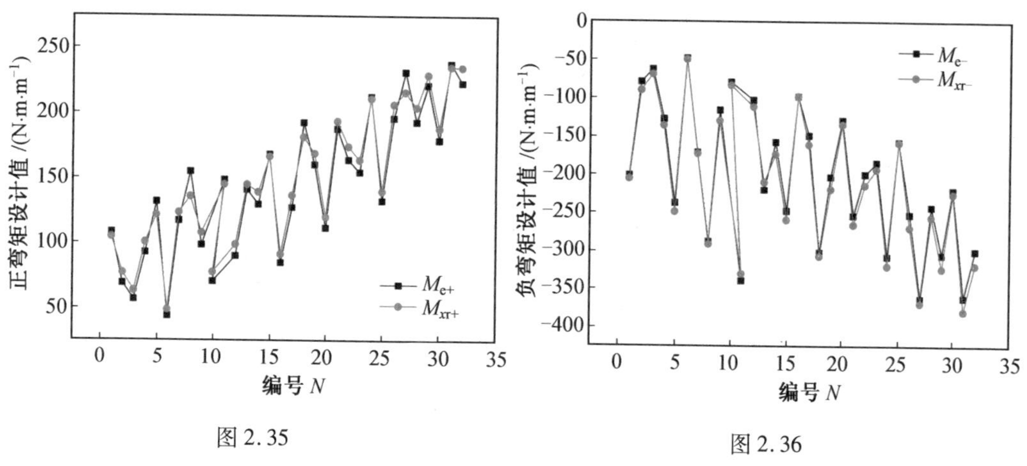

图 2.35

图 2.36

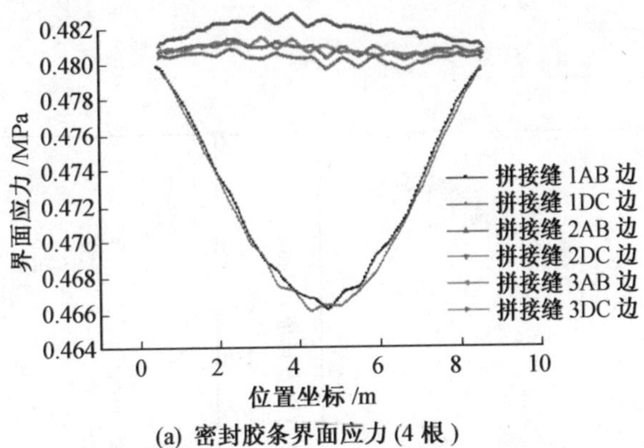

(a) 密封胶条界面应力 (4 根)

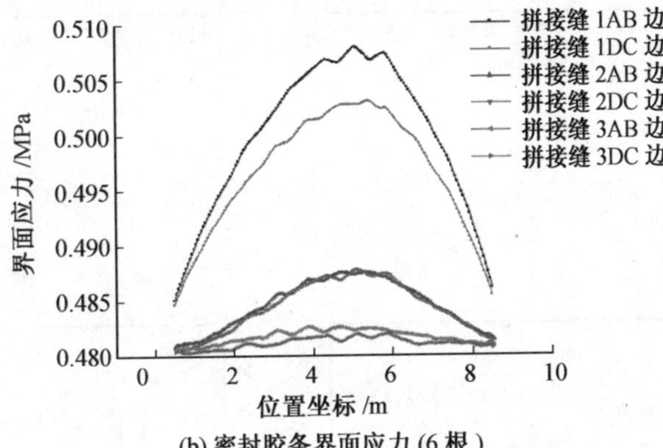

(b) 密封胶条界面应力 (6 根)

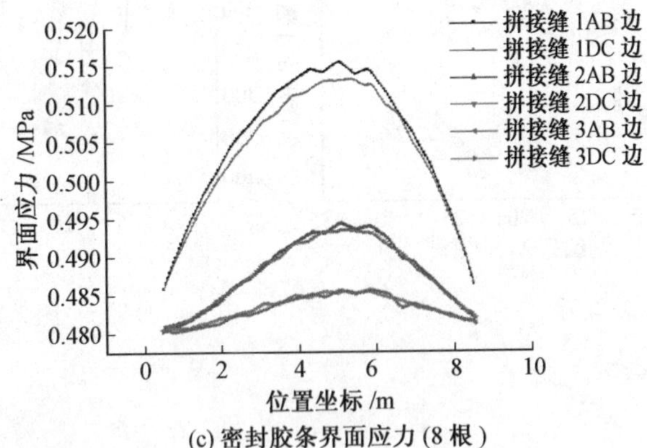

(c) 密封胶条界面应力 (8 根)

图 8.41